Elemente der Mathematik

EdM

Baden-Württemberg
5. Schuljahr

Herausgegeben von
Heinz Griesel
Helmut Postel
Friedrich Suhr
Werner Ladenthin
Matthias Lösche

Schroedel

Elemente der Mathematik

EdM

Baden-Württemberg 5

Herausgegeben von
Prof. Dr. Heinz Griesel, Prof. Helmut Postel, Friedrich Suhr, Werner Ladenthin, Matthias Lösche

Bearbeitet von
Lutz Breidert, Gabriele Dybowski, Dr. Beate Goetz, Reinhard Kind, Werner Ladenthin, Matthias Lösche, Kerstin Schäfer, Thomas Sperlich, Friedrich Suhr, Prof. Dr. Hans-Georg Weigand, Ulrike Willms

Für Baden-Württemberg bearbeitet von
Stefan Böckling, Kerstin Dambach, Bernhard Euler, Nicole Hamel, Prof. Bernd Hatz, Matthias Heidenreich, Heike Homrighausen, Hanns Jürgen Morath, Matthias Taulien, Nina Vanek

Der Schülerband ist auch als digitales Schulbuch erhältlich: Best.-Nr. 85901
Für dieses Unterrichtswerk sind umfangreiche Unterrichtsmaterialien entwickelt worden:
Lösungen: Best.-Nr. 85902
Arbeitsheft: Best.-Nr. 85903
BiBox Best.-Nr. 85906
Übungsmaterial erhältlich unter www.edm-online-trainer.de

Druck A[1] / Jahr 2016
Alle Drucke der Serie A sind inhaltlich unverändert.

Redaktion: Lena Schenk, Claus Peter Witt
Umschlagentwurf: LIO Design GmbH, Braunschweig
Innenlayout: JANSSEN KAHLERT Design & Kommunikation GmbH, Hannover
Illustrationen: Dietmar Griese, Laatzen
Zeichnungen: Schlierf, Type & Design, Lachendorf; Langner & Partner, Hemmingen
Satz: imprint, Zusmarshausen
Druck und Bindung: westermann druck GmbH, Braunschweig

ISBN 978-3-507-**85900**-5

Auf den Punkt gebracht — Im Blickpunkt

Auf den Punkt gebracht   Im Blickpunkt

◎ Auf den Punkt gebracht   Im Blickpunkt

Über dieses Buch

Elemente der Mathematik ist auf der Basis des Bildungsplans 2016 für das Gymnasium in Baden-Württemberg entwickelt worden. Die Entwicklung der mathematischen Kompetenzen der Schülerinnen und Schüler erfolgt in enger Vernetzung zur Entwicklung ihrer Persönlichkeit sowie mit Bezug zu den Leitperspektiven Bildung für nachhaltige Entwicklung sowie für Toleranz und Akzeptanz von Vielfalt, Prävention und Gesundheitsförderung, Berufliche Orientierung, Medienbildung und Verbraucherbildung.

Die Lerninhalte werden so dargestellt, dass der Erwerb der prozessbezogenen und inhaltsbezogenen Kompetenzen in enger Verzahnung miteinander erfolgt; dabei werden vielfältige Möglichkeiten zur Differenzierung und Individualisierung im Unterricht angeboten. Elemente der Mathematik ermöglicht eine breite Palette unterschiedlichster schülerorientierter Unterrichtsformen: Beim gemeinsamen Entdecken, Erforschen, Beschreiben und Erklären erfahren die Schülerinnen und Schüler, dass nicht nur die Lösung eines Problems, sondern auch der Lösungsweg wichtig ist und dass dabei insbesondere die Analyse von Fehlern hilfreich ist. Stets werden den Unterrichtenden konkrete Hilfen an die Hand gegeben, um solche problem- und handlungsorientierte Lernsituationen zu schaffen, in denen die Lernenden altersangemessen ihr mathematisches Wissen möglichst eigenständig entwickeln und strukturieren können.

Zu den Lerninhalten

Aus den im Bildungsplan angegebenen prozessbezogenen und inhaltsbezogenen Kompetenzen, die am Ende von Klasse 6 erworben sein sollen, wurde folgende Themenabfolge in Klasse 5 entwickelt:

Kapitel 1 Natürliche Zahlen und Größen – Leitideen „Zahl – Variable – Operation“ sowie „Messen“
Anknüpfend an die Grundschule wird der betrachtete Zahlenraum der natürlichen Zahlen erweitert. Die Darstellung von Zahlen in Stellenwertsystemen und mit römischen Zahlzeichen sowie mithilfe von Diagrammen führt zu einer vertieften Einsicht. Bei den Größen Länge, Gewicht und Zeitspanne wird der Messprozess deutlich herausgestellt.

Kapitel 2 Rechnen mit natürlichen Zahlen – Leitideen „Zahl – Variable – Operation“ sowie „Messen“
Bei den Grundrechenarten werden Zusammenhänge sowie Rechengesetze herausgearbeitet und ein flexibler Umgang mit ihnen geschult. Ferner wird das schriftliche Rechnen über den Zahlenraum der Grundschule hinaus erweitert. Anwendungsaufgaben mit Größen werden integriert behandelt.

Kapitel 3 Körper und Figuren – Leitidee „Raum und Form“
Die Entwicklung geometrischer Grundbegriffe erfolgt ausgehend von der Betrachtung von im Alltag vorkommenden Körpern; räumliche und ebene Probleme werden in enger Vernetzung zueinander betrachtet.

Kapitel 4 Flächen- und Rauminhalte – Leitideen „Messen“ sowie „Raum und Form“
Besonderer Wert wird auf die Erarbeitung einer angemessenen inhaltlichen Vorstellung vom Flächeninhalt bzw. Rauminhalt und von seinem Messen im Sinne des Ausschöpfens gelegt. Einen weiteren

Schwerpunkt bildet die anschauliche Vorstellung von den Maßeinheiten und ihren Zusammenhängen. Aus diesem Grunde wird das Berechnen mithilfe der Seitenlängen nicht zu früh angestrebt.

Kapitel 5 Anteile – Brüche – Leitidee „Zahl – Variable – Operation“
Die Einführung der Bruchzahlen erfolgt aus Alltagssituationen heraus über den Anzahlaspekt (als Vielfache von Brucheinheiten) in enger Verknüpfung mit dem Maßzahlaspekt (als Maßzahlen in Größenangaben). Ein vertieftes inhaltliches Verständnis auch des Operatoraspektes wird bei der Behandlung der Grundaufgaben erzielt.

Zum methodischen Aufbau

1. Jedes Kapitel beginnt mit einer **Einstiegsseite**, die an die Erfahrungen der Schülerinnen und Schüler anknüpft und erste Aktivitäten zur Thematik ermöglicht. Diese Seite eignet sich für einen offenen Einstieg und gibt einen Ausblick auf das Thema des Kapitels.
An die Einstiegsseite schließt sich ein **fakultatives Lernfeld** mit verschiedenen offenen und reichhaltigen Lerngelegenheiten an: In unterschiedlichen Problemsituationen können die Schülerinnen und Schüler zentrale Inhalte und Verfahren auf eigenen Lernwegen durch Anknüpfen an Alltags- und Vorerfahrungen selbstständig und häufig handlungsorientiert entdecken. Der Aufbau eigener Vorstellungen und die Bearbeitung einer Vielfalt von Lösungsansätzen werden gefördert durch die Anregung, diese Lernfelder in der Regel in Partner- und Gruppenarbeit zu bearbeiten. Der Austausch über das Problem mit dem Partner bzw. in der Gruppe sowie der Bericht über die Erfahrungen in der ganzen Klasse fördern insbesondere prozessbezogene Kompetenzen wie Problemlösen sowie Argumentieren und Kommunizieren.

2. Die folgenden **Lerneinheiten** bieten eine Möglichkeit zur systematischen Behandlung der Kapitelinhalte – je nach Vorgehen in der Lerngruppe können Teile davon auch in die Bearbeitung der Lernfelder integriert werden. Jede Lerneinheit beginnt mit einem offenen Einstieg (ohne Lösung im Buch), der die Schüler(innen) zu einer eigenständigen Problembearbeitung und -lösung anregt. Es kann sich eine Aufgabe mit Lösung oder eine Einführung anschließen, die alternativ oder ergänzend die Thematik bearbeiten. Durch ihre sorgfältige, schülergerechte Darstellung eignen sie sich sowohl zum eigenständigen Erarbeiten als auch zum Herausstellen von Problemlösestrategien. Der übersichtlichen Darstellung wegen folgen hier schon weiterführende Aufgaben, die im Unterricht in aller Regel erst nach einer erfolgten Festigung der zuerst behandelten Inhalte an einigen Übungsaufgaben thematisiert werden sollten. Sie dienen der Abrundung und Weiterführung der Theorie. Ihr Thema wird den Unterrichtenden in einer Überschrift genannt. In aller Regel sollten weiterführende Aufgaben im Unterricht bearbeitet werden und nicht als Hausaufgaben gestellt werden.
Die im Lernprozess erarbeiteten Ergebnisse werden häufig in einer Information zusammengefasst. In ihr werden auch Begriffe eingeführt und Ausblicke gegeben. Wesentliche Inhalte werden dabei optisch deutlich in einem Kasten mit einem roten Rahmen hervorgehoben. Hier wird großer Wert auf prägnante, altersgemäße Formulierungen gelegt, die auch beispielgebunden sein können.

3. Die **Übungsaufgaben der Lerneinheiten** sind unter besonderer Berücksichtigung des Erwerbs sowohl der prozessbezogenen als auch der inhaltsbezogenen Kompetenzen konzipiert und in drei Niveaustufen differenziert worden:
Üben: Festigung des Gelernten, einschließlich des Analysierens typischer Schülerfehler und des entsprechenden Argumentierens
Vertiefen: Vernetzung des Gelernten – die erste Aufgabe in diesem Block ist stets so gestaltet, dass sie den Übergang zum höheren Niveau vermittelt und so motiviert und für höhere Anforderungen Mut macht.

Herausfordern: Hier wird die Selbstständigkeit und Problemlösefähigkeit der Lernenden in besonderer Weise gefordert und geschult.
An allen Stellen sind offene Aufgaben, Partner- und Teamarbeit sowie Spiele integriert, so vielfältige Schüleraktivitäten im Unterricht angeregt werden.

4. Abschnitte mit der Überschrift **Vermischte Übungen** finden sich an den Stellen eines Kapitels, an denen eine besonders starke Vernetzung der bisher erworbenen Kompetenzen angebracht ist.

5. Eingestreut in die Übungsaufgaben finden sich in regelmäßigen Abständen Fragestellungen unter der Überschrift **Das kann ich noch!** zum Reaktivieren des bisher erworbenen Grundwissens.

6. Am Kapitelende folgt dann der fakultative Abschnitt **Aufgaben zur Vertiefung**, der neben einer Vernetzung auch eine Ergänzung des Lehrstoffes auf einem erhöhten Niveau zum Ziel hat.

7. Den Kapitelabschluss bilden die Abschnitte **Das Wichtigste auf einen Blick** und **Bist du fit?**, in denen in besonderer Weise die erworbenen Grundqualifikationen zusammengestellt und getestet werden. Die Lösungen dieser Aufgaben sind im Anhang des Buches angegeben, sodass sie von den Schülerinnen und Schülern gut zum eigenständigen Üben für eine Klassenarbeit verwendet werden können.

8. Unter der Überschrift **Im Blickpunkt** () werden innermathematische, aber insbesondere auch fachübergreifende, komplexere Themen, die von besonderem Interesse sind und in engem Zusammenhang mit dem Lerninhalt des Kapitels stehen, als Ganzes behandelt. Zur Förderung der fachlichen Kompetenz des Problemlösens sind einige dieser Abschnitte als Forschungsaufträge formuliert. Die Blickpunkte gehen über die obligatorischen Inhalte des Kerncurriculums hinaus; sie eignen sich auch zur Differenzierung und Förderung von eigenständigen Schüleraktivitäten.

9. Um Schüler und Schülerinnen im eigenständigen Erarbeiten mathematischer Themen zu schulen, enthält jedes Kapitel eine Lerneinheit **Zum Selbstlernen**, in der das Thema so aufbereitet ist, dass es von den Lernenden ganz selbstständig bearbeitet werden kann.

10. An geeigneten Stellen werden unter der Überschrift **Auf den Punkt gebracht** () die für diese Klassenstufe vorgesehenen allgemeinen Kompetenzen akzentuiert zusammengefasst.

Kennzeichnung der Aufgabennummern:

1. Diese Aufgabe gehört zum Niveau Üben.
2. Diese Aufgabe ermöglicht bei Bedarf ein zusätzliches Übungsangebot
3. Diese Aufgabe gehört zum Niveau Vertiefen.
4. Diese Aufgabe gehört zum Niveau Herausfordern.
5. Blaue Aufgabennummern und Überschriften kennzeichnen Zusatzstoffe.

Bedeutung der Symbole

Dieses Symbol kennzeichnet Arbeitsaufträge für Partnerarbeit.

Dieses Symbol kennzeichnet Arbeitsaufträge, die für die Bearbeitung durch eine Gruppe aus mehreren Schülerinnen und Schülern konzipiert wurden.

In den Selbstlerneinheiten kennzeichnet dieses Symbol einen Arbeitsauftrag.

1. Natürliche Zahlen und Größen

Überall im Alltag müssen Daten erhoben werden,
die mithilfe von Zahlen angegeben werden.

Tierzählung im Zoo

Im Winter werden alle Tiere in einem Zoo gezählt, gewogen und gemessen. Im Januar 2012 beherbergt der Tierpark 3374 Tiere und 229 Arten. Für die Presse wiegt ein Tierpfleger die zehn Monate alte Spinnenschildkröte Klaus-Bärbel: 34 Gramm. Die Schildkröte heißt so, weil man noch nicht feststellen kann, ob es ein Weibchen oder Männchen ist. Die Pressesprecherin berichtet, dass Löwen, Schildkröten, Elefanten und Zebras recht einfach zu zählen sind, aber andere Arten die Tierpfleger wirklich herausfordern: „Unsere Flamingos lotsen wir an mehreren Tagen durch eine Schleuse zwischen ihrem Stall und dem Freigehege So können wir sicher sein, dass 96 Vögel im Zoo leben. Fischschwärme hingegen werden nach längerer Beobachtung geschätzt."

→ Wie viele Rothalssträuße hat der Zoo?

→ Beschreibe, wie die Schlange gewogen wird.

→ Schätze, wie groß die Robbe ist.

In diesem Kapitel ...
erfährst du, wie wir beliebig große Zahlen schreiben können, obwohl wir nur 10 Ziffern zur Verfügung haben. Weiterhin erweiterst du dein Wissen über das Messen und Angeben von Längen, Massen und Zeiten.

Lernfeld: Zählen und Zahlen veranschaulichen

Wie schwer sind eure Schulrucksäcke?

Bestimmt kennt ihr das Gefühl, dass an manchen Schultagen der Schulrucksack besonders schwer ist, an anderen erscheint der Rucksack euch *kinderleicht*.

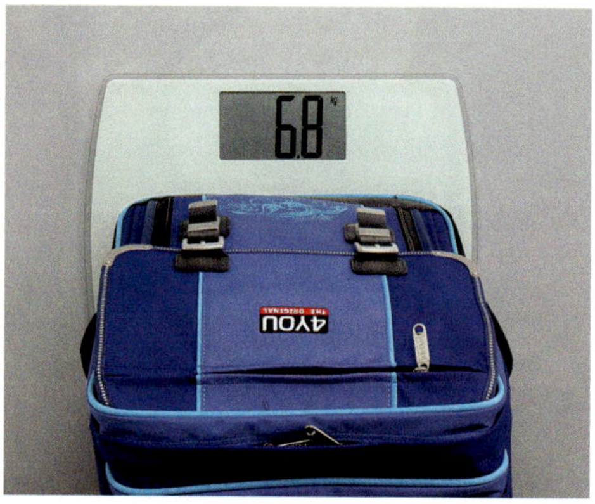

→ Wiegt eure Schulrucksäcke und vergleicht mit den Empfehlungen von Medizinern. Diese könnt ihr zum Beispiel im Internet nachschlagen.

→ Untersucht, ob ihr unnötige Dinge in die Schule mitgebracht habt. Gestaltet ein Plakat mit Tipps, wie man Schulrücksäcke füllen kann, damit sie möglichst leicht sind. Hängt es im Klassenraum aus.

Klassenarbeiten über Klassenarbeiten!

Du hast bestimmt schon oft gedacht: Schon wieder eine Klassenarbeit! Aber sind es wirklich so viele?

→ Wie viele Klassenarbeiten schreibst du im Laufe deiner Schulzeit? Erkundet dazu, wie viele Fächer ihr in den einzelnen Klassenstufen habt. Wie viele Klassenarbeiten werden pro Fach geschrieben? Fragt auch Schüler und Schülerinnen aus anderen Klassenstufen.

→ Bestimmt gibt es Zeiträume, in denen ihr besonders viele Arbeiten schreibt. Eine gute Planung ist dann wichtig. Markiert euch für die Pinnwand im Klassenzimmer die Tage in einem Kalender, an denen ihr Klassenarbeiten schreibt. Nutzt diese Übersicht für eine langfristige Vorbereitung. Macht für jeden Monat andere Schüler verantwortlich, die diese Aufgabe übernehmen. Die Übersicht hilft euch, eure Zeit zu planen.

Dezember 2015

Mo			7	Lukas	14	Englisch	21		28	Ferien
Di	1		8		15		22		29	Ferien
Mi	2		9		16		23	Ferien	30	Ferien
Do	3	Maria	10		17		24	Ferien	31	Ferien
Fr	4	Mathe	11	Deutsch	18		25	Ferien		
Sa	5		12	Jonas	19		26	Ferien		
So	6		13		20	Tina	27	Ferien		

→ Überlegt euch weitere Fragen, die euch interessieren. Bildet Gruppen und beantwortet die Fragen gemeinsam.

Spiel: Wer hat die höchste Hausnummer?

Fertigt eine Tabelle mit 3 Spalten an. Jeder Mitspieler würfelt mit einem Würfel dreimal und entscheidet nach jedem Wurf, in welche der 3 Spalten er sein Ergebnis eintragen möchte. Es entsteht eine dreistellige Zahl. Wer die größte Zahl in seiner Tabelle stehen hat, gewinnt.
Abwandlung der Spielregeln:
Ihr könnt auch „Wer hat die kleinste Hausnummer?" spielen. Dann gewinnt, wer die kleinste Zahl in seiner Tabelle stehen hat.

→ Entscheidet euch für eine Spielregel. Spielt das Spiel mehrere Male. Überlegt dann gemeinsam, welches Vorgehen (Strategie) Gewinn versprechend ist.

→ Gestaltet gemeinsam ein schönes Plakat mit Tipps für die verschiedenen Spielregeln.

1.1 Darstellen von Daten

Einstieg

Die Schülerinnen und Schüler der neuen Klasse 5a möchten sich besser kennen lernen. Daher wird eine Umfrage in der Klasse durchgeführt und ausgewertet.
Eine der Fragen lautet:
„Welche Sportart betreibst du am liebsten?"
Die Antworten wurden in einer *Strichliste* an der Tafel notiert. Du kannst z.B. ablesen, wie häufig Fußball genannt wurde.
Das Ergebnis der Umfrage soll übersichtlich im Klassenraum präsentiert werden. Überlegt, welche Möglichkeiten es dafür gibt. Fertigt jeder ein Blatt zum Aushängen an.

Aufgabe 1

Die Schülerinnen und Schüler der Klasse 5 b wurden nach der Anzahl der Geschwister befragt. Zeichne zur Veranschaulichung ein Diagramm.

Geschwisterzahl	0	1	2	3	4
Schülerzahl	𝍸 |||	𝍸 𝍸	𝍸 |	||||	|

Lösung

Für jede Geschwisteranzahl wird eine Säule gezeichnet, deren Höhe die Schülerzahl angibt. Damit wir wissen, wie viel Platz wir für das Diagramm benötigen, suchen wir die größte Schülerzahl heraus.
Die 10 Schülerinnen und Schüler, die genau ein Geschwisterkind haben, haben die höchste Säule.
Dafür können wir gut eine 10 Kästchen hohe Säule zeichnen, damit das Diagramm weder zu klein noch zu groß wird.
Entsprechend zeichnen wir die übrigen Säulen.

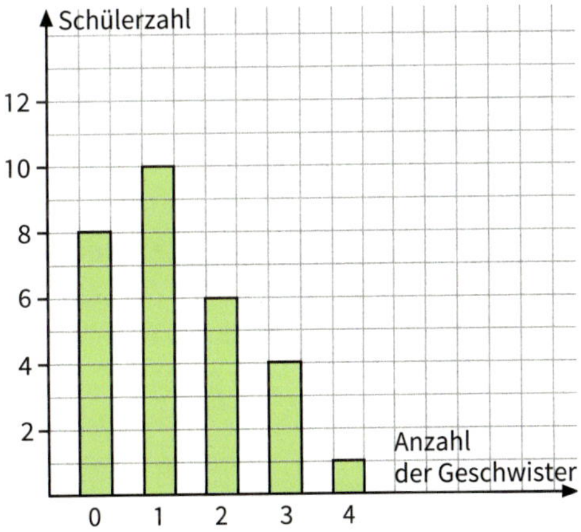

Information

(1) Strichlisten
Zum Auszählen von Stimmen oder anderen Anzahlen *(Häufigkeiten)* verwendet man oft eine **Strichliste**. Jeder 5. Strich wird schräg durch die vier vorangehenden senkrechten Striche gezogen. Mit diesen Fünfer-Bündeln hat man einen guten Überblick über die Gesamtanzahl.

(2) Säulendiagramm
Um verschiedene Größen oder Anzahlen *(Häufigkeiten)* anschaulich vergleichen zu können, zeichnet man oft ein **Säulendiagramm**. Mithilfe des größten vorkommenden Wertes überlegt man sich zunächst, welche Länge man z.B. für eine Person zeichnet.
Zum besseren Eintragen in das Diagramm zeichnet man auf die linke Seite einen nach oben gerichteten Zahlenstrahl mit Beschriftung für die dargestellten Anzahlen und Größen.

(3) Balkendiagramm

Manchmal ist es aus Platzgründen sinnvoll, die Säulen nicht stehend, sondern liegend zu zeichnen. Man spricht dann von einem *Balkendiagramm.*

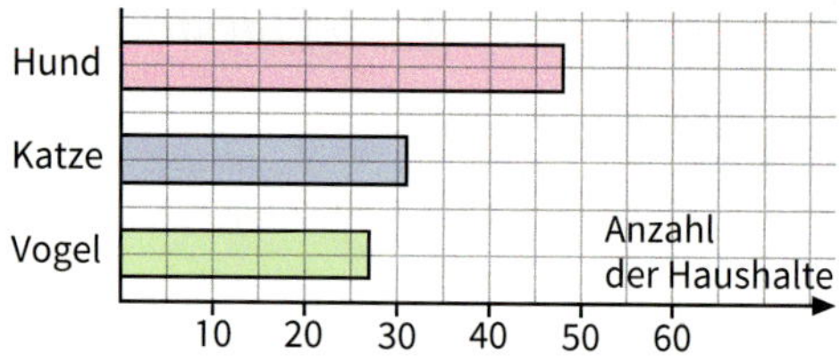

Üben

2. Die Schülerinnen und Schüler der Klasse 5 c haben in ihrer Klasse eine Befragung über die Länge ihrer Schulwege durchgeführt. Die ermittelten Häufigkeiten wurden an der Tafel notiert.
Zeichne ein Säulendiagramm.
Wähle 1 Kästchenlänge für je 1 Schüler.

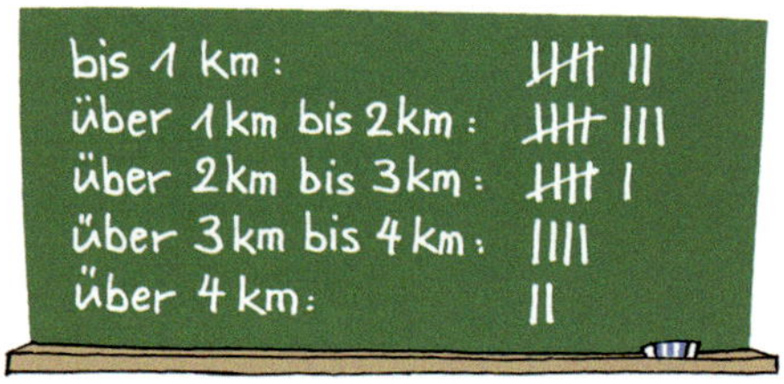

3. Peter und Sophie führen vor ihrer neuen Schule eine Verkehrszählung durch.
Sie unterscheiden dabei nach Radfahrern, Motorradfahrern, Autos, Lastwagen und Bussen.
Sie notieren in einer Strichliste die vorbeikommenden Verkehrsteilnehmer in einer viertel Stunde.
Zeichne zu diesem Ergebnis ein Säulen- oder ein Balkendiagramm.

4. Die Schülerinnen und Schüler von zwei 5. Klassen wurden nach ihrem Lieblingsgetränk befragt. Dabei wurde unterschieden, ob die Antwort von einem Jungen oder einem Mädchen kam.

a) Zeichne für die Mädchen ein Säulendiagramm für die einzelnen Getränke.

b) Zeichne auch für die Jungen ein Säulendiagramm und vergleiche.

Lieblingsgetränke	Mädchen	Jungen
Mineralwasser	𝍸	|||
Saft	|||	𝍸
Limonade	𝍸		||||
Cola	𝍸 ||||	𝍸𝍸
Tee	||	
Milch	||	𝍸
Kakao	|||	|||

5. In allen 5. Klassen einer Schule wurde eine Umfrage nach den beliebtesten Haustieren gemacht. Dabei musste sich jeder Schüler für ein Lieblings-Haustier entscheiden. Die Häufigkeiten wurden in einem Säulendiagramm dargestellt.

a) Was kannst du dem Diagramm „auf einen Blick“ entnehmen?

b) Lies die Ergebnisse für jedes Haustier ab und notiere sie in einer Tabelle.

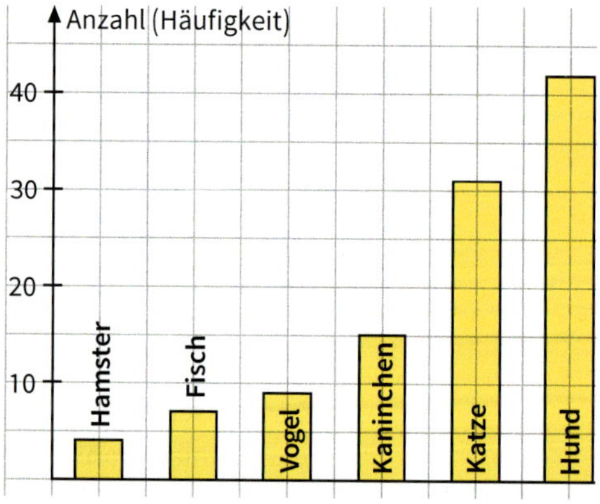

Vertiefen

6.

Ich komme…	Anzahl der Schüler
… zu Fuß	9
… mit dem Bus	2
… mit dem Fahrrad	4
… mit der Straßenbahn	6
… mit dem Auto	7

a) Zeichne ein Säulendiagramm zur obigen Umfrage in einer 5. Klasse.

b) Die Zwillinge Max und Sophie ziehen um. Nun kommen sie nicht mehr mit der Straßenbahn zur Schule, sondern zu Fuß.
Trage die Veränderung mit einer anderen Farbe in dein Säulendiagramm ein.

c) Bei der Befragung waren zwei Schüler krank. Wie viele Schüler hat die Klasse?

d) Die Cousine von Max und Sophie sagt: „In meiner Klasse ist das ganz anders. Niemand kommt mit der Straßenbahn und es kommen viel mehr mit dem Bus als zu Fuß." Erläutere, woran das liegen kann.

7. Ein Schulleiter hat erhoben, von welchen Grundschulen die neuen Fünftklässler kommen. Werte das Diagramm aus. Warum steht bei dem letzten Balken „Sonstige"?

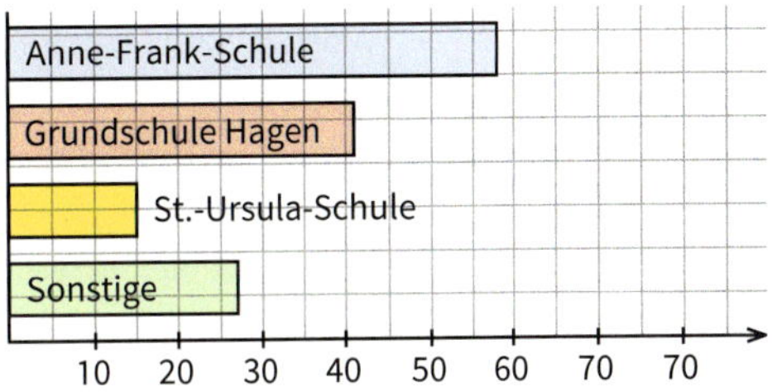

8. Sind einsilbige Wörter im Englischen häufiger als im Deutschen? Stelle mit einem Partner zunächst eine Vermutung auf. Ein Partner zählt im Englisch-Buch bei 100 Wörtern eines Textes die Silbenzahl aus, der andere zählt einen Text im Deutsch-Buch aus. Überprüft damit eure Vermutung und zeichnet Säulendiagramme.

Herausfordern

9. Zeichne das nebenstehende Balkendiagramm ins Heft. Erfinde zu dem Balkendiagramm eine passende Überschrift und eine sinnvolle Beschriftung. Zeichne dann auch das dazu passende Säulendiagramm.

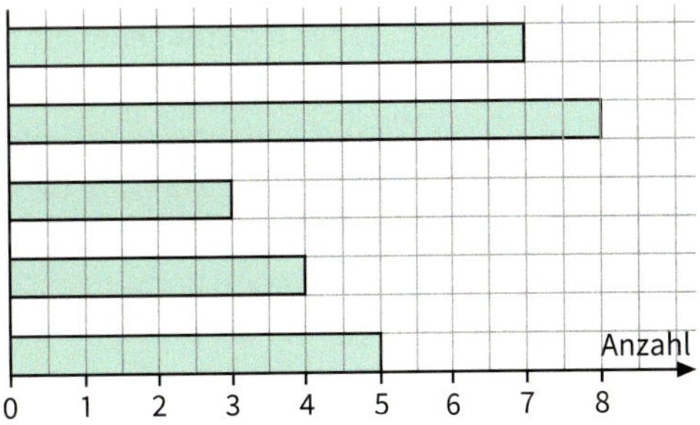

Das kann ich noch!

A) Wie viele Würfel benötigst du, um den Körper zu bauen?

1)

2)

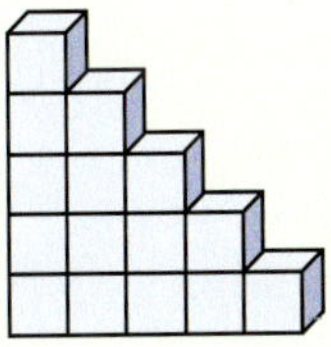

3)

4)

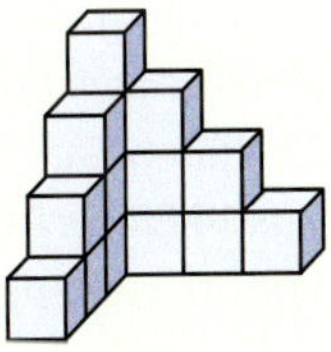

5)

1.2 Große Zahlen – Stellenwerttafel

Einstieg

Lest euch den folgenden Text aus einem Biologiebuch vor. Wechselt die Rolle von Leser und Zuhörer nach jedem Satz, in dem eine Zahl vorkommt.

Termiten – Große Familien in Erdhügeln

Auf der ganzen Welt gibt es rund 2500 Termitenarten, die meisten davon in Afrika. Aber auch in Asien, Australien, Amerika und Südeuropa sind Termiten zu finden. Seit etwa 150 000 000 Jahren krabbeln sie über die Erde. Die Arten unterscheiden sich in der Ernährungsweise, der Farbe, der Größe sowie in der Art und Form ihrer Baue. Eines aber haben alle gemeinsam, sie alle bilden Staaten, Insektenstaaten. Ein Termitenstaat besteht aus einem Königspaar und seinen Nachkommen: Larven, Nymphen, Arbeiter und Soldaten, insgesamt bis zu 3 000 000 Tiere. Die Königin legt täglich bis zu 43 000 Eier. Von Zeit zu Zeit gibt es bei den Termiten ein ganz besonderes Ereignis, das Ausschwärmen. Bis zu 400 000 geflügelte Geschlechtstiere, also fruchtbare Männchen und Weibchen, die von den Arbeitern herangezüchtet wurden, verlassen den Bau, um einander zu finden und ein neues Termitenvolk zu gründen.

Aufgabe 1

Große Zahlen

In einem fernen Land lebte einmal ein König, dessen Tochter sehr traurig war. Er suchte im ganzen Land jemanden, der seine Tochter heilen und zum Lachen bringen konnte. Eines Tages kam Mula und versprach, die Königstochter innerhalb von zwei Wochen zu heilen. Er forderte als Lohn für den ersten Tag 1 Taler, für den 2. Tag 10 Taler und für jeden weiteren Tag 10-mal so viele Taler wie für den vorherigen Tag. Der König willigte ein und Mula brachte die Königstocher zum Lachen. Welchen Lohn musste der König am Ende zahlen?

Lösung

Wir notieren zunächst den Lohn für jeden einzelnen Tag in Talern (siehe rechts). Bei jedem weiteren Tag, also jeder Verzehnfachung, muss eine weitere Null angehängt werden. Am 14. Tag ist der Lohn eine 1 mit 13 Nullen. Der Gesamtlohn ist eine Zahl aus 14 Einsen. Die Tochter des Königs konnte lachen, der König aber wurde arm.

1. Tag:		1	
2. Tag:	1 · 10 =	10	1 Null
3. Tag:	10 · 10 =	100	2 Nullen
4. Tag:	100 · 10 =	1 000	3 Nullen
5. Tag:	1000 · 10 =	10 000	4 Nullen
...	...	...	...
14. Tag:		10 000 000 000 000	13 Nullen
Gesamtlohn:		11 111 111 111 111	Taler

Information

(1) Namen für große Zahlen – Stellenwerttafel

Wir schreiben unsere Zahlen mit den zehn Ziffern 0, 1, 2, 3, 4, 5, 6, 7, 8 und 9; dabei benutzen wir die **Stufenzahlen** *Einer* (E), *Zehner* (Z), *Hunderter* (H) und *Tausender* (T).
Für größere Zahlen benötigen wir Zahlwörter für weitere Stufenzahlen:

1 Million = 1 000 Tausender = 1 000 000
1 Milliarde = 1 000 Millionen = 1 000 000 000
1 Billion = 1 000 Milliarden = 1 000 000 000 000
1 Billiarde = 1 000 Billionen = 1 000 000 000 000 000

Tausend: 3 Nullen
Million: 6 Nullen
Milliarde: 9 Nullen
Billion: 12 Nullen

Auch für noch größere Zahlen gibt es Namen:

Deutsch	Englisch
Million	million
Milliarde	billion, auch thousand million
Billion	trillion, auch million million

1 Trillion = 1 000 Billiarden = 1 000 000 000 000 000 000
1 Trilliarde = 1 000 Trillionen = 1 000 000 000 000 000 000 000
1 Quadrillion = 1 000 Trilliarden = 1 000 000 000 000 000 000 000 000

Verwendete Abkürzungen: Million – Mio., Milliarde – Mrd., Billion – Bill.
Beim Übersetzen großer Zahlwörter ins Englische muss man aber aufpassen (siehe links).

Große Zahlen lassen sich leichter überblicken, wenn man sie in eine **Stellenwerttafel** einträgt.

Billionen			Milliarden			Millionen			Tausender			Hunderter	Zehner	Einer	Gelesen
							1	2	5	6	3	4	5	0	12 Millionen 563 Tausend 450
					2	0	0	0	0	4	8	0	0	0	2 Milliarden 48 Tausend
		7	0	6	7	0	0	0	0	0	0	0	0	0	7 Billionen 67 Milliarden

12 563 450

Häufig gliedert man Zahlen mit vielen Ziffern in Dreierpäckchen (von rechts nach links), um sie besser zu überblicken. Man lässt einen kleinen Zwischenraum.

(2) Zehnersystem

dezimal (lat.) auf die Grundzahl 10 bezogen

Jede Stufenzahl ist 10-mal so groß wie die vorherige. Deshalb sprechen wir vom Zehnersystem **(Dezimalsystem)**.

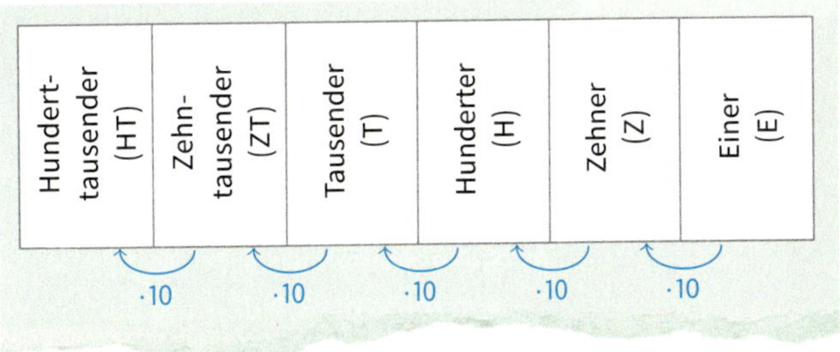

Die Stufenzahlen geben den Ziffern einer Zahl verschiedene Werte: bei der Zahl 7417 z. B. bedeutet die hinterste Ziffer 7 Einer, die vorderste dagegen 7 Tausender.

Weiterführende Aufgabe

Nachfolger – Unbegrenztheit der natürlichen Zahlen

2. a) Nenne eine Zahl. Dein Partner nennt die nächstgrößere Zahl. Tauscht dann die Rollen noch dreimal.

b) Jakob hat auf einen Zettel hundert Neunen hintereinander geschrieben. Er behauptet: „Das ist die größte natürliche Zahl, die es gibt.“ Was meinst du dazu?

Information

Zu jeder noch so großen natürlichen Zahl kann man eine nachfolgende Zahl (den **Nachfolger**) finden. Daher kann man ohne Ende weiter zählen.
Die Menge der natürlichen Zahlen ist unbegrenzt: $\mathbb{N} = \{0, 1, 2, 3, 4, \ldots\}$.

Üben

3. Arbeite mit deinem Nachbarn zusammen. Einer liest die Zahlen vor, der andere kontrolliert. Wechselt die Rolle nach jeder Zahl.

a)	b)	c)	d)
2 000 000	800 523	40 864	301 496
200 000 000	50 400 000	10 904 016 000	1 234 567
3 000 000 000 000	1 490 000 000	612 724 816	9 876 543

4. Die Kontinente der Erde sind nicht nur verschieden groß, sondern auch sehr unterschiedlich besiedelt. Schreibe die Einwohnerzahlen vollständig mit Ziffern.

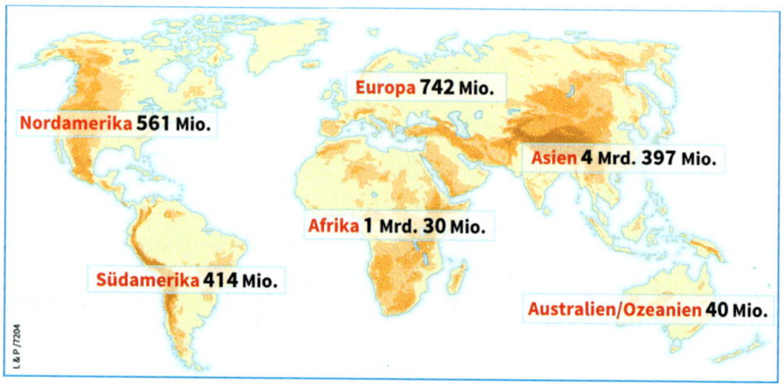

5. Schreibe die Zahlen vollständig mit Ziffern. Überlege zunächst, wie viele Ziffern die Zahl hat.

a) 34 Millionen
28 Billionen

b) 370 Billionen
318 Trillionen

c) 6 Millionen 432 Tausend
1 Million 37 Tausend

6. Schreibe die Zahlen mit Ziffern. Gliedere sie in Dreierpäckchen.

Eine Stellenwerttafel kann dir helfen!

a) dreihundertzwanzigtausend
drei Millionen
einundfünfzig Milliarden
fünfhundertdreißig Millionen
siebenhundert Billionen

b) siebenundsechzig Billiarden
drei Milliarden fünfzig Millionen
fünfhundertdreiundzwanzig Milliarden
dreizehn Millionen zwanzigtausend
drei Billionen zwanzig Millionen

7. Diktiert euch abwechselnd jeweils fünf Zahlen, die mindestens sechsstellig sind. Vergleicht anschließend, ob sie richtig aufgeschrieben wurden.

8. Bei manchen Kaufverträgen oder Quittungen muss der Geldbetrag auch in Worten eingetragen werden. Damit ist es schwieriger, eine Eintragung zu fälschen.

a) Hier sind die Zahlen in Worten notiert. Schreibe sie mit Ziffern.
(1) zweihundertsieben
(2) eintausenddreihundert
(3) neunzehntausendvierundfünfzig
(4) zehntausendzehn

Autohaus Sienbesten
Kaufvertrag
Käufer(in): Autohaus Sienbesten
Verkäufer(in): Monika Mustermann
Gegenstand: Fahrzeug mit amtlichem Kennzeichen KA – MM 145
Kaufpreis: 8 700 €
in Worten: achttausendsiebenhundert

b) Schreibe die Zahlen in Worten: (1) 87 (2) 756 (3) 5 622 (4) 19 989

9. Übertrage die Tabelle in dein Heft und setze die passenden Zahlen ein.

Vorgänger			898 989					8 397 889
Zahl	990 000			519 900		899 000		
Nachfolger		989 000			2 959 000		780 000	

10. Betrachte eine Zahl mit a) 5 Stellen; b) 6 Stellen; c) 10 Stellen
Wie lautet
(1) die kleinste; (2) die größte Zahl?
Erläutere deine Überlegungen.

Vertiefen

11. Es gibt Geräte, die Ziffernräder haben, mit denen gezählt wird, z. B. Stromzähler.
a) Schau dir die Arbeitsweise des abgebildeten Zählers an. Bestimme den
(1) Vorgänger; (2) Nachfolger der angezeigten Zahl.
b) Bis zu welcher Zahl könnte das Gerät zählen, wenn es sechs Ziffernräder hätte?
Wie viele Ziffernräder benötigt man, um bis zum Vorgänger der Zahl 1 000 000 000 000 zählen zu können?

12. Wie viele Nullen benötigst du, um die Zahl mit Ziffern zu schreiben?
a) achtzig Millionen
b) dreihundertfünftausend
c) dreiundvierzig Millionen siebentausend
d) neun Millionen neuntausendneun

13. Wie viele Tetrapaks wurden seit 2000 recycelt?

14. Oft findet man in Zeitungen, Zeitschriften, Büchern, … Aussagen, in denen große Zahlen vorkommen.
Wählt euch ein interessantes Sachgebiet aus. Erstellt ein Plakat, auf dem ihr solche Informationen darstellt (präsentiert).
Hängt es in eurer Klasse aus.

15. a) Untersuche, wie viele dreistellige Zahlen es gibt, in denen
(1) die Ziffer 5 genau einmal vorkommt.
(2) die Ziffer 3 überhaupt nicht vorkommt.
b) Erläutere dein Vorgehen.

Herausfordern

16. Max geht von einer zweistelligen Zahl aus. Er bildet den Nachfolger und dann das Doppelte. Maxi geht von der gleichen Zahl wie Max aus. Sie bildet das Doppelte und dann den Nachfolger.
a) Was stellst du fest, wenn du beide Ergebnisse vergleichst?
b) Versuche deine Feststellungen zu erklären.
c) Welches ist jeweils die größte Zahl, von der Max bzw. Maxi ausgehen können, damit das Ergebnis wieder eine zweistellige Zahl ist?
d) Führe ähnliche Untersuchungen für Vorgänger und Doppeltes durch.

1.3 Zweiersystem

Einstieg

Marc und Julia spielen Karten. Der Gewinner eines Spiels erhält jeweils einen Baustein mit einem Nippel. Schon bald reichen die vorhandenen Bausteine nicht mehr aus. Daher nehmen sie solche mit 2 Nippeln, 4 Nippeln, 8 Nippeln und 16 Nippeln hinzu.

a) Marc hat schon 13 Spielsteine mit einem Nippel gewonnen, Julia 23. Beide wollen ihre Spielsteine so eintauschen, dass sie möglichst wenige Steine vor sich liegen haben. Welche Steine erhält Marc, welche Steine erhält Julia?

b) Julia sagt: „Ich hätte gerne von jeder Sorte einen Stein."
Wie viele Spiele muss sie gewinnen, um dieses Ziel zu erreichen?

c) Erstelle mit deinem Nachbarn eine Tabelle, die zeigt, wie man die Punktestände von 1 bis 20 mit möglichst wenigen Bausteinen darstellen kann.
Beschreibt Regelmäßigkeiten in der Tabelle.

Information

(1) Zahlschreibweise im Zweiersystem (Binärsystem)

Wir schreiben unsere Zahlen im **Zehnersystem**. Im Zehnersystem werden 10 *Einer* zu einem *Zehner* zusammengefasst, 10 Zehner zu einem *Hunderter,* 10 Hunderter zu einem *Tausender* usw. Deshalb braucht man nur 10 Ziffern.

Ein Computer kann im Innern nur 2 Ziffern verarbeiten. Computer arbeiten daher im **Zweiersystem.** Wie kann man mit den zwei Ziffern 0 und 1 alle natürlichen Zahlen schreiben?
Dazu muss man schon

2 Einer zu einem *Zweier:*
2 Zweier zu einem *Vierer:*
2 Vierer zu einem *Achter:*

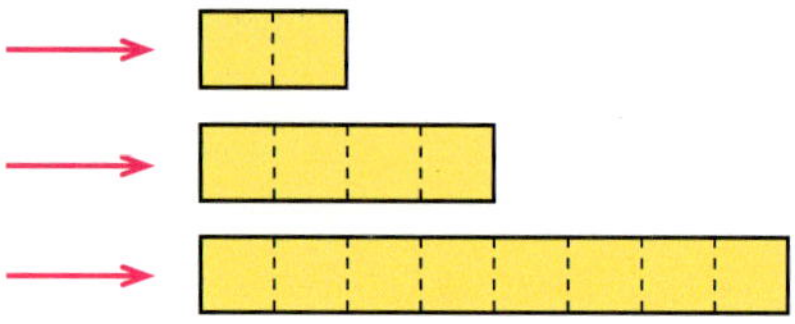

usw. zusammenfassen.

Rechts siehst du eine Darstellung der ersten sieben Zahlen im Zweiersystem.
1011 bedeutet im Zweiersystem (von links): 1 Achter, 0 Vierer, 1 Zweier, 1 Einer.

Um deutlich zu machen, dass dies eine Zahl im Zweiersystem sein soll, setzen wir das Zeichen ② dahinter, also: $1011_{②}$
(lies: eins – null – eins – eins).

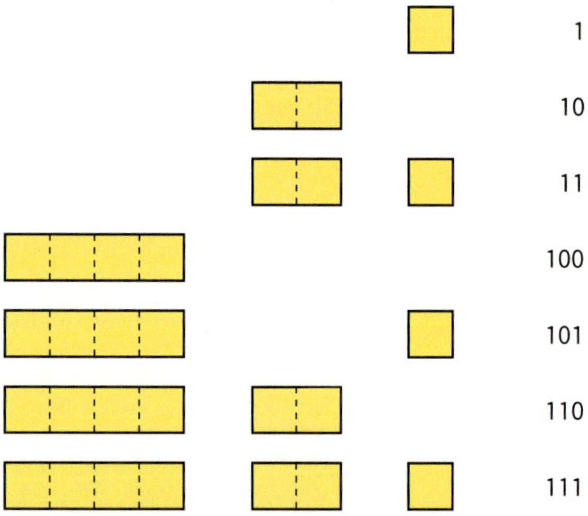

11 bedeutet 1 Zehner und 1 Einer.
$11_{\textcircled{2}}$ bedeutet 1 Zweier und 1 Einer

(2) Vergleich Zehnersystem – Zweiersystem

Im *Zehnersystem* werden 10 Einer zu 1 Zehner, 10 Zehner zu 1 Hunderter, 10 Hunderter zu 1 Tausender usw. zusammengefasst.

·10 ·10 ·10 ·10

1000er	100er	10er	1er
6	5	2	7

$6 \cdot 1000 + 5 \cdot 100 + 2 \cdot 10 + 7 \cdot 1$

Die Ziffern zeigen an, aus wie vielen Einern, Zehnern, Hundertern usw. die Zahl sich zusammensetzt. Man benötigt die zehn Ziffern 0, 1, 2, 3, 4, 5, 6, 7, 8, 9.

Im *Zweiersystem* werden 2 Einer zu 1 Zweier, 2 Zweier zu 1 Vierer, 2 Vierer zu 1 Achter usw. zusammengefasst.

·2 ·2 ·2 ·2

8er	4er	2er	1er
1	0	1	1

$1 \cdot 8 + 0 \cdot 4 + 1 \cdot 2 + 1 \cdot 1$

Die Ziffern zeigen an, aus wie vielen Einern, Zweiern, Vierern, Achtern usw. die Zahl sich zusammensetzt. Man benötigt nur die zwei Ziffern 0 und 1.

Aufgabe 1

Umrechnen vom Zweier- in das Zehnersystem und umgekehrt

Man kann Zahlen vom Zweiersystem in das Zehnersystem umrechnen und umgekehrt.

a) Rechne $110011_{\textcircled{2}}$ aus dem Zweiersystem in das Zehnersystem um. Trage dazu $110011_{\textcircled{2}}$ zuerst in eine Stellentafel für das Zweiersystem ein.

b) Rechne 92 aus dem Zehnersystem in das Zweiersystem um. Zerlege dazu die Zahl 92 in die Stufenzahlen des Zweiersystems.

Lösung

a) Aus der Stellentafel lesen wir den Wert der einzelnen Ziffern ab:

32er	16er	8er	4er	2er	1er
1	1	0	0	1	1

$$\begin{aligned} 110011_{\textcircled{2}} &= 1 \cdot 32 + 1 \cdot 16 + 0 \cdot 8 + 0 \cdot 4 + 1 \cdot 2 + 1 \cdot 1 \\ &= 32 + 16 + 0 + 0 + 2 + 1 \\ &= 51 \end{aligned}$$

Ergebnis: $110011_{\textcircled{2}} = 51$

b) Die Stufenzahlen des Zweiersystems sind 1, 2, 4, 8, 16, 32, 64, 128, ...
Man erhält folgende Zerlegung:

$$\begin{aligned} 92 &= 64 + 28 \\ &= 64 + 16 + 12 \\ &= 64 + 16 + 8 + 4 \end{aligned}$$

Ergebnis: $92 = 1 \cdot 64 + 0 \cdot 32 + 1 \cdot 16 + 1 \cdot 8 + 1 \cdot 4 + 0 \cdot 2 + 0 \cdot 1 = 1011100_{\textcircled{2}}$

Weiterführende Aufgabe

Stellenwert einer Ziffer im Zehner- bzw. Zweiersystem

2. Welchen Wert hat die Ziffer 1 an der 3. Stelle, 4. Stelle, 5. Stelle, 6. Stelle, 7. Stelle, 8. Stelle, 9. Stelle von rechts
   (1) im Zehnersystem; (2) im Zweiersystem?

Das Zehnersystem und das Zweiersystem sind **Stellenwertsysteme**.
Der Wert (Stellenwert) einer Ziffer hängt davon ab, an welcher Stelle die Ziffer in einer Zahl steht.

Üben

3. a) Untersuche mit deinem Nachbarn, wie man bei einer im Zweiersystem geschriebenen Zahl schnell erkennen kann, ob sie gerade oder ungerade ist.
b) Betrachtet die Stufenzahlen des Zweiersystems. Vergleicht sie. Beschreibt, welche Regelmäßigkeiten euch auffallen.

4. Setze die Stellentafel fort; trage die nächsten fünf Zahlen im Zweiersystem ein.

a)

32	16	8	4	2	1
1	0	1	1	0	1

b)

64	32	16	8	4	2	1
	1	1	1	0	1	1

c)

128	64	32	16	8	4	2	1
1	0	1	0	1	1	1	1

5. Schreibe im Zweiersystem alle Zahlen von:
a) $1000_{②}$ bis $1111_{②}$ b) $1000_{②}$ bis $10000_{②}$ c) $1101_{②}$ bis $10111_{②}$ d) $10000_{②}$ bis $100000_{②}$

6. Gib den Vorgänger und den Nachfolger jeder Zahl im Zweiersystem an.
a) $110_{②}$ b) $101100_{②}$ c) $10111_{②}$ d) $111111_{②}$ e) $1010101_{②}$

7. Rechne in das Zehnersystem um.
a) $10001_{②}$, $11010_{②}$ b) $101010_{②}$, $101000_{②}$ c) $10000011_{②}$, $1110011_{②}$ d) $1100111_{②}$, $1000111_{②}$ e) $1000101_{②}$, $1100101_{②}$

8. Rechne in das Zweiersystem um.
a) 18 b) 31 c) 25 d) 35 e) 56 f) 70 g) 100 h) 129 i) 144 j) 207

9. Hannes liest $1001_{②}$ als „Eintausendeins im Zweiersystem". Was meinst du dazu?

Vertiefen

10. a) Rechne die Zahlen 5, 8, 19, 44 in das Zweiersystem um. Verdoppele die Zahlen und rechne sie in das Zweiersystem um. Was fällt dir auf?
b) Rechne in das Zweiersystem um und vergleiche. Was fällt auf?
(1) 2; 4; 8; 16; 32; 64; 128 (2) 3; 7; 15; 31; 63; 127 (3) 5; 9; 17; 33; 65; 129

11. a) Notiere die größte Zahl, die im Zweiersystem (1) fünfstellig; (2) sechsstellig; (3) siebenstellig ist. Rechne sie ins Zehnersystem um.
b) Wie viele dreistellige [vierstellige; fünfstellige] Zahlen gibt es im Zweiersystem?
c) Wie viele Stellen haben folgende Zahlen im Zweiersystem?
(1) 100; 200; 400 (2) 500; 1000; 2000 (3) 1000; 2000; 4000
d) Vergleiche die Schreibweise einer Zahl im Zweiersystem mit der im Zehnersystem.

Herausfordern

12. Unten siehst du, wie man die Zahl 37 aus dem Zehnersystem, durch schrittweise Division durch 2 ins Zweiersystem umrechnen kann.

1. Schritt	37 : 2 = 18 Rest 1	37 Einer sind 18 Zweier und 1 Einer
2. Schritt	18 : 2 = 9 Rest 0	18 Zweier sind 9 Vierer und 0 Zweier
3. Schritt	9 : 2 = 4 Rest 1	9 Vierer sind 4 Achter und 1 Vierer
4. Schritt	4 : 2 = 2 Rest 0	4 Achter sind 2 Sechzehner und 0 Achter
5. Schritt	2 : 2 = 1 Rest 0	2 Sechzehner sind 1 Zweiundreißiger und 0 Sechzehner
6. Schritt	1 : 2 = 0 Rest 1	1 Zweiunddreißiger sind 2 Sechzehner sind 1 Zweiundreißiger und 0 Sechzehner

Also ist die Zahl 37 im Zehnersystem die Zahl 100101_2 im Zweiersystem.
Rechne entsprechend die Zahlen 25, 41 und 87 aus dem Zehner- ins Zweiersystem um.

1.4 Römische Zahlzeichen

Ziel

Unsere Ziffern 0, 1, 2, 3, 4, 5, 6, 7, 8, 9 sind erst seit ungefähr 500 Jahren in Europa verbreitet. Sie stammen aus Indien und wurden von den Arabern nach Europa gebracht. Daher werden sie auch *arabische Ziffern* genannt. Vorher wurden in Europa die Zahlzeichen der Römer benutzt. Die römischen Zahlzeichen werden mit Großbuchstaben geschrieben. Du findest sie noch heute, z. B. auf einigen Uhren und an alten Gebäuden.
Hier lernst du, wie man Zahlen mit römischen Zahlzeichen schreibt.

Zum Erarbeiten

Umwandeln einer in römischer Schreibweise geschriebenen Zahl

Betrachte die Uhr oben und ergänze die nebenstehende Tabelle in deinem Heft. Gib an, welche römischen Zahlzeichen du erkennst. Nenne auch Regeln, wie man diese Zahlzeichen zum Schreiben von Zahlen zusammensetzt. Vergleiche deine Überlegungen mit der folgenden Information.

Mit arabischen Ziffern geschriebene Zahl	1	2
Mit römischen Zahlzeichen geschriebene Zahl	I	II

Römische Zahlzeichen:	I	V	X	L	C	D	M
	1	5	10	50	100	500	1000

(1) Steht ein Zahlzeichen rechts von einem Zahlzeichen mit gleichem oder höherem Wert, so werden die Werte der Zahlzeichen addiert.
(2) Steht ein Zahlzeichen links von einem Zahlzeichen mit höherem Wert, so wird der kleinere Wert von dem größeren subtrahiert.

Beispiele:
XI = X + I = 11
IX = X − I = 9

Gib die Nummern der folgenden Asterix-Hefte mit arabischen Ziffern an.

→ Bei der Zahl XVI steht rechts von X das Zeichen V mit kleinerem Wert und rechts davon das Zeichen I mit noch kleinerem Wert. Also wird addiert: XVI = 10 + 5 + 1 = 16.

→ Bei der Zahl XXIV steht das Zeichen I links von dem Zeichen V mit größerem Wert. Es wird also von dem Wert für V subtrahiert und nicht zu dem Wert des links von ihm stehenden Zeichens X addiert: XXIV = 10 + 10 + 5 − 1 = 24.
Entsprechend erhält man: XIX = 10 + 10 − 1 = 19.

Umwandeln einer mit arabischen Ziffern geschriebenen Zahl

Die Schreibweisen IV und IX für 4 und 9 sind Beispiele für die Regel (3). Sie haben sich erst im Laufe der Zeit im Mittelalter entwickelt. Sie sind nicht immer beachtet worden.

(3) Die Zeichen I, X und C stehen bei einer Zahl höchstens dreimal hintereinander. V, L, D kommen höchstens einmal vor.
(4) Von einem Zahlzeichen kann nur das jeweils nächstkleinere der Zeichen I, X oder C subtrahiert werden.

Beispiele:
nicht IIII, sondern IV
möglich XC,
aber nicht IC

A Schreibe die Zahlen 2135 sowie 1494 mit römischen Zahlzeichen.

→ Durch Zerlegung erhalten wir:
2135 = 2000 + 100 + 30 + 5 = 1000 + 1000 + 100 + 10 + 10 + 10 + 5, also 2135 = MMCXXXV
Bei der Zahl 1494 müssen wir beachten: 400, 90 und 4 werden jeweils gebildet durch Voranstellen eines Zahlzeichens mit kleinerem Wert vor einem Zeichen mit höherem Wert: 400 = CD, 90 = XC, 4 = IV, also 1494 = MCDXCIV.

Üben

1. Schreibe mit arabischen Ziffern.
a) XXXVII; CXXV; DCCLII; MCCCXXVI; MDCLXVI; MDCCLXXIII
b) XLII; XXIV; XXXIX; XCIII; XCIV; MCMXIX; MCMXLIX

2. a) Das Foto zeigt das alte Museum in Berlin. Das Baujahr ist in römischer Zahlschreibweise angegeben. Schreibe es mit arabischen Ziffern.
b) Bei einem Fachwerkhaus ist als Baujahr MDCCXCIV in einen Balken eingekerbt. Schreibe mit arabischen Ziffern.

3. Erkunde, wo du sonst noch mit römischen Zahlzeichen geschriebene Zahlen findest.

4. Wie ist der Spielstand in *Asterix bei den Briten*?

5. Schreibe die Zahlen mit römischen Zahlzeichen.
a) von 1 bis 20　　b) 33; 66; 85; 821; 625; 1 872

Vertiefen

6. a) Schreibe die Zahlen 744 und 150 mit römischen Zahlzeichen.
b) Berichtige die folgenden Schreibweisen:
(1) VIIII　(2) LC　(3) VVV　(4) CCCCVIIIII　(5) LLLVXIIIII
c) Erkläre, warum die Zeichen D, L und V in der Regel höchstens einmal auftreten.

7. Welches ist die größte, welches die kleinste Zahl, die man nur mit
(1) den Zahlzeichen X und L; (2) den Zahlzeichen M und C; (3) den Zahlzeichen C, X und V
schreiben kann?

Herausfordern

8. Man kann die römischen Zahlzeichen mit Streichhölzern darstellen. Rechts siehst du zwei Aufgaben. Welches Streichholz muss man umlegen, damit die Rechnung stimmt?

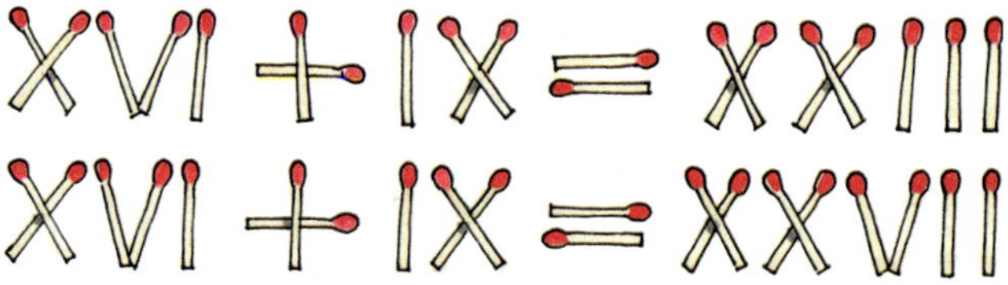

1.5 Anordnen und Runden natürlicher Zahlen

1.5.1 Vergleichen und Ordnen – Zahlenstrahl

Einstieg

An vielen Gegenständen des täglichen Lebens findet ihr Skalen zum Ablesen.

a) Betrachtet die rechts abgebildeten Gegenstände, die eine Skala haben. Lest auf jeder Skala die angezeigte Zahl ab. Wozu benutzt man die Gegenstände?

b) Nennt weitere Beispiele für Skalen in eurem Alltag.

c) Bei manchen Skalen sind nicht alle Skalenstriche mit Zahlen beschriftet. Überlegt Vor- und Nachteile dieser Beschriftung.

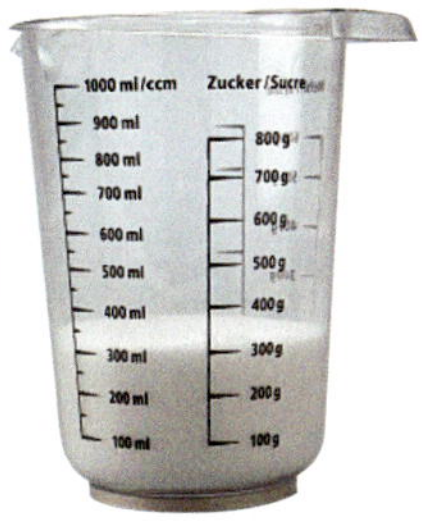

Aufgabe 1

Zahlenstrahl

Die natürlichen Zahlen kann man auf dem Zahlenstrahl veranschaulichen.
Der Zahlenstrahl beginnt bei null.
Die Abstände zwischen zwei benachbarten natürlichen Zahlen sind immer gleich groß.

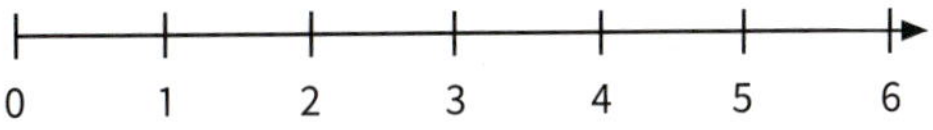

Die Richtung des Zahlenstrahls zeigen wir durch eine Pfeilspitze an; sie zeigt in Richtung der größer werdenden Zahlen.

a) Zeichnest du einen Zahlenstrahl wie oben in dein Heft, so kommst du nicht weit.
Zeichne je einen geeigneten Zahlenstrahl, auf dem man
(1) die Zahlen 40; 55; 80; (2) die Zahlen 600; 350; 900 eintragen kann.

b) Welche Zahlen liegen auf dem Zahlenstrahl links von 150, welche liegen rechts von 100?

Lösung

a) Verkleinert man den Abstand zweier benachbarter natürlicher Zahlen, dann kann man auch größere Zahlen eintragen. Wir verändern den *Maßstab* für unseren Zahlenstrahl.

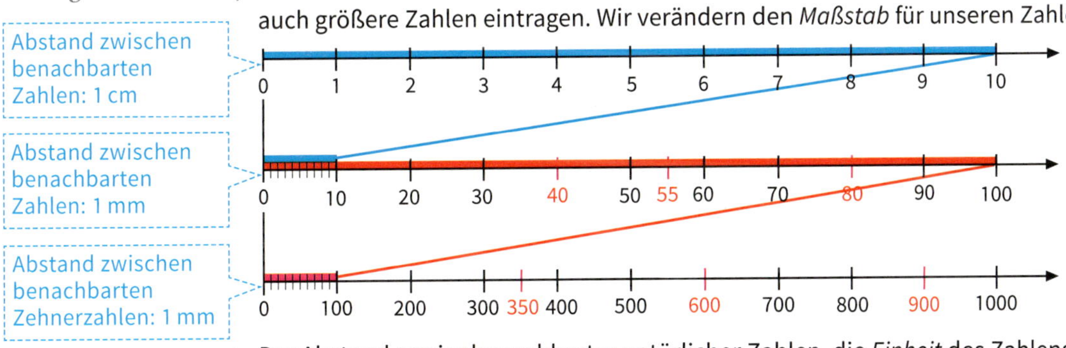

Der Abstand zweier benachbarter natürlicher Zahlen, die *Einheit* des Zahlenstrahls, kann sehr klein werden. Daher gibt man häufig an, wie viele Einheiten 1 cm ergeben.

Beim ersten Zahlenstrahl haben wir für 1 Einheit 1 cm gewählt: **1 Einheit = 1 cm**
Beim zweiten Zahlenstrahl haben wir für 10 Einheiten 1 cm gewählt: **10 Einheiten = 1 cm**
Beim dritten Zahlenstrahl haben wir für 100 Einheiten 1 cm gewählt: **100 Einheiten = 1 cm**

b) Links von 150 befinden sich auf dem Zahlenstrahl die Zahlen, die kleiner als 150 sind.
Rechts von 100 liegen die Zahlen, die größer als 100 sind.

Information

(1) Kleiner und größer bei natürlichen Zahlen

Natürliche Zahlen können wir hinsichtlich der Größe vergleichen.
Sind die Zahlen verschieden, so gibt es zwei Möglichkeiten:
(a) *47 ist kleiner als 72*, in Zeichen: 47 < 72.
(b) *72 ist größer als 47*, in Zeichen: 72 > 47.
Am Zahlenstrahl bedeutet:
47 < 72: Die Zahl 47 liegt am Zahlenstrahl links von der Zahl 72.
72 > 47: Die Zahl 72 liegt am Zahlenstrahl rechts von der Zahl 47.

Die Spitze des Zeichens < bzw. > zeigt auf die kleinere Zahl.

(2) Ordnungsketten

Vergleicht man drei oder mehr natürliche Zahlen miteinander, dann kann man sie in Form einer *Ordnungskette* aufschreiben, zum Beispiel 13 < 25 < 31
Man liest: 13 ist kleiner als 25 und 25 ist kleiner als 31 oder kurz 13 kleiner 25 kleiner 31.
Hieran kannst du ablesen: 13 < 25, 25 < 31 und 13 < 31.

Weiterführende Aufgabe

Größenvergleich im Zehnersystem

2. Die Karte enthält die Einwohnerzahlen aller Länder der Bundesrepublik Deutschland im Jahr 2013.

a) Ordne die Länder nach der Größe der Einwohnerzahl.

b) Nenne die Bundesländer, auf die die jeweilige Aussage zutrifft.

(1) Das Bundesland hat mehr als 10 Millionen Einwohner.

(2) Das Land hat weniger als 1 Million Einwohner.

(3) Das Land hat mehr als 3 Millionen, aber weniger als 7 Millionen Einwohner.

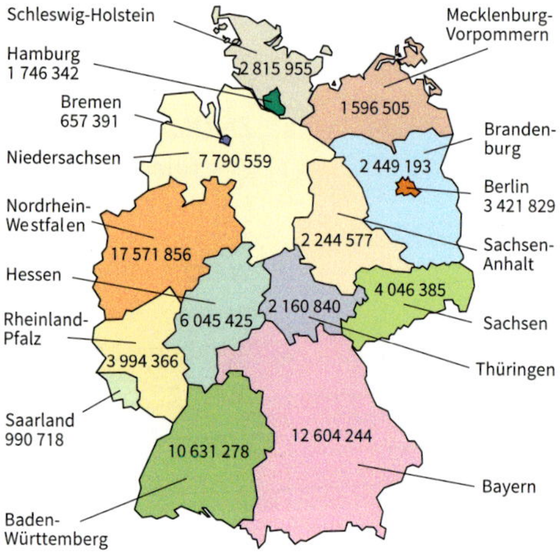

c) Wie kann man vorgehen, um zwei natürliche Zahlen zu vergleichen? Beschreibe.

(1) Haben zwei natürliche Zahlen unterschiedlich viele Ziffern, dann ist die Zahl, die mehr Ziffern hat, die größere.

Beispiele: 5173 (4 Ziffern) > 998 (3 Ziffern) 7308 (4 Ziffern) < 73084 (5 Ziffern)

(2) Haben zwei natürliche Zahlen gleich viele Ziffern, dann vergleicht man die beiden Zahlen stellenweise von links nach rechts.

Beispiele: 73528 > 49766
Die beiden Zahlen unterscheiden sich schon in der 1. Ziffer (hier in den Zehntausendern). Die 1. Ziffer der Zahl links ist größer als die 1. Ziffer der Zahl rechts: 7 ZT > 4 ZT

45678 < 45822
Die beiden Zahlen unterscheiden sich erst in den 3. Ziffern (hier in den Hundertern). Die 3. Ziffer der Zahl links ist kleiner als die 3. Ziffer der Zahl rechts: 6 H < 8 H

Üben

3. Auf dem Zahlenstrahl sind Zahlen durch rote Striche markiert. Schreibe die Zahlen auf.

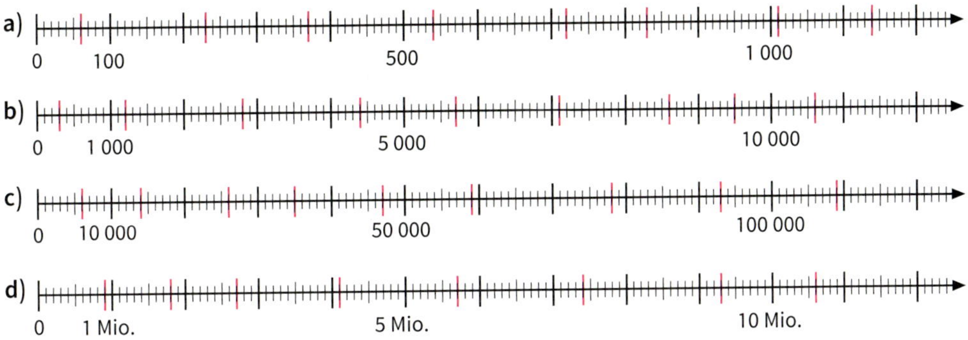

4. Zeichne einen Zahlenstrahl, auf dem folgende Zahlen genau eingetragen werden können.

a) 60; 75; 130; 144 b) 700; 1 300; 1 450; 1 750 c) 4 200; 8 500; 7 900; 800

5. Übertrage in dein Heft und setze für ▫ das passende Zeichen (< oder >) ein.

a) 2 385 ▫ 2 367
998 ▫ 989
1 010 ▫ 1 001

b) 8 375 024 ▫ 8 375 042
67 003 ▫ 67 013
3 759 333 ▫ 375 933

c) 152 191 233 ▫ 152 191 322
94 533 408 ▫ 94 453 499
12 865 745 ▫ 12 856 745

6. Ordne die Automarken nach ihrer Häufigkeit.

PKW-Zulassungen 2013

Der Automobilmarkt war 2013 rückläufig. Mit 2,95 Millionen neu zugelassenen Personenkraftwagen (Pkw) waren es 130 000 weniger als 2012. Umweltaspekte machten sich bemerkbar: Die Zahl der Elektro-Pkw verdoppelte sich innerhalb eines Jahres auf 6 051.

Audi	251 952	Ford	197 794	Mercedes	277 373	Seat	83 364
BMW/Mini	231 815	Hyundai	101 522	Opel	207 461	Skoda	159 939
				Renault	98 922	VW	642 190

7. Ordne die Zahlen nach der Größe. Überlege dir, mit welcher Zahl du beginnst.

a) 3 658; 3 750; 3 121; 6 570; 3 715
b) 92 590; 9 295; 920 000; 92 900; 9 950
c) 46 640; 44 660; 6 460; 66 040; 406 400
d) 171 250; 4 150 000; 314 571; 49 350; 757 170

8. Anzahl der Fluggäste auf Flughäfen in der Bundesrepublik Deutschland im Jahr 2013:

Hamburg	13 502 553	Leipzig-Halle	2 234 231	Frankfurt/Main	58 036 948
Bremen	2 612 627	Düsseldorf	21 228 226	Nürnberg	3 309 629
Hannover	5 234 909	Köln/Bonn	9 077 346	Saarbrücken	405 265
Berlin Tegel	19 591 849	Dresden	1 754 139	Stuttgart	9 577 551
Münster-Osnabrück	860 000	Erfurt-Weimar	214 939	München	38 689 954
Dortmund	1 924 313	Hahn	2 667 402		

a) Ordne die Flughäfen.Welche Flughäfen haben mehr als 10 Mio. Fluggäste?
b) Stellt einander weitere geeignete Fragen und beantwortet sie.

Vertiefen

9. a) Die Zahl 720 soll auf dem Zahlenstrahl dargestellt werden. Max wählt Strahl (1), Anna Strahl (2). Erkläre, wie die beiden vorgehen müssen, um die richtige Stelle zu finden.

(1)
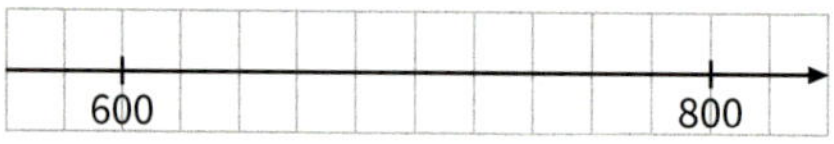

(2)
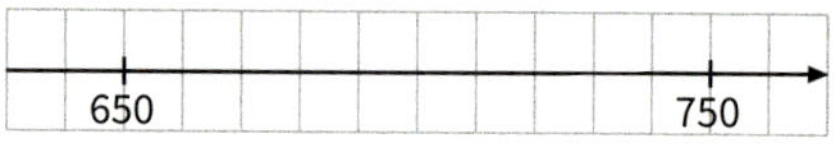

b) Lina hat ebenfalls die 720 eingezeichnet. Prüfe ob sie richtig gearbeitet hat.

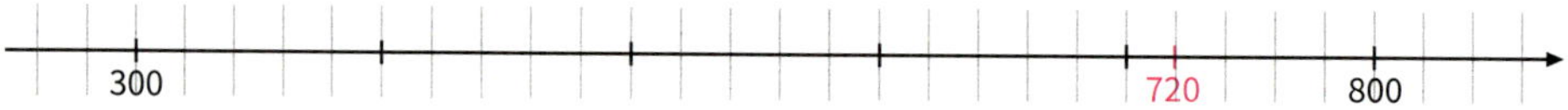

10. a) Die Erde ist etwa 4 Milliarden 560 Millionen Jahre alt. Der Zeitstrahl zeigt die Entwicklung des Lebens. Lies ab, in welchem Alter der Erde die einzelnen Lebewesen entstanden sind.

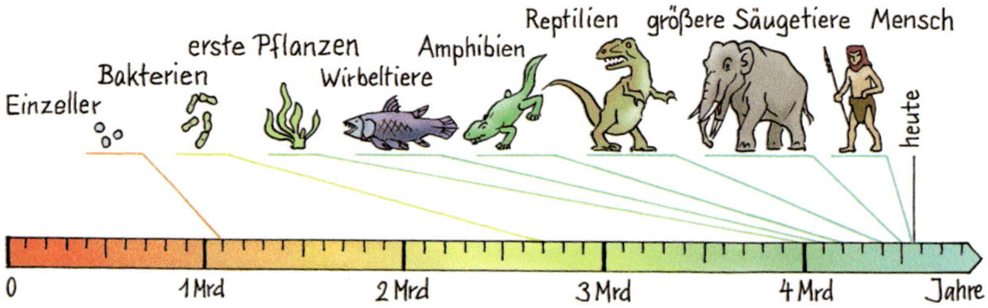

b) In der obigen Darstellung scheint der Mensch erst heute entstanden zu sein. Anhand von Knochenfunden kann man belegen, wann Frühformen des Menschen gelebt haben.
Ordne die Frühformen des Menschen nach dem Alter der Knochenfunde.

c) Stelle die Daten aus Teilaufgabe b) auf einem geeigneten Zahlenstrahl dar.

Frühform des Menschen	Alter
Früher homo sapiens	300 000
Homo erectus	1 800 000
Cro-Magnon	40 000
Neandertaler	130 000
Homo habilis	2 300 000

11. Bestimme alle Zahlen, die
a) größer als 11 und kleiner als 19 sind.
b) höchstens so groß wie 9 sind.
c) zweistellig und größer als 89 sind.
d) kleiner als 8 und kleiner als 13 sind.
e) kleiner als 25, aber nicht kleiner als 18 sind.
f) nicht größer als 85 und nicht kleiner als 76 sind.

12. a) Schreibe in Form einer Ordnungskette:
(1) 27; 38; 15; 86 (2) 92 590; 9 295; 920 000; 92 900; 9 950

b) Stelle mithilfe einer Ordnungskette dar:
(1) 123 ist größer als 105 und 105 ist größer als 88.
(2) 52 liegt zwischen 29 und 61
(3) 104 ist kleiner als 112 und 121 ist größer als 112.

c) Drücke in Worten aus. Verwende mindestens zwei verschiedene Formulierungen: 55 > 31 > 29

d) Markus schreibt auf: 29 < 38 > 25. Erkläre, warum eine solche Schreibweise nicht sinnvoll ist.

Herausfordern

13. a) Welche Zahl liegt genau in der Mitte zwischen den eingetragenen Zahlen?

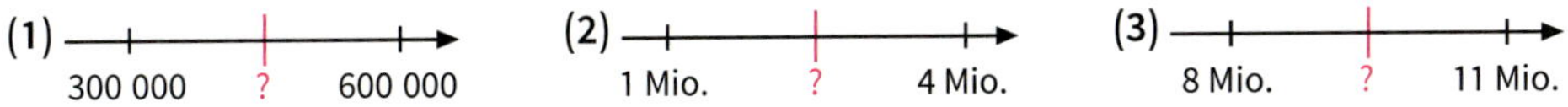

b) Gib zwei Zahlen an, in deren Mitte (1) 5; (2) 84; (3) 119; (4) 1 liegt.

c) Ergänze so, dass 27 in der Mitte liegt zwischen (1) 25 und ▢; (2) ▢ und 30.

d) Lasse sagt: „Die Mitte zwischen zwei natürlichen Zahlen ist immer eine natürliche Zahl.“ Untersuche diese Aussage.

14. Wie viele Zahlen sind gemeint, wenn man schreibt:

a) 35; 36; 37; 38; 39; 40; ...; 57;58

b) 64; 66; 68; 70; 72; ....; 86; 88

c) 35; 42; 49; 56; ...; 91; 98; 105

d) 145; 150; 155; 160; ..., 430; 435; 440

15. Die Müllers haben fünf Kinder, alles Jungen: Jan, Max, Felix, Paul und Nico. Felix und Paul sind jünger als Max. Jan ist älter als Nico und jünger als Max. Paul ist älter als Jan und Felix ist jünger als Nico. Bestimme die Reihenfolge der Jungen vom Ältesten zum Jüngsten.

1.5.2 Runden von Zahlen – Bilddiagramme

Einstieg 

In zwei verschiedenen Zeitungen wurde über die Anzahl der Haushalte mit Haustieren berichtet.

Tiere	Anzahl
Katzen	7 900 000
Hunde	4 900 000
Nagetiere	3 450 000
Vögel	2 550 000

Tiere	Anzahl der Haushalte mit Tieren
Katzen	
Hunde	
Nagetiere	
Vögel	

a) Vergleicht beide Darstellungen. Nennt Vor- und Nachteile.

b) Beschreibt, wie man eine Darstellung aus der anderen erhalten kann.

Aufgabe 1

≈ bedeutet ist ungefähr

Für Einwohnerzahlen kann man Bilddiagramme zeichnen; dabei werden die Zahlen gerundet.

a) Vergleiche die Anzahl der Figuren für Karlsruhe und Freiburg mit den Einwohnerzahlen der beiden Städte:
Karlsruhe: 299 103 Freiburg: 220 286
Erkläre, warum für Karlsruhe im Bilddiagramm 1 Figur mehr gezeichnet wurde als für Freiburg.

b) Nenne die Anzahl der Figuren, die man zur Darstellung der Einwohnerzahlen der folgenden Städte in Baden-Württemberg benötigt (Stand 31.12.2013):

Stuttgart	604 297	Mannheim	296 690
Heidelberg	152 113	Ulm	119 218

c) Wie viele Figuren würde man einer Stadt mit genau 250 000 Einwohnern zuordnen? Erläutere deine Überlegung.

Lösung

a) Jede Figur bedeutet 100 000 Einwohner. Das Diagramm gibt die Einwohnerzahl nicht exakt, sondern auf Hunderttausender gerundet an. Die Einwohnerzahlen beider Städte liegen zwischen 200 000 und 300 000. Die Einwohnerzahl von Karlsruhe liegt jedoch dichter an 300 000 als an 200 000. Deshalb zeichnet man 3 Figuren.
Die Einwohnerzahl von Karlsruhe wird also aufgerundet: $299\,103 \approx 300\,000$
Die Einwohnerzahl von Freiburg liegt näher an 200 000 als an 300 000, deshalb wird abgerundet:
$220\,286 \approx 200\,000$. Somit zeichnet man für Freiburg 2 Figuren.

b) Wir runden die Einwohnerzahlen auf Hunderttausender:

Stuttgart	$604\,297 \approx 600\,000$,	also 6 Figuren
Mannheim	$296\,690 \approx 300\,000$,	also 3 Figuren
Heidelberg	$152\,113 \approx 200\,000$,	also 2 Figuren
Ulm	$119\,218 \approx 100\,000$,	also 1 Figur

c) 250 000 liegt genau in der Mitte von 200 000 und 300 000. Für solche Fälle hat man vereinbart, dass dann aufgerundet wird: $250\,000 \approx 300\,000$.

Information

Will man große Zahlen mit Bilddiagrammen veranschaulichen, ist es sinnvoll, sie zu runden.

Oft ist es nicht erforderlich, eine Zahl ganz genau anzugeben. Dann kann man die Zahl auf eine bestimmte Stelle (z. B. Zehner, Hunderter, ...) **runden**. Gehe dabei so vor:

(1) Suche die Rundungsstelle.

(2) Ist die Ziffer rechts von der Rundungsstelle *kleiner als 5*, so wird abgerundet.
Dabei bleibt die Ziffer an der Rundungsstelle erhalten. Alle Ziffern rechts davon werden 0.

(3) Ist die Ziffer rechts von der Rundungsstelle *5 oder größer als 5*, so wird aufgerundet.
Dabei wird die Ziffer an der Rundungsstelle um 1 erhöht. Alle Ziffern rechts davon werden 0.

Bei 0, 1, 2, 3, 4 **ab**runden; bei 5, 6, 7, 8, 9 **auf**runden

Beispiele:

Runden auf **Hunderter**:
$1\,737 \approx 1\,700$
Rechts von der Rundungsstelle steht eine 3. Hier muss man abrunden.

Runden auf **Tausender**:
$76\,980 \approx 77\,000$
Rechts von der Rundungsstelle steht eine 9. Hier muss man aufrunden.

Üben

2. **a)** Runde auf Zehner [Hunderter]: 97; 194; 248; 329; 28 563; 264 999; 4 783 969
b) Runde auf Tausender [Zehntausender]: 8 951; 25 499; 24 999; 4 785 934; 1 878 049
c) Runde auf Millionen [Hunderttausender]: 6 142 718; 3 433 100; 2 295 000; 5 453 640

3. Das Bilddiagramm zeigt, wie viele Handyverträge es in Deutschland gab. Jede Figur steht für 10 Millionen Verträge. Notiere in einer Tabelle die gerundeten Anzahlen.

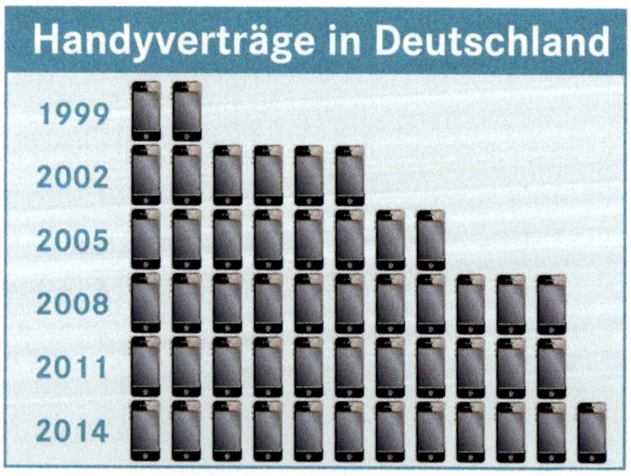

4. Tim rundet 2 548 auf Hunderter. Dazu geht er schrittweise vor: Er rundet zunächst auf Zehner: 2 550. Diese gerundete Zahl rundet er auf Hunderter: 2 600.
Was meint ihr dazu?

5. Zeichne ein Bilddiagramm der Einwohnerzahlen 2013 in europäischen Millionenstädten.

Berlin	3 422 000	London	8 417 000	Paris	2 273 000	St. Peterburg	5 162 000
Hamburg	1 746 000	Madrid	3 207 000	Prag	1 243 000	Warschau	1 724 000
Kiew	2 869 000	Moskau	11 972 000	Rom	2 868 000	Wien	1 794 000

6. Die folgenden Zahlen sind gerundet worden. Welche Zahl kann ursprünglich gestanden haben? Gib fünf Zahlen an, die infrage kommen.

a) Auf Zehner: 40; 100; 3 090

b) Auf Hunderter: 300; 4 500; 958 000

7. Bei einem Bundesliga-Fußballspiel waren 43 000 Zuschauer. Diese Zahl ist auf Tausender gerundet. Wie viele Zuschauer waren es mindestens, wie viele höchstens?

8. Wie heißen die größte und die kleinste Zahl, die beim Runden

a) auf Zehner die Zahl 130 ergeben;

b) auf Hunderter die Zahl 4 500 ergeben;

c) auf Tausender die Zahl 34 000 ergeben;

d) auf Zehntausender die Zahl 350 000 ergeben?

Vertiefen

9. a) In welchen der folgenden Fälle darf man runden? Begründe deine Entscheidung.

(1) In unserem Dorf wohnen heute 748 Personen.
(2) Peter hat die Telefonnummer 73 85 46.
(3) Der größte Reisebus der Firmer Anker hat 54 Sitzplätze.
(4) Das Johanneum hat 1 076 Schülerinnen und Schüler .
(5) Das Flugzeug hat eine Flughöhe von 10 300 Meter.
(6) Der Mond umkreist die Erde in einer Entfernung von 384 000 km.
(7) Mike hat die Kleidergröße 152.

b) Hier kann es sinnvoll sein, zu runden oder auch nicht zu runden. Erläutere.

(1) Im Fußballstadion waren 21 367 zahlende Zuschauer.
(2) Familie Meier kauft ein Auto für 18 424 €.

10. Ravi besucht in den Weihnachtsferien seine 62 Jahre alte Oma in Neu-Delhi. Neu-Delhi ist Teil der indischen Metropole Delhi, hat eine Fläche von 42,7 km^2 und 249998 Einwohner. Am Abreisetag fährt Ravis Vater ihn zum 134 km entfernten Flughafen. Um 13 Uhr 15 startet die mit 376 Passagieren besetzte Boeing 747 mit der Flugnummer 1683 zu ihrem 6 116 km weiten Flug. Nach langen 7 Stunden und 23 Minuten auf einer durchschnittlichen Flughöhe von 10 678 km hat Ravi wieder festen Boden unter den Füßen. Erleichtert schließt er seine Oma in die Arme. Bei ihr und 12 weiteren Verwandten wird er nun 13 schöne, erlebnisreiche Ferientage verbringen.

a) Der obige Text enthält viele Zahlen. Schreibe die Geschichte neu, indem du überall dort sinnvoll rundest, wo es möglich ist.

b) Ergänze Ravis Geschichte aus Teilaufgabe (a) um ein Ferienerlebnis.
Gib dabei alle Zahlen genau an und lass anschließend deinen Sitznachbarn entscheiden, wo Runden sinnvoll ist und wo nicht.

11. Ein Sportverein hat 453 jugendliche Mitglieder. Zu ihrer Verteilung auf die einzelnen Sportarten erschien in der Vereinszeitung folgendes Bilddiagramm.
Gib an, was du aus ihm ablesen kannst.

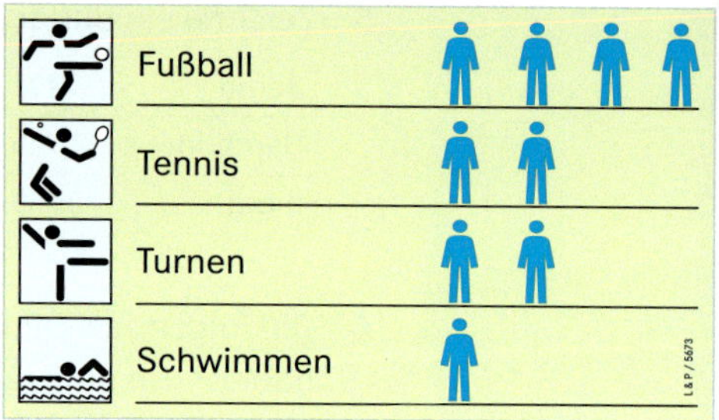

12.

Baden-Württembergs Schulen

Im Schuljahr 2013/14 besuchten 1 140 324 Schülerinnen und Schüler allgemeinbildende Schulen in Baden-Württemberg, davon 368 219 Grundschulen, 127 068 Werkreal- und Hauptschulen, 239 350 Realschulen, 8 564 Gemeinschaftsschulen, 317 073 Gymnasien, 80 050 Schulen besonderer Art.

Stelle die Daten aus dem Zeitungsartikel mittels eines geeigneten Bilddiagramms dar.

Herausfordern

13. Luis sagt: „Ich habe rund 6 € in meiner Tasche." Lilly sagt: „ Ich habe rund 7 € in meinem Geldbeutel." Beide haben auf Euro gerundet. Bestimme, wie viel Geld Lilly
(1) mindestens mehr; (2) höchstens mehr als Luis haben kann.

14. Wenn man die Zahl 7 342 auf 7 300 rundet, begeht man einen *Rundungsfehler*; in unserem Beispiel beträgt dieser 42.

a) Runde die folgenden Zahlen und gib den Rundungsfehler an:
(1) auf Zehner: 34; 285; 5 628; 35; 592; 239 543
(2) auf Hunderter: 385; 2 675; 29 522; 967 321; 435 211; 666 356

b) Hier ist bei den gerundeten Zahlen der Rundungsfehler angegeben. Wurde auf Zehner, Hunderter, Tausender oder Zehntausender gerundet? Nenne die ursprüngliche Zahl.

	Gerundete Zahl	Rundungsfehler
(1)	370	4
(2)	2 600	37
(3)	1 230	5

	Gerundete Zahl	Rundungsfehler
(4)	3 000	236
(5)	340 000	4 558
(6)	2 300	50

c) Wie groß kann der Rundungsfehler beim Runden auf
(1) Zehner; (2) Hunderter; (3) Tausender höchstens sein? Begründe.

Das kann ich noch!

A) Welche der Vierecke sind keine Quadrate?

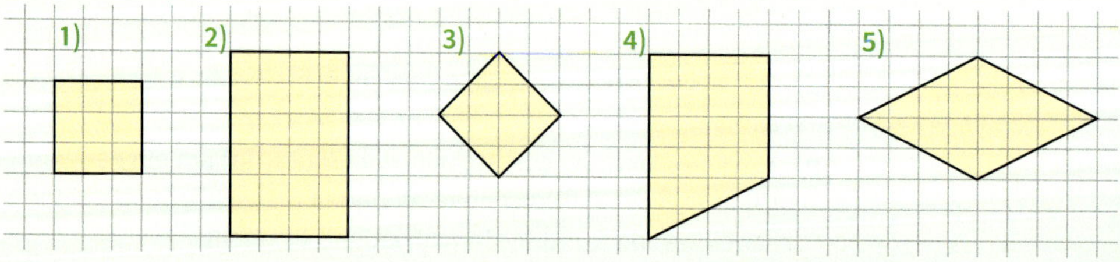

1.6 Messen und Größen

1.6.1 Messen von Längen – Längeneinheiten

Einstieg

Schätzt die Länge und Breite des Klassenraumes; die Breite und Höhe der Tür; die Länge, Breite und Dicke verschieden großer Hefte.
Messt dann genau und vergleicht mit euren Schätzungen. Beschreibt, wie ihr vorgegangen seid.

Einführung

(1) Messen in m, dm und cm

Das Tafellineal ist genau 1 m lang. Beim Messen einer Länge legt man es mehrfach aneinander. Häufig benötigt man aber auch kleinere Einheiten auf dem Lineal.

Das 1 Meter lange Tafellineal ist in 10 gleich lange Abschnitte eingeteilt. Jeder dieser Abschnitte hat die Länge 1 Dezimeter (1 dm).

Jede Dezimeter-Strecke ist wiederum in 10 gleich lange Abschnitte unterteilt. Die Länge eines jeden solchen kleineren Abschnitts ist 1 Zentimeter (1 cm).
Die Längeneinheiten m, dm und cm kann man übersichtlich in einer Einheitentabelle zusammenstellen. Sie hilft dabei, die Längen zu notieren:

Schreibweise mit gemischten Einheiten

6 m 35 cm = 6 m 3 dm 5 cm
6 m 35 cm = 6,35 m
6 m 35 cm = 635 cm

Einheitentabelle:

m	dm	cm
6	3	5

(2) Messen in cm und mm

Damit man auch kleine Strecken genau messen kann, ist auf dem Lineal jede Zentimeterstrecke in 10 Millimeterstrecken unterteilt.

Das Messer dieses Bleistiftanspitzers ist 2 cm 4 mm lang.
Es gilt: 2 cm 4 mm = 24 mm

Einheitentabelle:

cm	mm
2	4

Dies kann man auch in der Einheitentabelle rechts erkennen.
In der Kommaschreibweise notiert man statt der gemischten Einheiten auch: 2 cm 4 mm = 2,4 cm

(3) Messen in km und m

Rechts siehst du ein Streckenhäuschen an einer Bahnstrecke; auf ihm ist eine Entfernung in Kilometer (km) angegeben. Eine Strecke von 1 km Länge ist 1000-mal so lang wie eine Strecke von 1 m Länge.

Die Längenangabe 20,843 km bedeutet mit gemischten Einheiten 20 km 843 m. Dafür kann man kurz auch 20 483 m schreiben (siehe Einheitentabelle rechts).

Die Längenangabe 4,8 km auf dem Wegweiser links ist eine verkürzte Schreibweise. Will man diese Länge in gemischten Einheiten angeben, so sind noch zwei Nullen in der Einheitentabelle zu ergänzen. Es gilt somit: 4,8 km = 4,800 km = 4 km 800 m = 4800 m

Einheitentabelle:

km			m		
H	Z	E	H	Z	E
	2	0	8	4	3
		4	8	0	0

Information

(1) Übersicht über die Längeneinheiten

1 km = 1 000 m   1 m = 10 dm   1 dm = 10 cm   1 cm = 10 mm

Beachte auch: 1 m = 100 cm; 1 m = 1 000 mm

Große Längen misst man auch in der Einheit *Megameter*: 1 Mm = 1 000 000 m

Das Umrechnen von Längen kann mithilfe einer Einheitentabelle erfolgen.

km				m						
T	H	Z	E	H	Z	E	dm	cm	mm	Schreibweisen
			7	4	2	1				7 km 421 m = 7,421 km = 7 421 m
			0	3	6					0 km 360 m = 0,36 km = 360 m
						3	0	4		3 m 4 cm = 3,04 m = 304 cm
								5	7	5 cm 7 mm = 5,7 cm = 57 mm

So kannst du dir die Längen zu den Maßeinheiten vorstellen:

(2) Alte Längeneinheiten

Urmeter

Früher hat man noch mit „natürlichen Längenmaßen" gemessen, z. B.: *1 Zoll* (etwa 2,5 cm); *1 Spanne* (etwa 22 cm bis 28 cm); *1 Elle* (etwa 55 cm bis 65 cm); *1 Fuß* (etwa 25 cm bis 39 cm); *1 Schritt* (etwa 70 cm bis 80 cm).

Da aber die Körpermaße der Menschen sehr unterschiedlich sind, wurden auch unterschiedlich große Ellen verwendet. Allein in Deutschland gab es über 100 verschiedene Ellenmaße.

Der Ursprung der Längeneinheit Meter ist der Beschluss der französischen Nationalversammlung, ein einheitliches Längenmaß zu definieren. 1793 legt der Nationalkonvent das Meter als den zehnmillionsten Teil der Entfernung auf der Erde vom Pol zum Äquator fest. Links siehst du den *„Urmeterstab"*, der 1799 aus den Edelmetallen Platin und Iridium hergestellt wurde. Seine Länge wurde als 1 m festgelegt. Dies wurde auch beibehalten, als genauere Messungen des Erdumfangs erfolgten. Der *Urmeter* wird noch heute in Paris aufbewahrt.

In der *Internationalen Meterkonvention* einigten sich am 20. Mai 1875 in Mitteleuropa 17 Unterzeichner-Staaten darauf, zukünftig das Meter als verbindliche Längeneinheit zu verwenden.

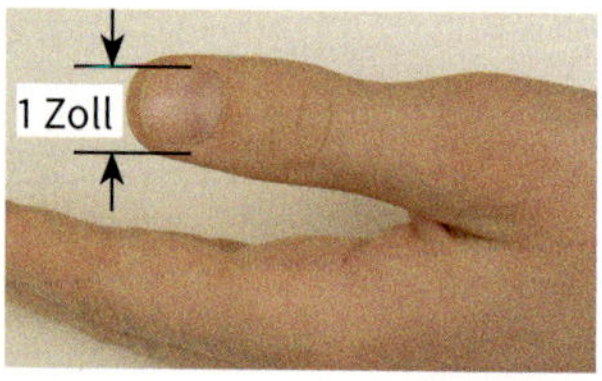

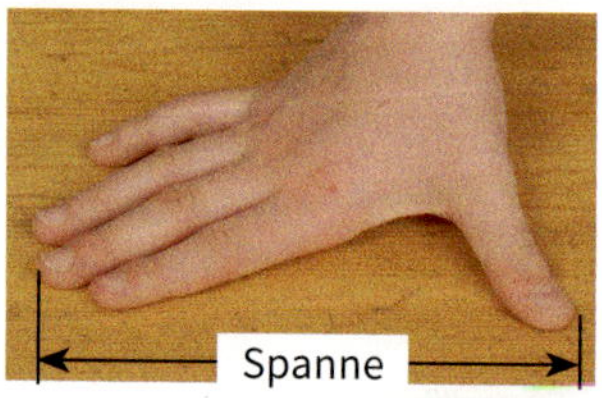

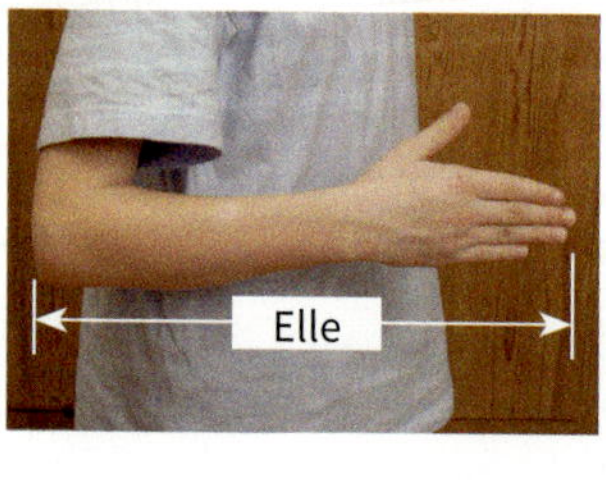

Üben

1. In welcher Längeneinheit gibt man zweckmäßig an:

(1) die Höhe eines Baumes,
(2) die Länge eines Bleistiftes,
(3) die Breite einer Straße,
(4) die Dicke einer Musik-CD,
(5) die Tiefe eines Flusses,
(6) die Länge eines Wanderweges für 2 Stunden,
(7) den Durchmesser einer Musik-CD,
(8) die Breite einer Tür,
(9) die Länge deines Schulweges,
(10) die Breite einer Briefmarke?

2. Schätze die Längen der unten abgebildeten Insekten (ohne Fühler). Miss dann genau.

Hornisse

Blattlaus

Honigbiene

Marienkäfer

Ohrwurm

Spiel

3. Ein Spieler markiert 2 Punkte auf einem Blatt. Alle Mitspieler schätzen den Abstand der beiden Punkte und notieren ihren Schätzwert. Jetzt wird gemessen. Die Abweichungen der Schätzwerte vom Messwert (in mm) werden als Minuspunkte für jeden notiert. Danach markiert der nächste Spieler 2 neue Punkte usw.

4. Gib die Länge in der nächstkleineren Einheit an.

a) 7 km b) 4 cm c) 39 m
d) 17 dm e) 625 m f) 80 cm
g) 999 m h) 88 cm i) 300 km
j) 8 dm k) 75 km l) 21 cm

60 cm = 600 mm
12 km = 12 000 m

5. Gib die Länge in der nächstgrößeren Einheit an.

a) 50 mm b) 200 mm c) 3 500 mm
d) 50 cm e) 3 000 cm f) 7 400 cm
g) 5 000 m h) 60 000 m i) 12 000 m
j) 70 dm k) 140 dm l) 1 300 dm

80 cm = 8 dm
250 mm = 25 cm

6. Schreibe ohne Komma mit gemischten Einheiten und rechne um.

a) 7,5 cm b) 27,8 cm c) 0,5 cm
d) 23,04 m e) 16,5 m f) 0,05 m
g) 7,256 km h) 20,005 km i) 11,4 km
j) 0,703 km k) 7,3 km l) 7,03 km

6,35 m = 6 m 35 cm
= 635 cm

7. Notiere in der kleineren Einheit sowie in der größeren Einheit in der Kommaschreibweise.

a) 4 dm 1 cm b) 50 cm 6 mm
c) 17 m 8 cm d) 4 km 319 m
e) 20 km 50 m f) 1 dm 8 mm
g) 2 m 30 cm h) 9 km 2 m

8. Kontrolliere Julias Hausaufgaben. Korrigiere gegebenenfalls in deinem Heft.

a) 6 m 2 cm = 620 cm
b) 2 km 300 m = 2,3 km
c) 5 m 1 cm = 5,1 m
d) 0,5 m = 5 cm
e) 8 km 60 m = 8,6 km
f) 4 m 1 cm = 4,01 cm

9. Schreibe in der in Klammern angegebenen Längeneinheit.

a) 5 m (cm) b) 4 m (mm) c) 2 dm (mm)
d) 40 000 m (km) e) 3 000 cm (m) f) 7 000 mm (m)
g) 5 km 700 m (km) h) 2 m 8 cm (m) i) 1 m 3 mm (m)
j) 7 600 m (km) k) 3 400 m (cm) l) 300 dm (cm)

10. Gib die Längen mit gemischten Einheiten an.

Football

Football-Spielfeld

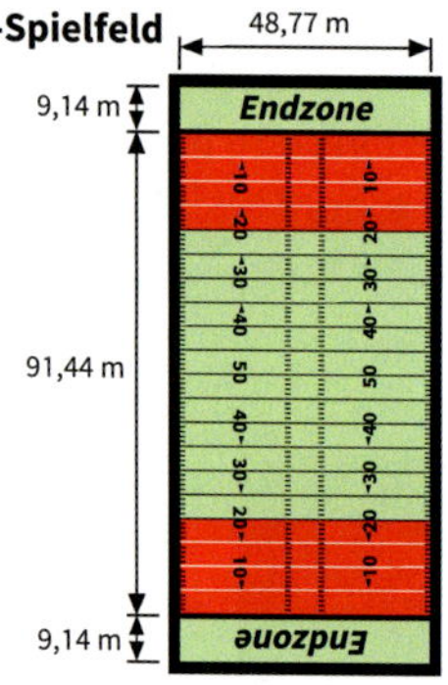

Olympia-Marathonstrecken	
1896	24,85 km
1900	40,26 km
1904	40 km
1908	42,195 km
1912	40,2 km
1920	42,75 km
seit 1924	42,195 km

Vertiefen

11. a) Rechne in die in Klammern angegebene Einheit um.

(1) 2 430 m (km)
(2) 7,3 km (m)
(3) 37 dm (m)
(4) 2,9 cm (mm)
(5) 8,1 dm (cm)
(6) 0,7 m (dm)

b) Erkläre Aylins Hausaufgaben.

(1) 6,85 m = 6 m 85 cm ≈ 7 m (2) 17415 m ≈ 17 000 m = 17 km

c) Runde auf die in Klammern angegebene Einheit.

(1) 69 cm (dm)
(2) 2 315 m (km)
(3) 339 cm (m)
(4) 61 mm (cm)
(5) 157 dm (m)
(6) 2931 mm (m)
(7) 6,81 m (dm)
(8) 250 cm (m)
(9) 34,5 cm (dm)

Eiffelturm

12. a) (1) Runde auf volle km: 3 448 m; 5 501 m; 8 194 m; 1 753 m; 6 499 m; 803 m
(2) Runde auf volle m: 651 cm; 929 cm; 1 249 cm; 963 cm; 2 350 cm; 6492 cm
(3) Runde auf volle cm: 135 mm; 73 mm; 5 341 mm; 716 mm; 361 mm; 1555 mm

b) (1) Der Eiffelturm in Paris ist 320 m hoch, die Höhe ist auf volle m gerundet. Wie hoch kann der Eiffelturm tatsächlich sein?
(2) Die Höhe eines Zimmers wird mit 248 cm angegeben; sie ist auf volle cm gerundet. Wie hoch kann das Zimmer tatsächlich sein?

13. Bei einem Auto werden Länge, Breite und Höhe in mm angegeben.

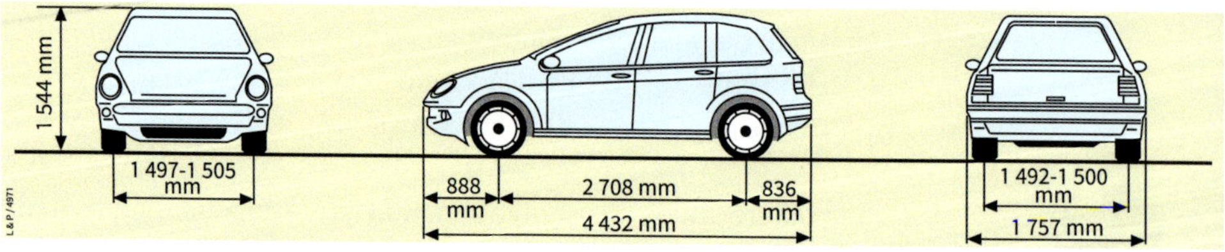

a) Gib die Maße des Autos in m an.
b) Lisa hat die Maße des Autos ihrer Eltern auf cm genau gemessen:
L = 475 cm; B = 170 cm; H = 143 cm.
Welche Längen in mm könnten es sein?

14. Ordne der Größe nach. Beginne mit der größten Länge.
13 cm; 40 mm; 2 dm; 1 dm 8 cm; 1 dm; 9 cm 8 mm; 0,5 dm

15. Setze das richtige Zeichen (<, =, >).

a) 300 dm ▢ 31 m; c) 60 000 mm ▢ 60 m; e) 420 dm ▢ 9 m

b) 31 500 m ▢ 29 km; d) 645 000 cm ▢ 5 km; f) 80 000 mm ▢ 80 m

16. Ordne die Sprungleistungen der Größe nach.

Herausfordern

17. Ein Turm aus zehn 2-Euro-Münzen ist 2 cm hoch und 25 mm breit.

a) Welche Höhe hätte ein Turm von 148 dieser Münzen?
Wie viele Münzen bräuchte man für einen Turm von 60 cm Höhe?

b) Der Weltrekord im Hochsprung der Frauen 2015 liegt bei 2,09 m.
Wie viele Münzen bräuchte man, um diese Höhe aufzuschichten?

c) Der Weltrekord im Weitsprung der Männer 2015 liegt bei 8,95 m.
Wie viele Münzen müsste man für diese Strecke nebeneinander legen?

1.6.2 Messen von Massen – Masseneinheiten

Einstieg

Zu jedem Gegenstand findet ihr einen Schätzwert für seine Masse. Ordne passend zu.

Einführung

Im Alltag sagt man Gewicht statt Masse.

(1) Messen in kg und g

Die Deutsche Post AG schreibt vor, dass ein Päckchen höchstens 2 kg wiegen darf. Wie schwer ist das Päckchen auf der Waage?
Wir betrachten die Wägestücke auf der Waage. Die Masse des Päckchens beträgt 1 kg 750 g.
Es ist also nicht zu schwer.

Es werden hier die Einheiten *Kilogramm* (kg) und *Gramm* (g) verwendet. 1 000 Wägestücke zu je 1 Gramm wiegen ebenso viel wie ein Wägestück von einem Kilogramm.

Die Masse des Päckchens ist in der Einheitentabelle rechts angegeben.
Man kann die Masse in verschiedenen Schreibweisen angeben:
1 kg 750 g = 1 750 g = 1,750 kg

kg	g		
E	H	Z	E
1	7	5	0

(2) Messen in g und mg

Eine empfindliche Waage zeigt die Masse eines Goldringes an. Der Ring wiegt etwas mehr als 3 Gramm.
Die Angabe rechts vom Komma bezieht sich auf die kleinere Einheit Milligramm (mg).
Die Kommaschreibweise bedeutet mit gemischten Einheiten:
3,245 g = 3 g 245 mg = 3245 mg
Dieses kann man auch in der Einheitentabelle rechts erkennen.

g	mg		
E	H	Z	E
3	2	4	5

(3) Messen in t und kg

Auf dem Foto links siehst du, wie ein Lkw gewogen wird.
Rechts siehst du das Ergebnis. Er wiegt mehr als 1000 kg.
Anstelle von 1000 kg verwendet man auch eine größere Einheit: 1 Tonne (t).
Die Kommaschreibweise bedeutet mit gemischten Einheiten:
9,300 t = 9 t 300 kg = 9300 kg
Dieses kann man auch in der Einheitentabelle rechts erkennen.

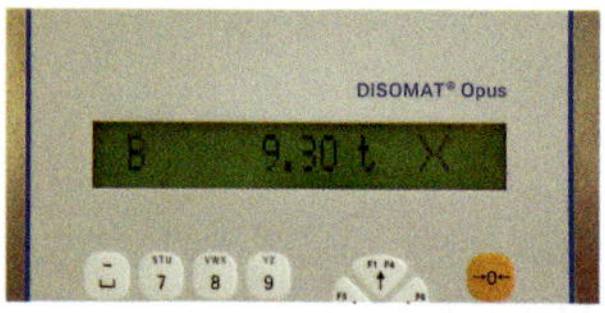

t	kg		
E	H	Z	E
9	3	0	0

Information

(1) Übersicht über die Masseneinheiten

1 t = 1 000 kg   1 kg = 1 000 g   1 g = 1 000 mg

Bei Massen: Umrechnungszahl 1 000

Im wissenschaftlichen Sprachgebrauch verwendet man statt der Einheit Tonne auch die Einheit *Megagramm*: 1 Mg = 1 000 000 g = 1 000 kg = 1 t

Die Einheitentabelle hilft dir beim Umrechnen von Masseneinheiten.

t			kg			g			mg			
H	Z	E	H	Z	E	H	Z	E	H	Z	E	Schreibweisen
		2	3	4	5							2 t 345 kg = 2,345 t = 2 345 kg
		0	4	6								0,46 t = 460 kg
					2	5						2 kg 500 g = 2,5 kg = 2 500 g
					6	0	8	0				6 kg 80 g = 6,080 kg = 6 080 g
								9	8	7	6	9 g 876 mg = 9,876 g = 9 876 mg

So kannst du dir die Massen zu den Einheiten vorstellen:

1 Tonne

Pkw

1 Kilogramm

Paket Zucker

1 Gramm

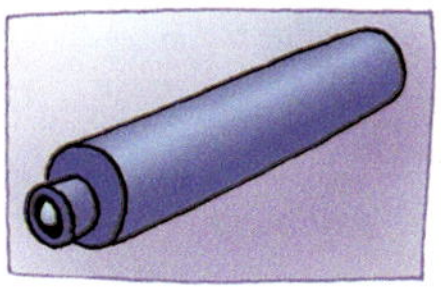

Tintenpatrone

1 Milligramm

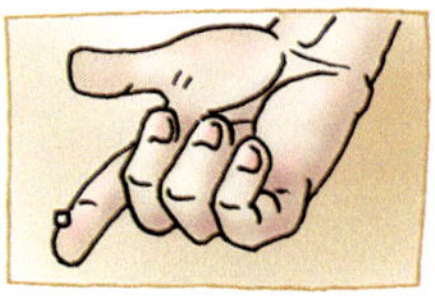

Zuckerkorn

(2) Zur Geschichte der Masseneinheiten

Der Unterschied zwischen Masse und Gewicht wurde in der Physik erst im 17. Jahrhundert herausgearbeitet. Im Altertum benutzten die Griechen und Römer *Talente* und *Drachmen* als Gewichtseinheiten: 6000 Drachmen bildeten 1 Talent (nach heutigem Maß 26,2 kg).

In Mitteleuropa wurde bis ins vorige Jahrhundert eine Reihe von Gewichtseinheiten verwendet: Ein *Pfund* hatte 16 *Unzen*, eine Unze 2 *Lot* und ein Lot 4 *Quent*. Das Pfund war aber nicht einmal in Deutschland einheitlich: Von 467,3 g in Sachsen bis 560 g in Bayern. Für den Handel über die Grenzen hinweg waren einheitliche Maßeinheiten erforderlich. Deshalb wurde die Vielfalt der Einheiten für das Gewicht im vorigen Jahrhundert abgeschafft.

Wir messen heute Massen in Kilogramm. Es wurde 1889 eingeführt. Ein Kilogramm entspricht der Masse von einem Liter Wasser. Ein Urkilogramm wurde aus Edelmetall hergestellt und wird heute noch in Paris aufbewahrt.

Urkilogramm

Üben

1. In welcher Einheit gibt man zweckmäßig die Masse an?

(1) Lkw (4) Brief (7) Briefmarke
(2) Flugzeug (5) Tisch (8) Apfel
(3) Wassertropfen (6) Pferd (9) Münze

2. Nennt Gegenstände (zum Beispiel aus dem Vorratsschrank oder einem Supermarkt), die folgende Massen haben:

(1) 100 g (3) 500 g (5) 2 kg (7) 0,7 kg
(2) 250 g (4) 1 kg (6) 500 mg (8) 0,05 kg

3. Schreibe in der nächstkleineren Einheit.

a) 6 kg b) 3 g c) 12 t d) 108 kg e) 10 t f) 26 g g) 215 g h) 100 kg

4. Schreibe in der nächstgrößeren Einheit.

a) 60 000 kg b) 7 000 mg c) 24 000 g d) 125 000 kg e) 2 000 g

5. Gib in der kleineren Einheit und in der größeren Einheit in der Kommaschreibweise an.

a) 3 kg 700 g c) 3 t 635 kg e) 1 g 200 mg g) 12 t 80 kg i) 5 g 7 mg
b) 5 kg 40 g d) 6 t 17 kg f) 1 g 3 mg h) 126 kg 900 g j) 1 kg 1 g

6. Schreibe ohne Komma mit gemischten Einheiten. Rechne dann in die kleinere Einheit um.

6,470 kg = 6 kg 470 g = 6470 g

a) 7,964 kg d) 66,8 t g) 7,364 g j) 7,8 kg m) 6,4 t
b) 7,064 kg e) 23,200 t h) 13,289 g k) 7,08 kg n) 6,40 t
c) 7,004 kg f) 23,05 t i) 76,981 g l) 7,008 kg o) 6,400 t

7. Notiere jede Masse in der kleineren und der größeren Einheit mit Kommaschreibweise.

a) 4 kg 325 g d) 7 t 200 kg g) 134 g 660 mg j) 3 t 500 kg m) 2 kg 75 g
b) 73 kg 80 g e) 11 t 33 kg h) 800 g 300 mg k) 1 kg 50 g n) 3 g 5 mg
c) 1 kg 9 g f) 40 t 5 kg i) 2 g 15 mg l) 8 g 364 mg o) 1 t 7 kg

8. Schreibe mit Komma in der in Klammern angegebenen Einheit.

a) 8 634 kg (t) **c)** 329 g (kg) **e)** 16 481 mg (g) **g)** 40 kg (t) **i)** 50 g (kg)
b) 800 kg (t) **d)** 7 g (kg) **f)** 600 g (kg) **h)** 480 mg (g) **j)** 7 kg (t)

9. Kontrolliere Janniks Hausaufgaben. Korrigiere gegebenenfalls in deinem Heft.

a) 3 kg 2 g = 32 g *c) 8 g 27 mg = 8270 mg* *e) 3 t 8 g = 3,008 g*
b) 5 t 100 kg = 5,1 t *d) 9 kg 384 g = 9384 kg* *f) 0,5 kg = 5 g*

Vertiefen

10. Bei einem Flug nach Rom darf das Handgepäck höchstens 8 kg wiegen. Charlotte überprüft mit einer digitalen Kofferwaage die Masse ihres Rucksacks.

a) Darf sie diesen als Handgepäck mitnehmen?
Schreibe die Masse des Rucksacks mit der Einheit g.

b) Setze für □ das passende Zeichen (<, =, >) ein.
(1) 568 g □ 586 g **(3)** 0,5 g □ 500 mg **(5)** 20,1 kg □ 20 985 g
(2) 1,3 kg □ 995 g **(4)** 2,3 t □ 230 kg **(6)** 9,1 kg □ 9,100 kg

c) Ordne nach der Größe; schreibe mit einer Ordnungskette.
13 kg; 400 g; 1,3 kg; 0,003 kg; 100 kg; 700 kg; 1,5 t; 1 kg 500 g

11. Wie viel fehlt bis zur nächstgrößeren Einheit?

a) 750 g; 80 g; 9 kg; 301 kg; 500 mg; 99 g **b)** 50 mg; 750 mg; 125 g, 8 g; 1 kg; 128 kg

12. Kolibri

Strauß

Blaumeise

Seeadler

Kolkrabe

a) Schätze die Masse der Vögel.

b) Die richtigen Massen sind 0,12 t; 1,5 kg; 1 600 mg; 3 800 g; 12 g
Kontrolliere deine Schätzung und ordne die Massen nach der Größe.

13. a) **(1)** Runde auf volle t: 7 619 kg; 12 499 kg; 3 299 kg; 824 kg; 9 831 kg
(2) Runde auf volle kg: 2 314 g; 624 g; 115 618 g; 3 701 g; 5 500 g
(3) Runde auf volle g: 4 605 mg; 10 725 mg; 8 462 mg; 1 095 mg; 9 633 mg

b) Wie groß kann die Masse tatsächlich sein?
(1) Die Ladung eines Lkw wird mit 3 t angegeben. Die Masse ist auf volle t gerundet.
(2) Die Masse eines Sacks Kartoffeln wird mit 25 kg (gerundet auf volle kg) angegeben.

14. Manche Personenwaagen runden auf volle 100 g. Fatima wiegt ihren kleinen Bruder an seinem ersten Geburtstag: 10,3 kg. Am nächsten Tag wiegt sie ihn wieder: 10,4 kg. Sie berichtet stolz: „Mein kleiner Bruder hat 100 g zugenommen.“ Was meinst du dazu?

Herausfordern

15. a) Eine 1-Liter-Packung Multivitaminsaft wiegt 1100 g. Der Saft ist um 1 kg schwerer als die Verpackung. Was wiegt der Saft, was die Verpackung?

b) Mario hat viele 2-g- und 5-g-Massestücke. Untersuche, ob er damit jede Masse bis 50 g mit einer Balkenwaage abwiegen kann.

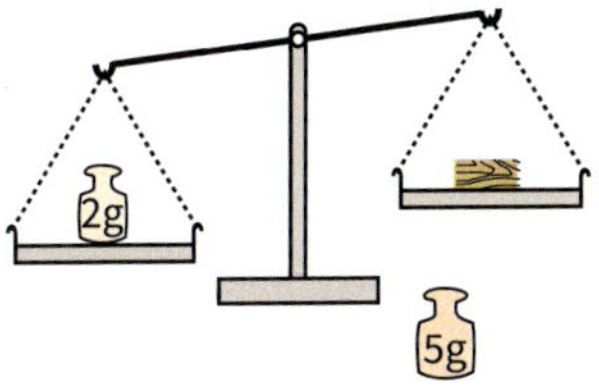

1.6.3 Zeitpunkte, Zeitspannen – Zeiteinheiten

Einstieg

Auf den Kalenderblättern findet ihr Informationen zu Sonnenaufgang und Sonnenuntergang in München. Verschafft euch damit weitere Informationen zum Vergleichen der angegebenen Tage.

Aufgabe 1

a) Ein ICE verlässt den Fernbahnhof Frankfurt Flughafen um 12.50 Uhr und erreicht Offenburg um 14.27 Uhr. Wie lange dauert die Fahrt?

b) Um 14.59 Uhr fährt ein Anschlusszug von Offenburg nach Konstanz. Er benötigt für die Strecke 2 Stunden und 17 Minuten. Wann kommt er dort an?

Lösung

a) Wir kennen die Abfahrtszeit 12.50 Uhr und die Ankunftszeit 14.27 Uhr als Zeitpunkte. Dazwischen liegt die gesuchte Zeitdauer (Zeitspanne).

12.50 Uhr —(+ 10 Minuten)→ 13.00 Uhr —(+ 1 Stunde)→ 14.00 Uhr —(+27 Minuten)→ 14.27 Uhr

1 Stunde 37 Minuten

Ergebnis: Die Fahrt dauert insgesamt 1 Stunde und 37 Minuten.

Man kann auch anders vorgehen.

b) Wir kennen den Zeitpunkt 14.59 Uhr als Abfahrtszeit.
Die gesuchte Ankunftszeit liegt um die Zeitspanne 2 Stunden und 17 Minuten später:

14.59 Uhr —(+ 2 Stunden)→ 16.59 Uhr —(+ 1 Minute)→ 17.00 Uhr —(+ 16 Minuten)→ 17.16 Uhr

Ergebnis: Der Zug kommt um 17.16 Uhr in Konstanz an.

Information

(1) Unterscheidung von Zeitpunkten und Zeitspannen

Man muss einen Zeitpunkt unterscheiden von einer Zeitspanne (*Zeitdauer*).
Zwischen zwei **Zeitpunkten** liegt eine **Zeitspanne** (*Zeitdauer*).
Auch die Angabe eines Datums kann als Zeitpunkt verwendet werden.

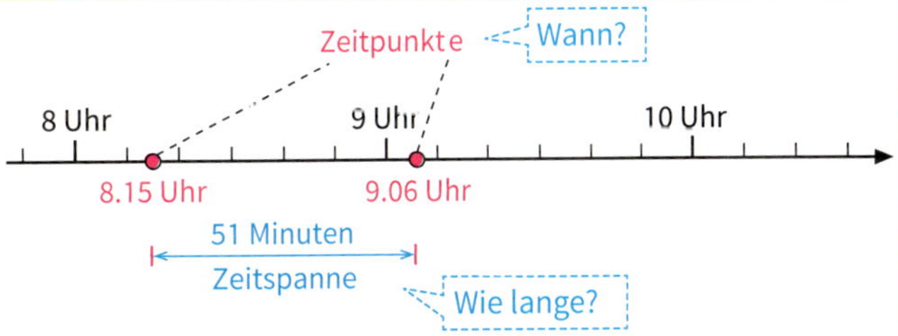

d für **dies** (lat.) Tag

h für **hora** (lat.) Stunde

(2) Einheiten von Zeitspannen – Abkürzungen – Umrechnungen

1 Tag = 24 Stunden	1 Stunde = 60 Minuten	1 Minute = 60 Sekunden
1 d = 24 h	1 h = 60 min	1 min = 60 s

Dosenförmige Taschenuhr (1510) von P. Henlein

(3) Zur Geschichte der Zeiteinheiten

Altersangaben in Jahren waren schon üblich, als man noch keinen Kalender kannte. Das Alter eines Menschen konnte daran gemessen werden, wie viele Winter er erlebt hatte. Für kürzere Vorgänge diente der Wechsel der Mondphasen (Zeitangaben in Wochen und Monaten) sowie der tägliche Wechsel von hell und dunkel. Aber auch die Tageslänge ist für noch kürzere Abläufe ein zu grobes Maß. Daher teilten schon im Altertum die Ägypter die Tageslänge in zweimal 12 Stunden ein. Man benutzte zum Beispiel Sonnenuhren. Diese Einteilung des Tages in 24 Stunden hat sich bis heute erhalten. Noch feinere Einteilungen der Zeitmaße in Minuten und Sekunden wurden erst mit dem Bau genauerer Uhren möglich. Die erste Taschenuhr der Welt konstruierte Peter Henlein in Nürnberg.

Üben

2. Welche Zeiteinheit ist für das Messen des Vorgangs sinnvoll?
(1) 100-m-Lauf (2) Winterschlaf eines Igels (3) Wachsen eines Baumes (4) Urlaubsreise (5) Singen eines Liedes (6) Abbrennen einer Kerze

3. *Testet euer „Zeitgefühl“:* Klatsche einmal mit den Händen. Warte; wenn du meinst, dass eine Minute vergangen ist, klatsche noch einmal. Dein Nachbar misst die Zeitspanne zwischen dem ersten und dem zweiten Klatschen. Um wie viel Sekunden hast du dich verschätzt? Jetzt tauscht ihr die Rollen. Wer hat das beste Zeitgefühl?

4. Rechne um in die Einheit, die in Klammern steht. Rechne im Kopf.
a) 20 h (min) b) 11 min (s) c) 15 d (h) d) 1 h (s) e) 540 min (h) f) 30 min (s) g) 120 h (d) h) 3 600 s (h) i) 2 h (s) j) 1 800 s (min)

5. Rechne in die kleinere Einheit um.
a) 3 min 12 s b) 8 min 4 s c) 12 min 40 s d) 5 h 30 min e) 11 h 9 min f) 10 h 57 min g) 1 d 8 h h) 2 d 10 h i) 5 min 4 s j) 3 h 15 min

6. Schreibe mit gemischten Einheiten.
a) 65 s b) 90 s c) 75 min d) 125 min e) 28 h f) 57 h g) 63 h h) 87 min i) 306 min j) 65 h k) 108 s l) 246 h

7. a) Gib an, wie viel Minuten seit Mitternacht vergangen sind.
(1) 0.43 Uhr (2) 1.19 Uhr (3) 5.07 Uhr (4) 11.34 Uhr (5) 17.20 Uhr
b) So viel Minuten sind seit Mitternacht vergangen. Notiere die Uhrzeit.
(1) 55 min (2) 100 min (3) 203 min (4) 555 min (5) 1 111 min

8. Lena möchte ihre Freundin Aylin mit dem Zug in Berlin besuchen.
a) Gib an, wann sie spätestens abfahren muss, wenn sie noch vor 17 Uhr in Berlin ankommen möchte.
b) Ermittle die schnellste und die langsamste Verbindung.

Bahnhof	Tag	Zeit
Ulm Hbf	Do.	ab 08:23
Berlin Hbf (tief)	Do.	an 15:22
Ulm Hbf	Do.	ab 08:51
Berlin Hbf (tief)	Do.	an 15:22
Ulm Hbf	Do.	ab 09:04
Berlin Hbf (tief)	Do.	an 16:07

Bahnhof	Tag	Zeit
Ulm Hbf	Do.	ab 09:51
Berlin Hbf (tief)	Do.	an 16:22
Ulm Hbf	Do.	ab 10:04
Berlin Hbf (tief)	Do.	an 17:04
Ulm Hbf	Do.	ab 10:09
Berlin Hbf (tief)	Do.	an 17:19

Vertiefen

9.

Montag-Freitag	6 - 17	18	19	20
Rieth	10 22 34 46 58	10 23 38 53	8 23 38 53	8 23 38
Rheinstraße	15 27 39 51	3 15 28 43 58	13 28 43 58	13 28 43
Domplatz	21 33 45 57	9 21 34 49	4 19 34 49	4 19 34 49
Anger	25 37 49	1 13 25 38 53	8 23 38 53	8 23 38 53
Hauptbahnhof	27 39 51	3 15 27 40 55	10 25 40 55	10 25 40 55
Kaffeetrichter	30 42 54	6 18 30 43 58	13 28 43 58	13 28 43 58
Rheinhalle	34 46 58	10 22 34 47	2 17 32 47	2 17 32 47 2

Montag-Freitag	6 - 17	18	19	20
Rheinhalle	9 21 33 45 57	9 22 37 52	7 22 37 52	7 22 37
Kaffeetrichter	13 25 37 49	1 13 26 41 56	11 26 41 56	11 26 41
Hauptbahnhof	16 28 40 52	4 16 29 44 59	14 29 44 59	14 29 44
Anger	18 30 42 54	6 18 31 46	1 16 31 46	1 16 31 46
Domplatz	22 34 46 58	10 22 35 50	5 20 35 50	5 20 35 50
Rheinstraße	28 40 52	4 16 28 41 56	11 26 41 56	11 26 41 56
Rieth	33 45 57	9 21 33 46	1 16 31 46	1 16 31 46 1

a) Sarah und Ebru haben sich um 15.00 Uhr an der Haltestelle Hauptbahnhof verabredet. Sarah steigt am Domplatz ein und Ebru an der Haltestelle Kaffeetrichter. Welche Bahnen sollten sie nehmen? Wie lange sind beide unterwegs?

b) Vergleiche die Fahrzeiten zwischen den einzelnen hintereinander folgenden Stationen und nenne die zwei Stationen, zwischen denen die
(1) längste (2) kürzeste Fahrzeit liegt.

c) Felix möchte vom Hauptbahnhof mit einem Zug um 12.54 Uhr fahren. Er will 15 Minuten vorher dort sein. Welche Straßenbahn wird er an der Haltestelle Rieth nehmen?

10. Mathildas Freund Lennart reist nach Neuseeland. Sein Flugzeug startet in Frankfurt um 18.10 Uhr und landet 23 Stunden später in Auckland. „Dann kommt ihr ja gerade richtig zum Abendessen", behauptet Mathilda. Überprüfe ihre Aussage.

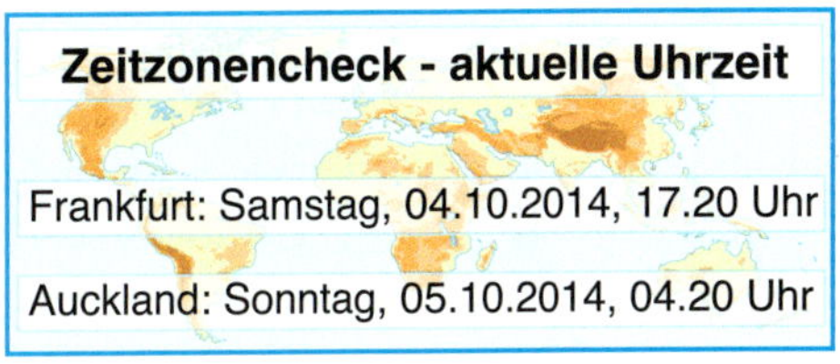

11. Ein Tennisspiel begann in Melbourne in Australien pünktlich um 16.20 Uhr nach ostaustralischer Zeit. Das Spiel wird im Fernsehen übertragen und endet nach mitteleuropäischer Zeit um 10.10 Uhr. Die Uhren in Melbourne gehen gegenüber den Uhren in Mitteleuropa um 9 Stunden vor. Stellt euch gegenseitig Fragen und beantwortet sie.

12. a) Wie alt sind diese berühmten Menschen geworden?

Johann Wolfgang von Goethe
* 28.8.1749 Frankfurt a.M.
† 22.3.1832 Weimar

Clara Schumann
* 13.9.1819 Leipzig
† 20.5.1896 Frankfurt/M.

Marie Curie
* 7.11.1867 Warschau
† 4.7.1934 Passy (Frankreich)

Albert Einstein
* 14.3.1879 Ulm
† 18.4.1955 Princeton (USA)

b) Die Fußball-Legende Alfredo di Stefano, der mit Real Madrid fünfmal hintereinander den Europapokal der Landesmeister gewonnen hat, wurde am 4. Juli 1926 geboren. Er starb im Alter von 88 Jahren und 3 Tagen. Bestimme seinen Todestag.

c) Astrid Lindgren, eine der bekanntesten Kinderbuchautorinnen, starb am 28. Januar 2002 im Alter von 94 Jahren und 75 Tagen. Bestimme ihr Geburtsdatum.

Herausfordern

13. Frau Stein und Frau Özgul machen gemeinsam Winterurlaub. Sie kommen am 25. Februar 2016 im Hotel an und reisen am 10. März 2016 wieder ab. Die Übernachtung im Doppelzimmer kostet 80 €. Wie viel müssen sie zusammen für die Übernachtung zahlen?

14. Schätze, wie lange du benötigst, um von 1 bis zur Zahl 1000 zu zählen.

Wie man große Zahlen veranschaulichen kann

Kleine natürliche Zahlen wie 1, 2, 3, 4 können wir uns leicht gegenständlich vorstellen. Bei großen Zahlen ist dies schwierig.

1. Lottospieler träumen davon, einmal einen großen Geldbetrag, z. B. 1 000 000 €, zu gewinnen.

a) Stelle dir vor, der Lottogewinn würde in 1-Euro-Münzen ausgezahlt und die Münzen würden zu einem Turm gestapelt. Ein Stapel von 10 Münzen ist etwa 21 mm hoch. Wie hoch wäre der Turm?

b) Stelle dir vor, der Lottogewinn würde in 1-Cent-Münzen ausgezahlt und ebenfalls zu einem Turm gestapelt.
Ein Stapel von 10 Münzen ist etwa 13 mm hoch. Wie hoch wäre der Turm?
Vergleiche die Ergebnisse mit den Höhen in der Zeichnung.

2. a) Du könntest die Münzen auch nebeneinander legen, anstatt sie zu stapeln. Eine Kette von hundert 1-Euro-Münzen ist 2 325 mm lang.
Wie lang ist die gesamte Kette?

b) Du könntest die 1-Cent-Münzen nebeneinander legen. Eine Kette von hundert 1-Cent-Münzen ist 1 625 mm lang. Wie lang ist die gesamte Kette?

c) Vergleiche die erhaltenen Längen mit dir aus dem Alltag bekannten Längen.

3. Wir denken uns den Lottogewinn in 1-Euro-Münzen oder in 1-Cent-Münzen ausgezahlt.

a) Zehn 1-Euro-Münzen wiegen 76 g. Wie viel wiegt ein Berg von 1 Million solcher Münzen?

b) Zehn 1-Cent-Münzen wiegen 22 g. Wie viel würde der in 1-Cent-Münzen ausgezahlte Lottogewinn wiegen?

c) Vergleiche die Ergebnisse mit Gewichten aus dem Alltag.

4. Ein Stapel aus einhundert 100-Euro-Scheinen ist 12 mm dick.
Ein 100-Euro-Schein wiegt ungefähr 1 g.
Überlegt weitere Veranschaulichungen des Lottogewinns.

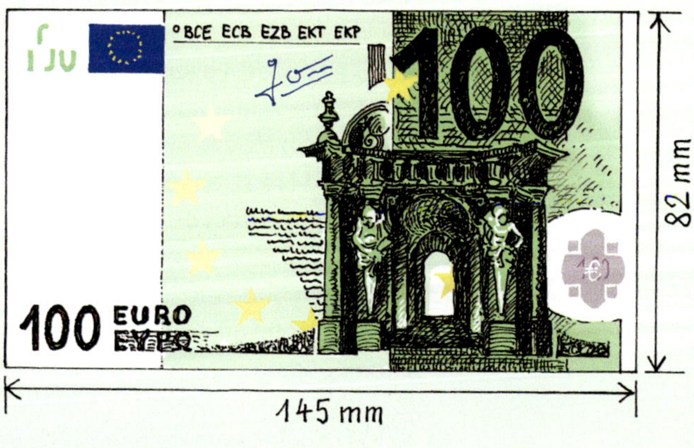

1.7 Maßstab

Einstieg

Unten siehst du einen Ausschnitt aus dem Stadtplan von Karlsruhe im Maßstab 1:25 000 (gelesen: *eins zu fünfundzwanzigtausend*). Das bedeutet: 1 cm im Stadtplan sind 25 000 cm, also 250 m in der Wirklichkeit. Stellt euch gegenseitig Fragen zur Länge von Wegen und beantwortet sie.

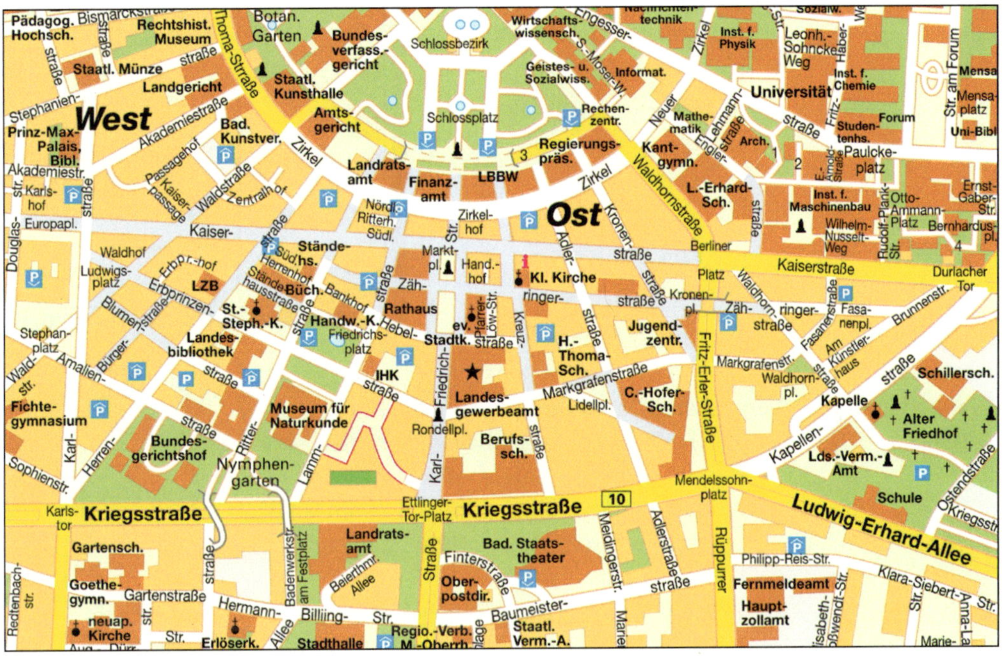

Aufgabe 1

Verkleinerte Darstellung

Julia bekommt im neuen Haus ein eigenes Zimmer. Der Architekt hat einen Plan des Zimmers gezeichnet.

Julias Vater sagt: „Das Zimmer ist im Maßstab 1:100 (gelesen: *eins zu hundert*) gezeichnet. Das bedeutet: 1 cm in der Zeichnung sind 100 cm (also 1 m) in der Wirklichkeit.“

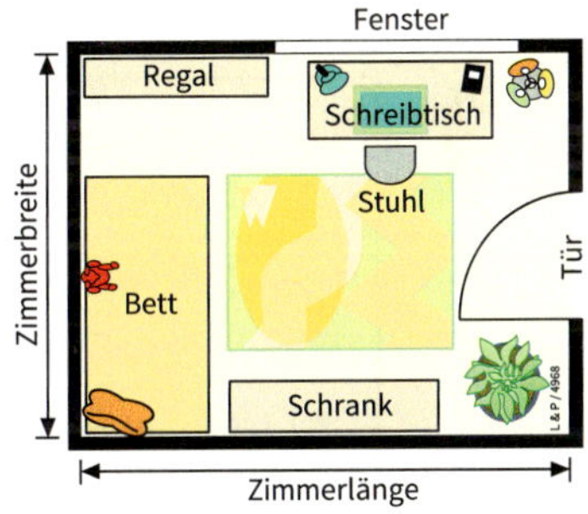

a) Julia möchte die Maße ihres Zimmers wissen. Ergänze ihre Tabelle in deinem Heft.

		Länge	Breite	Fensterbreite	Türbreite	Schreibtischlänge	Schranklänge	Bettbreite
Zeichnung	1 cm	4 cm						
Wirklichkeit	1 m	4 m						

b) Julia möchte eine größere Zeichnung von ihrem Zimmer haben. Ihr Vater sagt: „Du kannst es z. B. im Maßstab 1:50 zeichnen.“
Lege zuerst eine Tabelle an; zeichne dann Julias Zimmer.

Lösung

a)

	Länge	Breite	Fensterbreite	Türbreite	Schreibtischlänge	Schranklänge	Bettbreite
Zeichnung	4 cm	3 cm	2 cm	1 cm	1,5 cm	1,7 cm	1 cm
Wirklichkeit	4 m	3 m	2 m	1 m	1,5 m	1,7 m	1 m

b) 1 cm in der Zeichnung sind 50 cm in der Wirklichkeit. 5 cm in der Zeichnung sind dann $5 \cdot 50\,\text{cm}$, also $250\,\text{cm} = 2{,}50\,\text{m}$ in der Wirklichkeit. Entsprechend erhält man die anderen Längen.

Zeichnung	Wirklichkeit
1 cm	50 cm
2 cm	1 m
8 cm	4 m
6 cm	3 m
4 cm	2 m
3 cm	1,5 m

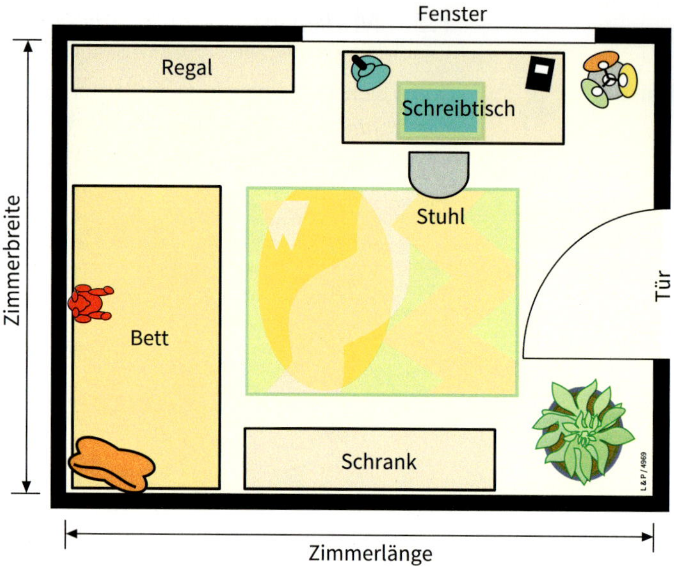

Weiterführende Aufgabe

Vergrößerte Darstellung

2. Man kann einen Maßstab auch benutzen, um Gegenstände vergrößert darzustellen. Im Bild rechts siehst du die Zahnräder einer Armbanduhr im Maßstab 3 : 1 (dreifach vergrößert). Die Abmessung auf dem Bild beträgt 42 mm. Wie groß ist sie in der Wirklichkeit?

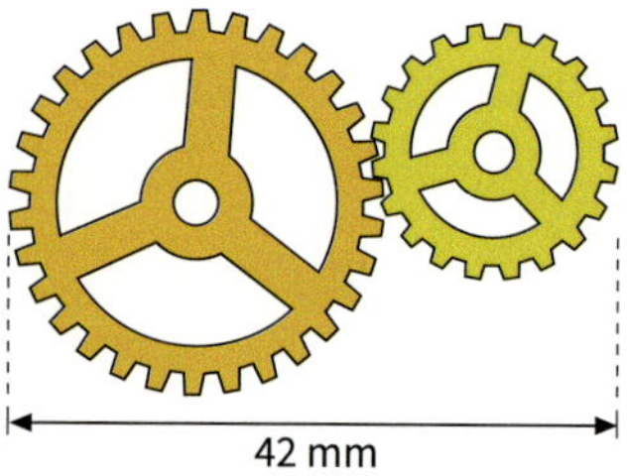

Information

Maßstab

Gegenstände werden oft verkleinert (oder vergrößert) dargestellt.

Der **Maßstab** einer Zeichnung gibt an, wievielmal größer (oder kleiner) eine Strecke in Wirklichkeit als in der Zeichnung ist.

1 : 300 (gelesen: *eins zu dreihundert*) bedeutet: Jede Strecke ist in Wirklichkeit 300-mal größer als in der Zeichnung, d. h. 1 cm in der Zeichnung entspricht 300 cm in der Wirklichkeit.

5 : 1 (gelesen: *fünf zu eins*) bedeutet: Jede Strecke ist in Wirklichkeit 5-mal kleiner als in der Zeichnung, d. h. 5 cm in der Zeichnung entspricht 1 cm in der Wirklichkeit bzw. 1 cm in der Zeichnung entspricht $1\,\text{cm} : 5 = 10\,\text{mm} : 5 = 2\,\text{mm}$ in der Wirklichkeit.

Üben

3. Für eine Ausstellung soll von einem Ortsteil ein verkleinertes Modell aufgebaut werden. Als Maßstab ist 1 : 200 gewählt worden, d. h. 1 cm am Modell sind 200 cm in der Wirklichkeit. Bestimme die Abmessungen für das Modell des Flachdachbungalows.

4. Ein Rechteck ist 4 cm lang und 1,5 cm breit. Zeichne es im Maßstab **(1)** 2 : 1 **(2)** 3 : 1

5. Bestimme (1) die Länge, (2) die Breite des wirklichen Rechtecks.

a) Maßstab 1:50

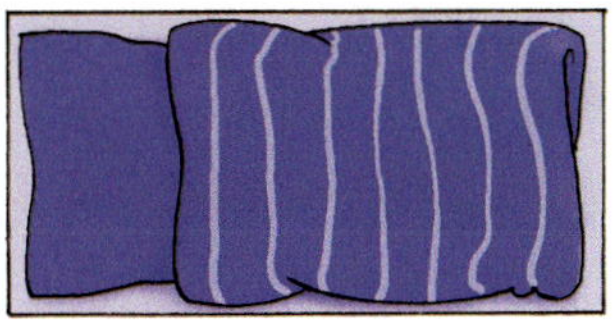

b) Maßstab 1:200

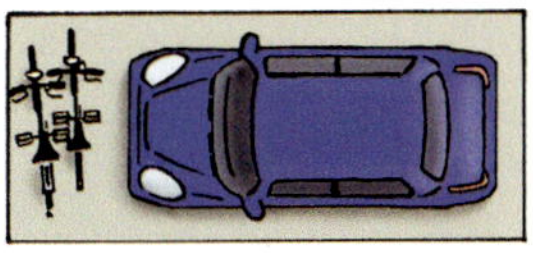

6. a) Das Modell eines Pkw hat im Maßstab 1:8 eine Länge von 56 cm. Wie lang ist der Pkw in Wirklichkeit?

b) Tim misst die Länge seines Modellautos: 25 cm. Er weiß, dass dieses Fahrzeug in Wirklichkeit 4,50 m lang ist. In welchem Maßstab ist das Modellauto hergestellt?

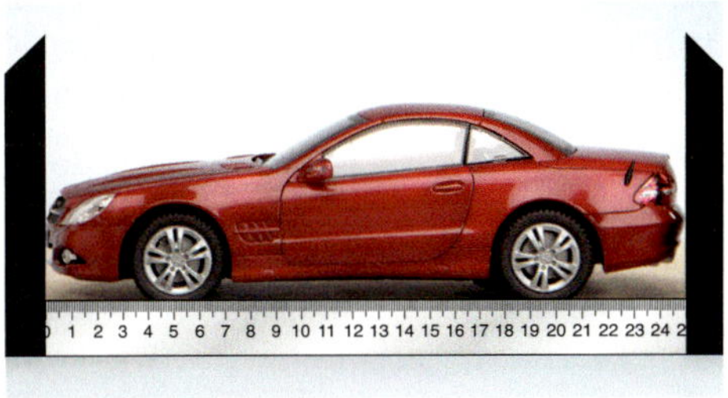

Vertiefen

7. Ein Stadtplan hat einen Maßstab von 1:25 000 und eine Wanderkarte 1:50 000. Übertrage die Tabelle in dein Heft und fülle sie aus.

a) Stadtplan

Karte	Wirklichkeit
1 cm	250 m
5 cm	
8 cm	
	750 m
	4 km
	5 km

b) Wanderkarte

Karte	Wirklichkeit
1 cm	
4 cm	
6 cm	
	2 500 m
	5 km
	8 km

c) Straßenkarte

Karte	Wirklichkeit
1 cm	
8 cm	16 km
20 cm	
	10 km
	18 km
	25 km

8. Betrachte den Wasserfloh rechts.

a) Wie lang ist die eingezeichnete Strecke in Wirklichkeit?

b) Wie lang wäre die Strecke, wenn der Wasserfloh im Maßstab 10:1 dargestellt wäre?

Wasserflöhe

sind kleine Krebstiere, von denen es 400 Arten gibt, die sowohl im Süßwasser als auch im Meerwasser vorkommen.

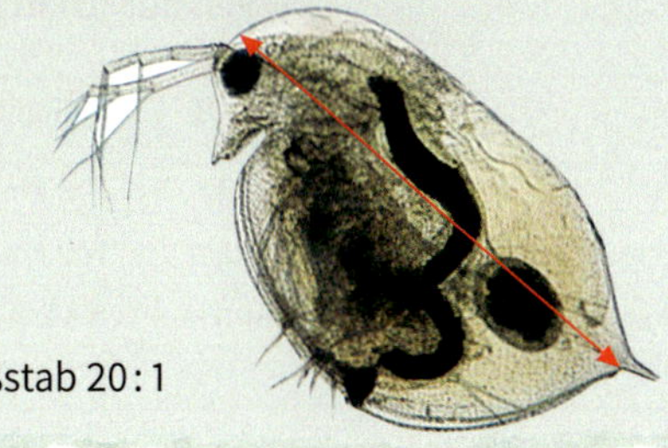

Maßstab 20:1

9. Besorgt euch eine Karte eures Ortes. Welchen Maßstab hat sie? Wählt markante „Punkte“ (z. B. Rathaus, Schwimmbad) eures Ortes. Bestimmt jeweils die Entfernung von eurer Schule.

Herausfordern

10. Zeichne die beiden Figuren im Maßstab 2:1.

a)

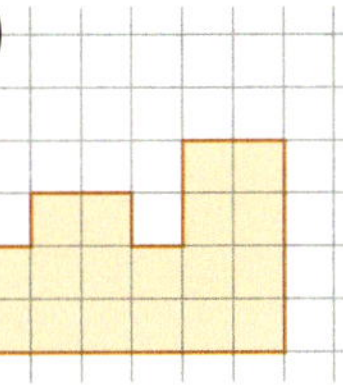

b)

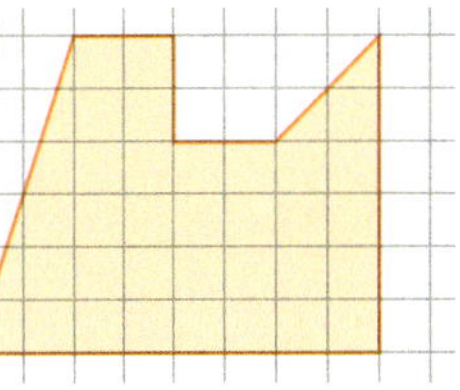

1.8 Maßstäbliches Darstellen von Daten: Säulendiagramme

Einstieg

Geburtsgewicht einiger Tierbabys in einem Zoo:

Gorilla	Schwein	Eisbär	Gazelle	Timberwolf
2 043 g	1 512 g	510 g	2 875 g	515 g

Zeichne ein Säulendiagramm. Wähle 1 mm für 10 g in der Wirklichkeit.

Aufgabe 1

Im Geographieunterricht wurden die Flüsse Baden-Württembergs behandelt.
Einige von ihnen sind mit ihren Längen in der Tabelle aufgeführt.

Fluss	Gesamtlänge
Enz	105 km
Jagst	190 km
Kinzig	93 km
Kocher	168 km
Neckar	362 km
Rems	78 km

Zeichne ein Säulendiagramm zur Veranschaulichung.

Lösung

Der längste Fluss ist der Neckar mit 362 km.
Wollten wir für jeden Kilometer einen Millimeter zeichnen, so würde die Säule 362 mm, also ca. 36 cm lang werden und nicht in unser Heft passen.
Daher zeichnen wir 1 mm für jeweils 10 km Länge. Dazu müssen wir aber zuerst die Flusslängen auf 10 km runden. Wir stellen die Ergebnisse übersichtlich in einer Tabelle zusammen:

Fluss	Länge	Gerundete Länge	Gezeichnete Säulenlänge
Enz	105 km	110 km	11 mm
Jagst	190 km	190 km	19 mm
Kinzig	93 km	90 km	9 mm
Kocher	168 km	170 km	17 mm
Neckar	362 km	360 km	36 mm
Rems	78 km	80 km	8 mm

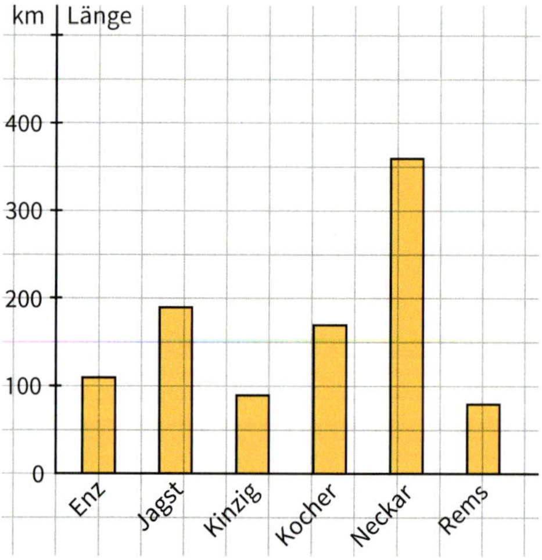

Information

Säulendiagramme werden gezeichnet, um verschiedene Größen anschaulich zu vergleichen. Mithilfe des größten vorkommenden Wertes überlegt man sich zunächst einen geeigneten Maßstab. Die Werte werden dann entsprechend gerundet und durch Säulen veranschaulicht. Zeichnet man die Säulen waagerecht, so bezeichnet man das Säulendiagramm auch als **Balkendiagramm**.

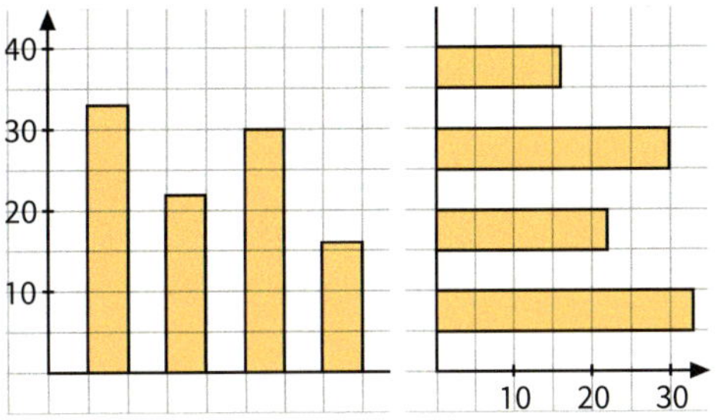

Üben

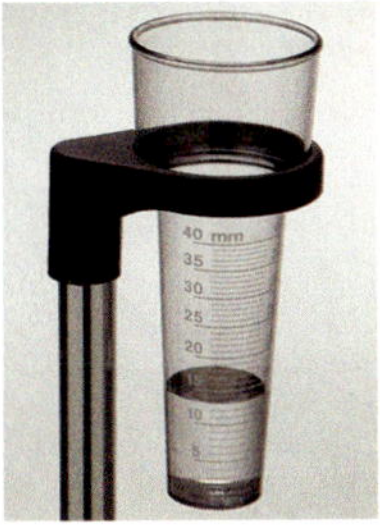

2. a) Das Säulendiagramm gibt an, wie viel Niederschlag (Regen, Schnee) durchschnittlich in Hannover fällt.
1 mm Niederschlag bedeutet: Würde das Wasser nicht ablaufen, so würde es 1 mm hoch stehen.
Was kannst du dem Diagramm auf einen Blick entnehmen?
Lies auch die einzelnen Monatswerte ab.

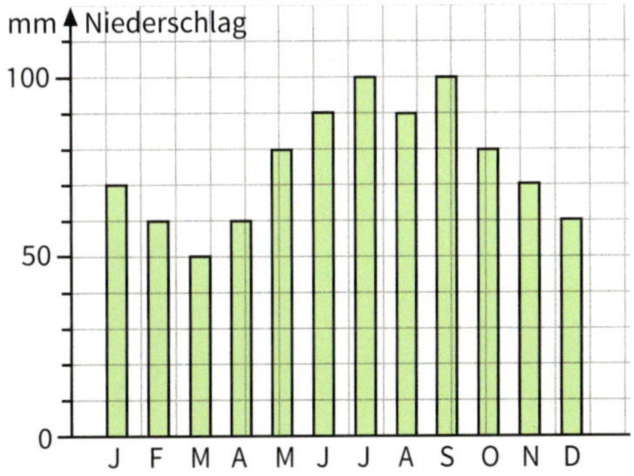

b) Zeichne ein Säulendiagramm für die durchschnittliche Niederschlagsmenge in Ulm (Niederschlag in mm). Vergleiche auch mit Teilaufgabe a).

Jan.	Febr.	März	April	Mai	Juni	Juli	Aug.	Sept.	Okt.	Nov.	Dez.
46	43	32	49	58	66	72	66	52	53	49	46

3. a) Was kannst du dem Balkendiagramm auf einen Blick entnehmen? Lies auch genau ab.

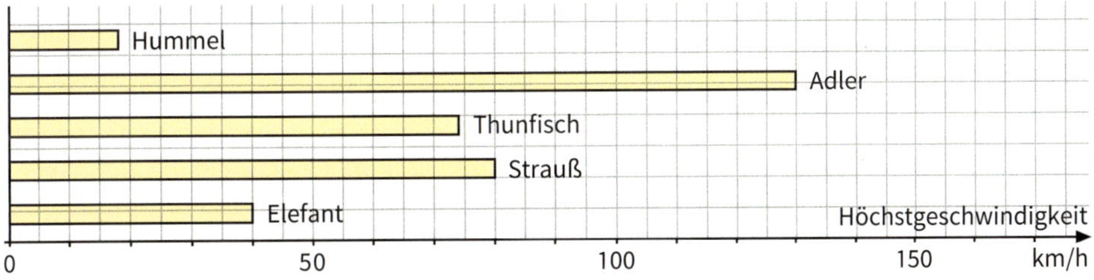

b) Zeichne ein Säulendiagramm: So alt können einzelne Säugetiere werden:

Elefant	70 Jahre	Esel	50 Jahre	Lama	15 Jahre
Eisbär	41 Jahre	Pferd	27 Jahre	Tiger	30 Jahre
Schwein	18 Jahre	Meerschweinchen	8 Jahre	Maus	4 Jahre
Igel	14 Jahre	Gorilla	60 Jahre	Feldhase	8 Jahre

4. Valentin hat verschiedene Früchte gewogen. Zeichne ein Säulendiagramm zur Veranschaulichung seiner Ergebnisse.

5. Müll soll nach Sorten getrennt eingesammelt werden. In einer Stadt mit 100 000 Einwohnern fallen jährlich 6 500 Tonnen Verpackungsmaterial mit dem Hausmüll an. Veranschauliche die Verteilung auf die verschiedenen Müllsorten in einem Säulendiagramm.

Verpackungsmaterial landet auf dem Müll

Die Menge des Verpackungsmaterials in unserer Stadt ist nahezu unverändert.
Nach Angabe der städtischen Müllabfuhr waren es 6 500 Tonnen Müll, die auf die verschiedenen Verpackungsarten entfielen.

Glas	1 100 Tonnen	Metall	699 Tonnen
Kunststoffe	1 047 Tonnen	Holz	986 Tonnen
Papier/Karton	2 660 Tonnen	Sonstigens	8 Tonnen

6. So weit kommst du in 1 Stunde: Zeichne ein Säulendiagramm.

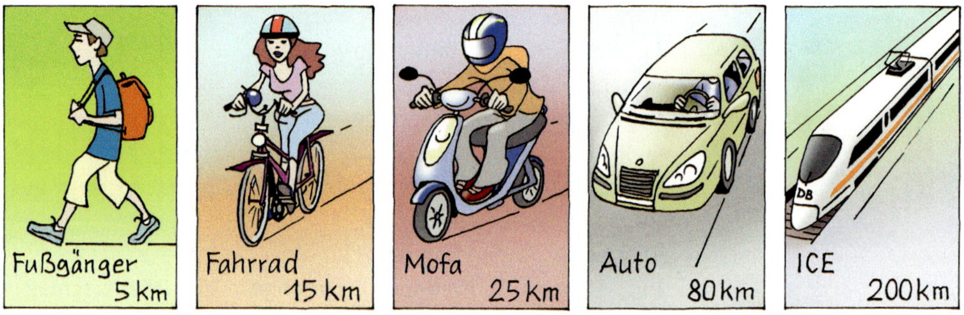

Vertiefen

7.

a) Entnimm der Karte die eingezeichneten Berge und ihre Höhe.
b) Ordne die Berge nach ihrer Höhe.
c) Zeichne ein Säulendiagramm.

Das kann ich noch!

A) Rechne im Kopf: 1) 14 + 19 2) 24 + 19 3) 34 + 19 4) 44 + 19 5) 54 + 19
Suche einen Zusammenhang zwischen den Ergebnissen.

B) Rechne im Kopf: 1) 85 – 18 2) 75 – 18 3) 65 – 18 4) 55 – 18 5) 45 – 18
Suche einen Zusammenhang zwischen den Ergebnissen.

8. Die Sommerferien sind in den einzelnen Staaten Europas unterschiedlich lang.
Zeichne zum Vergleich der einzelnen Staaten ein Säulendiagramm.

Land	Sommerferien 2015
Belgien	01.07. - 31.08.
Bulgarien	24.05. - 15.09.
Dänemark	26.06. - 09.08.
Estland	04.06. - 31.08.
Finnland	01.06. - 07.08.
Frankreich	04.07. - 30.08.
Griechenland	16.06. - 10.09.
Irland	01.07. - 31.08.
Kroatien	17.06. - 30.08.
Lettland	01.06. - 31.08.
Litauen	01.06. - 31.08.

Land	Sommerferien 2015
Luxemburg	16.07. - 14.09.
Niederlande	04.07. - 16.08.
Norwegen	20.06. - 16.08.
Österreich	04.07. - 05.09.
Polen	27.06. - 31.08.
Portugal	04.07. - 13.09.
Rumänien	22.06. - 09.09.
Schweiz	13.07. - 14.08.
Slowenien	25.06. - 31.08.
Tschechien	27.06. - 30.08.
Türkei	12.06. - 14.09.
Ungarn	16.06. - 31.08.

L&P/6782

9. Im März 2015 wurden 1250 Kinder von 9 bis 13 Jahren in Deutschland befragt, was sie von ihrem Taschengeld kaufen.

Süßigkeiten	Comics und Zeitschriften	Getränke	Eis	Spielzeug und Spiele	Sammelkarten, Sticker	Kinokarten	Handy
788	550	451	437	336	237	189	162

a) Zeichne ein Säulendiagramm.
b) Führt eine entsprechende Umfrage in eurer Klasse durch. Wertet sie aus.

10. Wirbeltiere sind Tiere, die eine Wirbelsäule besitzen. Man unterscheidet dabei fünf große Gruppen von Wirbeltieren:

Säugetiere	Vögel	Reptilien	Amphibien	Fische

5 416 Arten	10 625 Arten	10 038 Arten	7 357 Arten	27 840 Arten

Zeichne ein Säulendiagramm, um die Anzahl der Wirbeltierarten zu veranschaulichen.

Herausfordern

11. Stelle dir vor, du wirfst einen Würfel 100-mal. Was erwartest du:
Wie oft werden die einzelnen Augenzahlen auftreten?
Würfle anschließend tatsächlich und zeichne ein Säulendiagramm deiner Ergebnisse.
Vergleiche mit den Ergebnissen deiner Mitschülerinnen und Mitschüler.

12. Kommen kurze Wörter ganz besonders häufig vor? Gibt es Unterschiede zwischen den einzelnen Sprachen? Formuliert zunächst Vermutungen.
Wählt dann zwei deutschsprachige und ein englischsprachiges Buch aus. Zählt 100 Wörter ab, legt eine Strichliste an, wie viele Silben die einzelnen Wörter haben.
Veranschaulicht die Ergebnisse in Säulendiagrammen und vergleicht diese miteinander.

Umgang mit Texten, Tabellen und Diagrammen

So behältst du Überblick in der Informationsflut!

Längere und schwierigere Texte kann man vorteilhaft in mehreren Schritten lesen:
1. Beim ersten Lesen hast du vielleicht noch nicht alles verstanden oder behalten. Mache dir aber dennoch klar, um welche Frage es geht.
2. Lies den Text nun noch einmal aufmerksam und gründlich. Kennst du alle Fremdwörter und Begriffe? Falls nicht, informiere dich darüber: Frage jemanden oder schlage in einem Lexikon nach oder suche im Internet.
3. Fasse nun das Wesentliche des Textes zusammen. Bei einem Text auf einem Arbeitsblatt kannst du manches durch Unterstreichen hervorheben. Bei Texten in Büchern solltest du wichtige Informationen auf einem Blatt Papier notieren.
4. Bei mathematischen Aufgaben ist oft folgende Gliederung hilfreich:
   Was ist gesucht? Was ist bekannt?

1. a) Lies den folgenden Text nach dem oben beschriebenen Vorgehen.

Der Seehund
Tauchen – eine Meisterleistung

Seehunde beherrschen alle möglichen Schwimm- und Tauchkünste. Sie können bis zu 200 Meter tief tauchen, 12 Minuten unter Wasser bleiben und sogar 30 Minuten lang auf dem Meeresgrund schlafen. Sie besitzen ein außergewöhnlich starkes Lungen- und Kreislaufsystem. Ihr Blut ist außerdem besonders reich an sauerstoffbindendem Hämoglobin, dem roten Blutfarbstoff. Das Hämoglobin ermöglicht den Tieren, lange unter Wasser zu bleiben, ohne zum Einatmen an die Wasseroberfläche zu müssen. Der Herzschlag verlangsamt sich beim Tauchen auf weniger als zehn Schläge pro Minute und das Herz selbst ist als Anpassung gegen den enormen Wasserdruck besonders breit und flach.

b) Kannst du aus dem obigen Text bestimmen, wie tief ein Seehund pro Minute tauchen kann?

2. Lies den Text. Er enthält sehr viele Zahlen, die man so kaum überblicken kann.
a) Lege eine Tabelle zu dem Text an.
b) Noch besser als in einer Tabelle überblickt man Daten in einer grafischen Darstellung. Zeichne ein Säulendiagramm zu der von dir erstellten Tabelle.

SEEHUNDBESTAND – Jedes Jahr werden sie vom Flugzeug aus gezählt: die bei Niedrigwasser auf den Sandbänken im Nationalpark Schleswig-Holsteinisches Wattenmeer ruhenden Seehunde: Der Bestand der Tiere erholt sich weiter: 2010 wurde die Rekordzahl 9 720 gezählt. Im Jahr 2004 betrug die Anzahl 6 044, ungefähr 1000 mehr als im Vorjahr mit 5 038 Seehunden. Im Jahr 2002 waren bei einer Krankheitsepidemie ungefähr 3 600 der 7 534 im Jahr 2001 gezählten Tiere dem Seehundstaupe-Virus zum Opfer gefallen. Eine erste solche Epidemie noch größeren Ausmaßes gab es 1988, von der sich der Seehundbestand nur langsam erholte: Erst im Jahr 2000 hatte er wieder 6 700 Tiere erreicht, nach einem kontinuierlichen Anstieg von 4 548 im Jahr 1996, 5 003 im Jahr 1997, 5 568 im Jahr 1998.

Enthält ein Text viele Informationen mit Zahlen, so kann man diese oft besser überblicken, wenn man sie in einer Tabelle zusammenfasst oder ein Diagramm dazu zeichnet.

3. Stelle die Informationen aus dem folgenden Text übersichtlich dar.

„Wertloses" Kleingeld von hohem Wert

In Finnland wurden bei der Euro-Einführung die 1-Cent- und 2- Cent-Münzen nur in geringer Auflage geprägt: 35 Mio. 1-Cent-, 23 Mio. 2-Cent- Münzen gegenüber 355 Mio. 5-Cent-, 285 Mio. 10-Cent, 190 Mio. 20-Cent, 72 Mio. 50-Cent, 60 Mio. 1-Euro- und 50 Mio. 2-Euro-Münzen. Zum Vergleich: In Portugal wurden bei der Einführung 40 Mio. 2-Euro-, 68 Mio. 1-Euro-, 152 Mio. 50-Cent-, 116 Mio. 20-Cent-, 220 Mio. 10-Cent-, 196 Mio. 5-Cent-, 272 Mio. 2-Cent- und 232 Mio. 1-Cent-Münzen geprägt. In Deutschland wurden bei der Einführung insgesamt viel mehr Münzen geprägt: 1 Mrd. 2-Euro-, 1 Mrd. 700 Mio. 1-Euro-, 1 Mrd. 600 Mio. 50-Cent-, 1 Mrd. 600 Mio. 20-Cent-, 3 Mrd. 300 Mio. 10-Cent-, 2 Mrd. 300 Mio. 5-Cent-, 1 Mrd. 800 Mio. 2-Cent- und 3 Mrd. 700 Mio. 1-Cent-Münzen.

In Finnland ist es Tradition, beim Bezahlen keine kleinen Münzen zu verwenden und stattdessen zu runden. Daher kommen finnische 1-Cent- und 2-Cent- Münzen im Alltag nicht vor. Ein Staatssekretär des finnischen Finanzministeriums erklärte sogar, dass diese kleinen Münzen oftmals weggeworfen würden, da sie praktisch keinen Wert hätten und auch von Banken nur gegen hohe Gebühren eingetauscht würden.

Seit 2002 können finnische 1-Cent- und 2-Cent-Münzen nur noch bei Münzhändlern zu hohen Preisen erworben werden: Sie kosten jeweils ca. 1 Euro.

4. Gib die Informationen aus dem folgenden Text zum Aufbau eines Bienenstaates mit eigenen Worten wieder.
Kannst du ihm entnehmen, wie viele Bienen in einem Staat zusammenleben?

Bienen – Organisiertes Zusammenleben

Honigbienen leben in einem Staat. Die Gesellschaft der Honigbiene besteht aus drei in ihrem Körperbau unterschiedlichen Formen: der (weiblichen) Königin, den (männlichen) Drohnen und den Arbeiterinnen (sterilen Weibchen). Diesen Formen kommen im Bienenstaat unterschiedliche Funktionen zu; jede Form besitzt ihre eigenen speziellen Verhaltensweisen, die jeweils auf die Bedürfnisse des Volkes abgestimmt sind.

Die **Königin** ist die einzige sich fortpflanzende weibliche Biene im Bienenstock und somit Mutter sämtlicher Drohnen, Arbeiterinnen und zukünftiger Königinnen. Sie produziert täglich oftmals mehr als 1 500 Eier, deren Gewicht dem ihres eigenen Körpers gleichkommt. In ihrem Körperbau unterscheidet sich die Königin auffallend von Drohnen und Arbeiterinnen. Ihr Körper ist langgestreckt, sie ist viel größer als eine Arbeiterin und hat einen langen, schlanken Hinterleib.

Arbeiterinnen übertreffen Drohnen stets an der Zahl. Im Frühjahr reicht die Zahl der Arbeiterinnen in einem Volk von 8 000 bis 15 000, im Frühsommer kann ihre Zahl mehr als 80 000 betragen. Die Arbeiterinnen können sich nicht paaren und fortpflanzen; sie sondern Wachs ab, bauen Waben, sammeln Nektar, Pollen und Wasser, wandeln den Nektar in Honig um, säubern den Stock und verteidigen ihn, wenn nötig.

Die **Drohnen** der Honigbienen besitzen keinen Stachel und sind wehrlos; sie weisen auch keine Pollenkörbchen oder Wachsdrüsen auf. Ihre einzige Aufgabe besteht darin, sich mit neuen Königinnen auf dem Hochzeitsflug zu paaren. Unmittelbar nach der Paarung sterben die Drohnen.

1.9 Aufgaben zur Vertiefung

1. Computer rechnen zwar mit im Zweiersystem (Dualsystem) geschriebenen Zahlen, jedoch werden diese sehr schnell lang, da nur zwei Ziffern zur Verfügung stehen.
Im Dualsystem geschriebene Zahlen lassen sich daher nicht so gut überblicken. Programmierer fassen daher oft jeweils 4-ziffrige Ziffernfolgen im Zweiersystem zusammen zu einer Zahl im Sechzehnersystem (Hexadezimalsystem): Hier benötigt man 16 Ziffern. Man verwendet 0 bis 9 und dann die Buchstaben A bis F für die Ziffernwerte 10 bis 15.
Im Sechzehnersystem werden somit 16 Einer zu einem Sechzehner zusammengefasst, 16 Sechzehner zu einem Zweihundertsechundfünziger usw. Um zu kennzeichnen, dass eine Zahlschreibweise im Sechzehnersystem vorliegt, schreiben wir das Zeichen ⑯ dahinter.

Hex.	Dualsystem				Dez.
0	0	0	0	0	00
1	0	0	0	1	01
2	0	0	1	0	02
3	0	0	1	1	03
4	0	1	0	0	04
5	0	1	0	1	05
6	0	1	1	0	06
7	0	1	1	1	07
8	1	0	0	0	08
9	1	0	0	1	09
A	1	0	1	0	10
B	1	0	1	1	11
C	1	1	0	0	12
D	1	1	0	1	13
E	1	1	1	0	14
F	1	1	1	1	15

a) Rechts siehst du die Zahlen 0 bis 15 im Sechzehnersystem geschrieben. Schreibe die Zahlen 16 bis 64 im Sechzehnersystem.

b) Rechne in das Zehnersystem um:
$51_{⑯}$, $99_{⑯}$, $5A_{⑯}$, $F3_{⑯}$, $FF_{⑯}$.

c) Schreibe die Zahlen im Sechzehnersystem: 70, 80, 100, 123, 187, 202, 256, 298.

2. Ein Lichtjahr ist keine Einheit für eine Zeitspanne, sondern eine Längeneinheit für sehr große Entfernungen. Ein Lichtjahr ist die Entfernung, die das Licht bei einer Geschwindigkeit von 300 000 Kilometern pro Sekunde in einem Jahr zurücklegt: fast 10 Billionen Kilometer.
Gib die im folgenden Text angegebenen Entfernungen in der Einheit km an. Erläutere dann, warum man in der Astronomie auch die Längeneinheit Lichtjahr verwendet.

Unsere **Sonne** ist nur einer von vielen Sternen im Weltall. Sie gehört zu einer Anhäufung von Sternen, die man **Milchstraße** nennt. Diese Bezeichnung kommt daher, dass sie am nächtlichen Sternenhimmel wie ein milchig leuchtendes Band aussieht. Die Milchstraße ist wie die anderen Galaxien auch spiralig aufgebaut. Unsere Sonne befindet sich rund 26 700 Lichtjahre vom Zentrum der Milchstraße entfernt. Im Zentrum hat die Milchstraße eine Dicke von 10 000 Lichtjahren, ihr Durchmesser beträgt etwa 120 000 Lichtjahre. Die unserer Milchstraße am nächsten gelegene Galaxie ist der **Andromeda-Nebel**. Er ist rund 2 Millionen Lichtjahre von uns entfernt und kann noch mit bloßem Auge am Sternenhimmel wahrgenommen werden.

Milchstraße

Andromeda-Nebel

Das Wichtigste auf einen Blick

Große Zahlen

Im **Zehnersystem** werden die Zahlen mit den Ziffern 0, 1, …, 8, 9 geschrieben. In einer *Stellenwerttafel* lassen sich die Stufenzahlen Einer (E), Zehner (Z), Hunderter (H) und Tausender (T) sowie für größere Zahlen: Million, Milliarde, Billion, Billiarde übersichtlich darstellen.

Beispiel: 23 490 287

Million		Tausend					
		HT	ZT	T	H	Z	E
2	3	4	9	0	2	8	7

Natürliche Zahlen

Die Menge der natürlichen Zahlen ist $\mathbb{N} = \{0, 1, 2, 3, 4, \ldots\}$. Die natürlichen Zahlen lassen sich auf einem *Zahlenstrahl* veranschaulichen. Auf dem nach rechts gerichteten Zahlenstrahl liegt die kleinere zweier Zahlen links der größeren.

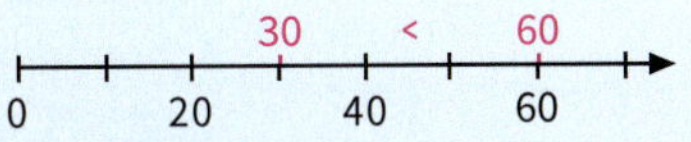

Anders gesagt: 60 > 30

Runden

Beim Runden auf Zehner musst du die Einer betrachten, beim Runden auf Hunderter die Zehner, beim Runden auf Tausender die Hunderter, …:
runde ab bei 0, 1, 2, 3, 4;
runde auf bei 5, 6, 7, 8, 9.

Beispiel:
2735 gerundet:
auf Zehner: 2740 (5 aufgerundet)
auf Hunderter: 2700 (3 abgerundet)
auf Tausender: 3000 (7 aufgerundet)

Größen und ihre Einheiten

Bei Angaben mit Komma bezeichnet die Einheit die Stellen vor dem Komma; die Stellen nach dem Komma geben die kleinere Einheit an.

Beispiele:

Längen werden üblicherweise in den Einheiten 1 mm, 1 cm, 1 dm, 1 m und 1 km angegeben. Es gilt:

$$1\,\text{km} \underset{\cdot 1000}{\overset{:1000}{\rightleftarrows}} 1\,\text{m} \underset{\cdot 10}{\overset{:10}{\rightleftarrows}} 1\,\text{dm} \underset{\cdot 10}{\overset{:10}{\rightleftarrows}} 1\,\text{cm} \underset{\cdot 10}{\overset{:10}{\rightleftarrows}} 1\,\text{mm}$$

5 m 7 dm 6 cm = 5,76 m
0 km 980 m = 0,980 km
47 cm = 4,7 dm = 0,47 m
0,82 km = 820 m = 8 200 dm

Massen werden üblicherweise in den Einheiten 1 mg, 1 g, 1 kg und 1 t angegeben. Es gilt:

$$1\,\text{t} \underset{\cdot 1000}{\overset{:1000}{\rightleftarrows}} 1\,\text{kg} \underset{\cdot 1000}{\overset{:1000}{\rightleftarrows}} 1\,\text{g} \underset{\cdot 1000}{\overset{:1000}{\rightleftarrows}} 1\,\text{mg}$$

5 t 675 kg = 5,675 t = 5 675 kg
13 g 256 mg = 13,256 g = 13 256 mg
0,498 t = 498 kg = 498 000 g
8 230 mg = 8,23 g = 0,00823 kg

Zeitpunkte und **Zeitspannen** werden in Sekunden (1 s), Minuten (1 min), Stunden (1 h) und Tagen (1 d) angegeben.

Es gilt: $1\,\text{d} \underset{\cdot 24}{\overset{:24}{\rightleftarrows}} 1\,\text{h} \underset{\cdot 60}{\overset{:60}{\rightleftarrows}} 1\,\text{min} \underset{\cdot 60}{\overset{:60}{\rightleftarrows}} 1\,\text{s}$

1 d 6 h = 30 h = 1 800 min
540 min = 9 h
75 s = 1 min 15 s

Maßstab

Mit einem **Maßstab** beschreibt man Vergrößerungen, zum Beispiel 4 : 1, sowie Verkleinerungen, zum Beispiel 1 : 20 000.

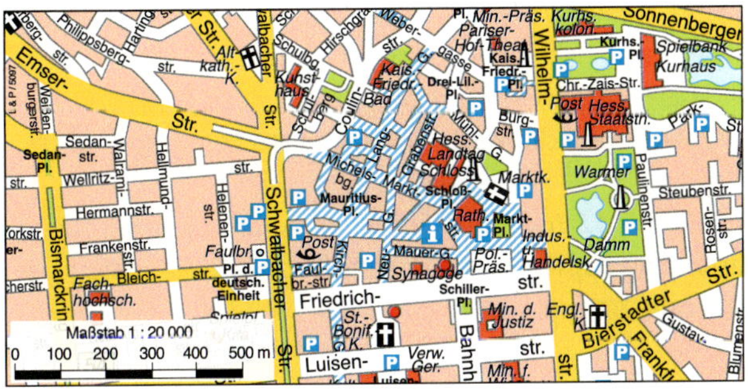

Beispiele:
Maßstab 4 : 1 bedeutet:
1 cm in der Wirklichkeit entspricht 4 cm in der Zeichnung.

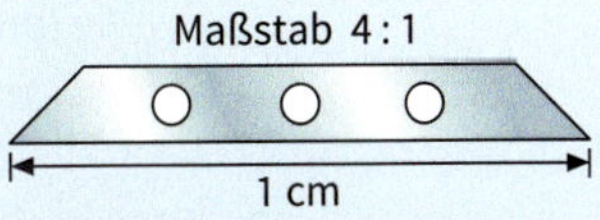

Maßstab 1 : 20 000 bedeutet:
1 cm in der Karte entspricht in der Wirklichkeit 20 000 cm = 200 m

Bist du fit?

1. Übertrage in dein Heft und gib Zahl bzw. Nachfolger an.

Zahl	1 000 000				
Nachfolger		2 000 000	79 901	1 000 001	3 479 009

2. Die sogenannte Schuldenuhr zeigt die Verschuldung Deutschlands an.
Schreibe die auf der Schuldenuhr angezeigten Zahlen in Worten.

3. Vergleiche. Setze im Heft für ▢ das Kleiner- oder Größerzeichen.

a) 2 488 ▢ 3 521 **c)** 80 192 ▢ 79 582
b) 6 776 ▢ 6 767 **d)** 432 719 ▢ 432 723

4. **a)** Welche Zahlen sind rot markiert?

b) Trage im Heft die Zahlen 37, 49, 121, 152, 81 auf einem geeigneten Zahlenstrahl ein.

5. **a)** Runde
(1) 29 429 auf Hunderter; (2) 35 482 auf Tausender; (3) 831 624 auf Zehntausender.

b) Folgende Zahlen sind gerundet. Welche Zahlen können vor dem Runden gestanden haben? Nenne die kleinstmögliche und die größtmögliche Zahl.
(1) 230 auf Zehner (3) 3 400 auf Zehner (5) 230 000 auf Zehntausender
(2) 3 400 auf Hunderter (4) 29 000 auf Tausender (6) 17 000 000 auf Millionen

6. Wie viel fehlt bis zur nächstgrößeren Einheit?
a) 998 mg **b)** 20 h **c)** 756 g **d)** 4 mm **e)** 56 min **f)** 293 kg **g)** 96 m **h)** 12 s

7. Schreibe in der in Klammern angegebenen Einheit.
a) 8 m (cm); 11 km (m) **b)** 512 cm (m); 93 kg (g) **c)** 17 t (kg); 30 g (kg) **d)** 0,05 km (m); 0,5 m (cm) **e)** 300 g (kg); 12 h (min)

8. Wie viel Zeit vergeht bis Mitternacht? **a)** 9.45 Uhr **b)** 0.37 Uhr **c)** 11.58 Uhr **d)** 20.15 Uhr

9. Der Maßstab einer Landkarte beträgt 1 : 200 000.
a) Auf dieser Karte werden folgende Längen gemessen: 3 cm; 5,5 cm; 4,8 cm; 8,7 cm.
Wie lang sind die Strecken in Wirklichkeit?
b) Wie groß erscheinen auf der Karte Entfernungen von 6 km; 15 km; 3,6 km; 10,8 km?

10. In Deutschland fallen pro Einwohner jährlich ungefähr 56 kg Verpackungsmaterial an, davon 20 kg Pappe und Papier, 14 kg Kunststoff sowie 22 kg Glas.
Zeichne ein Säulendiagramm.

2. Rechnen mit natürlichen Zahlen

Im Alltag und auch bei Spielen werden Preise und andere Größen mithilfe von natürlichen Zahlen angegeben. Zur Beantwortung vieler Fragen muss mit diesen natürlichen Zahlen addiert, subtrahiert, multipliziert und dividiert werden.

Jakob und Hanna spielen Monopoly. Jakob besitzt das Wasser- und das Elektrizitätswerk, Hanna die Parkstraße und die Schlossallee.

ELEKTRIZITÄTSWERK
KAUFPREIS M 3000
Wenn man Besitzer des Elektrizitätswerks ist, so ist die Miete 4-mal so hoch, wie Augen auf den zwei Würfeln sind.
Wenn man Besitzer beider Versorgungswerke ist, so ist die Miete 10-mal so hoch, wie Augen auf den zwei Würfeln sind.
HYPOTHEKENWERT M 75

WASSERWERK
KAUFPREIS M 3000
Wenn man Besitzer des Wasserwerks ist, so ist die Miete 4-mal so hoch, wie Augen auf den zwei Würfeln sind.
Wenn man Besitzer beider Versorgungswerke ist, so ist die Miete 10-mal so hoch, wie Augen auf den zwei Würfeln sind.
HYPOTHEKENWERT M 75

BESITZRECHTKARTE
PARKSTRASSE
KAUFPREIS M 7000

MIETE M 35

Mit 1 Haus	M 175
Mit 2 Häusern	M 500
Mit 3 Häusern	M 1100
Mit 4 Häusern	M 1300
Mit HOTEL	M 1500

Hypothekenwert M 175
1 Haus kostet M 200
1 Hotel kostet M 200 plus 4 Häuser
Wenn ein Spieler ALLE Straßen einer Farbgruppe besitzt, ist die Miete für die UNBEBAUTEN STRASSEN dieser Farbgruppe DOPPELT so hoch.

BESITZRECHTKARTE
SCHLOSSALLEE
KAUFPREIS M 8000

MIETE M 50

Mit 1 Haus	M 200
Mit 2 Häusern	M 600
Mit 3 Häusern	M 1400
Mit 4 Häusern	M 1700
Mit HOTEL	M 2000

Hypothekenwert M 200
1 Haus kostet M 200
1 Hotel kostet M 200 plus 4 Häuser
Wenn ein Spieler ALLE Straßen einer Farbgruppe besitzt, ist die Miete für die UNBEBAUTEN STRASSEN dieser Farbgruppe DOPPELT so hoch.

→ Hanna würfelt eine 5 und eine 3 und gelangt damit auf das Wasserwerk. Wie viel Miete muss sie an Jakob zahlen?

→ Hanna baut ein Haus auf der Parkstraße. Wie oft muss Jakob auf der Parkstraße ankommen, damit Hanna den Kaufpreis als Mietzahlung wieder bekommen hat?

→ Hanna überlegt, ein Hotel auf der Schlossallee zu bauen. Wie viel kostet dieses?

→ Stellt weitere Fragen und beantwortet sie.

In diesem Kapitel …

beschäftigst du dich mit dem Rechnen mit natürlichen Zahlen, dessen Gesetzmäßigkeiten und Zusammenhängen. Für große Zahlen wirst du deine Kenntnisse zu den schriftlichen Rechenverfahren erweitern.

Lernfeld: Mehr ... oder weniger?

Das Polyeder-Spiel

Philipp hat in seiner Spielesammlung verschiedene „Spielwürfel“ (sogenannte Polyeder):

Bei dem Spiel darf jeder Mitspieler mit jedem der fünf Würfel je einmal würfeln. Die erste geworfene Augenzahl ist der Startwert, die zweite geworfene Augenzahl wird von diesem Startwert subtrahiert, die dritte wieder addiert, die vierte subtrahiert, die fünfte addiert. Das Spiel hat derjenige gewonnen, der am Ende die höchste Punktzahl erreicht hat. Wirft man beim zweiten oder vierten Wurf eine Augenzahl, die größer ist als der aktuelle Punktstand, scheidet man aus.

→ Habt ihr einen Vorschlag, in welcher Reihenfolge die Spieler ihre fünf Würfel werfen sollen? Probiert eure Vorschläge selbst aus.

Entdeckungen an Zahlenmauern

Die meisten von euch kennen aus der Grundschule Zahlenmauern. Falls jemand in deiner Klasse solche Zahlenmauern nicht kennt, erkläre am Beispiel rechts, wie man in ihnen rechnet.

→ Trage im Heft die Zahlen in der unteren Reihe ein. Ergänze dann die fehlenden Zahlen darüber. Was ändert sich, wenn man die Reihenfolge der Zahlen in der unteren Reihe ändert? Wie viele Möglichkeiten gibt es hierfür? Wie musst du die Zahlen anordnen, um im Feld ganz oben das kleinst- bzw. größtmögliche Ergebnis zu erhalten?

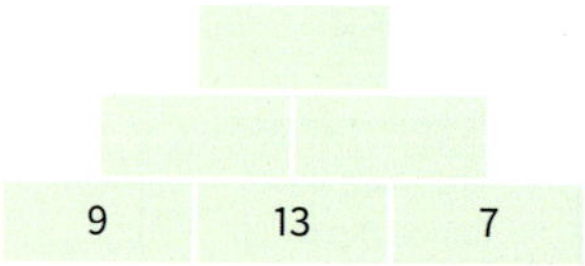

→ Das Ausfüllen einer Zahlenmauer ist besonders einfach, wenn alle Zahlen in der unteren Reihe bekannt sind.
Übertrage die nebenstehenden Mauern in dein Heft. Kannst du sie auch ausfüllen?

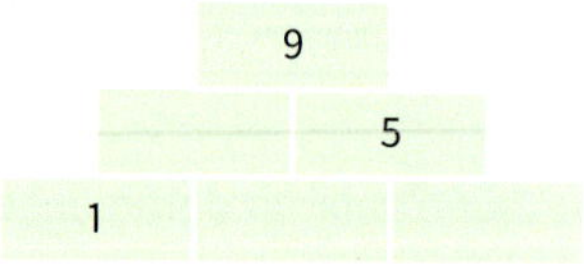

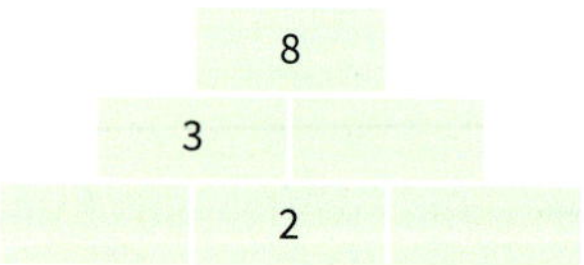

→ Gibt es noch andere Aufgabentypen zum Ausfüllen von Zahlenmauern? Wie viele verschiedene Typen findet ihr?
Achtung: Die Zahlenmauer kann man auf verschiedene Weisen vervollständigen. Probiert das in eurem Heft.

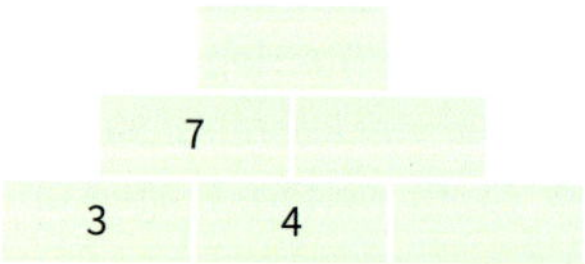

→ An der rechts stehenden Zahlenmauer erkennen wir, dass 4 die kleinstmögliche Zahl in dem oberen Feld der Zahlenmauer ist. Welche Zahlenmauern gibt es mit der Zahl 5, mit der Zahl 6, mit der Zahl 7 an der Spitze? Wie viele verschiedene Zahlenmauern sind dies jeweils insgesamt?

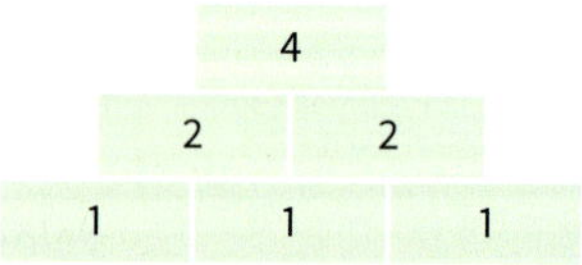

2.1 Addieren und Subtrahieren

Einstieg

Ein Partner stellt eine Frage, die du mit den Informationen aus dem Zeitungsausschnitt rechnerisch lösen kannst. Beantworte die Frage. Danach stellst du deinem Partner eine Frage.

Mitgliederversammlung im TSV
Der Vorsitzende berichtete von Mitgliederzahl-Veränderungen: In der Fußballsparte sind es jetzt 970 Mitglieder und somit 240 mehr als im Vorjahr. Leider hat die Handballsparte jetzt nur noch 512 Mitglieder und somit 89 weniger als im Vorjahr.

Aufgabe 1

Addieren und Subtrahieren als entgegengesetzte Rechenarten
Zur Herbstkonzertwoche der Musikschule kamen 963 Besucher. Das waren 128 mehr als im Frühjahr. Dabei wurden 238 Programmhefte verteilt. Das waren 46 weniger als im Frühjahr. Wie kann man die Zahlen für die Frühjahrskonzerte berechnen?

Lösung

Wir veranschaulichen die Anzahlen durch Strecken.

Besucher:

$\square + 128 = 963$

$\square \xrightarrow[-128]{+128} 963$

$963 - 128 = 835$

Programmhefte:

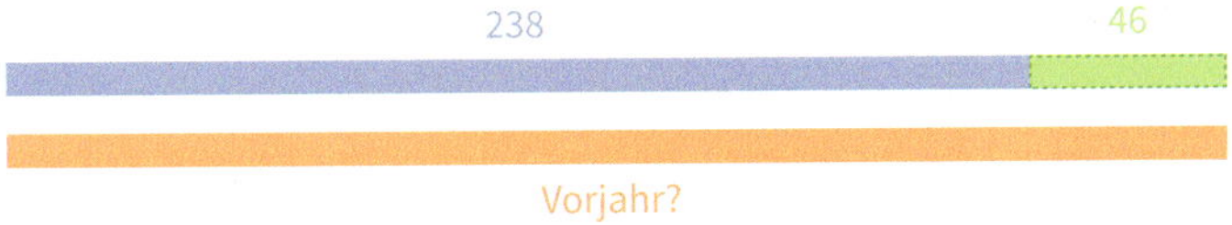

$\square - 46 = 238$

$\square \xrightarrow[+46]{-46} 238$

$238 + 46 = 284$

Ergebnis: Zum Frühjahrskonzert kamen 835 Besucher. Es wurden 284 Programmhefte verteilt.

Information

Im Zusammenhang mit dem Addieren und Subtrahieren benutzt man Fachausdrücke.

Addition
217 + 63 nennt man die **Summe** der Zahlen 217 und 63. Das Ergebnis 280 nennt man den *Wert der Summe*, kurz auch *Summe*.
217 und 63 heißen *Summanden*.

217	+	63	=	280
1. Summand		**2. Summand**		*Wert der* **Summe**

Subtraktion
374 – 52 nennt man die **Differenz** der Zahlen 374 und 52. Das Ergebnis 322 nennt man den *Wert der Differenz*, kurz auch *Differenz*.
374 heißt *Minuend*, 52 heißt *Subtrahend*.

374	–	52	=	322
Minuend		**Subtrahend**		*Wert der* **Differenz**

addieren (lat.) hinzufügen
Summe (lat.) Gesamtzahl
Summand (lat.) hinzuzuzählende Zahl
subtrahieren (lat.) abziehen
Differenz (lat.) Unterschied
Minuend (lat.) Zahl, von der etwas abgezogen wird
Subtrahend (lat.) Zahl, die abgezogen wird

Weiterhin gilt:

Zusammenhang zwischen Addition und Subtraktion
Addition und Subtraktion sind *entgegengesetzte* Rechenarten.
(1) Das Addieren einer Zahl wird durch das Subtrahieren dieser Zahl rückgängig gemacht.
(2) Das Subtrahieren einer Zahl wird durch das Addieren dieser Zahl rückgängig gemacht.

$43 \xrightarrow[-17]{+17} 60$

Wiederholung

Sind mehrstellige Zahlen für das Kopfrechnen zu groß, so rechnet man schriftlich.

(1) Schriftliches Addieren – Überschlag

Aufgabe: 1753 + 2885 + 641 *Überschlag:* 1800 + 2900 + 600 = 5300

Rechnung:

	1	7	5	3
+	2	8	8	5
+		6	4	1
	2	1		
	5	2	7	9

Wir addieren:
die Einer: 1 + 5 + 3 = 9, also 9 Einer
die Zehner: 4 + 8 + 5 = 17, also 7 Zehner und 1 Hunderter als Übertrag
die Hunderter: 1 + 6 + 8 + 7 = 22, also 2 Hunderter und 2 Tausender als Übertrag
die Tausender: 2 + 2 + 1 = 5, also 5 Tausender

Ergebnis: 1753 + 2885 + 641 = 5279

(2) Schriftliches Subtrahieren – Überschlag

Aufgabe: 5904 – 5279 – 212 *Überschlag:* 5900 – 5300 – 200 = 400

Rechnung:

	5	9	0	4
–	5	2	7	9
–		2	1	2
		1	1	
		4	1	3

Wir addieren die Subtrahenden stellenweise und ergänzen:
bei den Einern: 2 + 9 + 3 = 14, also 3 Einer und 1 Zehner als Übertrag
bei den Zehnern: 1 + 1 + 7 + 1 = 10, also 1 Zehner und 1 Hunderter als Übertrag
bei den Hundertern: 1 + 2 + 2 + 4 = 9, also 4 Hunderter

Ergebnis: 5904 – 5279 – 212 = 413

Üben

2. Rechne im Kopf; notiere die Ergebnisse.

a) 42 + 37; 69 + 11; 342 + 58
b) 229 + 37; 15 + 861; 78 + 411
c) 138 – 26; 297 – 62; 870 – 40
d) 350 – 70; 280 – 66; 483 – 38
e) 685 + 45; 600 + 5370; 550 + 4800
f) 3 820 – 550; 5 100 – 250; 3 270 – 400

3. a) Beschreibe und vergleiche folgende Rechenwege. Findest du noch weitere?

b) Berechne geschickt.

(1) 1250 + 780 (3) 287 + 78 (5) 303 – 88 (7) 498 + 63
(2) 167 + 296 (4) 2520 – 150 (6) 427 – 98 (8) 903 – 58

4. Stelle zunächst eine geeignete Aufgabe und löse sie dann.

a) An einem Marktstand wurden an einem Dienstag 45 kg Tomaten verkauft, am folgenden Tag 17 kg mehr.

b) An dem gleichen Marktstand wurden am Samstag 71 kg Spargel verkauft, am folgenden Montag 34 kg weniger.

c) Am Freitag wurden an dem Marktstand 85 kg Kartoffeln verkauft, am Samstag 125 kg.

5. Erfinde selbst Rechengeschichten.
a) 43 kg + 19 kg
b) 55 € – 28 €
c) 203 km – 87 km
d) 24 min + 33 min

Differenz: 43 m – 27 m
Rechengeschichte: Tim ist ein guter Skispringer. Er schafft auf der Jugendschanze 43 m. Marc erreicht nur 27 m.
Wie viel Meter springt Tim weiter als Marc?
Rechnung: 43 m – 27 m = 16 m
Ergebnis: Tim springt 16 m weiter als Marc.

6. Dein Partner stellt eine Frage, die du mit den Informationen aus dem Zeitungsausschnitt unten rechnerisch lösen kannst. Beantworte die Frage. Danach stellst du eine Frage.

Neuer Bücherbus der Stadtbibliothek

Die Stadtbücherei informiert über die Neueinrichtung des Bibliothekbusses und das neue Medienangebot: Momentan kann man 745 CDs und 128 Hörbücher ausleihen. Das sind 212 CDs und 53 Hörbücher mehr als im letzten Jahr. Bei den Restbeständen von Musikkassetten sind nur noch 241 Kassetten vorhanden, also 73 weniger als im letzten Jahr.

7. Bestimme die fehlende Zahl und notiere sie im Heft.

a)	b)	c)	d)
□ + 37 = 63	□ + 370 = 990	□ + 1100 = 4700	□ – 123 = 456
18 + □ = 81	40 + □ = 760	7500 + □ = 8000	517 – □ = 403
□ – 49 = 14	□ – 440 = 440	□ – 4000 = 2800	□ + 238 = 559
54 – □ = 26	690 – □ = 30	2000 – □ = 200	417 + □ = 888

8. Überprüfe die Rechnung durch Addieren.
Berichtige jedes falsche Ergebnis.
a) 90 – 33 = 67 c) 216 – 44 = 172 e) 840 – 84 = 766
b) 100 – 55 = 45 d) 357 – 32 = 325 f) 9990 – 9090 = 900

Aufgabe: 38 – 14 = 24
Pfeilbild: 38 $\overset{-14}{\underset{+14}{\rightleftarrows}}$ 24
Probe: 24 + 14 = 38

9. Der Hüttenwirt notiert Veränderungen der Wetterverhältnisse in seinem Schneebericht. Stelle eine Frage und beantworte sie.
a) Nach den Schneefällen vom 17. 2. lagen insgesamt 54 cm Schnee.
b) Nach Tauwetter am 20. 2. war die Schneedecke nur noch 25 cm hoch.

10. Ein Intercity benötigt von Karlsruhe nach Freiburg 1 h 4 min, das sind 42 Minuten weniger als ein Regional-Express und 5 Minuten mehr als ein Inter-City-Express benötigt. Welche Fahrzeit benötigt auf dieser Strecke der Regional-Express, welche der Inter-City-Express?

11. Addiere schriftlich. Mache zunächst eine Überschlagsrechnung.
a) 256 + 467 + 494 + 587
889 + 264 + 453 + 778
b) 584 + 1 302 + 1 459 + 829
1 279 + 388 + 1 462 + 1 371
c) 2 207 + 5 007 + 8 086 + 1 108
70 859 + 10 278 + 1 091 + 2 722

12. Subtrahiere schriftlich. Mache zunächst eine Überschlagsrechnung.
a) 3 825 – 1 184
2 380 – 2 076
b) 4 825 – 1 418 – 908 – 1 089
27 413 – 5 474 – 12 085 – 709
c) 78 713 – 28 446 – 5 279 – 9 097
425 357 – 5 009 – 12 967 – 178 916

13. Welche Ergebnisse sind falsch? Begründe ohne schriftlich zu rechnen.

(1)

		7	5	2	0	5
+			4	9	9	3
+	1	0	4	1	7
		9	0	6	1	1

(2)

			3	5	5
+		3	9	0	7
+	1	1	0	9	8
	1	5	3	6	0

(3)

			8	1	7	0	3
+			9	9	5	6
+	3	0	4	5	8	9
	4	0	6	2	4	8

14. Auffallende Ergebnisse:

a) 8 000 – 916 – 1 422 – 662
b) 25 933 – 4 876 – 11 345 – 703
c) 77 812 – 19 321 – 4 288 – 3 088
d) 468 000 – 2 913 – 78 305 – 126 522
e) 81 300 – 21 407 – 9 – 683 – 4 880
f) 1 000 000 – 6 389 – 440 255 – 108 912

Vertiefen

15. Beim Rechnen mit Größen kommt es auf die Einheiten an.

a) **(1)** 698 € + 279 € **(2)** 6 345 kg + 531 kg + 1 008 kg **(3)** 347 m – 48 m – 126 m
b) **(1)** 497 g + 20 kg + 13 kg **(2)** 941 dm – 59 m **(3)** 8 720 kg – 7 t
c) **(1)** 7 km 388 m – 4 km 21 m **(2)** 9 t 431 kg + 1936 kg **(3)** 4 d 18 h – 31 h – 3 d 2 h

16. Stelle deinem Partner eine geeignete Frage. Anschließend tauscht ihr die Rollen.

a) Herr Schmitz muss eine Autobahnstrecke von 353 km zurücklegen. Nach 168 km verlässt er die Autobahn wegen einer Vollsperrung. Auf der Landstraße fährt er einen Umweg von 18 km.

b) Herr Mertes hat 879 € auf seinem Konto. Nachdem ihm sein Autoradio gestohlen worden ist, überweist ihm seine Versicherung einen Betrag von 376 €. Für Kauf und Einbau des neuen Radios muss er 459 € überweisen.

c) Eine dreitägige Radfernfahrt geht über insgesamt 646 km. Am ersten Tag werden 188 km gefahren, die zweite Etappe geht über 245 km.

d) Familie Schneider fährt mit dem Pkw in den Urlaub. Das zulässige Gesamtgewicht des Autos beträgt 1 600 kg. Der leere Wagen wiegt 1 045 kg. Frau Schneider wiegt 62 kg, Herr Schneider 81 kg und die beiden Kinder 27 kg und 44 kg.

17. Für ein Fußballspiel wurden 22 500 Eintrittskarten bereitgestellt. Im Vorverkauf wurden in der ersten Woche 3 145 Karten verkauft, in der zweiten sogar 9 802.

a) Wie viele Karten bleiben nach dem Vorverkauf noch übrig?

b) Heide und Silke kaufen ihre Karten an der Kasse kurz nacheinander. Wie viele Besucher haben in der Zwischenzeit eine Eintrittskarte gekauft? Schreibe die Nummern dieser Karten auf.

18. Auf einer Wanderkarte sind die Längen einzelner Wege in Meter angegeben.

a) Peter und seine Mutter möchten vom Parkplatz P über E den kürzesten Weg nach B gehen. Wie lang ist der Weg?

b) Die Klasse 5 b der Goethe-Schule startet beim Parkplatz eine Radtour. Dabei soll kein Weg ausgelassen und nur einer doppelt gefahren werden. Gib einen solchen Weg an und berechne seine Länge.

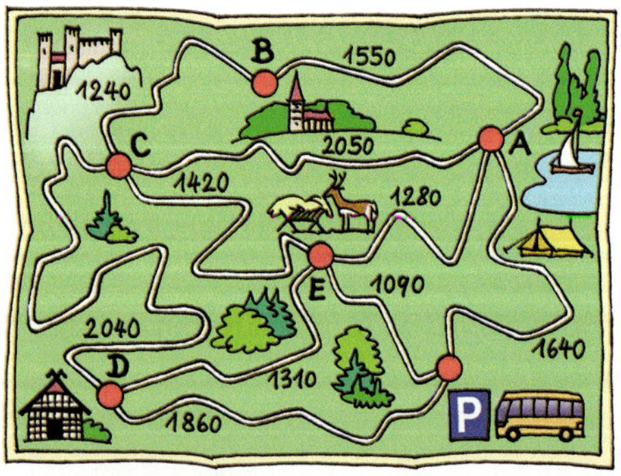

19. Familie Oetzmann möchte ein neues Auto kaufen. Das Auto soll höchstens 19 000 € kosten. Von den angebotenen Sonderausstattungen sind die angekreuzten von Interesse. Stelle zunächst mit Überschlag fest, ob das Auto mit der gewünschten Ausstattung weniger als 19 000 € kostet. Falls das nicht der Fall ist, mache einen Vorschlag, auf welche Ausstattung verzichtet werden könnte.
Berechne danach den genauen Preis.

MURENA T 3.5

Basismodell	**15.999,- €**
Sonderausstattung gegen Aufpreis:	
○ Klimaanlage	1.160,- €
☒ Automatisch geregelte Klimaanlage	1.559,- €
☒ Elektrisches Glasschiebedach	816,- €
☒ Leichtmetallfelgen	621,- €
☒ Metallic-Lackierung	329,- €
○ Sonderlackierung schwarz	155,- €

20. Rechne mit benachbarten Zahlen. Das Ergebnis steht im Feld darüber. Fülle im Heft aus.

a) Addiere.

430			
234			
130			
		37	

b) Subtrahiere.

25			
57			
	65		
260			

21. a) Bilde mithilfe der Kärtchen verschiedene Summen und Differenzen. Berechne diese.
b) Nenne die zwei Kärtchen, mit welchen du
(1) die größte Summe [Differenz] bilden kannst;
(2) die kleinste Summe [Differenz] bilden kannst.
c) Wie kannst du Teilaufgabe b) lösen, ohne alle Kombinationen auszuprobieren?

22. Schreibe zunächst einen Rechenausdruck mit einem ▢ als Platzhalter für die fehlende Zahl. Berechne diese dann.
a) In einer Differenz ist der Subtrahend 87, der Wert der Differenz 298.
b) In einer Summe ist ein Summand 3 456, der Wert der Summe 7 072.

23. a) Wie verändert sich der Wert der Summe zweier Zahlen, wenn man
(1) den ersten Summanden um 53 erhöht;
(2) den zweiten Summanden um 120 vermindert;
(3) den ersten und zweiten Summanden um je 70 erhöht;
b) Wie verändert sich der Wert der Differenz zweier Zahlen, wenn man
(1) den Minuenden um 72 vermindert;
(2) den Subtrahenden um 16 erhöht;
(3) den Minuenden und den Subtrahenden um je 41 erhöht?

Das kann ich noch!

A) Marie sieht die Uhren in einem Spiegel eines Uhrengeschäftes. Wie spät ist es?

1) 
2) 
3) 
4) 

24. Entscheide, ob die Aussage richtig ist, und begründe deine Antwort.

a) Die Summe von drei verschiedenen dreistelligen Zahlen ist nie größer als 3 000.

b) Die Differenz aus einer vierstelligen Zahl und einer dreistelligen Zahl liegt immer zwischen 9 und 9 000.

c) Wenn man vier verschiedene vierstellige Zahlen addiert, erhält man nie 4 949.

25. *Spiel für 2 Spieler: Fünfzig gewinnt:*
Einer der beiden Spieler nennt eine Zahl zwischen 1 und 10. Beide müssen anschließend abwechselnd eine der Zahlen 1, 2 oder 3 dazu addieren. Wer zuerst die Zahl 50 genau erreicht, hat gewonnen. Wie muss man die Zahlen wählen, um zu gewinnen?

Herausfordern

26. Hier sind Zahlen weggewischt. Schreibe die Rechnung vollständig auf.

```
a)   5 7 2      c)   8 □ 5      e)   □ 3 0      g)   8 8 □      i)   □ 6 3 4
     4 □          + 7 5 6         + 6 3 □         + □ 8 2         + 6 2 □ 4
   + 3 □ 8        + □ 6 □         + 7 7 6         + 6 7 6         +   3 5 □
   -------        -------         -------         -------         ---------
     □ 8 2       □ 0 7 9         □ 6 □ 5         □ 7 □ 7           9 □ 3 2

b)   □ □ □ □    d)   2 2 3 4    f)   3 1 2 □    h)   5 5 □ 0 □  j)   1 □ 0 0 □
   −   3 5 8      − □ □ □ □       −   4 □ 5       −     4 4 5     −   4 □ 1 0
   −   6 0 7      −   7 8 8       −     2 6       −   8 9 9 7     −   2 1 8 3
   ---------      ---------       ---------       − □ □ 1 □ 4     −   2 0 7 4
       5 8 4          3 6 7         2 6 1 3       -----------     -----------
                                                    2 1 1 4 4       1 7 □ 3
```

27. Welche Karten wählst du, damit
a) die Summe b) die Differenz
größer als 200, aber kleiner als 400 ist?

597 | 205 | 183 | 315 | 196

28. Zahlen wie 747 oder 585 sind vorwärts wie rückwärts gelesen gleich, ähnlich wie die Wörter „ANNA“ oder „REGALLAGER“. Solche Zahlen bzw. Wörter nennt man Palindrome. 585 kann man als Summe von 342 und 243, der sogenannten Spiegelzahl, schreiben.

a) Kannst du 585 noch auf andere Weise als Summe einer Zahl und der zugehörigen Spiegelzahl schreiben? Gelingt das auch bei 747?

b) Untersuche mit einem Partner für verschiedene dreistellige Zahlen die Summe der Zahl und der „Spiegelzahl“. Ergeben sich immer Palindrome?

c) Der Kilometerstand eines Tachometers zeigt 17 071. Wie viel km müssen zurückgelegt werden, bis das nächste Palindrom angezeigt wird?

d) Addiere alle Palindrome zwischen 1 221 und 2 000. Die Lösung findest du in der Kiste.

29. Wähle aus den ersten drei Kästen jeweils eine Zahl bzw. ein Rechenzeichen so aus, dass du als Ergebnis der entstandenen Rechenaufgabe eine Zahl aus dem letzten Kasten erhältst.

Kasten 1	Kasten 2	Kasten 3	Kasten 4
973	+	873	4309
149	−	2155	4375
2093	−	3402	476
3642	+	1406	1487

30. Mario versucht, die verschlüsselten Rechnungen zu lösen. Kannst du ihm dabei helfen? Die Buchstaben müssen durch Ziffern so ersetzt werden, dass die Rechnungen stimmen. Gleiche Buchstaben bedeuten gleiche Ziffern.

```
(1)                 (2)
    S E N D              G I B
  + M O R E            + M I R
  ---------            -------
  M O N E Y            G E L D
```

Magie und Mathe – Zauberquadrate erforschen

4	9	2
3	5	7
8	1	6

Aus schon über 2000 Jahre alten chinesischen Quellen wird unter dem Namen *Lo-Shu* das rechts abgebildete mathematische Muster überliefert. Das Muster soll magische Eigenschaften besitzen und die Menschen vor Krankheit, Armut und jedem anderen Unglück bewahren. Neun Symbole sind in drei Zeilen und drei Spalten angeordnet. Zählt man die Anzahl der Kreise in jedem Symbol, so erhält man das Zahlenquadrat links mit den Zahlen 1 bis 9.

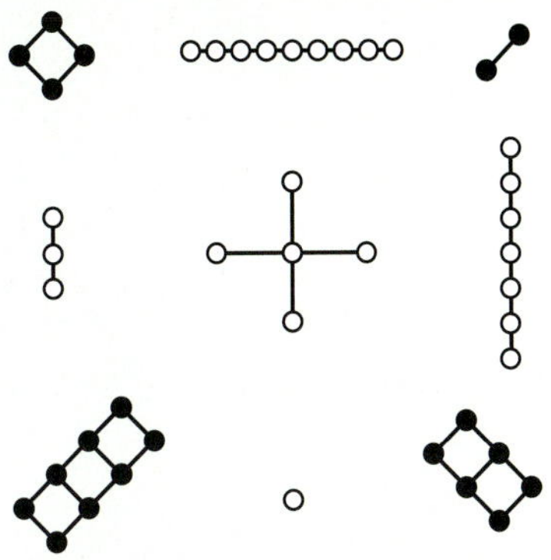

1. Berechne in diesem Zahlenquadrat die Summe der Zahlen aus jeder Zeile, aus jeder Spalte und aus jeder Diagonalen. Was stellst du fest?

Ein Zahlenquadrat nennt man **magisches Quadrat** oder auch **Zauberquadrat**, wenn gilt:
Die Summe der Zahlen aus jeder Zeile stimmt überein mit der Summe der Zahlen aus jeder Spalte und auch mit der Summe der Zahlen auf jeder der beiden Diagonalen.
Der konstante Summenwert heißt **magische Zahl** oder Konstante des Quadrats.

2. In dem angegebenen Lo-Shu-Zauberquadrat treten alle natürlichen Zahlen von 1 bis 9 auf. Durch Vertauschen einiger dieser Zahlen kann man weitere Zauberquadrate mit der magischen Zahl 15 erzeugen. Gib drei weitere solcher Quadrate an.

3. **a)** Warum muss jedes Zauberquadrat mit den Zahlen 1 bis 9 die magische Zahl 15 haben? Berechne dazu die Summe der natürlichen Zahlen von 1 bis 9.
b) Warum muss die Zahl 5 bei einem solchen Zauberquadrat unbedingt in der Mitte stehen?
Addiere dazu in einem dieser Zauberquadrate alle Zahlen aus den beiden Diagonalen, aus der mittleren Zeile und der mittleren Spalte.

4. Ausgehend vom Lo-Shu-Quadrat hat Marc nebenstehendes Quadrat entwickelt.

40	90	20
30	50	70
80	10	60

a) Überprüfe, ob ein Zauberquadrat vorliegt und gib die magische Konstante an. Wie ist Marcs Zauberquadrat entstanden?
b) Kannst du Zauberquadrate mit neun verschiedenen natürlichen Zahlen angeben, die die magische Zahl 120 haben?
c) Mit dem Verfahren von Marc kannst du kein Zauberquadrat mit neun verschiedenen natürlichen Zahlen und der magischen Zahl 33 herstellen. Begründe, warum.
d) Stelle ein solches Quadrat auf andere Weise her.
e) Maria meint: „Es gibt unendlich viele Zauberquadrate mit drei Zeilen und drei Spalten, in denen neun verschiedene natürliche Zahlen auftreten.“ Was meinst du dazu?

Schon seit 1 000 Jahren haben Mathematiker den Aufbau der magischen Quadrate genauer untersucht und derartige Quadrate mit mehr als drei Zeilen und drei Spalten konstruiert. Diese nennt man *magische Quadrate höherer Ordnung*. Sie wurden den damals bekannten Himmelskörpern (Mond und Planeten) zugeordnet und die Astrologen sahen in ihnen magische Kräfte die gegen bestimmte Krankheiten helfen sollten.

Der Nürnberger Künstler Albrecht Dürer (1471–1528) hat im Jahre 1514 unter dem Eindruck des Todes seiner Mutter in seinem Kupferstich „Melancholie" ein magisches Quadrat der Ordnung 4, das dem Jupiter gewidmet war, mit den natürlichen Zahlen 1, 2, …, 16 eingearbeitet.

Die Schreibweise der Ziffern zu Dürers Zeiten unterscheidet sich teilweise von unserer heutigen Schreibweise.

5. **a)** Wenn man die natürlichen Zahlen von 1 bis 16 addiert, so erhält man 136 als Summe. Wie groß muss deshalb die magische Konstante beim „Dürer-Quadrat" sein?

b) Stelle das „Dürer-Quadrat" in unserer Ziffernschreibweise dar. Unklare Ziffern können mithilfe der Eigenschaften des Zauberquadrats bestimmt werden.

6. Übertrage in dein Heft und ergänze die folgenden lückenhaften Zauberquadrate, in denen die natürlichen Zahlen von 1 bis 16 auftreten:

7	1	14	
16	10		
9	15		
		11	

2			
		4	1
8	5		12
11		6	

1	14		4
		6	
		10	5
13			16

2.2 Multiplizieren und Dividieren

2.2.1 Zusammenhang zwischen Multiplizieren und Dividieren

Einstieg

a) Pascal bekommt 8 kleine Tüten Gummibärchen zu je 15 g. Wie viel g Gummibärchen bekommt er insgesamt?

b) Helena hat eine 750-g-Packung Lakritzen und möchte gleichmäßig große Tüten für sich und ihre vier Freundinnen abfüllen. Wie viel bekommt jede?

c) Marie möchte eine 520-g-Packung Kaudragees in Geschenkbeutel zu 40 g abfüllen. Wie viele Geschenkbeutel erhält sie daraus?

Aufgabe 1

Vervielfachen und Dividieren bei Größen

a) Frederick kauft für kleine Weihnachtsgeschenke 8 Tüten Früchtetee zu je 70 g. Wie viel Tee kauft er insgesamt?

b) Mia will 1 200 g Tee für ihre Freunde gleichmäßig in 4 Tüten umfüllen. Wie viel Tee muss sie in jede Tüte füllen?

c) Lisa kauft 800 g Ceylontee und möchte sie gleichmäßig in Beutel zu je 50 g verteilen. Wie viele Beutel benötigt sie?

Lösung

a) Es sind 8 Tüten. Jede enthält 70 g.
Rechnung: $8 \cdot 70\,g = 560\,g$
Ergebnis: Frederick kauft 560 g Tee.

b) 1 200 g Tee sollen auf 4 Tüten verteilt werden. Jede Tüte soll gleich viel Tee enthalten.
Rechnung: $1200\,g : 4 = 300\,g$
Ergebnis: In jeder Tüte sind 300 g Tee.

c) Die Gesamtmenge von 800 g muss in Teile zu je 50 g aufgeteilt werden.
Rechnung: $800\,g : 50\,g = 16$
Ergebnis: Es werden 16 Beutel benötigt.

Information

Eine Summe mit gleichen Summanden kann man als Produkt schreiben, z. B.: $14 + 14 + 14 = 3 \cdot 14$

Multiplikation

$6 \cdot 57$ nennt man das **Produkt** der Zahlen 6 und 57. Das Ergebnis 342 nennt man den *Wert des Produktes*, kurz auch Produkt.
Die Zahlen 6 und 57 heißen *Faktoren*.

6	·	57	=	342
1. Faktor		**2. Faktor**		*Wert des* **Produkts**

Division

272 : 4 nennt man den **Quotienten** der Zahlen 272 und 4. Das Ergebnis 68 nennt man den *Wert des Quotienten*, kurz auch Quotient.
Die Zahl 272 heißt *Dividend*, die Zahl 4 heißt *Divisor*.

272	:	4	=	68
Dividend		**Divisor**		*Wert des* **Quotienten**

multiplizieren (lat.) vervielfältigen
Produkt (lat.) das Erzeugte
Faktor (lat.) derjenige, der etwas tut
dividieren (lat.) (zer-)teilen
Quotient (lat.) Ergebnis einer Division
Dividend (lat.) die zu teilende Zahl
Divisor (lat.) die teilende Zahl

Multiplizierst du eine Länge mit einer Zahl, so erhältst du eine Länge.
Dividierst du eine Länge durch eine Zahl, so erhältst du eine Länge.
Dividierst du eine Länge durch eine Länge, so erhältst du eine Zahl.
Entsprechendes gilt für Massen, Zeitspannen, Geldwerte.

Aufgabe 2

Multiplikation und Division als entgegengesetzte Rechenarten

Ein Computerladen feiert sein 10-jähriges Bestehen. In der Jubiläumsanzeige steht über diesen Zeitraum:

a) Wie viele Programmpakete wurden vor 10 Jahren angeboten?

b) Wie viel kostete das preisgünstigste Programmpaket vor 10 Jahren?

Lösung

Gesucht ist in beiden Fragen die Ausgangsgröße vor 10 Jahren. Wir erhalten sie, indem wir die angegebene Veränderung rückgängig machen, also rückwärts rechnen.

a) *Anzahl vor 10 Jahren*

Anzahl vor 10 Jahren → ▢ $\xrightarrow{\cdot 4}$ 260 ; 260 $\xrightarrow{:4}$ ▢

Rechnung: $260 : 4 = 65$

Ergebnis: Vor 10 Jahren wurden 65 Programmpakete angeboten.

b) *Preis vor 10 Jahren*

Preis vor 10 Jahren → ▢ $\xrightarrow{:3}$ 137 ; 137 $\xrightarrow{\cdot 3}$ ▢

Rechnung: $137 \cdot 3 = 411$

Ergebnis: Vor 10 Jahren kostete das preisgünstigste Programmpaket 411 €.

Information

Zusammenhang zwischen Multiplikation und Division

Multiplikation und Division sind entgegengesetzte Rechenarten.

(1) Das Multiplizieren mit einer Zahl wird durch das Dividieren durch diese Zahl wieder rückgängig gemacht.

(2) Das Dividieren durch eine Zahl wird durch das Multiplizieren mit dieser Zahl wieder rückgängig gemacht.

6 $\xrightarrow{\cdot 8}$ 48 ; 48 $\xrightarrow{:8}$ 6

Weiterführende Aufgabe

Rechnen mit der Null

3. Das Rechnen mit der Null fällt manchmal schwer. Mache daher bei den Divisionsaufgaben jeweils die Probe durch Multiplizieren. Was ergibt

a) $0 \cdot 4$; **b)** $0:4$; **c)** $4:0$; **d)** $0:0$?

Information

Rechnen mit der Null

Beim Rechnen mit der Null gibt es einige Besonderheiten.

(a) Wenn ein Faktor 0 ist, so ist das Produkt 0.

(b) Wenn man 0 durch eine andere Zahl als 0 dividiert, so erhält man als Ergebnis 0.

(c) Durch 0 kann man *nicht* dividieren.

Beispiele: $3 \cdot 0 = 0$; $0 \cdot 5 = 0$; $0:7 = 0$

Wiederholung

Schriftliches Multiplizieren

(1) *Aufgabe:* 394 · 7

Überschlag: 400 · 7 = 2800

Rechnung: Wir denken 394 in 4 Einer, 9 Zehner und 3 Hunderter zerlegt.

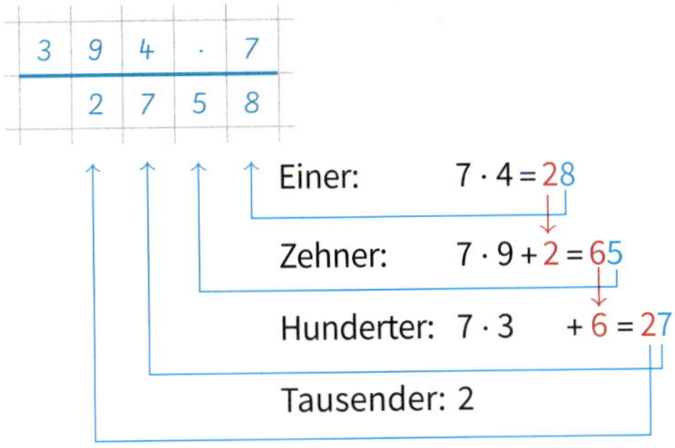

(2) *Aufgabe:* 417 · 38

Überschlag: 400 · 40 = 16000

Rechnung: Auch hier zerlegen wir 417 in 7 Einer, 1 Zehner und 4 Hunderter. Darüberhinaus zerlegen wir die Multiplikation mit 38 in eine mit 30 und eine mit 8.

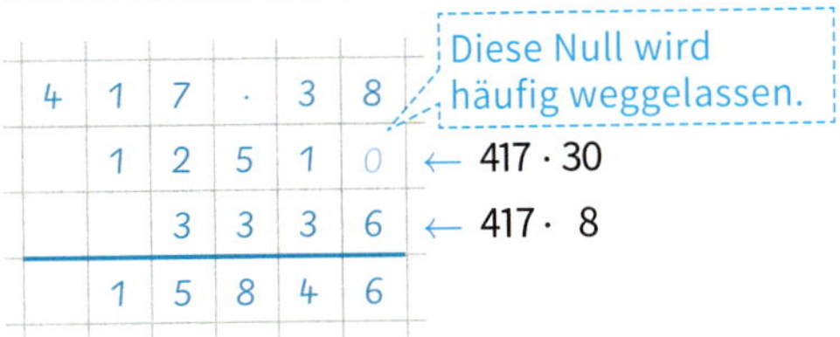

Üben

4. Im Baumarkt werden Tapetenrollen zu 13 € das Stück angeboten. Herr Meyer und Frau Özuan kaufen je 5 dieser Rollen und bezahlen an verschiedenen Kassen. Vergleiche die beiden Kassenzettel und erläutere die beiden Rechnungen.

5. a) Schreibe als Produkt, berechne auch.

(1) 8 + 8 + 8 + 8 + 8 + 8 (2) 15 + 15 + 15 + 15 (3) 3 + 3 + 3 + 3

b) Schreibe die Produkte 7 · 4, 3 · 9, 6 · 2, 5 · 1, 13 · 8, 4 · 4 jeweils als Summe. Berechne auch deren Werte.

6. a) Beschreibe und vergleiche die folgenden Rechnungen. Findest du noch weitere?

b) Berechne geschickt.

(1) 7 · 16	(3) 3 · 170	(5) 42 : 3	(7) 321 : 3	(9) 56000 : 700
(2) 3 · 48	(4) 5 · 2400	(6) 112 : 4	(8) 1500 : 50	(10) 990000 : 90

7. Prüfe deine Rechenfertigkeit. Rechne im Kopf.

a) 8 · 24	b) 78 : 6	c) 6 · 74	d) 135 : 5	e) 6 · 207	f) 936 : 9
6 · 37	84 : 7	7 · 63	132 : 6	7 · 215	856 : 8

8. Für Eintrittskarten wurden bei einer Schulveranstaltung insgesamt 540 € eingenommen. Jede Karte kostete 6 €. Wie viele Personen haben teilgenommen?

9. a) Lukas ist mit seinem Rad im ersten halben Jahr 2 400 km gefahren. Wie viel km ist er im Durchschnitt pro Monat gefahren?

b) Pro Tag fährt er für den Hin- und Rückweg seines Schulwegs insgesamt 13 km.

(1) Wie viel km fährt er in einer Woche?

(2) Wie viel fährt er in einem Jahr, wenn er die Strecke an insgesamt 190 Tagen fährt?

10. Die Laufbahn eines Stadions hat eine Länge von 400 m. Wie viele Runden muss ein (1) 10 000-m-Läufer; (2) ein 5 000-m-Läufer zurücklegen?

11. Erfinde selbst eine Rechengeschichte zum Produkt bzw. Quotienten.

a) 60 g : 2 g	f) 25 kg · 8
b) 3 m · 6	g) 80 km : 5
c) 5 · 45 min	h) 12 · 15 cm
d) 40 m : 4	i) 15 · 5 s
e) 30 € : 5 €	j) 3 d : 6 h

Quotient: 60 g : 30
Rechengeschichte: Inga muss Hustentee trinken. Auf der Dose liest sie:
„Inhalt 60 g Teepulver. Reicht für 30 Tassen."
Wie viel Tee muss man für 1 Tasse nehmen?
Rechnung: 60 g : 30 = 2 g
Ergebnis: Man muss 2 g Teepulver nehmen.

12. Ein Bürgermeister berichtet über die Veränderungen in seiner Gemeinde:

(1) In der Innenstadt gibt es 412 Schulkinder. Das sind halb so viele wie vor 5 Jahren.

(2) Im Neubaugebiet gibt es 378 Schulkinder. Das sind dreimal so viele Schulkinder wie vor 5 Jahren.

Wie viele Schulkinder gab es vor 5 Jahren in der Innenstadt, wie viele im Neubaugebiet?

13. Zerlege die Zahl 960 in ein Produkt aus zwei Faktoren; einer soll die folgende Zahl sein.

a) 8 b) 40 c) 80 d) 160

14. a) An der Tafel sind einige Zahlen ausgewischt. Welche waren es? Notiere sie im Heft.

b) Jeder erstellt ein unvollständiges Rechengitter wie an der Tafel oben. Der Partner ergänzt die fehlenden Zahlen.

15. Mache die Probe mithilfe der entgegengesetzten Rechenart. Berichtige, wenn es nötig ist.

a) 405 : 5 = 81	c) 279 : 9 = 32
b) 434 : 7 = 69	d) 220 : 4 = 55

Aufgabe: 288 : 8 = 36
Pfeilbild: 288 $\underset{\cdot 8}{\overset{:8}{\rightleftarrows}}$ 36
Probe: 36 · 8 = 288

16. Berechne, wenn möglich.

a) 1 · 9	b) 10 : 1	c) 0 + 0	d) 1 − 1	e) 1 : 1	f) 0 : 0
0 · 9	0 : 10	1 : 0	0 · 0	1 − 0	0 · 275
9 · 9	10 : 10	1 + 1	0 + 1	0 · 1	1 · 1

17. Fülle, soweit möglich, die Lücken im Heft aus.

a)
$\square \cdot 12 = 12$
$80 \cdot \square = 0$
$\square \cdot 1 = 0$
$0 \cdot \square = 24$

b)
$\square : 1 = 19$
$25 : \square = 1$
$\square : 8 = 0$
$15 : \square = 0$

c)
$60 + \square = 60$
$\square + 33 = 33$
$0 : \square = 0$
$\square : 0 = 7$

d)
$\square - 48 = 0$
$72 - \square = 72$
$\square - 25 = 1$
$\square - 30 = 30$

18. Tim hat seine Hausaufgaben erledigt. Kontrolliere und berichtige im Heft.

a) $84 : 14 = 6$; $144 : 18 = 9$
b) $336 : 21 = 16$; $126 : 18 = 7$
c) $210 : 14 = 15$; $234 : 13 = 16$
d) $225 : 15 = 15$; $132 : 12 = 12$

19. Multipliziere schriftlich. Mache zuerst einen Überschlag.

a) $423 \cdot 3$; $146 \cdot 7$
b) $3\,416 \cdot 8$; $7\,093 \cdot 6$
c) $8\,143 \cdot 7$; $9\,628 \cdot 6$
d) $476 \cdot 50$; $702 \cdot 60$
e) $2\,513 \cdot 400$; $3\,518 \cdot 600$
f) $4\,860 \cdot 80$; $1\,930 \cdot 40$

20. Multipliziere schriftlich. Mache zuerst einen Überschlag.

a) $32 \cdot 14$; $54 \cdot 64$
b) $45 \cdot 35$; $39 \cdot 76$
c) $760 \cdot 62$; $564 \cdot 54$
d) $445 \cdot 87$; $807 \cdot 46$
e) $23 \cdot 471$; $31 \cdot 746$
f) $83 \cdot 709$; $16 \cdot 817$

21. Wo steckt der Fehler?

a)
```
215 · 35
    645
   1075
   1720
```

b)
```
580 · 67
   3481
    4061
  38871
```

c)
```
23 · 408
     92
    184
   1104
```

d)
```
74 · 320
    222
     148
    2368
```

22. Die Treppe zum Keller eines Hauses hat 16 Stufen. Jede Stufe ist 19 cm hoch und 60 cm breit. Wie tief ist der Keller?

23. Multipliziere in der Rechenmauer nebeneinander stehende Zahlen. Rechne so lange im Kopf, wie es geht.
Vervollständige die Mauern im Heft. Wie lautet die oberste Zahl?

a)

			20	
1	2	3	4	5

b)

84			
12	7	8	15

Vertiefen

24. Sina, Christoph und Janina trainieren für die Stadtmeisterschaften im Schwimmen. Im Training durchschwimmen sie die Bahnen sehr gleichmäßig.

a) Sina benötigt für eine Bahn 37 s. Sie schwimmt 8 Bahnen im gleichen Tempo. Wie lange benötigt sie dafür?
b) Janina schwimmt die gleiche Strecke in 5 min 36 s. Wie viel Sekunden benötigt sie für eine Bahn?
c) Christoph benötigt für eine Bahn 32 s.
Wie viele Bahnen schwimmt Christoph in 6 min 24 s?

25. Ein Kopierer benötigt für jede Kopie 2 Sekunden. Ein Drucker schafft 5 Seiten pro Minute.
 a) Wie viel Minuten benötigt jedes Gerät für 100 Seiten?
 b) Wie viele Kopien kann man mit jedem Gerät in einer Stunde anfertigen?

26. Ein Baumstamm von 12 m Länge soll in Stücke zu je 120 cm Länge zersägt werden. Wie lange muss gesägt werden, wenn ein Schnitt 30 s dauert?

27. Lukas ist an seinem dritten Geburtstag 1,02 m groß und wiegt 15,4 kg. Damit hat sich seine Größe seit seiner Geburt verdoppelt. Er wog sogar fünfmal so viel wie bei der Geburt.

28. Auf der Strecke von Hamburg nach Basel fährt der erste Inter-City-Express morgens um 7 Uhr, der letzte um 19 Uhr. Dazwischen verkehren die Züge im zweistündigen Abstand. Jeder ICE hat 12 Personenwaggons. In jedem Waggon können 106 Fahrgäste befördert werden.
Stelle selbst geeignete Fragen und beantworte sie.

29. Das Herz eines 14-jährigen schlägt durchschnittlich 85-mal in der Minute.
Stelle geeignete Fragen und beantworte sie.

30. Ein Rundkurs eines Radrennens ist 12 km lang; er soll 15-mal durchfahren werden. Die Rennleitung geht davon aus, dass die Radfahrer im Durchschnitt 35 km in der Stunde fahren. Dauert das Rennen nach dieser Einschätzung länger als 6 Stunden?

31. Eine Toilettenspülung verbraucht etwa 5 Liter Wasser. Bei Müllers läuft sie 17-mal am Tag.
 a) Wie viel Liter Wasser sind das in einem Jahr?
 b) Familie Meier hat eine Toilettenspülung mit Spartaste. Dabei werden jeweils 3 l Wasser zur Spülung benutzt. Wie viel Liter Wasser werden pro Jahr weniger verbraucht?
 c) Schätze, wie viel Liter Wasser deine Familie an einem Wochenende für die Toilettenspülung verbraucht.

32. In den englischsprachigen Ländern werden im Alltag immer noch andere Längeneinheiten benutzt als bei uns. Gib die Längen in der Einheit m an.
 a) 12 miles c) 700 miles
 b) 19 000 feet d) 1 500 feet

10 inch	—	254 mm
100 yard	—	9 144 cm
1 mile	—	1 609 m
1 000 feet	—	305 m

33. Berechne. Achte auf die Einheiten.
 a) 270 km : 6 c) 123 m · 5 e) 392 t : 7 g) 3 m 5 cm · 5
 b) 267 g : 3 g d) 304 min : 8 min f) 115 € : 5 € h) 31 dm 2 cm : 4

34. a) Bilde den Quotienten der Zahlen 216 und 6.
 b) Bestimme alle Möglichkeiten, die Zahl 48 als Produkt mit zwei Faktoren zu schreiben.
 c) In einem Quotient ist der Divisor 15, der Wert des Quotienten ist 4. Bestimme den Dividenden.
 d) Der Dividend ist 91, der Divisor ist 7. Schreibe den Quotienten und bestimme seinen Wert.
 e) In einem Produkt zweier Faktoren ist ein Faktor 15, der Wert des Produktes ist 195. Bestimme den zweiten Faktor.

35. Wegen $8 \cdot 13 = 104$ gilt auch: $104 : 8 = 13$ sowie $104 : 13 = 8$.
Schreibe für die folgenden Aufgaben genauso zwei Quotienten auf.
a) $23 \cdot 6 = 138$ b) $45 \cdot 9 = 405$ c) $69 \cdot 7 = 483$ d) $78 \cdot 4 = 312$

Herausfordern

36. a) Bestimme die Zahlenpaare aus den beiden „Wolken“, die den größten [kleinsten] Quotienten ergeben.
b) Ermittle einen Dividenden, bei dem die Division mit einer Zahl aus der „Divisor-Wolke“ immer ohne Rest aufgeht.

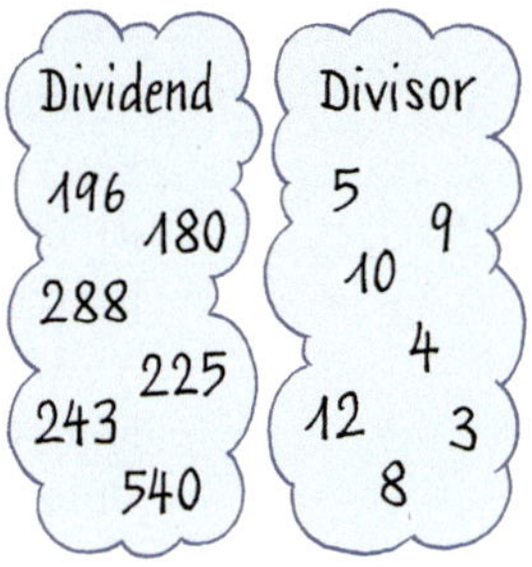

37. Bestimme die fehlenden Ziffern.

a)
```
4□3·□7
 2□15
  2□□1
 24111
```

b)
```
314·2□
   628
  28□6
 □1□□
```

2.2.2 Schriftliches Dividieren

Einstieg

Ein Getränkehersteller produziert stündlich 18300 Flaschen Mineralwasser. Diese werden in Kisten zu 12 Flaschen ausgeliefert. Wie viele Kisten werden dafür benötigt?

Aufgabe 1

Wiederholung: Schriftliches Dividieren durch eine einstellige Zahl
Beim Börsenspiel „Daxopoly“ haben 6 Spieler gemeinsam 2310 Euro verdient. Bei diesem Spiel gibt es 1000-, 100- und 10-Euro-Scheine, sowie 1-Euro-Münzen.
Der Geldbetrag wird mit den Scheinen rechts ausbezahlt. Erkläre, wie du beim gerechten Aufteilen des Geldbetrages vorgehst.

Lösung

2 Tausender können wir so nicht an 6 Spieler verteilen. Wir wechseln sie in 20 Hunderter, sodass wir nun insgesamt 23 Hunderter an 6 Spieler zu verteilen haben. Jeder von ihnen erhält 3 Hunderter.
Dann sind 18 Hunderter verteilt und wir haben 5 Hunderter übrig. Um auch diese zu verteilen, wechseln wir sie in 50 Zehner. Wir haben dann insgesamt 51 Zehner. Jeder der 6 Spieler erhält 8 Zehner.
Dann sind 48 Zehner verteilt und 3 Zehner können so nicht verteilt werden. Wir wechseln diese in 30 Einer-Münzen. Davon erhält jeder der 6 Spieler 5 und der Verdienst ist ohne Rest verteilt.
Dieses Vorgehen kann man auch kürzer als schriftliche Division $2310 : 6$ notieren.

	T	H	Z	E		H	Z	E
	2	3	1	0	: 6 =	3	8	5
−	1	8 ←			·6 (3)			
		5	1					
	−	4	8 ←		·6 (8)			
			3	0				
		−	3	0 ←	·6 (5)			
				0				

```
2 3 1 0 : 6 = 3 8 5
1 8
  5 1         Probe:
  4 8         3 8 5 · 6
    3 0       2 3 1 0
    3 0
      0
```

Ergebnis: Jeder der 6 Spieler erhält 385 Euro. Wenn wir dieses Ergebnis überprüfen möchten, können wir multiplizieren.

Aufgabe 2 **Dividieren durch eine zweistellige Zahl – Dividieren mit Rest**

Zwei Lottotippgemeinschaften haben an einem Wochenende beide je 5 966 € gewonnen. Der Gewinn soll gleichmäßig verteilt werden, wobei nur volle Euro-Beträge ausgezahlt werden. Der Rest verbleibt in der Kasse.
Wie viel Euro bekommt jeder, wenn

a) eine Tippgemeinschaft aus 19 Personen,
b) die andere Tippgemeinschaft aus 14 Personen besteht?

Mache vorher eine Überschlagsrechnung.
Überprüfe das Ergebnis durch eine Probe.

Lösung

a) Man muss 5 966 € durch 19 dividieren.
Eine mögliche Überschlagsrechnung lautet: 6 000 € : 20 = 300 €
Jeder erhält rund 300 €.
Den genaueren Betrag ermitteln wir durch *schriftliches Dividieren* der Zahlen.

	T	H	Z	E		H	Z	E
	5	9	6	6	: 19 =	3	1	4
–	5	7			← ·19 (3)			
		2	6					
	–	1	9		← ·19 (1)			
			7	6				
		–	7	6	← ·19 (4)			
				0				

5	9	6	6	:	1	9	=	3	1	4	
5	7										
	2	6				Probe:					
	1	9				3	1	4	·	1	9
		7	6					3	1	4	
		7	6					2	8	2	6
			0					5	9	6	6

Ergebnis: Jeder der 19 Teilnehmer dieser Lottotippgemeinschaft erhält 314 €.

b) Man muss 5 966 € durch 14 dividieren.
Eine mögliche Überschlagsrechnung lautet hier 6 000 € : 15 = 400 €.
Den genaueren Betrag ermitteln wir wieder durch *schriftliches Dividieren* der Zahlen.

	T	H	Z	E		H	Z	E
	5	9	6	6	: 14 =	4	2	6
–	5	6			← ·14 (4)			
		3	6					
	–	2	8		← ·14 (2)			
			8	6				
		–	8	4	← ·14 (6)			
				2				

5	9	6	6	:	1	4	=	4	2	6	R	2
5	6											
	3	6				Probe:						
	2	8			4	2	6	·	1	4		
		8	6				4	2	6			
		8	4				1	7	0	4		
			2				5	9	6	4		
		5	9	6	4	+	2	=	5	9	6	6

Bei dieser Divisionsaufgabe bleibt ein Rest von 2, der sich nicht mehr durch 14 dividieren lässt.
Ergebnis: Jeder der 14 Teilnehmer dieser Lottotippgemeinschaft erhält 426 €. In der Kasse bleiben 2 €.

Information

Beim Dividieren musst du besonders auf die 0 achten.

(1) 4807 : 23 = 209

```
4807:23 = 209
46
 20
  0
 207
 207
   0
```

Beim Verteilen von 20 Zehnern erhält jeder 0.

(2) 51068 : 17 = 3004

```
51068:17 = 3004
51
 00
  0
  06
   0
   68
   68
    0
```

0 Hunderter sind zu verteilen.

(3) 12420 : 54 = 230

```
12420:54 = 230
108
 162
 162
  00
   0
   0
```

Nach den Zehnern folgen Einer.

Üben

3. Berechne. Kontrolliere dein Ergebnis durch eine Probe.

a) 615 : 5; 1284 : 3
b) 2416 : 8; 1575 : 7
c) 4518 : 9; 1626 : 6
d) 1680 : 30; 54450 : 90
e) 194810 : 70; 100020 : 60
f) 102000 : 300; 803600 : 200

4. Jeder der beiden Partner berechnet die Divisionsaufgaben seines Zettels, anschließend wird getauscht und der Partner kontrolliert durch Multiplikation.

a)

Partner A	Partner B
255 : 17	966 : 23
512 : 32	966 : 42
288 : 24	952 : 28
252 : 42	851 : 37

b)

Partner A	Partner B
8856 : 72	20017 : 37
18249 : 77	19968 : 32
5712 : 68	11748 : 89
11760 : 48	49707 : 63

5. Wo steckt der Fehler? Berichtige im Heft.

a)
```
14985 : 37 = 45
148
  185
  185
    0
```

b)
```
23940 : 63 = 38
189
  504
  504
    0
```

c)
```
3447 : 47 = 73 R 9
3297
 150
 141
   9
```

6. Mache erst einen Überschlag; rechne dann schriftlich.

1521 : 39 ≈ 1600 : 40 = 40

a) 1155 : 33; 2272 : 71; 4968 : 69; 6545 : 85
b) 2184 : 56; 4680 : 78; 1488 : 31; 2303 : 47
c) 3403 : 41; 4899 : 69; 5396 : 76; 4505 : 53
d) 4712 : 62; 7387 : 83; 9794 : 83
e) 24231 : 591; 92196 : 234; 850796 : 454

7. Ein Verein bestellt für seine 72 Mitglieder T-Shirts mit Vereinszeichen zu einem Gesamtpreis von 1152 €. Nach dem Zugang von 9 weiteren Mitgliedern muss der Verein die Bestellung erhöhen. Welcher Betrag muss zusätzlich aufgewandt werden?

8. Überprüft, ob die Aufgabe richtig gerechnet wurde. Manchmal reicht auch ein Überschlag. Erklärt euch eure Überlegungen gegenseitig.

a) 1539 : 19 = 41
b) 1127 : 23 = 49
c) 2698 : 71 = 58
d) 5642 : 62 = 81
e) 3648 : 76 = 48
f) 4316 : 83 = 42
g) 7938 : 42 = 170
h) 24966 : 73 = 342
i) 19968 : 78 = 156
j) 14364 : 342 = 32
k) 34563 : 123 = 461
l) 15360 : 512 = 36

9. Dividiere mit Rest, führe auch die Probe durch.

a) 487 : 4
368 : 6
425 : 7

b) 347 : 20
685 : 30
400 : 90

c) 973 : 30
758 : 80
904 : 90

d) 200 : 15
378 : 18
198 : 21

e) 874 : 15
855 : 22
1 072 : 37

10. Stelle geeignete Fragen und beantworte sie.

a) 770 Flaschen Apfelsaft und 550 Flaschen Traubensaft sollen in Kästen für je zwölf Flaschen versandt werden.

b) Die Klassen 5 a und 5 b planen einen gemeinsamen Ausflug. Übernachtung und Verpflegung kosten insgesamt 1 256 €. Für den Bus müssen 520 € bezahlt werden. In der Klasse 5 a sind 23 Schülerinnen und Schüler, in der 5 b sind 25 Schülerinnen und Schüler.

c) Jan backt und füllt den Teig in eine Form für 12 Muffins.

Muffin-Rezept

Zutaten

250 g Mehl
250 g Butter
150 g Zucker/Zimt-Gemisch
4 große Eier (je 70 g)
1 Teelöffel Backpulver (4 g)
4 Esslöffel Milch (20 g)

Vertiefen

11. Aus einem Metallstab sollen 32 mm lange Stücke als Träger für Regalbretter geschnitten werden.
Wie viele solcher Träger erhält man, wenn der Stab
a) 512 mm, b) 80 cm c) 1 m 50 cm d) 2,08 m lang ist?
Überschlage zunächst, berechne dann genau.

12. Ein Obstgroßhändler kauft vom Erzeuger 25 Kisten mit je 50 Äpfeln. Er muss dem Erzeuger pro Kiste 5 € bezahlen. Der Preis des Obstgroßhändlers für einen Apfel beträgt 20 Cent. Während des Lagerns beim Obstgroßhändler verderben 75 Äpfel.

a) Wie viel Geld hat der Obstgroßhändler eingenommen?

b) Wie viel Geld bleibt ihm als Gewinn übrig?

c) „Wenn der Obstgroßhändler den Preis pro Apfel um 1 Cent erhöht, so hat er den Verlust durch die verdorbenen Äpfel bereits ausgeglichen." Überprüfe diese Aussage.

13. Beim Handballspiel kostet eine Einzelkarte für den Stehplatz 6 €, eine Sitzplatzkarte 9 €. Für die 17 Spiele der Saison gibt es aber auch Saisonkarten zu 95 € für einen Stehplatz und zu 140 € für einen Sitzplatz. Robert kann aber nicht jedes Spiel sehen.
Ab wie viel Spielbesuchen lohnt sich eine Saisonkarte?

14. a) Der Planet Venus benötigt 225 Tage, um einmal um die Sonne zu kreisen.
Er legt dabei 680 400 000 km zurück. Wie viel km legt er in einer Stunde zurück?

b) Ein Satellit macht um die Erde 12 Umdrehungen in 24 Stunden.
Wie viel Stunden benötigt er für 7 Umläufe? Wie viele Umläufe schafft er in 50 Stunden?

Das kann ich noch!

A) Die 5. Klassen wurden nach ihrer Lieblingsfarbe befragt.

1) Was kannst du dem Diagramm „auf einen Blick" entnehmen?

2) Notiere die Ergebnisse in eine Tabelle.

3) Wie viele Schülerinnen und Schüler wurden befragt?

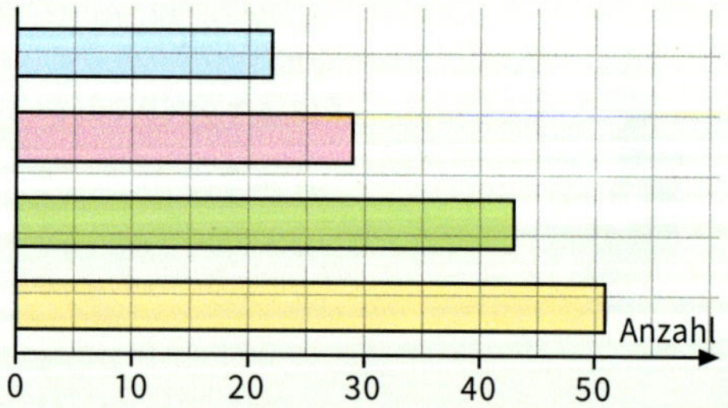

15. Für ein Fußballspiel wurden 4 000 Sitzplatzkarten und 12 000 Stehplatzkarten zum Verkauf angeboten. 1 250 Sitzplatzkarten und 3 220 Stehplatzkarten blieben übrig.
Insgesamt wurden 111 470 € eingenommen. Für eine Stehplatzkarte waren 9 € zu bezahlen.
Stelle geeignete Fragen und beantworte sie.

16. Landwirt Egen hat 34 Kühe. Im Laufe eines Jahres liefert jede Kuh im Mittel in 10 Monaten zweimal 12 Liter Milch am Tag.

a) Wie hoch ist die gesamte Milchproduktion von Landwirt Egen im Laufe eines Jahres?
b) 1 kg Käse besteht aus 9 Liter Milch. Wie viel Käse kann monatlich hergestellt werden?
c) Das „Allgäuer Braunvieh“ ist eine spezielle Rasse, von der es insgesamt 670 000 Tiere gibt, darunter 340 000 Milchkühe. Stelle geeignete Fragen und rechne.
d) Erkundige dich, wie viel Landwirte für einen Liter bekommen. Schätze mit diesen Angaben die Jahreseinkünfte, die Landwirt Egen aus dem Verkauf der Milch bezieht.

17. *Spiel für 4 bis 6 Spieler: Super 60:* Jeder Spieler hat zu Beginn 10 Punkte. Dann wird reihum gewürfelt. Wirft ein Spieler eine Zahl, durch die sich seine Punktzahl ohne Rest dividieren lässt, dann muss er dividieren; lässt sich seine Punktzahl nicht durch die gewürfelte Zahl dividieren, dann multipliziert er damit.
Beispiel: Wirft er eine 5, dann rechnet er $10 : 5 = 2$. Seine neue Punktzahl ist dann 2.
Wirft er eine 3, dann rechnet er $3 \cdot 10 = 30$. Seine neue Punktzahl ist dann 30.
Der Spieler notiert sich seine neue Punktzahl, dann würfelt der nächste Spieler.
Gewonnen hat, wer als erster mehr als 60 Punkte erreicht hat.
Abwandlung der Spielregel: Man kann auch mit einer anderen Punktzahl als 10 starten.

18. Übertrage ins Heft und fülle die Lücken mit den richtigen Ziffern aus.

a) (1)
```
   2□13
+  4□7
+ □21□
+   57
  4543
```
(2)
```
  □265
 - 3□7
  7□18
```
(3)
```
314·2□
 628
 12□6
 □5□□
```
(4)
```
□□□·□3□
6□□
  471
  □□□□
□□□□9
```

b) (1)
```
411075 : □□□ = 2□4□
350
 610
 525
  857
  □□□
  1575
  1575
     0
```
(2)
```
□□□□□□ : □□□ = □□5□
□□□
312□
□920
 □□80
 1□2□
  2□5□
  □□□□
     0
```

Herausfordern

19. Bei einem Fußballverein kostet eine Eintrittskarte für den Stehplatz 12 €, eine Sitzplatzkarte 39 €. Für die 17 Spiele der Saison gibt es aber auch Saisonkarten zu 184 € für einen Stehplatz und zu 597 € für einen Sitzplatz.

a) Vergleiche die Kosten für einen Sitzplatz mit oder ohne Saisonkarte, wenn alle Spiele besucht werden.
b) Robert hat nicht zu jedem Spieltermin Zeit. Berechne, ab wie vielen Spielen sich eine Saisonkarte für einen Stehplatz lohnt.
c) Roberts Freund behauptet: „Obwohl ich nur 12 Spiele besuchen konnte, habe ich 5,50 € pro Spiel gespart.“ Robert widerspricht ihm: „Du hast überhaupt nichts gespart, im Gegenteil.“ Untersuche, wer von beiden Recht hat.

Schätzen und Überschlagen

Ganz genau? – Nicht immer nötig!

1. a) Schätze

(1) die Höhe des Turmes;

(2) das Alter der Menschen auf dem Foto;

(3) die Anzahl der Pinguine;

(4) die Anzahl der Menschen.

b) Beschreibe, wie du jeweils vorgegangen bist.

Oftmals kann man eine Größe oder Anzahl nicht genau bestimmen, oder es ist gar nicht nötig, ihren genauen Wert zu kennen. Dann kann man schätzen. Dazu gibt es mehrere Möglichkeiten:

Beim Schätzen einer Größe (z.B. Länge, Gewicht oder Zeitspanne) vergleicht man die gesuchte Größe mit einem bekannten Wert.

Beispiel:
Der Brief wiegt ungefähr so viel wie zwei Pakete Butter, also 500 g.

Beim Schätzen einer Anzahl von Gegenständen kann man das Ganze in gleich große Teile einteilen. Dann zählt man nur einen dieser Teile aus und vervielfacht anschließend.

Beispiel:
Auf der Fensterscheibe sind ungefähr $16 \cdot 25$, also 400 Wassertropfen.

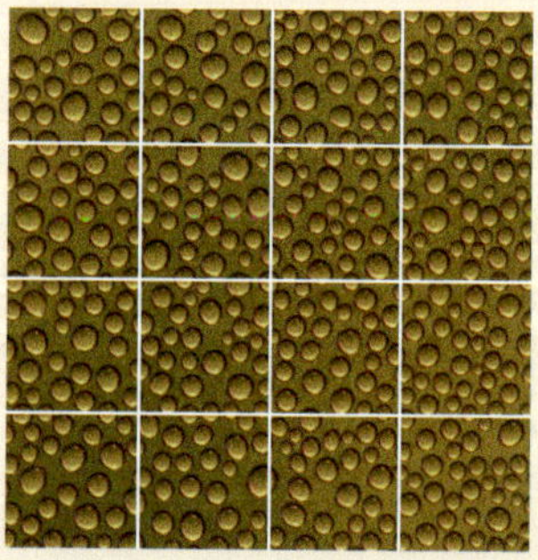

2. a) Überschlage:

(1) Reichen 10 € aus, um zwei Tafeln Schokolade zu 0,98 €, eine Tüte Kartoffelchips zu 1,48 €, drei Flaschen Cola zu 1,69 € und 2 Päckchen Kaugummi zu 0,69 € zu kaufen?

(2) Auf der Autobahn beträgt die Richtgeschwindigkeit $130\,\frac{km}{h}$. Hamburg und München sind 800 km voneinander entfernt. Welche Zeit sollte man für eine Autobahnfahrt von Hamburg nach München einplanen?

(3) Bist du schon eine Million Stunden alt?

b) Erläutere folgende Zusammenfassung an eigenen Beispielen.

> Manchmal ist es nicht nötig, das Ergebnis einer Rechnung genau zu bestimmen, da man nur den ungefähren Wert wissen möchte. Dann kann man einen Überschlag durchführen. Dazu ändert man die Zahlen vor der Rechnung so ab, dass man bequem mit ihnen im Kopf rechnen kann.
>
> *Beispiel:* $3981 \cdot 21 \approx 4000 \cdot 20 = 80000$ ← Ungefähr richtig
>
> (4000: Zu groß; 20: Zu klein)

3. Jessica und Sebastian möchten wissen, wie viele Buchstaben man wohl benötigt, um das Buch „Jim Knopf und Lukas der Lokomotivführer" von Michael Ende zu drucken: „Hunderttausend oder vielleicht sogar eine Million?". Der Text des Buches beginnt auf Seite 3 und endet auf Seite 252. Unten siehst du einen kleinen Ausschnitt der Seite 79.

> Den ganzen Vormittag über herrschte in der kaiserlichen Bibliothek die größte Aufregung. Die Bibliothek bestand aus siebenmillionendreihundertundneunundachtzigtausendfünfhundertundzwei Büchern. Sämtliche gelehrten Männer Mandalas waren damit beschäftigt, alle diese Bücher in höchster Eile durchzulesen. Sie hatten nämlich den Auftrag, schnellstens herauszufinden, was die Bewohner der Insel Lummerland am liebsten zu Mittag essen und wie man es kocht.

4. a) Berechne nicht genau; überschlage, zwischen welchen Zahlen das Ergebnis liegt.

(1) $4637 + 74589$ (2) $21345 - 5978$ (3) $453 \cdot 337$ (4) $8395 : 73$

b) Betrachte noch einmal die Beispiele aus Teilaufgabe a): Erläutere, wie du jeweils die Zahlen abändern musst, um einen zu kleinen Wert [zu großen Wert] für das Ergebnis zu erhalten.

5. Christine und Florian wohnen an einer stark befahrenen Straße. Vom Fenster ihrer Wohnung aus können sie die vorbeifahrenden Autos zählen. An einem Werktag zählen sie
in der Zeit zwischen 14.10 Uhr und 14.30 Uhr insgesamt 336 Autos;
in der Zeit zwischen 16.20 Uhr und 16.35 Uhr insgesamt 281 Autos;
in der Zeit zwischen 19.20 Uhr und 19.50 Uhr insgesamt 147 Autos.

a) Woher kommt es, dass die Ergebnisse so unterschiedlich sind?

b) Schätze, wie viele Autos vorbeifahren, und zwar in der Zeit zwischen

(1) 14 Uhr und 15 Uhr; (2) 16 Uhr und 17 Uhr; (3) 19 Uhr und 20 Uhr.

c) Wie sinnvoll ist es, aus den Zahlenwerten aus Teilaufgabe b) auf die Anzahl der in 24 Stunden vorbeifahrenden Autos zu schließen? Was käme wohl heraus?

d) In der Zeitung stand: Pro Tag fahren 17 352 Autos vorbei. Ist diese Angabe sinnvoll?

6. Überschlagt, wie viele Schüler und Schülerinnen eure Schule hat. Erkundigt euch anschließend nach dem genauen Wert.

Muster beim Rechnen erforschen

Im Buch „Der Zahlenteufel“ von Hans Magnus Enzensberger wird der Junge Robert, der wegen seiner Abneigung gegen den Mathematikunterricht schlecht träumt, in seinen Träumen von einem gar nicht so beängstigenden Teufel heimgesucht. Dieser zeigt ihm viele spannende Dinge aus dem Bereich der Mathematik:

Wenn du willst, mache ich dir gerne vor, wie man alle anderen Ziffern aus lauter Einsen macht.
- Und wie soll das gehen?
- Ganz einfach. Ich mache das so:
  1 × 1 = 1
  Als nächstes kommt:
  11 × 11
  Dazu brauchst du wahrscheinlich deinen Taschenrechner.
- Quatsch, sagte Robert.
  11 × 11 = 121
- Siehst du, sagte der Zahlenteufel, schon hast du eine Zwei gemacht, aus lauter Einsen. Und jetzt sag mir bitte, wieviel ist:
  111 × 111

1. Rechnet selbst. Setzt dann diese Aufgabenreihe fort. Ihr entdeckt ein Muster. Beschreibt es und untersucht, ob eure Vermutung stets zutrifft.

2. Untersucht, was passiert, wenn ihr statt der Ziffer 1 die Ziffer 2 oder eine andere Ziffer verwendet.

3. Ihr könnt auch mit zwei Ziffern arbeiten.

a) Setzt die Aufgabenreihe rechts im Heft fort. Berechnet die ersten Ergebnisse und findet heraus, ob sich in den Ergebnissen ein Muster ergibt.

1 · 1
11 · 11
101 · 101
1001 · 1001

b) Wenn ihr ein Muster erkannt habt, dann setzt es fort und überlegt, wie weit es sich fortsetzen lässt. Vielleicht könnt ihr sogar begründen, warum es hier ein anderes Langzeitverhalten gibt als bei den Mustern in Aufgabe 1.

c) Übertragt das Schema auf die 2 und prüft, ob sich für die 2 im Ergebnis ebenfalls ein Muster ergibt und ob sich dieses für die nächsten Stufen fortsetzen lässt.

d) Erfindet und erkundet weitere Muster, indem ihr andere Kombinationen aus den Ziffern 1 und 0 bildet und die Produkte untersucht.

2.3 Zahlterme – Rechengesetze

2.3.1 Regeln für das Berechnen von Zahltermen

Einstieg

Frau Weyer geht mit ihrer Klasse ins Schwimmbad. An der Kasse bezahlt sie mit einem 100- €-Schein.

a) Wie viel Wechselgeld erhält sie? Notiere den Rechenweg mithilfe eines Rechenausdrucks.

b) Hättest du die Kartenverteilung auch so vorgenommen? Denke auch an den Fall, dass die Klasse mehrmals ins Schwimmbad geht.

Aufgabe 1

Beschreibung eines Rechenweges

(1)

Sport Maier	
Trikot	49,00
Shorts	37,00
Total	86,00
Gegeben	122,00
Zurück	36,00

Leon hat für ein Sportgeschäft einen Gutschein über 122 €. Er kauft sich dafür ein neues Fußballtrikot für 49 € und eine passende Fußballhose für 37 €. Leon erhält an der Kasse den abgebildeten Bon.

(2) Herr Simon ist Trainer einer Volleyballmannschaft und möchte für die 6 Mitglieder neue bedruckte T-Shirts zu je 17 € kaufen. In der Mannschaftskasse sind 180 €. Wie viel Geld bleibt nach dem Kauf in der Kasse?

a) Schreibe zu beiden Aufgaben zunächst die einzelnen Rechenschritte auf.

b) Schreibe den Rechenweg jeweils mithilfe eines einzigen Rechenausdrucks. Setze das, was zuerst berechnet wird, in Klammern.

Lösung

Wie auch viele Kassen lassen wir die Einheit Euro im Folgenden weg und notieren die Rechenwege nur mit Zahlen.

a) (1) Die Kasse addiert die Preise zu einem Gesamtpreis (Total). Dann wird der Gesamtpreis vom Guthaben subtrahiert.

1. Schritt: $49 + 37 = 86$
2. Schritt: $122 - 86 = 36$

(2) Wir berechnen zunächst die Kosten für die T-Shirts. Dann werden diese Kosten von dem Betrag in der Mannschaftskasse subtrahiert.

1. Schritt: $6 \cdot 17 = 102$
2. Schritt: $180 - 102 = 78$

b) Wir notieren den Rechenweg jeweils in einem einzigen Rechenausdruck.

(1) $122 - (49 + 37)$

$= 122 - 86$

$= 36$

Ergebnis: Leon erhält 36 € Rückgeld.

(2) $180 - (6 \cdot 17)$

$= 180 - 102$

$= 78$

Ergebnis: In der Kasse verbleiben 78 €.

Information

(1) Zahlterm – Klammern – Rechenbaum – Vorrangregeln

Du kannst einen Rechenweg in Form eines einzigen Rechenausdrucks aufschreiben. Ein solcher Rechenausdruck wie zum Beispiel $122 - (49 + 37)$ oder $180 - (6 \cdot 17)$ heißt *Zahlterm*. Statt Zahlterm sagt man kurz auch *Term*.
Die Rechnungen werden schrittweise ausgeführt. Was zuerst berechnet werden soll, wird in Klammern gesetzt. Sind keine Klammern gesetzt, rechnest du von links nach rechts.
Die Reihenfolge der Berechnungen in einem Term kannst du auch mithilfe eines Rechenbaumes veranschaulichen.

Berechnen des Zahlterms:

$122 - (49 + 37)$
$= 122 - 86$
$= 36$

Rechenbaum:

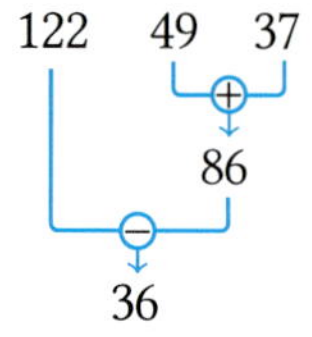

Berechnen des Zahltererms:

$180 - (6 \cdot 17)$
$= 180 - 102$
$= 78$

Rechenbaum:

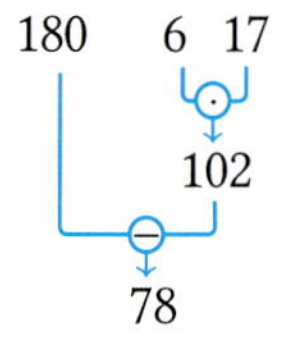

Um Klammern einzusparen, vereinbart man, dass Punktrechnung (· und :) vor Strichrechnung (+ und –) ausgeführt werden soll. Dann kann man statt $180 - (6 \cdot 17)$ auch kürzer $180 - 6 \cdot 17$ schreiben.

> Ein **Zahlterm** gibt einen Rechenweg an. Als Ergebnis der Rechnung erhält man eine Zahl, den *Wert* des *Zahlterms*. Bei der Berechnung eines Terms musst du folgende Regeln beachten.
>
> **Vorrangregeln**
> - Was in Klammern steht, muss zuerst berechnet werden.
> - Punktrechnung geht vor Strichrechnung.
> - Wenn nicht anders geregelt, rechnet man von links nach rechts.
>
> *Beispiele:*
>
> $35 - (8 + 7)$ (Klammer zuerst)
> $= 35 - 15$
> $= 20$
>
> $35 - 2 \cdot 8$ (Punkt vor Strich)
> $= 35 - 16$
> $= 19$
>
> $48 : 12 : 2$ (Von links nach rechts)
> $= 4 : 2$
> $= 2$

(2) Richtiger Gebrauch des Gleichheitszeichens

Beim Ausrechnen eines Zahlterms muss man darauf achten, dass das Gleichheitszeichen richtig ge-braucht wird.

$2 \cdot (8 + 7) - 17 = 2 \cdot 15 - 17$
$= 30 - 17$
$= 13$

Richtiger Gebrauch des Gleichheitszeichens: Vor und hinter dem Gleichheitszeichen stehen Zahlterme mit demselben Wert.

~~$2 \cdot (8 + 7) - 17 = 2 \cdot 15 = 30 - 17 = 13$~~ (Wert: 30) (Wert: 13)

Falscher Gebrauch des Gleichheitszeichens: Daher wurde die Rechnung durchgestrichen.

> **Richtiger Gebrauch des Gleichheitszeichens**
> Der Wert der Zahlterme vor und hinter dem Gleichheitszeichen muss derselbe sein.

Innere Klammer zuerst!

$550 - [(200 - 25) + 55]$
$= 550 - [175 + 55]$
$= 550 - 230$
$= 320$

Weiterführende Aufgabe

Ineinander geschachtelte Klammern

2. Berechne.

a) $740 - [120 - (67 - 47)]$
b) $482 - [13 \cdot (6 + 4)]$
c) $[400 - (300 - 100)] : 2$

Üben

3. Beachte die Klammern bei der Berechnung des Zahlterms.

a) $712 - (72 - 12)$
b) $712 - (72 + 12)$
c) $712 - 72 - 12$
d) $293 + (73 - 23)$
e) $293 + 73 - 23$
f) $293 - (73 - 23)$
g) $844 - (27 - 19) - (83 - 50)$
h) $844 - 27 - 19 - 83 - 50$
i) $844 - (27 + 19) + (83 - 50)$

4. Rechne zunächst im Kopf; schreibe dann die Berechnung des Zahlterms korrekt auf.

a) $8 + 72 : 8$
b) $36 + 24 : 6$
c) $84 : 7 - 7$
d) $12 + 78 : 6$
e) $105 - 45 : 15$
f) $45 : 3 + 12 : 2$
g) $84 : 12 + 91 : 7$
h) $12 \cdot 8 + 14 : 7$
i) $78 : 6 - 2 \cdot 5$
j) $135 : 45 - 48 : 16$
k) $117 - 17 \cdot 5 + 25$
l) $123 + 27 \cdot 3 - 2$

5. Überprüfe, ob ein richtiger Gebrauch des Gleichheitszeichens vorliegt. Wenn nicht, berichtige im Heft.

a) $(43 - 17) + (88 - 12)$
$= 26 + 76$
$= 102$

b) $78 : 6 + 5 - 2 \cdot 3$
$= 13 + 5$
$= 18 - 2 \cdot 3$
$= 18 - 6$
$= 12$

c) $[33 - (4 + 23) - 5] + 6$
$= 33 - 27$
$= 6 - 5$
$= 1 + 6$
$= 7$

6. Berechne und vergleiche: $20 \cdot (7 - 2)$; $20 \cdot 7 - 2$; $20 - (7 \cdot 2)$; $20 - 7 \cdot 2$; $(20 - 7) \cdot 2$, $(20 - 7 \cdot 2)$

7. a) Schreibe zu dem Rechenbaum einen Zahlterm und berechne ihn.

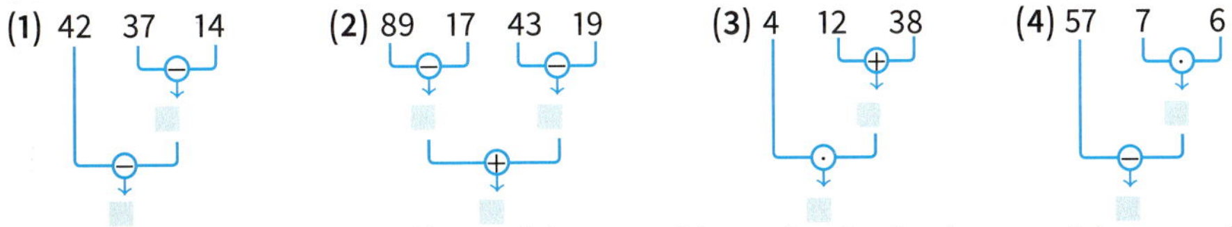

b) Erstelle einen Zahlterm und lasse deinen Nachbarn den Rechenbaum zeichnen und den Zahlterm berechnen

8. Zeichne zu dem Zahlterm einen Rechenbaum und rechne.

a) $(716 - 230) + (179 - 96)$
b) $3 \cdot 4 + 12 \cdot 2$
c) $3 \cdot 4 + (12 - 2)$
d) $5 \cdot (4 + 3) - 10$
e) $(321 - (215 + 36)) + (104 - 85)$
f) $(14 - 9) \cdot (4 + 16) - 3$

9. Stelle einen Zahlterm auf und berechne seinen Wert.

Wortform: Subtrahiere von 97 die Summe der Zahlen 28 und 17.
Zahlterm: $97 - (28 + 17)$

a) Addiere zum Produkt der Zahlen 24 und 4 die Zahl 18.
b) Multipliziere die Summe der Zahlen 48 und 67 mit der Zahl 20.
c) Dividiere die Summe der Zahlen 54 und 18 durch die Differenz der Zahlen 26 und 14.
d) Subtrahiere von der Summe der Zahlen 38 und 72 das Produkt der Zahlen 17 und 6.

10. Schreibe den Zahlterm in der Wortform auf. Berechne auch seinen Wert.

a) $37 + (48 - 12)$ c) $(34 - 17) - 12$ e) $216 : (51 - 15)$ g) $(150 - 98) - (100 - 49)$
b) $117 - 7 \cdot 13$ d) $(51 - 15) : 12$ f) $(19 - 7) \cdot (7 + 5)$ h) $(101 - 68) - 8 \cdot 3$

11. Berechne den Wert des Zahlterms. Achte auf die Klammern.

a) $482 - [72 - (50 - 20)]$ b) $700 - [300 - (200 - 100)] \cdot 2$ c) $800 : [600 - (2 \cdot 350 - 300)]$

12. Erkläre Tim, welche Fehler er bei den Berechnungen gemacht hat.

a) $86 - 27 + 3$
$= 86 - 30$
$= 56$

b) $79 - 9 \cdot 8$
$= 70 \cdot 8$
$= 560$

c) $86 - (23 - 9)$
$= 63 - 9$
$= 54$

d) $45 - [2 \cdot (7 + 5) - 2]$
$= 45 - 2 \cdot 12 - 2$
$= 45 - 2 \cdot 10$
$= 25$

13. Ein Pkw darf mit 320 kg beladen werden. Der Fahrer wiegt 78 kg. Die beiden Koffer zusammen 37 kg und sein Kind wiegt 31 kg. Schreibe jeweils einen Zahlterm und berechne. Mache zunächst einen Überschlag.

a) Wie viel darf noch eingeladen werden?
b) Dürfen noch 6 Wasserkisten, die jeweils 12 kg wiegen, und eine ca. 40 kg schwere Marmorplatte zugeladen werden?

Vertiefen

14. a) Max hat schon 27 € gespart, bekommt 5 € geschenkt und kauft drei Taschenbücher zu je 6 €. Notiere einen Zahlterm für den Geldbetrag, den Max jetzt noch hat.
b) Erfinde selbst eine Rechengeschichte zu den angegebenen Termen.
(1) $13 + 4 \cdot 7$ (2) $(100 - 40) : 3$ (3) $(16 - 12) \cdot 8 + 56$ (4) $(38 - 14) : 3 - 5$

15. Beim Biathlon benötigt eine Läuferin für die reine Laufstrecke 57 Minuten und 30 Sekunden. Für jeden Schuss auf die 10 Scheiben braucht sie durchschnittlich 10 Sekunden. Wie lange ist sie insgesamt unterwegs, wenn sie auch noch zwei Strafrunden zu je 35 Sekunden laufen muss? Schreibe auch einen einzigen Zahlterm.

16. Von einem 10-m-Stab werden zwei Stücke zu je 1,60 m und drei Stücke zu je 80 cm abgeschnitten. Der Rest wird in zwei gleich große Teile geteilt. Wie lang ist jedes Teil?

17. Lege die Kärtchen links so aneinander, dass sie einen Term ergeben. Achte darauf, dass die Subtraktion ausführbar ist. Bilde verdeckt einen Term und sage deinem Partner nur das Ergebnis. Er soll den Term mit den Kärtchen aufbauen. Tauscht auch die Rollen.

18. Hier sind Klammern vergessen worden. Füge an den richtigen Stellen Klammern ein.

a) $6 + 4 \cdot 3 = 30$ b) $70 - 50 - 10 + 3 = 33$ c) $200 : 50 - 10 + 8 = 13$

Herausfordern

19. Setze ein Klammerpaar so, dass das Ergebnis
(1) eine möglichst große Zahl (2) möglichst kleine Zahl ist.

a) $2 + 2 \cdot 2 - 2$ b) $9 - 2 \cdot 3 - 2$ c) $2 \cdot 6 - 3 \cdot 2$ d) $6 + 15 : 1 + 4$

2.3.2 Kommutativgesetze und Assoziativgesetze

Einstieg

a) Wie teuer ist die Winterausrüstung?
Berechnet geschickt.

b) Eine Wasserkiste enthält 12 Flaschen. Wie viele Flaschen sind insgesamt auf der Palette? Findet verschiedene Rechenwege. Vergleicht in der Klasse, wie ihr vorgegangen seid.

Aufgabe 1

Verwenden von Rechengesetzen beim vorteilhaften Rechnen

Tom und Tina rechnen die Aufgaben geschickt im Kopf.

a) Notiere die Rechenwege ausführlich.

b) Findest du noch geschicktere Rechenwege?

Lösung

a) Eigentlich müssten Tom und Tina die Aufgaben von links nach rechts rechnen. Das ist aber ungünstig für das Rechnen im Kopf.

Tom hat eine andere Reihenfolge gewählt und zunächst die letzten beiden Summanden addiert.

$173 + 283 + 27$
$= 173 + (283 + 27)$ ← Klammern um 283 und 27.
$= 173 + 310$
$= 483$

Tina hat eine andere Reihenfolge gewählt und zunächst die letzten beiden Faktoren multipliziert.

$125 \cdot 5 \cdot 8$
$= 125 \cdot (5 \cdot 8)$ ← Zuerst $5 \cdot 8$ berechnen.
$= 125 \cdot 40$
$= 5\,000$

b) Tom kann auch zunächst die letzten beiden Summanden tauschen und dann von links nach rechts rechnen.

$173 + 283 + 27$
$= 173 + 27 + 283$ ← 283 und 27 wurden vertauscht.
$= 200 + 283$
$= 483$

Tina kann auch zunächst die letzten beiden Faktoren tauschen und dann von links nach rechts rechnen.

$125 \cdot 5 \cdot 8$
$= 125 \cdot 8 \cdot 5$ ← $8 \cdot 125$ lässt sich gut rechnen.
$= 1\,000 \cdot 5$
$= 5\,000$

Information

(1) Kommutativgesetze (Vertauschungsgesetze)

Die Reihenfolge für die Berechnung eines Terms ist durch die Vorrangregeln festgelegt. Aber in besonderen Fällen darfst du, so wie Tom und Tina, auch anders vorgehen:
Tom hat in Lösung b) zwei Summanden vertauscht, Tina vertauscht zwei Faktoren. Bei einer Summe und bei einem Produkt ist das immer möglich, ohne dass sich der Wert der Summe oder des Produkts ändert.
Diese Rechengesetze nennt man Kommutativgesetze oder Vertauschungsgesetze.

kommutativ (lat.)
vertauschbar

Kommutativgesetze

Kommutativgesetz der Addition
In einer Summe darf man die Reihenfolge der Summanden vertauschen.
Denke dir natürliche Zahlen anstelle von a und b. Stets gilt:
a + b = b + a

Beispiel: $34 + 78 = 78 + 34$

Kommutativgesetz der Multiplikation
In einem Produkt darf man die Reihenfolge der Faktoren vertauschen.
Denke dir natürliche Zahlen anstelle von a und b. Stets gilt:
a · b = b · a

Beispiel: $3 \cdot 5 = 5 \cdot 3$

Begründung der Kommutativgesetze
Wir begründen die Kommutativgesetze an *einem* Zahlenbeispiel, aber dieselbe Begründung ist für alle Zahlen möglich.

Kommutativgesetz der Addtition

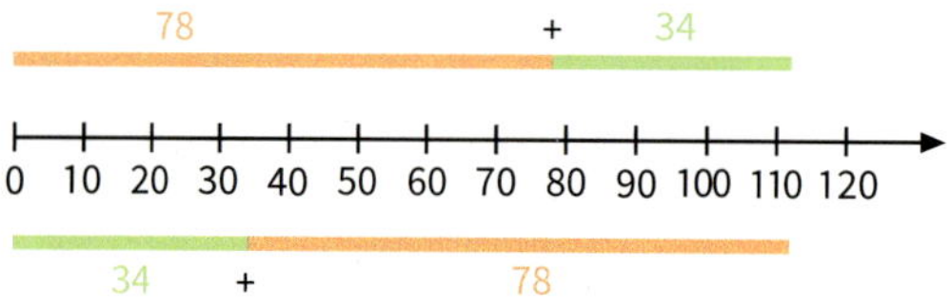

Legt man am Zahlenstrahl zwei Strecken, zum Beispiel für die Zahlen 78 und 34, aneinander, so ergibt sich unabhängig von der Reihenfolge der Strecken die gleiche Gesamtlänge.

Kommutativgesetz der Multiplikation

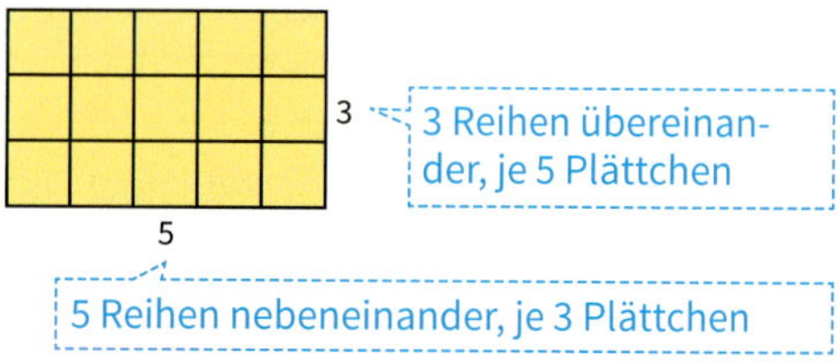

Die Anzahl der quadratischen Plättchen im Bild oben kann man auf zweierlei verschiedene Weise bestimmen.

(2) Assoziativgesetze (Verbindungsgesetze)

In der Lösung der Aufgabe 1 sind Tom und Tina von der durch den Zahlterm festgelegten Berechnungsreihenfolge abgewichen, indem sie nicht von links nach rechts gerechnet haben. Bei einer Summe und bei einem Produkt ist das immer möglich, ohne dass sich der Wert der Summe oder des Produkts ändert. Dieses Rechengesetz nennt man das Assoziativgesetz oder Verbindungsgesetz.

assoziativ (lat.)
verbindend

Assoziativgesetze

Assoziativgesetz der Addition
In einer Summe aus drei oder mehr Summanden darf man beliebig Klammern setzen. Der Wert der Summe ist von der Stellung der Klammern unabhängig.
Denke dir natürliche Zahlen anstelle von a, b und c. Stets gilt:
(a + b) + c = a + (b + c)
Man darf die Klammern auch weglassen:
a + b + c

Beispiel:
$(21 + 18) + 34 = 21 + (18 + 34) = 21 + 18 + 34$

Assoziativgesetz der Multiplikation
In einem Produkt aus drei oder mehr Faktoren darf man beliebig Klammern setzen. Der Wert des Produkts ist von der Stellung der Klammern unabhängig.
Denke dir natürliche Zahlen anstelle von a, b und c. Stets gilt:
(a · b) · c = a · (b · c)
Man darf die Klammern auch weglassen:
a · b · c

Beispiel:
$(3 \cdot 5) \cdot 2 = 3 \cdot (5 \cdot 2) = 3 \cdot 5 \cdot 2$

Begründung der Assoziativgesetze

Wir begründen die Assoziativgesetze an *einem* Zahlenbeispiel, aber dieselbe Begründung ist für alle Zahlen möglich.

Assoziativgesetz der Addtion

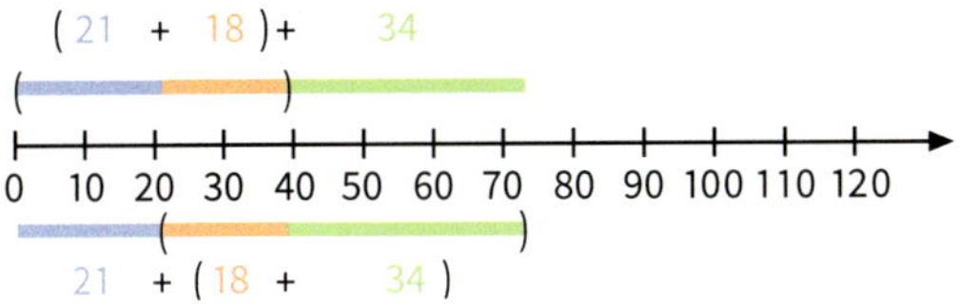

Ob man zuerst die Strecken für die Zahlen 21 und 18 zusammensetzt oder zuerst die Strecken für die Zahlen 18 und 34 zusammensetzt, das Ergebnis ist dasselbe.

Assoziativgesetz der Multiplikation

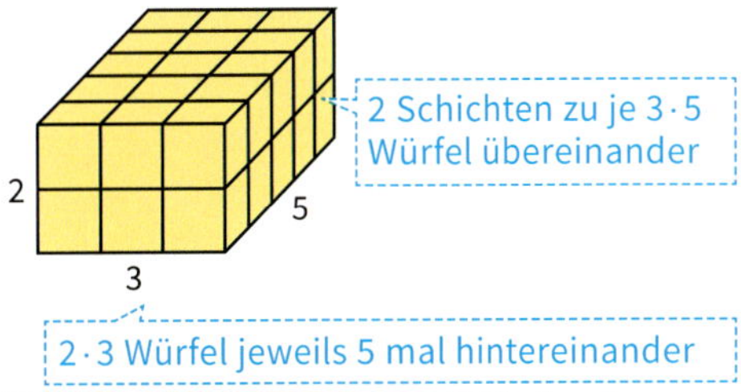

Die Anzahl der Würfel im Bild oben kann man auf verschiedene Weisen bestimmen.

Weiterführende Aufgabe

Günstige Reihenfolge der Faktoren zum vorteilhaften schriftlichen Multiplizieren

2. Multipliziere jeweils in der angegebenen Reihenfolge. Welche Reihenfolge ist günstiger? Woran liegt das?

(1) 33 · 572
572 · 33

(2) 374 · 12
12 · 374

(3) 128 · 3 007
3 007 · 128

(4) 1 011 · 99
99 · 1 011

Information

Beim schriftlichen Multiplizieren ist es häufig vorteilhaft, *die* Zahl als 2. Faktor zu schreiben,
- bei der *gleiche* Ziffern vorkommen;
- die *weniger* Stellen als die andere Zahl hat;
- bei der *Nullen* als Ziffern auftreten.

Üben

3. Rechne im Kopf; beachte dabei Rechenvorteile.

a) 25 + 38 + 62
21 + 54 + 79
65 + 57 + 253

b) 42 + 58 + 87
47 + 153 + 38
219 + 27 + 54

c) 134 + 29 + 71
168 + 46 + 44
234 + 69 + 566

d) 3 Mio. + 15 Mio. + 27 Mio.
18 Mrd. + 32 Mrd. + 15 Mrd.
138 Mio. + 1 Mrd. + 62 Mio.

4. Rechne im Kopf. Beachte Rechenvorteile.

a) 5 · 19 · 2
2 · 79 · 5
2 · 7 · 50

b) 5 · 31 · 20
11 · 8 · 5
25 · 7 · 4

c) 8 · 5 · 7 · 2
5 · 13 · 3 · 2
2 · 7 · 4 · 50

d) 5 · 13 · 5 · 4
4 · 5 · 25 · 20
8 · 40 · 125 · 5

5. Beschreibt, wie man durch Anwenden von Rechengesetzen vorteilhaft im Kopf rechnen kann. Findet dazu auch eigene Beispiele.

Das kann ich noch!

A) Der Eisenbahnwagen ist im Maßstab 1 : 200 gezeichnet. Wie hoch und wie lang ist er in Wirklichkeit? Bestimme so genau wie möglich die Höhe und Breite eines Fensters bzw. einer Tür.

6. Beachte Rechenvorteile.

a) $187 + 435 + 93 + 165 + 13 + 107$
$173 + 99 + 34 + 201 + 166 + 27$

b) $93 + 179 + 14 + 321 + 57 + 86$
$47 + 128 + 33 + 97 + 42 + 53$

c) $125 \cdot 18 \cdot 8$
$5 \cdot 17 \cdot 2\,000$

d) $4 \cdot 12 \cdot 25 \cdot 5$
$8 \cdot 40 \cdot 125 \cdot 5$

e) $8 \cdot 25 \cdot 3 \cdot 17$
$25 \cdot 7 \cdot 90 \cdot 4$

f) $15 \cdot 8 \cdot 125 \cdot 60$
$11 \cdot 1250 \cdot 3 \cdot 8$

7. Wähle beim Multiplizieren eine günstige Reihenfolge. Mache zunächst einen Überschlag.

a) $6\,909 \cdot 7$; $9 \cdot 1483$; $4 \cdot 11\,473$

b) $80 \cdot 595$; $479 \cdot 60$; $90 \cdot 1549$

c) $38 \cdot 277$; $58 \cdot 788$; $1\,017 \cdot 23$

d) $89 \cdot 170$; $300 \cdot 533$; $60 \cdot 480$

e) $777 \cdot 538$; $8\,005 \cdot 145$; $4\,011 \cdot 239$

Vertiefen

8. a) Richtig oder falsch?
(1) $(14 - 8) - 5 = 14 - (8 - 5)$ (2) $(29 - 19) - 9 = 29 - (19 - 9)$ (3) $(23 - 23) - 0 = 23 - (23 - 0)$

b) Welche Folgerungen kann man aus den Beispielen für die Subtraktion ziehen?

9. Richtig oder falsch? Entscheide „auf einen Blick".

a) $48 \cdot 12 \cdot 9 = 48 \cdot 9 \cdot 12$ b) $24 \cdot 5 \cdot 13 \cdot 4 = 13 \cdot 5 \cdot 4 \cdot 42$ c) $27 \cdot 45 \cdot 14 = 90 \cdot 7 \cdot 27$

10. Michaels älterer Bruder hat in seinen Ferien gejobbt. An 9 Arbeitstagen hat er insgesamt 504 € verdient. Täglich hat er 8 Stunden gearbeitet.
Wie hoch war sein Stundenlohn?

Herausfordern

Carl Friedrich Gauß
(1777–1855)

11. Vor mehr als 200 Jahren stellte ein Lehrer die Aufgabe, alle Zahlen von 1 bis 100 zu addieren:
$1 + 2 + 3 + 4 + 5 + 6 + 7 + 8 + 9 + 10 + 11 + \ldots + 95 + 96 + 97 + 98 + 99 + 100$
Er wollte seine Schüler für eine Weile beschäftigen, damit er in Ruhe eine andere Arbeit verrichten konnte. Der Lehrer kam aber nicht zu seiner Ruhe. Bereits nach einigen Minuten meldete sich der neunjährige Carl Friedrich Gauß mit dem richtigen Ergebnis. Der Lehrer schaute ihn verblüfft an.
Wie kann man in so kurzer Zeit so viele Zahlen addieren?

a) Erkläre zunächst den Rechentrick rechts.

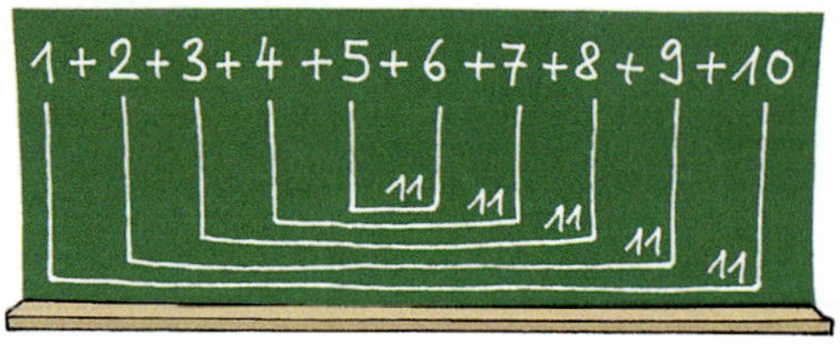

b) Berechne geschickt die Summe
(1) der Zahlen von 1 bis 100;
(2) der geraden Zahlen von 2 bis 100;
(3) der ungeraden Zahlen von 1 bis 99.

2.3.3 Distributivgesetz

Einstieg

Philipp bekommt jeden Monat 20 € Taschengeld, seine jüngere Schwester Marie 12 €. Wie viel Taschengeld geben die Eltern ihren beiden Kindern im Lauf eines Jahres? Rechne auf zwei Wegen. Schreibe zu jedem Weg auch einen Term.

Aufgabe 1

Multiplizieren einer Summe

Bei dem Bürohaus rechts sollen die Fenster durch neue Energie sparende Fenster ersetzt werden. Berechne die Anzahl der Fenster auf zwei Wegen. Schreibe zu jedem Weg auch einen Term.

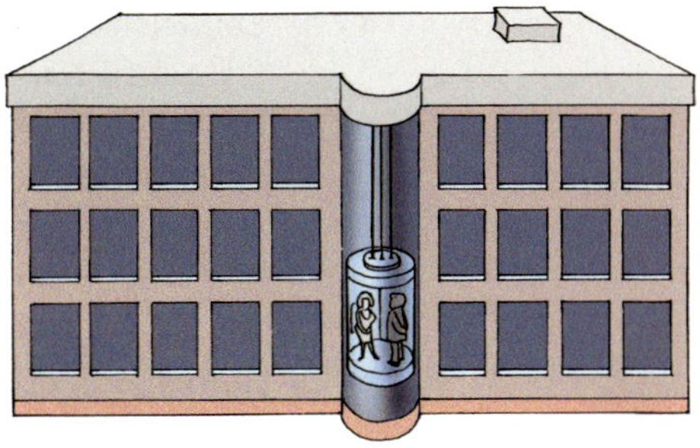

Lösung

1. Weg:
Links vom Aufzug befinden sich $3 \cdot 5 = 15$ Fenster, rechts vom Aufzug befinden sich $3 \cdot 4 = 12$ Fenster. Insgesamt sind es also $3 \cdot 5 + 3 \cdot 4$ Fenster, also $15 + 12 = 27$ Fenster.

2. Weg
In jeder Etage sind $5 + 4$ Fenster. Insgesamt sind es also $3 \cdot (5 + 4)$ Fenster, also $3 \cdot 9 = 27$ Fenster.

Du erkennst: Beide Rechenwege führen zum gleichen Ergebnis. Es ist: $3 \cdot (5 + 4) = 3 \cdot 5 + 3 \cdot 4$

Information

distributiv (lat.) verteilend

Distributivgesetz (Verteilungsgesetz) für Multiplikation und Addition

Anstatt eine Summe mit einer Zahl zu multiplizieren, kann man auch die einzelnen Summanden mit der Zahl multiplizieren und dann addieren. Dabei ändert sich das Ergebnis nicht.
Denke dir natürliche Zahlen anstelle von a, b und c. Stets gilt:

$$\mathbf{a \cdot (b + c) = a \cdot b + a \cdot c}$$

Beispiel: $6 \cdot (12 + 9) = 6 \cdot 12 + 6 \cdot 9$ Faktor auf die Summanden verteilen

Begründung: Wir begründen das Distributivgesetz an *einem* Zahlenbeispiel. Aber diesselbe Begründung ist für alle Zahlen möglich.
Die Anzahl der Plättchen rechts kann man auf 2 Weisen bestimmen:

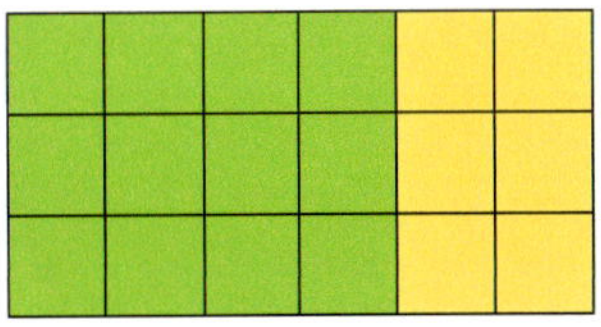

(1) 3 Reihen zu $4 + 2 = 6$ Plättchen ergeben $3 \cdot 6 = 18$ Plättchen
(2) Man kann auch erst die Anzahl der grünen sowie die Anzahl der gelben Plättchen bestimmen und dann addieren:
$3 \cdot 4 + 3 \cdot 2 = 12 + 6 = 18$ Plättchen.
Folglich gilt: $3 \cdot (4 + 2) = 3 \cdot 4 + 3 \cdot 2$

Weiterführende Aufgaben

Anwenden des Distributivgesetzes – Ausklammern

2. Manchmal ist es vorteilhafter, anders als nach der Regel „Punktrechnung vor Strichrechnung" zu rechnen.
Wenn man nämlich eine Zahl „ausklammern" kann, wird die Rechnung oft einfacher. Erläutere die Rechnung rechts.
Berechne ebenso: **a)** $8 \cdot 96 + 8 \cdot 4$ **b)** $4 \cdot 16 + 4 \cdot 34$

$14 \cdot 4 + 14 \cdot 6$
$= 14 \cdot (4 + 6)$
$= 14 \cdot 10$
$= 140$

Distributivgesetz rückwärts

Weitere Distributivgesetze

3. Auch für das Subtrahieren und Dividieren gibt es Distributivgesetze:
Denke dir natürliche Zahlen anstelle von a, b und c. Stets gilt:

$a \cdot (b - c) = a \cdot b - a \cdot c$ $(a + b) : c = a : c + b : c$ (für $c \neq 0$)

Gib Zahlenbeispiele für diese Gesetze an.

Üben

4. a) Bei welchem Zahlterm ist die Rechnung vorteilhafter?

(1) $4 \cdot 19 + 4 \cdot 6$ oder $4 \cdot (19 + 6)$
(2) $4 \cdot 17 + 4 \cdot 23$ oder $4 \cdot (17 + 23)$
(3) $9 \cdot 100 + 9 \cdot 12$ oder $9 \cdot (100 + 12)$
(4) $9 \cdot 50 + 9 \cdot 7$ oder $9 \cdot (50 + 7)$

b) Rechne vorteilhaft.

(1) $8 \cdot 17 + 2 \cdot 17$
(2) $23 \cdot 64 + 23 \cdot 36$
(3) $39 \cdot 24 + 11 \cdot 24$
(4) $176 \cdot 36 + 24 \cdot 36$
(5) $(40 + 3) \cdot 9$
(6) $12 \cdot (20 + 3)$
(7) $7 \cdot (30 + 12)$
(8) $(100 + 9) \cdot 18$

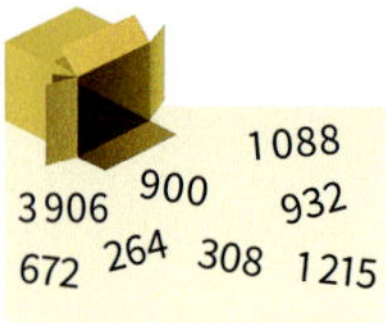

5. Rechne vorteilhaft.

a) $8 \cdot (40 - 7)$
b) $(50 - 6) \cdot 7$
c) $9 \cdot (400 + 30 + 4)$
d) $(125 + 11) \cdot 8$
e) $(250 - 17) \cdot 4$
f) $(200 + 40 + 3) \cdot 5$
g) $18 \cdot (38 + 12)$
h) $(50 - 2) \cdot 14$

6. Rechne vorteilhaft.

a) $(72 + 45) : 9$
b) $102 : 6 + 78 : 6$
c) $(168 - 28) : 14$
d) $135 : 15 + 15 : 15$
e) $720 : 8 - 32 : 8$
f) $221 : 17 - 51 : 17$
g) $(360 - 36) : 12$
h) $(378 + 42) : 21$

7. Rechne vorteilhaft.

a) $17 \cdot 13 + 87 \cdot 17$
b) $54 \cdot 19 - 9 \cdot 54$
c) $24 \cdot 33 - 33 \cdot 14$
d) $47 \cdot 73 - 23 \cdot 47$
e) $16 \cdot 13 + 16 \cdot 29 + 16 \cdot 8$
f) $14 \cdot 38 - 3 \cdot 14 + 65 \cdot 14$

8. Clara sammelt für einen gemeinsamen Ausflug der Klassen 5 a und 5 b Geld ein. Die Kosten betragen pro Schüler 5 €. In Claras Klasse sind 23 Schülerinnen und Schüler, in der Nachbarklasse 27. Wie viel Geld muss Clara insgesamt einsammeln?
Rechne auf zwei verschiedenen Wegen. Schreibe auch einen Term.

Vertiefen

9. Beim Kopfrechnen habt ihr schon immer das Distributivgesetz benutzt.

a) Erläutert das eurem Partner an folgenden Beispielen:

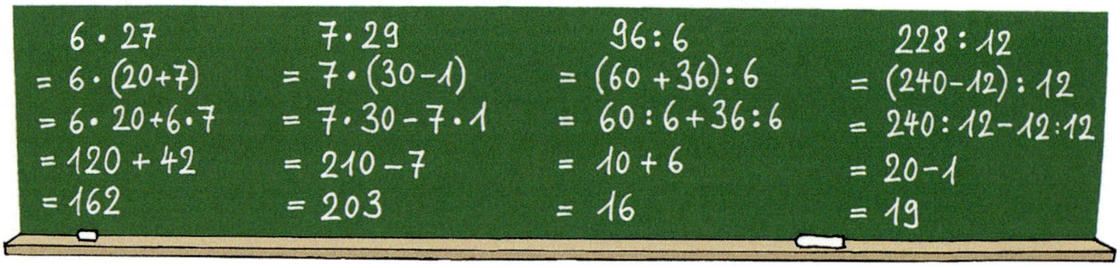

b) Berechnet im Kopf.

(1) $7 \cdot 36$; $84 \cdot 6$
(2) $9 \cdot 98$; $8 \cdot 149$
(3) $69 \cdot 4$; $152 \cdot 3$
(4) $917 : 7$; $104 : 8$
(5) $187 : 17$; $156 : 13$
(6) $247 : 13$; $330 : 15$

10. Maik möchte für seinen Geburtstag 7 Flaschen der Bio-Apfelschorle kaufen. Wie viel muss er bezahlen?
Du kannst auf zwei verschiedenen Wegen rechnen. Welcher ist günstiger?

11. 380 Flaschen Apfelsaft und 120 Flaschen Traubensaft sollen in Kästen zu je 20 Flaschen versandt werden. Wie viele Kästen sind nötig? Rechne auf zwei Wegen.

Herausfordern

12. Untersuche an Beispielen, ob es auch ein Gesetz $c : (a + b) = c : a + c : b$ gibt.

Fermi-Fragen

Enrico Fermi
(1901 – 1954)

Enrico Fermi (1901–1954) war ein berühmter italienischer Atomphysiker, der in den Vereinigten Staaten forschte und lehrte. Er vertrat die Meinung, dass sich für jede Frage eine Antwort finden lässt – zumindest kann man sich, mit geeigneten Hilfsfragen, der richtigen Antwort nähern. Seine bekannteste Frage ist: „Wie viele Klavierstimmer gibt es in Chicaco?“ Diese Frage lässt sich nicht exakt beantworten und die Antwort ist auch sicherlich ziemlich uninteressant, aber der Weg zur Antwort ist das Interessante! Solche Fragen, auf die man nur mit einer Schätzung antworten kann, nennt man Fermi-Fragen.

1. Wir wollen schätzen, wie viele Klavierstimmer es in Freiburg gibt.

a) Mit folgenden Hilfsfragen erhältst du eine Vorstellung von der Größenordnung.
- Wie viele Einwohner hat Freiburg?
- Wie viele Klaviere gibt es wohl in Freiburg?
- Wie oft muss ein Klavier gestimmt werden?
- Wie viele Klaviere kann ein Klavierstimmer am Tag stimmen?
- Wie viele Tage im Jahr arbeitet ein Klavierstimmer?

Zu welcher Schätzung kommst du?

b) Vergleiche deine Schätzung mit deinen Mitschülern. Bei welchen Hilfsfragen habt ihr unterschiedlich geantwortet? Wie wirkte sich das bei euren Antworten aus?

2. **a)** Schätze, wie viele Fahrräder es in deinem Schulort gibt.

b) Schätze, wie viel Reifenflickzeug in deinem Schulort in einem Jahr verkauft wird.

c) Schätze, wie viele Schülerinnen und Schüler an deiner Schule mit dem Fahrrad kommen.

d) Vergleiche deine Ergebnisse mit einem Partner. Erläutert euch folgendes Vorgehen.

> Zum Abschätzen einer unbekannten Anzahl oder Größe stellt man sich Hilfsfragen, die man leichter durch Schätzen beantworten kann. Deren Ergebnisse kombiniert man dann, um den gesuchten Schätzwert zu ermitteln.

3. Stelle zu jedem Bild eine Fermi-Frage und beantworte diese.

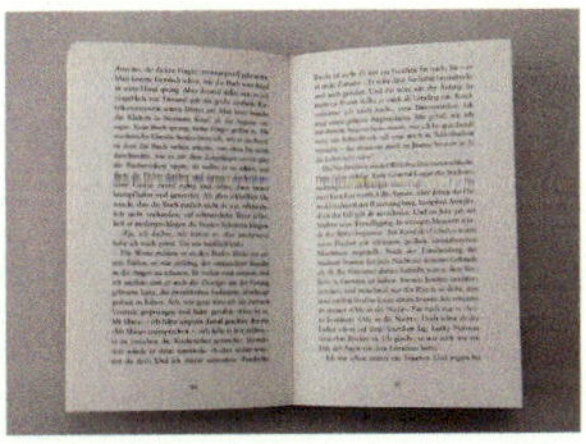

4. Denke dir mit deinem Partner eine interessante Fermi-Frage aus und beantwortet sie.

2.4 Potenzieren

Ziel

Die Addition gleichartiger Summanden kann man verkürzt als Multiplikation schreiben. Du lernst nun, dass man auch die Multiplikation gleicher Faktoren verkürzt schreiben kann.

Zum Erarbeiten

Ein Papierbogen wird mehrmals nacheinander gefaltet. Wie viele Papierschichten liegen nach dem fünften Falten übereinander? Wie viele Papierschichten wären es nach dem zehnten Falten?

→ Bei jedem Falten verdoppelt sich die Anzahl der übereinander liegenden Blätter:

Anzahl der Faltungen	Anzahl der übereinander-liegenden Schichten
1	$2 = 2$
2	$2 \cdot 2 = 4$
3	$2 \cdot 2 \cdot 2 = 8$
4	$2 \cdot 2 \cdot 2 \cdot 2 = 16$
5	$2 \cdot 2 \cdot 2 \cdot 2 \cdot 2 = 32$

Nach dem 5. Falten liegen 32 Schichten übereinander. Beim weiteren Falten kommst du bald in Schwierigkeiten. Die Anzahl der Schichten nach dem 10. Falten wäre nämlich: $2 \cdot 2 \cdot 2 \cdot 2 \cdot 2 \cdot 2 \cdot 2 \cdot 2 \cdot 2 \cdot 2 = 1024$

Information

(1) Potenzen

Anstelle des Produktes $2 \cdot 2 \cdot 2 \cdot 2 \cdot 2$ mit fünf gleichen Faktoren schreibt man auch 2^5 (gelesen: 2 *hoch* 5). Man nennt 2^5 eine **Potenz** von 2 (die fünfte Potenz von 2), 32 ist der Wert dieser Potenz.

Beachte: $2^1 = 2$ und $2^0 = 1$.

Beispiele:
$5^3 = 5 \cdot 5 \cdot 5 = 125$; $10^5 = 10 \cdot 10 \cdot 10 \cdot 10 \cdot 10 = 100\,000$;
$7^1 = 7$; $6^0 = 1$

$2^5 = 2 \cdot 2 \cdot 2 \cdot 2 \cdot 2 = 32$

2^5

Exponent (Hochzahl) gibt die Anzahl der Faktoren an.

Basis (Grundzahl) gibt den Faktor an.

$2^1 = 2$ hat man festgelegt, da man auch bei einer Faltung die Kurzschreibweise verwenden will.
$2^0 = 1$ hat man festgelegt, da man beim nullmaligen Falten 1 Schicht hat.

(2) Vorrangregeln für das Berechnen von Termen, in denen Potenzen vorkommen

Kommen in einem Term neben dem Potenzieren auch andere Rechenarten vor, so vereinbaren wir, dass das Potenzieren vor den anderen Rechenarten ausgeführt wird.

Vorrangregeln für das Potenzieren
- Potenzrechnung vor Punktrechnung
- Potenzrechnung vor Strichrechnung
- Klammern vor Potenzen

Beispiele:
$2 \cdot 3^4 = 2 \cdot 81 = 162$
$18 + 3^4 = 18 + 81 = 99$
$(2 \cdot 3)^4 = 6^4 = 1296$

Große Zahlen gibt man oft als Produkt einer Zahl mit einer Zehnerpotenz an, z. B. $5 \cdot 10^3$. Diese Form der Angabe nennt man **Zehnerpotenzschreibweise**.

Üben

1. Schreibe als Potenz; berechne auch den Wert.

a) $4 \cdot 4 \cdot 4$ b) $12 \cdot 12$ c) $10 \cdot 10 \cdot 10 \cdot 10 \cdot 10$ d) $7 \cdot 7 \cdot 7 \cdot 7$ e) 8

2. Berechne.

a) 5^2 b) 6^3 c) 10^1 d) 1^8 e) 0^4 f) 4^1 g) 100^3

3. Der Mensch hat zwei Elternteile, vier Großelternteile, acht Urgroßelternteile usw.
Wie viele Ururururgroßelternteile hat er?
Wie viele Ahnen hat er in der 5. [6., 7., 8.] Vorfahrengeneration?

4. Vergleiche die Ergebnisse.

a) $6 + 6$; $6 \cdot 6$; $6 \cdot 2$; 6^2
b) $4 + 3$; $4 \cdot 3$; 4^3
c) $7 + 1$; $7 \cdot 1$; 7^1
d) $4 + 2$; $4 \cdot 2$; 4^2
e) 5^2; 2^5
f) 4^2; 2^4

5. Berechne.

a) $5^2 \cdot 3$
b) $7 \cdot 2^3$
c) $32 : 2^3$
d) $96 - 6^2$
e) $4 \cdot 3^2 - 12$
f) $28 + 2^6 : 16$
g) $6 + 3^2$
h) $(6 + 3)^2$
i) $6 \cdot 3^2$
j) $(6 \cdot 3)^2$
k) $3^2 + 6^2$
l) $3^2 \cdot 2 + 2^3$

6. Setze in deinem Heft anstelle von □ das richtige Zeichen (>, =, <) ein.

a) 2^4 □ 4^2 b) 2^5 □ 5^2 c) 27 □ 27^1 d) 5^3 □ 8^3 e) 7^5 □ 7^3 f) $4 \cdot 5^2$ □ $5 \cdot 4^2$

7. Alexander hat in der Pause Zahlen weggewischt. Welche waren es? Notiere sie im Heft.

Quadratzahlen

$1^2 = 1$
$2^2 = 4$
$3^2 = 9$
$4^2 = 16$

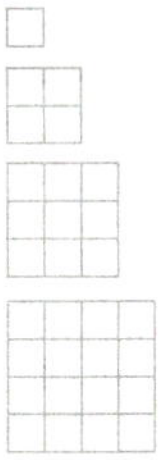

$5^2 = 25$
$6^2 = 36$
$7^2 = 49$
$8^2 = 64$
$9^2 = 81$

8. a) Links auf dem Rand findest du Potenzen mit dem Exponenten 2.
Das Potenzieren mit dem Exponenten 2 heißt auch **Quadrieren**. Beim Quadrieren erhältst du **Quadratzahlen**. Erläutere, warum sie so heißen. Lerne sie auswendig.

b) Berechne die weiteren Quadratzahlen bis 25^2 und lerne sie auswendig.

c) Es ist günstig, auch noch die folgenden Potenzen auswendig zu wissen.
Lege dir entsprechend eine Tafel an und lerne sie auswendig:
(1) Zehnerpotenzen: $10^1, 10^2, 10^3, \ldots, 10^6, 10^9$
(2) Zweierpotenzen: $2^1, 2^2, 2^3, \ldots, 2^{10}$

9. Schreibe als Potenz: a) 25; 8; 121; 343 b) 16; 81; 64; 0; 1

10. a) Die Basis ist 6, der Exponent ist 3. Gib den Wert der Potenz an.
b) Der Wert der Potenz ist 64, die Basis ist 2. Gib den Exponenten an.
c) Der Exponent ist 3, der Wert der Potenz ist 1 Million. Gib die Basis an.

11. Wo steckt der Fehler? Schreibe die Berechnung der Terme korrekt auf.

a) $(6 + 8)^3 = 14 \cdot 3 = 42$
b) $5 \cdot 4^4 = 20^4 = 160\,000$
c) $(22 - 2 \cdot 8)^2 = (20 \cdot 8)^2 = 160^2 = 25\,600$
d) $(8 + 11 \cdot 2)^2 = (8 + 22)^2 = 8^2 + 22^2 = 64 + 484 = 548$

12. Berechne.

a)	b)	c)	d)	e)
$4 \cdot 3^2$	$5^2 \cdot 5$	$4^2 \cdot 3^1 \cdot 2$	$5^2 \cdot 3 - 5 \cdot 4$	$3 \cdot 7^2 - 4 \cdot 2^2$
$5^3 \cdot 4$	$1^8 \cdot 8^1$	$5^1 \cdot 3^3 \cdot 4$	$2^3 \cdot 2 + 4^2 \cdot 7$	$5 \cdot 2^3 \cdot 3 + 7 \cdot 2^4$
$3 \cdot 2^4$	$2^3 \cdot 3^2$	$2 \cdot 3^2 + 9 \cdot 5$	$3 \cdot 4^3 - 8^1 \cdot 5$	$4^3 - 4^2 + 4 \cdot 5$

Vertiefen

13. a) Schreibe als Potenz von 10:
(1) hundert (2) zehntausend (3) eine Million (4) eine Milliarde (5) 10 Billionen

b) In der Abbildung rechts sind die Entfernungen der Planeten zur Sonne (in km) in der Zehnerpotenzschreibweise angegeben. Schreibe die Zahlenangaben ohne Zehnerpotenzen.

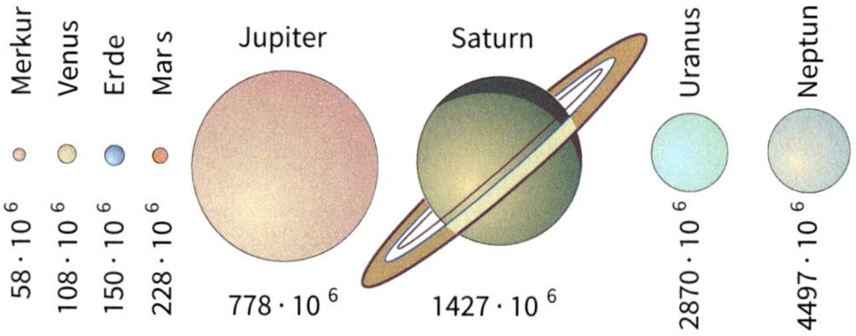

c) Stephanie behauptet: „Der Mars ist ungefähr doppelt so weit von der Sonne entfernt wie die Venus“. Beurteile ihre Aussage.

14. Schreibe die Zahlenangaben aus dem Zeitungsartikel in der Zehnerpotenzenschreibweise.

Weißt du, wie viel Sternlein stehen?

Die Anzahl der Sterne, die man von der Erde aus mit bloßem Auge erkennen kann, wird auf achttausend geschätzt.

In der Milchstraße, zu der auch die Sonne zählt, befinden sich etwa 300 Milliarden Sterne.

Die Milchstraße wiederum ist nur eine von mehreren hundert Millionen solcher Galaxien: Immer wieder werden neue Sterne und Galaxien entdeckt.

Das Licht von den am weitesten entfernten Sternen braucht für den Weg zu uns etwa 10 Milliarden Jahre.

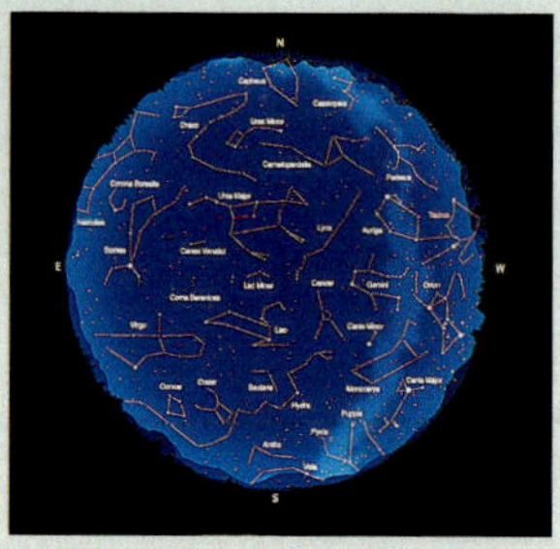

15. Schreibe die großen Zahlen in der Zehnerpotenzschreibweise.

a) Der Mensch verliert im Jahr 35 000 Haare.
b) Das Herz schlägt 42 000 000-mal im Jahr und pumpt dabei 2 500 000 Liter Blut.
c) Von unseren 100 000 000 000 Gehirnzellen sterben jährlich 36 500 000 ab.
d) Durch das Atmen strömen jährlich 7 000 000 Liter Luft durch die Lungen.

Herausfordern

16. Du kennst die Vorsilbe Kilo bei verschiedenen Einheiten: Kilometer, Kilogramm und auch Kilobyte. Vergleiche die Bedeutung der Vorsilbe Kilo in diesen Beispielen.

2.5 Geschicktes Bestimmen von Anzahlen – Zählprinzip

Einstieg

Ein Fahrradgeschäft wirbt mit der nebenstehenden Anzeige.
Unter wie vielen verschiedenen Ausführungen kann Christiana wählen?

Einführung

Allgemeines Zählprinzip

Janina steht vor dem Getränkeautomaten und wählt gesüßten Tee. Sie meint, dass es viele Möglichkeiten der Getränkewahl gibt.
Alexander findet die Anzahl schnell heraus:
„Du hast 3 Möglichkeiten ein Getränk zu wählen. Bei jedem der 3 Getränke kannst du dich für süß oder pur entscheiden, also *jeweils* zwischen 2 Möglichkeiten. Du erhältst insgesamt $3 \cdot 2$, also 6 Möglichkeiten."

Die verschiedenen Möglichkeiten kann man übersichtlich in einem *Baumdiagramm* darstellen. Zu jeder Entscheidungsmöglichkeit gehört eine Verzweigung im Baumdiagramm. Jeder der 6 Wege gehört zu einer der 6 Möglichkeiten.

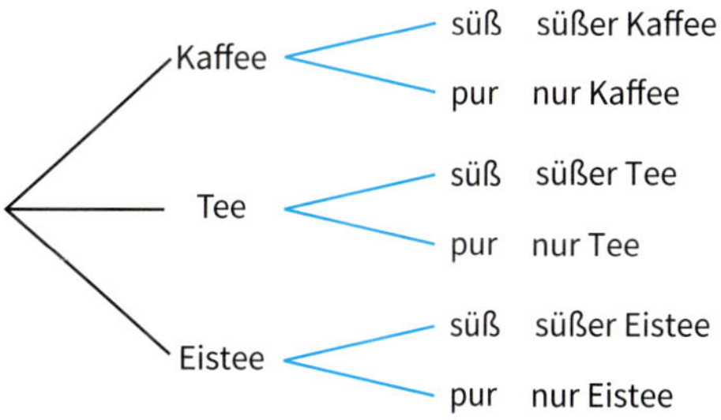

Information

Baumdiagramm – Allgemeines Zählprinzip

In der Einführung gab es bei jedem der drei möglichen Getränke zwei weitere Möglichkeiten: süß oder pur.

Das Kombinieren verschiedener Möglichkeiten kann man übersichtlich in einem Baumdiagramm darstellen.
Man erkennt dann, dass man die Anzahl der Möglichkeiten bei den einzelnen Auswahlen miteinander multiplizieren muss, um die Gesamtanzahl aller Kombinationen zu erhalten.

Beispiel:

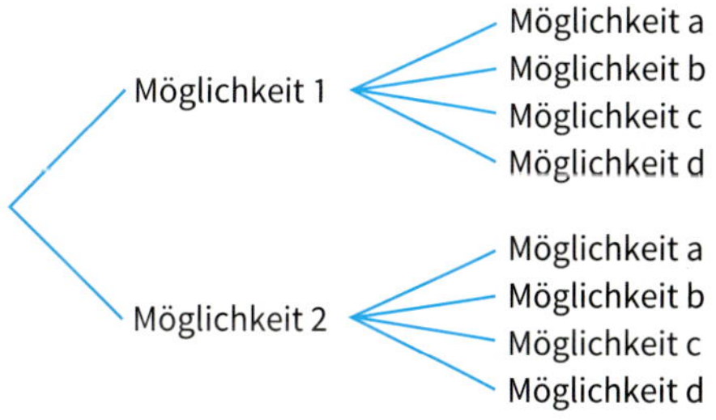

$2 \cdot 4$ Kombinationen

Üben

1. In einer Radtourenkarte sind drei Wege von Lisas Standort nach Unterstein und vier Wege von Unterstein nach Oberstein eingezeichnet.
Wie viele Möglichkeiten hat Lisa, um über Unterstein nach Oberstein zu fahren?

2. a) Aus wie vielen Möglichkeiten kann Fabian ein Menü aus Salat, Pizza und Eis zusammenstellen?
   b) Wie viel muss er für das billigste [teuerste] Menü bezahlen?
   c) Eine kleine Portion Eis besteht aus drei Kugeln. Es gibt die Sorten Vanille, Schoko, Erdbeer, Himbeer und Zitrone.
   Wie viele Zusammenstellungen für kleine Portionen gibt es, wenn alle Kugeln verschieden sein sollen?

3. Bei einem Zahlenschloss lassen sich an jeder der vier Positionen die Ziffern 0, 1, …, 9 einstellen.
Wie viele verschiedene Einstellungsmöglichkeiten für das Zahlenschloss gibt es, wenn man keine Ziffer doppelt verwenden will?

Vertiefen

4. Bei einem Spiel sind 10 Tierbilder in je vier Teile (Kopf, Hals, Rumpf, Beine) zerlegt. Man kann daraus verschiedene lustige Tiere zusammensetzen.
   a) Wie viele verschiedene Tiere kann man insgesamt zusammenstellen?
   b) Drei der zehn Tiere sind Vögel. Wie viele verschiedene Möglichkeiten gibt es, Vögel zusammenzustellen?
   c) Wie viele verschiedene Möglichkeiten gibt es, ein Tier mit einem Vogelkopf, aber mit Beinen, die nicht zu einem Vogel gehören, zusammenzustellen?

5. Ohne zu schauen nimmt Michael nacheinander zwei Murmeln aus dem Beutel links.
   a) Wie viele unterschiedliche Farbkombinationen gibt es?
   b) In wie vielen Fällen dieser Farbkombinationen haben die Murmeln die gleiche Farbe?

6. Eine Fußballjugend hat 2 Jungen, die als Torwart geeignet sind, 4 Spieler für die Abwehr, 6 für das Mittelfeld und 4 für den Sturm. Es soll eine Mannschaft mit der abgebildeten Aufstellung zusammengestellt werden. Wie viele verschiedene Möglichkeiten gibt es?

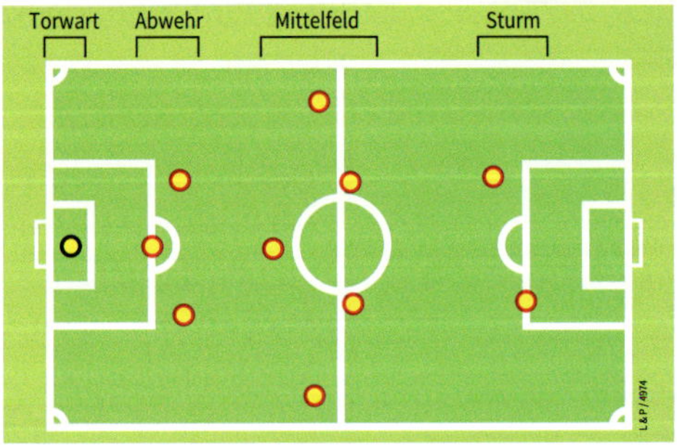

Herausfordern

7. Nimm an, du hast 2 blaue und 3 gelbe Bausteine. Wie viele Möglichkeiten gibt es, damit einen 4 Steine hohen Turm zu bauen?

2.6 Teiler und Vielfache

Einstieg

Spiel: Eins ist Spitze

Ihr benötigt drei Würfel. Der erste Spieler würfelt zunächst mit zwei Würfeln und bildet daraus eine zweistellige Zahl. Dann würfelt der zweite Spieler mit dem dritten Würfel. Lässt sich die zweistellige Zahl durch die Augenzahl des dritten Würfels ohne Rest teilen, so erhält der zweite Spieler einen Punkt. Dann werden die Rollen getauscht. Wer zuerst 10 Punkte hat, ist Sieger. Überlegt anschließend gemeinsam, welche zweistelligen Zahlen günstig bzw. ungünstig sind.

Aufgabe 1

Teiler einer Zahl

Auf dem Klassenfest wurden von der Foto-AG 30 Fotos gemacht, die auf einer Plakatwand in der Klasse ausgestellt werden sollen. Um eine bessere Übersicht für Bestellwünsche zu haben, sollen die Fotos in gleich langen Reihen angeordnet werden.

a) Maria schlägt vor, in jeder Reihe 6 Fotos nebeneinander anzuordnen. Jan überlegt, ob man mit 7 Fotos nebeneinander die Plakatbreite besser ausnutzt. Was meinst du?

b) Welche Möglichkeiten gibt es überhaupt, die 30 Fotos in gleich langen Reihen einzukleben?

Lösung

a) *Marias Vorschlag:*
30 Fotos müssen auf 6er-Reihen aufgeteilt werden:
30 : 6 = 5
Also kann man 5 Reihen zu je 6 Fotos bilden.

Jans Vorschlag:
30 : 7 = 4 Rest 2
Aus 30 Fotos kann man 4 vollständige 7er-Reihen bilden.
Dann bleiben aber noch 2 Fotos übrig.
30 Fotos kann man nicht in gleich lange Reihen mit je 7 Fotos anordnen.

b) Die Anzahl 30 lässt sich nur in folgende Produkte zerlegen:
Zerlegungen und Anordnungen:

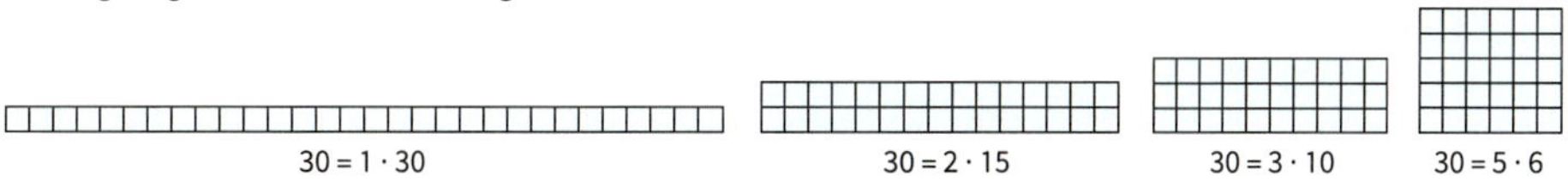

Neben diesen Anordnungen gibt es nur noch die, bei denen Breite und Höhe vertauscht wurden.

Information

(1) Teiler einer natürlichen Zahl

In der Aufgabe 1 hast du versucht, die Zahl 30 auf verschiedene Weisen als Produkt zweier Zahlen zu schreiben.
30 lässt sich als Produkt der Zahl 5 mit einem anderen Faktor schreiben: $30 = 5 \cdot 6$. Das liegt daran, dass sich 30 ohne Rest durch 5 teilen lässt.
30 lässt sich nicht als Produkt der Zahl 7 mit einem anderen Faktor schreiben. Das liegt daran, dass sich 30 nicht ohne Rest durch 7 teilen lässt: $30:7 = 4$ Rest 2.
Wir vereinbaren:

Eine Zahl heißt **Teiler** einer anderen Zahl, wenn diese ohne Rest durch die Zahl dividiert werden kann.
Beispiele:
4 ist Teiler von 32, denn $32:4 = 8$. Wir schreiben dafür: $4 \mid 32$
9 ist nicht Teiler von 32, denn $32:9 = 3$ Rest 5. Wir schreiben dafür: $9 \nmid 32$

(2) Strategie zur Bestimmung aller Teiler einer Zahl – Partnerteiler

Beispiel: Es sollen alle Teiler von 100 bestimmt werden.
Hast du einen Teiler gefunden, zum Beispiel die 2, so kennst du eine Zerlegung der Zahl 100 als Produkt: $100 = 2 \cdot 50$.
Damit kennst du aber auch sofort noch einen weiteren Teiler der Zahl 100, nämlich die 50. Für die Zahl 100 sind 2 und 50 **Partnerteiler** zueinander.

$100 = 1 \cdot 100$
$100 = 2 \cdot 50$
$100 = 4 \cdot 25$
$100 = 5 \cdot 20$
$100 = 10 \cdot 10$

100	
1	100
2	50
4	25
5	20
10	10

Suchst du alle Teiler einer Zahl, so beginne mit der 1 und notiere gleich neben dem Teiler auch den zugehörigen Partnerteiler.
Ergebnis: Die Zahlen 1, 2, 4, 5, 10, 20, 25, 50 und 100 sind Teiler von 100.

Weiterführende Aufgaben

Vielfache einer Zahl

2. Eier gibt es in Packungen zu je 6 Stück. Wenn man solche Packungen kauft, hat man immer eine Anzahl Eier, die ein Vielfaches von 6 ist, z. B. das Einfache, Zweifache, das Dreifache, …
Notiere in einer Tabelle, wie viele Eier man kaufen kann, wenn man nur volle Packungen nehmen kann.

Multipliziert man eine Zahl nacheinander mit 1, 2, 3, 4, … , so erhält man ihre **Vielfachen**.
Beispiel: Die Vielfachen von 7 sind 7, 14, 21, 28, …
Beachte: Jede Zahl hat unendlich viele Vielfache.

Zusammenhang zwischen „ist Teiler von" und „ist Vielfaches von"

3. Einerseits kann man sagen:
5 ist Teiler von 30;
andererseits kann man sagen:
30 ist Vielfaches von 5.
Erläutere allgemein:

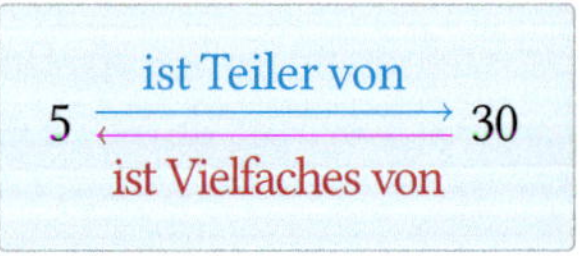

Wenn die Zahl b ein Teiler der Zahl a ist, dann ist a ein Vielfaches von b.

Üben

4. Schreibe ab und setze das richtige Zeichen ein: | oder ∤

a) 4 ▢ 36	**b)** 6 ▢ 76	**c)** 8 ▢ 98	**d)** 12 ▢ 60	**e)** 1 ▢ 13
5 ▢ 56	7 ▢ 29	6 ▢ 126	14 ▢ 96	8 ▢ 58
20 ▢ 20	5 ▢ 75	11 ▢ 111	10 ▢ 133	13 ▢ 260

27	
1	27
3	9

5. Bestimme mithilfe der Partnerteiler alle Teiler der Zahl.

a) 35 **b)** 22 **c)** 34 **d)** 32 **e)** 44 **f)** 30 **g)** 23 **h)** 70 **i)** 56 **j)** 91

6. Hier wurden Fehler gemacht. Schreibe die richtigen Teiler ins Heft.

a) 48 hat die Teiler 1, 2, 3, 4, 6, 8, 10, 12, 16, 18, 24, 48.
b) 46 hat die Teiler 1, 2, 3, 4, 16, 23, 28.

7. Mini-Tafeln Schokolade gibt es in Packungen zu je 9 Stück.
Wie viele Mini-Tafeln kann man jeweils nur kaufen?

8. Richtig oder falsch?

25 ist Vielfaches von 5, 42 ist Vielfaches von 66, 5 ist Vielfaches von 25, 65 ist Vielfaches von 8, 81 ist Vielfaches von 1, 88 ist nicht Vielfaches von 11, 9 ist Vielfaches von 9, 50 ist Vielfaches von 7, 168 ist nicht Vielfaches von 14

Vertiefen

9. Auf jeder Karte stehen Vielfache einer Zahl.
a) Nenne für jede Karte eine mögliche Zahl.
b) Bei welchen Karten gibt es mehrere mögliche Zahlen?
c) Erstelle eine solche Karte, die zugleich zu den Zahlen 5, 2 und 3 passt.

10. a) Das große Rad wird einmal gedreht. Kommt dann der markierte Zahn wieder in die markierte Lücke? Begründe.
b) Gib zwei Möglichkeiten an, wie viele Zähne das kleine Rad haben könnte, damit nach einer Umdrehung des großen Rades der markierte Zahn wieder in die markierte Lücke kommt

11. Bestimme zwei Zahlen, die die folgenden Teiler haben:
a) 2 und 3 **b)** 3 und 9 **c)** 3, 5 und 10 **d)** 2, 3, 4 und 5

12. Notiere nacheinander alle Vielfachen der Zahl 4 zwischen folgenden Zahlen:
a) 30, …, 50 **b)** 55, …, 85 **c)** 95, …, 135 **d)** 485, …, 535

13. Prüfe folgende Aussagen: **a)** 0 | 2 **b)** 2 | 0 **c)** 0 | 0

Herausfordern

14. Eine Zahl wird vollkommene Zahl genannt, wenn die Summe ihrer echten Teiler wieder gleich der Zahl ist. Beispiel: 6 = 1 + 2 + 3. Ermittle eine weitere vollkommene Zahl.

2.7 Teilbarkeitsregeln

2.7.1 Endstellenregeln

Einstieg

Überlege, welche Ziffern du anstelle der Leerstelle setzen kannst, damit die Zahl teilbar ist
(1) durch 2; **(2)** durch 5; **(3)** durch 10.
Formuliere jeweils eine Regel.

Aufgabe 1

Teilbarkeit durch 2, 5 und 10
Untersuche, wie man einer Zahl ansehen kann, ob sie
a) durch 10; **b)** durch 5; **c)** durch 2 teilbar ist.

Lösung

a) Multipliziert man eine Zahl mit 10, zum Beispiel $7 \cdot 10 = 70$, so endet das Ergebnis auf 0.
Alle Zahlen, deren letzte Ziffer eine Null ist, sind durch 10 teilbar.

b) Multipliziert man eine Zahl mit 5, so endet das Ergebnis auf 5 oder 0.
Alle Zahlen, deren letzte Ziffer eine 0 oder 5 ist, sind durch 5 teilbar.

c) Die Vielfachen von 2 sind: 2, 4, 6, 8, 10, 12, 14, 16, 18, 20, 22, …
Die letzte Ziffer des Ergebnisses ist eine 0 oder 2 oder 4 oder 6 oder 8. Daran kann man erkennen, dass die Zahl durch 2 teilbar ist.

Information

Teilbarkeit durch 2, 5 oder 10
Eine natürliche Zahl ist
- durch 2 teilbar, wenn ihre letzte Ziffer 0, 2, 4, 6 oder 8 ist, sonst nicht;
- durch 5 teilbar, wenn ihre letzte Ziffer 0 oder 5 ist, sonst nicht;
- durch 10 teilbar, wenn ihre letzte Ziffer 0 ist, sonst nicht.

Durch 2 teilbare Zahlen heißen **gerade Zahlen**, die übrigen **ungerade Zahlen**.

Die letzte Ziffer entscheidet.

Weiterführende Aufgabe

Teilbarkeit durch 4 und durch 25

2. a) Notiere bis 150 alle Vielfachen **(1)** von 4; **(2)** von 25. Was fällt auf?
b) Formuliere eine Regel für die Teilbarkeit **(1)** durch 4, **(2)** durch 25.

Information

Teilbarkeit durch 4 und durch 25
Eine natürliche Zahl ist
- durch 4 teilbar, wenn die aus den beiden letzten Ziffern gebildete Zahl durch 4 teilbar ist, sonst nicht;
- durch 25 teilbar, wenn die aus den beiden letzten Ziffern gebildete Zahl durch 25 teilbar ist, sonst nicht.

Die letzten beiden Ziffern entscheiden.

Üben

3. Welche der Zahlen 53, 624, 10 458, 660, 125, 6 828, 28 124, 375, 1 000, 1 005 sind teilbar
a) durch 2; **b)** durch 5; **c)** durch 10?

4. Setze (wenn es möglich ist) für die Leerstellen im Heft passende Ziffern ein, sodass die Zahl dann **a)** durch 2, **b)** durch 5, **c)** durch 10 teilbar ist.
(1) 3 82▢ **(2)** 60▢ **(3)** 87 4▢▢ **(4)** 23 7▢▢ **(5)** 7 35▢ **(6)** 34 2▢▢ **(7)** 68▢▢0

Vertiefen

5. Suche die Zahlen heraus, die teilbar sind durch
(1) 2; (2) 5; (3) 10; (4) 4; (5) 25. Was fällt auf?

348	572	700	1250	5216	2175	8415	17700	124110
375	855	780	1770	4131	7557	7025	44447	324805
441	725	1000	2552	3555	2936	3175	35296	701234

6. Ein Jahr ist ein Schaltjahr, wenn die Jahreszahl durch 4 teilbar ist. Ausnahmen sind die vollen Jahrhunderte, die nicht durch 400 teilbar sind (z. B. 1700).
   a) Waren die Jahre 1926, 1904, 1884, 1968, 1996, 2000 Schaltjahre?
   b) Gib die kommenden fünf Schaltjahre an.

7. Gib je zwei vierstellige Zahlen an, die
   a) durch 4 und durch 25 teilbar sind;
   b) durch 4 und nicht durch 25 teilbar sind;
   c) durch 25 und nicht durch 4 teilbar sind;
   d) weder durch 4 noch durch 25 teilbar sind.

Herausfordern

8. Finde eine Regel, mit der man entscheiden kann, ob eine Zahl durch 125 teilbar ist.

2.7.2 Quersummenregeln

Einstieg

Überlege, welche Ziffern du anstelle der Leerstellen setzen kannst, damit die Zahl teilbar ist
a) durch 9; b) durch 3.

Einführung

9 Klassen einer Schule sollen Lose für eine Lotterie verkaufen. Die Lose sollen gleichmäßig an die 9 Klassen verteilt werden.
Können (1) 1273 Lose, (2) 3465 Lose
gleichmäßig auf 9 Klassen verteilt werden?
Verteilt man 1000 bzw. 100 bzw. 10 Lose gleichmäßig an 9 Klassen, so bleibt jeweils ein Los übrig, denn:
1000 : 9 = 111 Rest 1; 100 : 9 = 11 Rest 1; 10 : 9 = 1 Rest 1
Verteilt man Vielfache von 1000 bzw. 100 bzw. 10 Losen an 9 Klassen, so bleiben entsprechende Vielfache von 1 Los übrig:
3000 : 9 = 333 Rest 3; 500 : 9 = 55 Rest 5; 70 : 9 = 7 Rest 7

Wir zerlegen nun 1273 bzw. 3465 in Tausender, Hunderter, Zehner und Einer und notieren jeweils die Reste bei Division durch 9:

a)

1000 an 9 verteilen:	111 Rest 1
200 an 9 verteilen:	22 Rest 2
70 an 9 verteilen:	7 Rest 7
3 an 9 verteilen:	0 Rest 3
1273 an 9 verteilen:	140 Rest 13

b)

3000 an 9 verteilen:	333 Rest 3
400 an 9 verteilen:	44 Rest 4
60 an 9 verteilen:	6 Rest 6
5 an 9 verteilen:	0 Rest 5
3465 an 9 verteilen:	383 Rest 18

Ob sich die Karten gleichmäßig verteilen lassen, hängt jetzt nur noch davon ab, ob sich die restlichen Karten zusammen gleichmäßig an 9 Klassen verteilen lassen:
13 an 9 verteilen: Rest 4 18 an 9 verteilen: Rest 0
Ergebnis: 1273 ist *nicht* durch 9 teilbar, 3465 ist durch 9 teilbar.

Information

An den Beispielen der Einführung erkennst du: Die Anzahl der restlichen Karten ist die Summe der einzelnen Reste, also gerade die Summe der Ziffern der Zahl. Ob 7 583 durch 9 teilbar ist, hängt nur davon ab, ob die Summe der Ziffern $7 + 5 + 8 + 3 = 23$ durch 9 teilbar ist oder nicht: 23 ist nicht durch 9 teilbar, also ist auch 7 583 nicht durch 9 teilbar.

Teilbarkeit durch 9
Eine natürliche Zahl ist durch 9 teilbar, wenn ihre Quersumme durch 9 teilbar ist, sonst nicht.
Beispiel: $9 \mid 4572$, da $9 \mid (4 + 5 + 7 + 2)$

Weiterführende Aufgabe

Teilbarkeit durch 3

1. Untersuche, ob sich (1) 754, (2) 2 361 Karten gleichmäßig auf 3 Klassen verteilen lassen. Begründe die folgende Regel für die Teilbarkeit durch 3.

Teilbarkeit durch 3
Eine natürliche Zahl ist durch 3 teilbar, wenn ihre Quersumme durch 3 teilbar ist, sonst nicht.
Beispiel: $3 \mid 4875$, da $3 \mid (4 + 8 + 7 + 5)$

Üben

2. Suche die Zahlen heraus, die teilbar sind **a)** durch 3; **b)** durch 9.

45	270	981	6 780	31 854	278 370
105	647	1 215	7 431	42 975	753 448
190	816	4 721	11 081	87 949	798 303

3. a) Setze im Heft für □ Ziffern passend ein, sodass die Zahl durch 3 teilbar ist. Wie viele Möglichkeiten gibt es jeweils?
(1) 2 7□3 (2) 5 8□4 (3) 72□573 (4) 8□172 (5) 5 2□3□24 (6) 6□1 25□

b) Setze für □ Ziffern passend ein, sodass die Zahl durch 9 teilbar ist.
(1) 5 8□7 (2) 65 47□ (3) 81□54 (4) 7□635 (5) 3□7□85 (6) 64□9□7

Vertiefen

4. Prüfe für jede der Zahlen, ob sie teilbar ist durch 2, 3, 5, 9, 10, 100. Schreibe wie im Beispiel.

200 ist teilbar durch 2, 4, 5, 10, 100

a) 80; 108; 135; 300; 720; 3 384; 7 500
b) 6 375; 9 000; 4 572; 37 764; 82 125
c) 884 700; 197 025; 208 205; 133 456 789

5. Erläutere: Ist die Quersumme einer Zahl größer als 9, dann kann von der Quersumme wieder die Quersumme gebildet werden. An ihr entscheidet man, ob die Zahl durch 9 (bzw. 3) teilbar ist.

6. a) Erläutere am Beispiel der Zahl 294 593: Um zu prüfen, ob eine Zahl durch 9 teilbar ist, kann die Ziffer 9 bei der Quersummenbildung weggelassen werden.
b) Wie lautet eine entsprechende Regel über das Weglassen von Ziffern bei der Quersumme, wenn man die Teilbarkeit durch 3 prüfen will?

Herausfordern

7. a) Untersuche, ob die folgenden Zahlen durch 6 teilbar sind.
(1) 162 (2) 177 (3) 252 (4) 224 (5) 1074
b) Formuliere eine Regel für die Teilbarkeit durch 6.

2.8 Primzahlen

Einstieg

Natascha behauptet, dass große Zahlen viele Teiler haben müssen. Was meint ihr dazu?

Zahl	1	2	3	4
Teiler	1	1; 5	1; 3	1; 2; 4
Anzahl der Teiler	1	2	2	3

Aufgabe 1

Zerlegen einer Zahl in ein Produkt mit möglichst vielen Faktoren

Schreibe die Zahlen 70, 14, 132, 25 und 23 als Produkt mit möglichst vielen Faktoren. Lasse den Faktor 1 dabei weg.

Lösung

$70 = 7 \cdot 10 = 7 \cdot 2 \cdot 5$ $\quad 14 = 2 \cdot 7$ $\quad 132 = 4 \cdot 33 = 2 \cdot 2 \cdot 3 \cdot 11$ $\quad 25 = 5 \cdot 5$ $\quad 23 =$

Kann man nicht zerlegen

Wie auch immer du die Zerlegung beginnst, stets erhältst du dieselben Faktoren, höchstens in anderer Reihenfolge, zum Beispiel:
$70 = 7 \cdot 10 = 7 \cdot 2 \cdot 5$; $\quad 70 = 2 \cdot 35 = 2 \cdot 5 \cdot 7$; $\quad 70 = 5 \cdot 14 = 5 \cdot 2 \cdot 7$

Information

(1) Primzahlen

Bei Aufgabe 1 erhalten wir schließlich Zahlen, die sich nicht weiter in von 1 verschiedene Faktoren zerlegen lassen. Diese Zahlen heißen Primzahlen. 23 ist eine solche Zahl, sie hat nur die Teiler 1 und 23. Du erkennst Primzahlen daran, dass sie genau zwei Teiler haben. Man kann beweisen, dass es unendlich viele Primzahlen gibt.

Jede natürliche Zahl mit genau zwei Teilern heißt **Primzahl**.
Primzahlen sind: 2, 3, 5, 7, 11, 13, 17, 19, 23, 29, 31, 37, 41, 43, 47, ...

(2) Primfaktorzerlegung

In Aufgabe 1 hast du eine Zahl in ein Produkt aus lauter Primzahlen zerlegt.

Die Zerlegung einer natürlichen Zahl in ein Produkt aus Primzahlen heißt **Primfaktorzerlegung**.
Zerlegt man eine Zahl in Primfaktoren, so erhält man (abgesehen von der Reihenfolge der Faktoren) stets dieselbe Zerlegung.

Beispiel:

$360 = 10 \cdot 36 = 2 \cdot 5 \cdot 4 \cdot 9 = 2 \cdot 5 \cdot 2 \cdot 2 \cdot 3 \cdot 3$

$360 = 9 \cdot 40 = 3 \cdot 3 \cdot 4 \cdot 10 = 3 \cdot 3 \cdot 2 \cdot 2 \cdot 2 \cdot 5$

Beachte:

(1) *Ausschluss des Faktors 1*

Hätten wir die Zahl 1 als Primzahl zugelassen, so könnte man sie in der Zerlegung einer Zahl beliebig oft ergänzen. Die Primfaktorzerlegung wäre dann nicht mehr eindeutig. Deshalb hat man den Faktor 1 ausgeschlossen.

(2) *Potenzschreibweise der Primfaktorzerlegung*

Mit der Potenzschreibweise lässt sich die Primfaktorzerlegung kürzer aufschreiben.

Beispiel: $360 = 2 \cdot 2 \cdot 2 \cdot 3 \cdot 3 \cdot 5$
$ = 2^3 \cdot 3^2 \cdot 5^1$

Üben

2. Suche die Primzahlen heraus. Es sind 5 Primzahlen auf jedem Zettel.

a)

9	13	1	35
7	52	57	2
39	5	19	63

b)

33	13	43	38
59	49	39	28
20	27	17	61

c)

96	89	79	99
101	97	92	75
84	76	87	83

d)

153	143	136	134
135	151	131	159
137	129	139	149

3. Schreibe alle Primzahlen auf, die zwischen den folgenden Zahlen liegen.

a) 1 und 20 **c)** 60 und 80 **e)** 100 und 130 **g)** 160 und 200
b) 20 und 50 **d)** 80 und 100 **f)** 130 und 160 **h)** 200 und 230

4. Richtig oder falsch? Prüfe an Beispielen.

Es gibt keine geraden Primzahlen.

Es gibt nur zwei Primzahlen, deren Differenz 1 ist.

Es gibt keine Primzahlen, deren Differenz 3 ist.

Eine Primzahl kann Teiler einer anderen Primzahl sein.

5. Fülle im Heft die Lücke in der Primfaktorzerlegung aus.

a) $30 = 2 \cdot \square \cdot 5$ **c)** $42 = \square \cdot 3 \cdot 7$ **e)** $350 = 2 \cdot 5 \cdot \square \cdot 7$ **g)** $182 = 2 \cdot \square \cdot 13$
b) $40 = 2 \cdot 2 \cdot \square \cdot 5$ **d)** $44 = 2 \cdot 2 \cdot \square$ **f)** $264 = 2 \cdot 2 \cdot \square \cdot 3 \cdot 11$ **h)** $195 = 3 \cdot 5 \cdot \square$

6. Zerlege in Primfaktoren.

a) 20 **b)** 60 **c)** 64 **d)** 110 **e)** 630 **f)** 816 **g)** 836 **h)** 984

7. Betrachte Tinas Behauptung im Bild links. Ist sie richtig? Begründe.

Vertiefen

8. Zerlege in Primfaktoren. Schreibe mit Potenzen.

a) 50 **b)** 48 **c)** 135 **d)** 300 **e)** 4 410 **f)** 22 295

9. Zerlege die Zahlen in Primfaktoren. Die Karten mit den Zahlen, bei denen der Primfaktor 3 zweimal auftritt, ergeben ein Lösungswort.

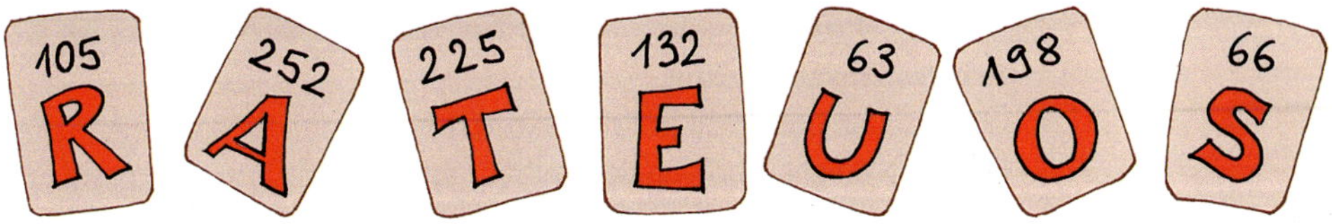

10. *Spiel für zwei Spieler: Primzahlen – STOP*
Gespielt wird mit einem Würfel. Der erste Spieler würfelt so lange, bis die Summe seiner gewürfelten Augenzahlen eine Primzahl ergibt. Diese wird notiert. Nun ist der andere Spieler an der Reihe. Nach 10 Spielrunden werden die notierten Zahlen addiert. Wer die höhere Punktzahl erreicht hat, ist Sieger.

Herausfordern

11. a) Der Mathematiker Christian Goldbach (1690 – 1764) vermutete, dass sich alle geraden Zahlen ab 4 als Summe zweier Primzahlen darstellen lassen. Überprüfe dies an den geraden Zahlen von 4 bis 30.

$8 = 5 + 3$

b) Gib für die Zahlen 10; 20; 30; 40; 48 und 50 möglichst viele verschiedene Zerlegungen in eine Summe aus zwei Primzahlen an.

Wie findet man Primzahlen?

Euklid, griechischer Mathematiker, der um 300 v. Chr. in der ägyptischen Hafenstadt Alexandria lebte. Über sein Leben ist fast nichts bekannt.

Eratosthenes von Kyrene (heute Shahat in Libyen) lebte etwa um 275 bis 195 v. Chr. Er war Erzieher am Königshof von Alexandria und Direktor der dortigen Bibliothek.

Seit mehr als 2 500 Jahren beschäftigen sich Mathematiker mit Primzahlen. Im berühmten Lehrbuch von *Euklid* mit dem Titel „Elemente" findet man eine Begründung dafür, dass es unendlich viele Primzahlen gibt. Große Primzahlen zu finden, ist jedoch sehr mühsam.

Das Sieb des Eratosthenes

Ein Verfahren, das nach einem bestimmten Plan übersichtlich und schnell aus den natürlichen Zahlen von 1 bis zu einer Zahl (z. B. bis 30) alle Primzahlen „aussiebt", soll von dem griechischen Gelehrten *Eratosthenes* stammen.

1. a) Notiere die Zahlen von 1 bis 30.
(1) Streiche 1.
(2) Umrahme 2 und streiche das 2-, 3-, 4-, ...fache von 2.
(3) Umrahme 3 und streiche das 2-, 3-, 4-, ...fache von 3, falls noch nicht geschehen.
(4) Umrahme 5 und streiche das 2-, 3-, 4-, ...fache von 5, falls noch nicht geschehen, usw.
Was für Zahlen bleiben übrig?
b) Warum muss man nach dem 3. Schritt nicht die Vielfachen von 4 streichen?
c) Warum endet das Verfahren mit der 5? Begründe dazu, dass die Vielfachen von 6 (bis 30) bereits gestrichen sind.

2. Führe das Verfahren für die Zahlen 31 bis 100 [101 bis 200] durch.

Marin Mersenne, französischer Franziskanermönch, lebte von 1588 bis 1648. Er stand mit vielen Mathematikern seiner Zeit, wie Fermat, Pascal, Descartes, im Briefwechsel.

Berechnen von Primzahlen

Bis heute haben Mathematiker noch keine Formel gefunden, mit der man die Primzahlen berechnen kann. *Mersenne* berechnete gewisse Primzahlen mithilfe der Formel $m = 2^n - 1$.

3. a) Setzt man für n eine natürliche Zahl ein, die keine Primzahl ist, so erhält man auch keine Primzahl. Überprüfe das für die Zahlen von 1 bis 20.
b) Setzt man für n eine Primzahl ein, so kann man eine Primzahl erhalten, jedoch nicht immer. Überprüfe das für die Primzahlen 2, 3, 5, 7, 11.

Primzahlen, die man auf diese Weise erhält, sind 3, 7, 31, 127. Sie heißen **Mersenne-Primzahlen**. Der französische Mathematiker *Lucas* begründete 1876, dass $2^{127} - 1 = 170\,141\,183\,460\,469\,231\,731\,687\,303\,715\,884\,105\,727$ eine Primzahl ist; dies ist die 12. Mersenne-Primzahl; sie hat 39 Stellen. Erst im Januar 1952 fand man – nun mit Computern – eine 157-stellige Mersenne-Primzahl. 2013 wurde von amerikanischen Mathematikern die 48. Mersenne Primzahl gefunden: $2^{57\,885\,161} - 1$. Sie hat 17 425 170 Stellen.

4. Wie viele Seiten eines Buches füllt die 48. Mersenne-Primzahl aus? Nimm an, dass in eine Zeile 75 Ziffern passen und eine Seite 50 Zeilen hat. Schätze zunächst.

5. Sucht im Internet: Wie viele Stellen hat die größte bis heute bekannte Primzahl? Wie lange dauert das Ausdrucken dieser Zahl?

2.9 Variable und Gleichung

Einstieg

Fatima stellt gerne Zahlenrätsel.
Welche Zahl könnte sie sich gedacht haben?
Gibt es mehrere Möglichkeiten?

Aufgabe 1

Wahre und falsche Aussagen – Variable

Tiana und Lukas würfeln abwechselnd mit einem Spielwürfel. Die Lehrerin hat die folgende Spielregel festgelegt: *Multipliziere die Augenzahl mit sich selbst und addiere 10. Ist das Ergebnis genau so groß wie das Siebenfache der Augenzahl, so hast du gewonnen, sonst verloren.*

a) Bei welchen Augenzahlen gewinnt man, bei welchen verliert man? Lege eine Tabelle an.

b) Notiere die Bedingung für einen Gewinn auf knappe Weise.

Lösung

a)

Augenzahl	Augenzahl mal Augenzahl	dazu 10 addiert	Erstes Ergebnis	Siebenfaches der Augenzahl	Zweites Ergebnis	Sind die Ergebnisse gleich?
1	$1 \cdot 1$	$1 \cdot 1 + 10$	11	$7 \cdot 1$	7	nein
2	$2 \cdot 2$	$2 \cdot 2 + 10$	14	$7 \cdot 2$	14	ja
3	$3 \cdot 3$	$3 \cdot 3 + 10$	19	$7 \cdot 3$	21	nein
4	$4 \cdot 4$	$4 \cdot 4 + 10$	26	$7 \cdot 4$	28	nein
5	$5 \cdot 5$	$5 \cdot 5 + 10$	35	$7 \cdot 5$	35	ja
6	$6 \cdot 6$	$6 \cdot 6 + 10$	46	$7 \cdot 6$	42	nein

Ergebnis: Bei den Augenzahlen 2 und 5 gewinnt man, bei den Augenzahlen 1, 3, 4 und 6 verliert man.

b) Die Bedingung für einen Gewinn lautet kurz:
Augenzahl · *Augenzahl* + 10 = 7 · *Augenzahl*
Setzt man für *Augenzahl* die Zahl 2 oder 5 ein, so sind die Ergebnisse auf beiden Seiten vom Gleichheitszeichen gleich. Man sagt auch:
Es entsteht eine wahre Aussage. Man hat dann gewonnen.
Setzt man für *Augenzahl* dagegen die Zahl 1, 3, 4 oder 6 ein, so entsteht eine falsche Aussage. Man hat dann verloren.

Information

(1) Variable

Anstelle eines Wortes wie Augenzahl verwendet man in der Mathematik auch Zeichen wie □, ○, △ oder Buchstaben wie x, y, a, ... Dann schreibt man anstelle von
Augenzahl · *Augenzahl* + 10 = 7 · *Augenzahl*
noch kürzer: □ · □ + 10 = 7 · □ bzw. $x \cdot x + 10 = 7 \cdot x$

Achte darauf, dass du an jeder Stelle, an der vorher Augenzahl stand, nun x schreibst.

Ein solches Zeichen ist ein Platzhalter, in der Mathematik nennt man Platzhalter auch *Variable*. Die Variable □ bzw. x hält den Platz frei für alle möglichen Augenzahlen. Man fasst diese Zahlen zur *Grundmenge* G zusammen: G = {1, 2, 3, 4, 5, 6}. Bei dieser Aufzählung der Zahlen in den geschweiften Klammern kommt es *nicht* auf die Reihenfolge an.

(1) In der Mathematik halten oft Buchstaben wie x, y, a, b den Platz für Dinge (z. B. Zahlen) frei. Diese Buchstaben heißen **Variable**.
Beispiele: (1) $x \cdot x + 10 = 7 \cdot x$ (2) x lässt sich ohne Rest durch 5 teilen

(2) Die Gesamtheit der Dinge, die anstelle der Variablen gesetzt werden können, nennt man **Grundmenge**. Diese Dinge der Grundmenge heißen auch **Elemente** der Grundmenge.
Beispiele: (1) $G = \{1, 2, 3, 4, 5, 6\}$ (2) Natürliche Zahlen: $G = \mathbb{N} = \{0, 1, 2, 3, \ldots\}$

(2) Lösung einer Gleichung – Lösungsmenge

Auch $y \cdot 6 = 42$ ist eine Gleichung. Setzt man 7 für die Variable y ein, so erhält man eine *wahre Aussage*: $7 \cdot 6 = 42$. Man sagt dafür: 7 ist eine *Lösung* dieser Gleichung.
Die Zahl 8 ist *nicht* Lösung der Gleichung $y \cdot 6 = 42$, denn man erhält bei der Einsetzung von 8 für y eine *falsche* Aussage: $8 \cdot 6 = 42$.
Die Gleichung aus Aufgabe 1 besitzt die Lösungen 2 und 5. Man fasst die Lösungen zu einer Menge zusammen und nennt sie die Lösungsmenge L. Mit geschweiften Klammern schreibt man dann $L = \{2, 5\}$.
Die Gleichung $y \cdot 6 = 42$ besitzt nur eine Lösung, nämlich 7. Auch in diesem Falle schreibt man eine Lösungsmenge: $L = \{7\}$. In der Mathematik kann eine Menge auch nur eine Zahl enthalten.
Die Gleichung $5 \cdot z = 24$ besitzt in der Grundmenge $\mathbb{N}$ keine Lösung; die Lösungsmenge ist leer.

Eine Zahl, die beim Einsetzen in eine Gleichung eine wahre Aussage ergibt, nennt man eine **Lösung** der Gleichung. Die Lösungen werden in der **Lösungsmenge** zusammengefasst. Diese Lösungsmenge kann kein, ein oder aber mehrere Elemente enthalten.
Die Menge, die kein Element enthält, heißt leer. Man spricht dann auch von der **leeren Menge** und schreibt dafür { }.

Aufgabe 2

Lösen einer Gleichung durch Rückwärtsrechnen

Bestimme die Zahlen, die Mia sich gedacht hat.
Erstelle dazu eine Gleichung, die du durch Überlegen löst.

Lösung

Mia nimmt an ihrer gedachten Zahl folgende Rechenoperationen vor:

$x \xrightarrow{\cdot 4} 4 \cdot x \xrightarrow{+25} 73$

Die Gleichung dazu lautet: $4 \cdot x + 25 = 73$

Diese Gleichung lässt sich einfach lösen, wenn man die Rechenoperationen im Pfeilbild in umgekehrter Reihenfolge rückgängig macht:

$x \xrightarrow{\cdot 4} 4 \cdot x \xrightarrow{+25} 73$

$12 \xleftarrow{:4} 48 \xleftarrow{-25} 73$

Die Gleichung $4 \cdot x + 25 = 73$ hat somit die Lösung 12.

Die Lösungsmenge der Gleichung $4 \cdot x + 25 = 73$ ist somit $L = \{12\}$.

Üben

3. Marie und Achmed würfeln abwechselnd mit einem Spielwürfel. Marie hat sich für das Spiel eine Gewinnbedingung ausgedacht. Bestimme die Augenzahlen, bei denen man gewinnt.

a) $4 \cdot \bigcirc - 2$ ist kleiner als 12.
b) $3 \cdot \square + 4$ ist eine ungerade Zahl.
c) $4 \cdot \triangle - 3$ ist eine einstellige Zahl.
d) $3 \cdot \bigcirc + 4$ ist eine Zahl zwischen 11 und 20.
e) $4 \cdot \nabla - 3$ lässt sich ohne Rest durch 2 teilen.
f) $2 \cdot \bigcirc + 1$ lässt sich ohne Rest durch 3 teilen.

4. Jakob und Hanna würfeln mit zwei Spielwürfeln statt mit einem Würfel.

a) Welche Augensummen können vorkommen? Bei welchen Augensummen gewinnt man, bei welchen verliert man? Lege eine Tabelle an.
b) Gib die Bedingung für einen Gewinn möglichst kurz an.

Spielregel
Man gewinnt, wenn das Zwölffache der Augensumme genauso groß ist wie das Ergebnis, wenn man die Augensumme mit sich selbst multipliziert und 27 addiert.

5. Welche der Zahlen 2, 4, 6, 8, 10 sind Lösungen der Gleichung?

a) $x^2 = 10 \cdot x - 16$
b) $x^2 = 14 \cdot x - 40$
c) $x^2 = 12 \cdot x - 36$
d) $x^2 = 12 \cdot x - 20$
e) $x^2 = 8 \cdot x - 24$
f) $x^2 = 20x - 100$

6. Die Grundmenge der angegebenen Gleichung soll $G = \{0, 1, 2, 3, 4, 5, 6, 7, 8, 9, 10\}$ sein. Bestimme die Lösungsmenge durch systematische Probieren mithilfe einer Tabelle.

a) $x^2 = 6x + 7$
b) $x^2 = 9 \cdot x$
c) $2 \cdot x + 5 = 15 + x$
d) $x = x + 1$
e) $2 \cdot x = 3 \cdot x$
f) $2 \cdot x + 24 = 3 \cdot x + 16$

7. Bestimme jeweils die Lösungsmenge durch Rückwärtsrechnen.

a) $2 \cdot x + 31 = 93$
$3 \cdot x - 31 = 44$
$4 \cdot x - 53 = 31$
$5 \cdot x + 53 = 98$

b) $4 \cdot y + 78 = 190$
$4 \cdot y - 58 = 222$
$8 \cdot y - 47 = 401$
$7 \cdot y + 83 = 300$

c) $x : 2 + 23 = 38$
$x : 6 - 13 = 37$
$y : 5 - 18 = 42$
$z : 3 + 26 = 59$

d) $x : 11 + 47 = 109$
$x \cdot 11 - 56 = 109$
$y \cdot 13 + 85 = 345$
$y : 13 - 85 = 345$

Vertiefen

8. a) Löse die Gleichung $4x + 11 = 79$.
b) Tobias stellt gerne Zahlenrätsel: „Wenn ich meine Zahl versiebenfache und 19 subtrahiere, so erhalte ich 58.“ Bestimme seine Zahl.
c) Stelle selbst ein Zahlenrätsel für die Zahl 13.
d) Erstelle eine Gleichung, die die Lösung (1) 7, (2) 0, (3) 1 hat.

9. a) Löse das Zahlenrätsel.
(1) Vervierfache ich die gedachte Zahl und addiere zum Ergebnis 11, so erhalte ich 79.
(2) Wenn ich die gedachte Zahl durch 8 dividiere und vom Ergebnis 5 subtrahiere, erhalte ich 7.
b) Schreibe zu den folgenden Gleichungen ein Zahlenrätsel und bestimme die Lösung.
(1) $3 \cdot x + 11 = 47$ (2) $69 - 4 \cdot x = 32$ (3) $x^2 - 24 = 5 \cdot x + 12$
c) Erfinde ein Zahlenrätsel, das die Lösung (1) 6, (2) 25, (3) 100 hat. Schreibe die zugehörige Gleichung auf.

Herausfordern

10. Nenne Zahlen, welche die Gleichung erfüllen.

a) $x^2 = 9$ b) $x^3 = 64$ c) $x^4 = 0$ d) $2^x = 8$ e) $10^x = 1000$ f) $5^x = 25$

2.10 Aufgaben zur Vertiefung

1. **a)** Sarah hat eine Strichliste erstellt. Sie zählt:

Startwert → $5 \xrightarrow{+5} 10 \xrightarrow{+5} 15 \xrightarrow{+5} 20 \xrightarrow{+5} \ldots$

Die Zahlen 5; 10; 15; 20; … bilden eine **Zahlenfolge**.
Bilde die nächsten 10 Zahlen der Folge.

b) Übe dich im Kopfrechnen. Bilde die nächsten 10 Zahlen der Folge.

(1) Startwert: 4; Vorschrift: $\xrightarrow{+17}$ **(3)** Startwert: 8; Vorschrift: $\xrightarrow{+22}$

(2) Startwert: 3; Vorschrift: $\xrightarrow{+13}$ **(4)** Startwert: 12; Vorschrift: $\xrightarrow{+11}$

2. Nenne die nächsten 10 Zahlen der Zahlenfolge. Welche Vorschrift liegt zugrunde?

a) 2, 7, 12, 17, 22, … **b)** 6, 18, 30, 42, 54, … **c)** 2, 21, 40, 59, …

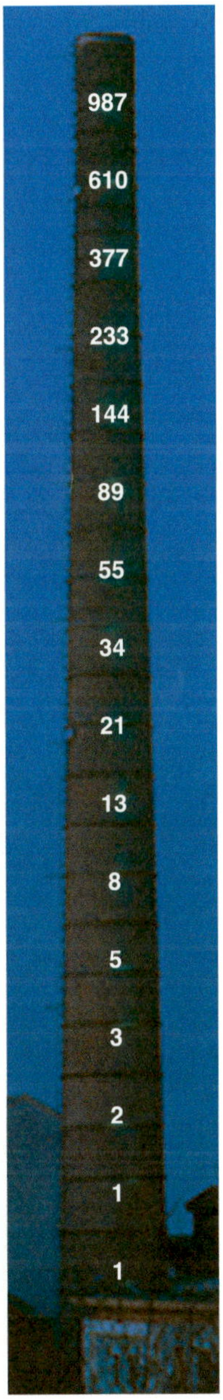

3. Bei der Zahlenfolge $1 \xrightarrow{\cdot 2} 2 \xrightarrow{\cdot 2} 4 \xrightarrow{\cdot 2} 8 \xrightarrow{\cdot 2} 16 \xrightarrow{\cdot 2} 32 \xrightarrow{\cdot 2} \ldots$
ist der Startwert 1; die Vorschrift lautet „verdoppele die Zahl" (d. h. „multipliziere mit 2" oder kurz: „mal 2"). Bestimme die nächsten 5 Glieder der Zahlenfolge.

4. Bestimme die nächsten fünf Glieder der Zahlenfolge. Gib auch die Vorschrift an.

a) 4, 31, 58, 85, … **c)** 7, 14, 28, 56, 112, … **e)** 1, 3, 6, 10, 15, 21, …

b) 5, 84, 163, 242, … **d)** 5, 15, 45, 135, 405, … **f)** 1, 4, 9, 16, 25, 36, …

5. An den Figuren kannst du eine Zahlenfolge erkennen. Gib die nächsten fünf Zahlen an.

a)

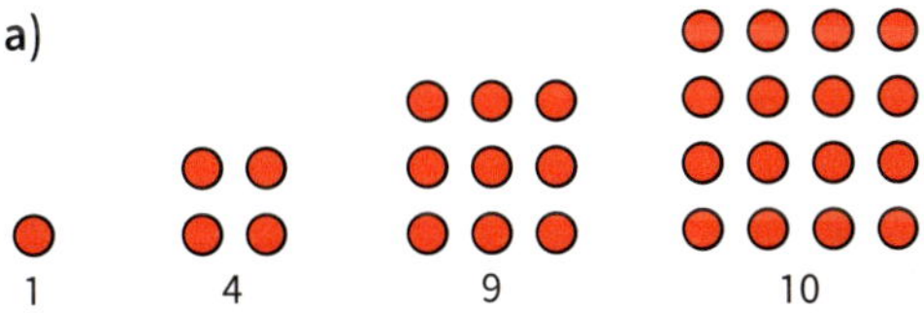

b)

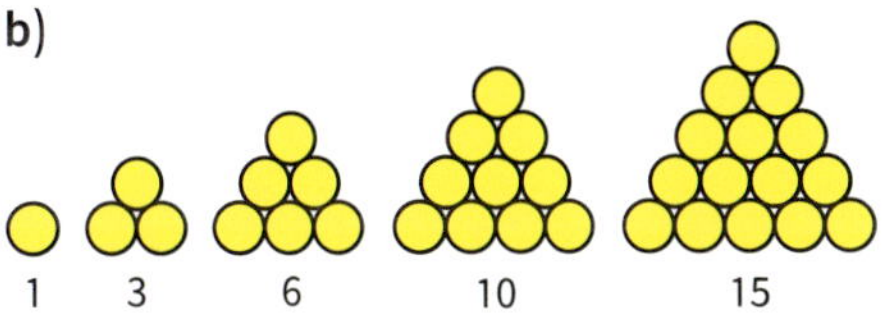

c)

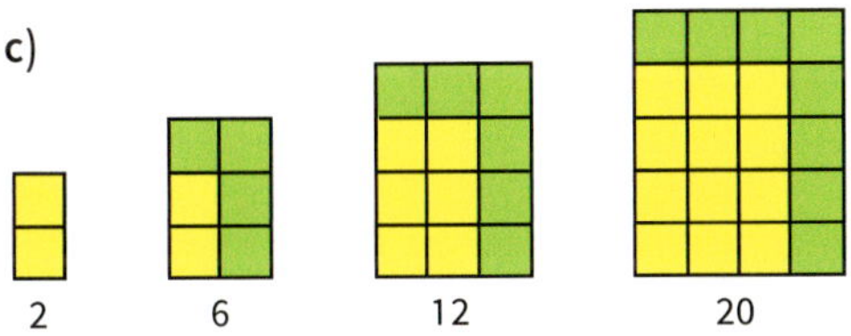

d)

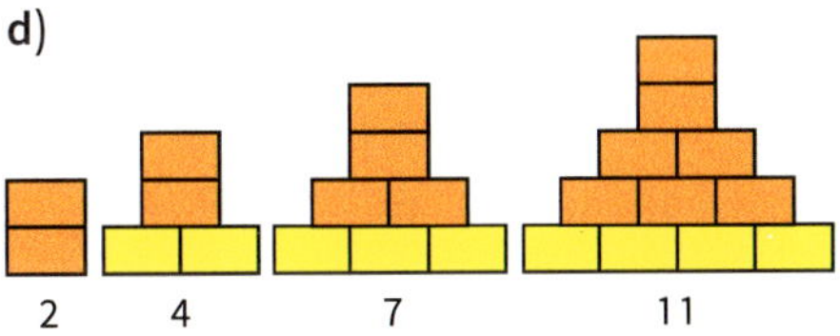

6. Am Kamin einer ehemaligen Brauerei in Unna „wächst" eine Folge von Zahlen in den Himmel. Man bezeichnet diese Zahlenfolge als **Fibonacci-Folge**, benannt nach dem bedeutendsten Mathematiker des Mittelalters Leonardo Fibonacci (um 1180 bis 1245).

a) Erkennst du die zugrunde liegende Vorschrift?
Gib die nächsten fünf Zahlen der Folge an.

b) Was stellst du fest, wenn du

(1) das Quadrat einer Zahl aus der Fibonacci-Folge mit dem Produkt der beiden benachbarten Zahlen vergleichst;

(2) die Summe der Quadrate zweier benachbarter Fibonacci-Zahlen bildest?

Das Wichtigste auf einen Blick

Addieren und Subtrahieren

Summand + Summand = Summe
Minuend – Subtrahend = Differenz
Addition und Subtraktion sind *entgegengesetzte* Rechenarten.

Beispiele:
$12 + 35 = 47$
$47 - 35 = 12$

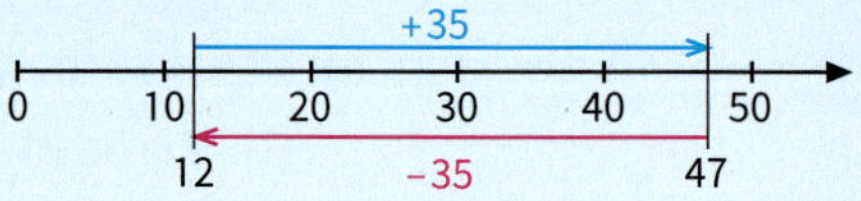

Multiplizieren und Dividieren

Faktor · Faktor = Produkt
Dividend : Divisor = Quotient
Multiplikation und Division sind *entgegengesetzte* Rechenarten. Für alle Zahlen a gilt:
$0 \cdot a = 0$ und $1 \cdot a = a$.
Durch 0 kann man *nicht dividieren*.

Beispiel:
$64 \cdot 8 = 512$
$512 : 8 = 64$
$64 \xrightarrow{\cdot 8} 512$, $512 \xrightarrow{:8} 64$

Potenzieren

Potenz: $a^n = \underbrace{a \cdot a \cdot a \cdot \ldots \cdot a}_{n \text{ Faktoren}}$

Exponent (Hochzahl): n
Basis (Grundzahl): a

Beispiel:
$3^4 = 3 \cdot 3 \cdot 3 \cdot 3 = 81$
Die 4. Potenz von 3 hat den Wert 81.

Zahlterme

Ein *Zahlterm* beschreibt einen *Rechenweg*; er besteht aus Zahlen, Rechenzeichen und Klammern.
Beachte: Berechne zuerst, was in Klammern steht.
Potenzrechnung geht vor Punktrechnung.
Punktrechnung geht vor Strichrechnung.
Sonst rechne von links nach rechts.

Beispiel:
$24:2 \cdot 3 - 2 \cdot (3^2 + 4)$

$24:2$: Quotient; 3^2: Potenz; $24:2 \cdot 3$: Produkt; $3^2 + 4$: Summe; $2 \cdot (3^2+4)$: Produkt; gesamt: Differenz

$24:2 \cdot 3 - 2 \cdot (3^2 + 4)$
$= 12 \cdot 3 - 2 \cdot (9 + 4)$
$= 36 - 2 \cdot 13$
$= 36 - 26$
$= 10$

Rechengesetze

Kommutativgesetz für Addition und Multiplikation
Summanden bzw. Faktoren kann man vertauschen.
$\mathbf{a + b = b + a}$
$\mathbf{a \cdot b = b \cdot a}$

Beispiele:
$12 + 43 = 43 + 12$
$12 \cdot 43 = 43 \cdot 12$

Assoziativgesetz für Addition und Multiplikation
$\mathbf{(a + b) + c = a + (b + c) = a + b + c}$
$\mathbf{(a \cdot b) \cdot c = a \cdot (b \cdot c) = a \cdot b \cdot c}$

$(25 + 7) + 66 = 25 + (7 + 66) = 25 + 7 + 66$
$(9 \cdot 11) \cdot 5 = 9 \cdot (11 \cdot 5) = 9 \cdot 11 \cdot 5$

Distributivgesetze:
$\mathbf{a \cdot (b + c) = a \cdot b + a \cdot c}$
$\mathbf{a \cdot (b - c) = a \cdot b - a \cdot c}$

$7 \cdot (45 + 8) = 7 \cdot 45 + 7 \cdot 8$
$6 \cdot (34 - 5) = 6 \cdot 34 - 6 \cdot 5$

Teiler und Vielfache

Wenn b (ohne Rest) durch a teilbar ist, sagen wir:
a ist *Teiler* von b. Wir schreiben $a \mid b$.
b heißt dann *Vielfaches* von a.

Beispiele:
$7 \mid 84$
7 ist Teiler von 84, da $7 \cdot 12 = 84$.
84 ist Vielfaches von 7.

Primzahl

Eine natürliche Zahl mit genau zwei Teilern ist eine Primzahl.

Beispiele:
2, 3, 5, 7, … sind Primzahlen

Bist du fit?

1. Welche Zahl muss man einsetzen? Übertrage in dein Heft und kontrolliere durch die entgegengesetzte Rechenart.

a) $486 + \square = 791$ b) $955 - \square = 218$ c) $\square - 436 = 159$ d) $\square + 641 = 807$

2.
a) $\begin{array}{r} 2\,317 \\ +\ \ 739 \\ +\ \ 365 \\ \hline \end{array}$
b) $\begin{array}{r} 4\,057 \\ +\ \ 503 \\ +1\,978 \\ \hline \end{array}$
c) $\begin{array}{r} 18\,375 \\ +10\,813 \\ +\ \ \ 902 \\ +\ 1\,488 \\ \hline \end{array}$
d) $\begin{array}{r} 3\,157 \\ -1\,734 \\ \hline \end{array}$
e) $\begin{array}{r} 6\,281 \\ -1\,066 \\ \hline \end{array}$
f) $\begin{array}{r} 8\,371 \\ -5\,299 \\ \hline \end{array}$

3. Schätze zunächst die Summe bzw. die Differenz durch Runden. Berechne dann schriftlich den genauen Wert.

a) 3 278 + 2 948   c) 4 088 + 5 907 + 1 116   e) 6 480 + 1 246 + 597 + 2 217
b) 5 314 − 4 685   d) 8 816 − 975   f) 8 245 − 4 912 − 613

4. Berechne.

a) 461 + (53 + 21)   c) 625 − (104 + 17)   e) 491 − [196 + (97 − 41)]
b) 840 + (75 − 24)   d) 374 − (216 − 86)   f) [263 − (81 + 42)] − (26 + 13)

5. Schreibe als Zahlterm und berechne.

a) Addiere die Differenz aus 47 536 und 38 215 zur Summe aus 32 814 und 76 543.
b) Subtrahiere von der Differenz aus 98 472 und 39 604 die Summe aus 18 421 und 23 470.
c) Subtrahiere von 1 000 000 die Differenz der Zahlen 527 643 und 87 429.

6. a) Welche Zahl muss man zu 384 addieren, um die kleinste vierstellige Zahl zu erhalten?
b) Wie viel muss man von 93 215 subtrahieren, um die größte vierstellige Zahl zu erhalten?

7. Vom Erlös des Schulfestes soll ein Öko-Teich angelegt werden. In der Kaffeestube werden 243 € und bei der Theateraufführung 189 € eingenommen. Für die Kostüme wurden 73 € und für die Ausstattung der Kaffeestube 42 € ausgegeben. In der Spendenbox waren 53 €.

8. Ein Unternehmen beliefert drei Haushalte mit Heizöl. Im Tank des Tankwagens sind 11 650 Liter. Die Haushalte erhalten 3 785 Liter, 4 360 Liter und 2 875 Liter. Wie viel Liter Heizöl bleiben im Tankwagen? Überschlage und rechne dann.

9. Rechne im Kopf.

a) 45 · 80   b) 960 : 80   c) 207 · 4   d) 6 · 340   e) 624 : 12   f) 910 : 70
   38 · 70   780 : 30   520 · 3   16 · 25   143 : 13   800 : 25

10. Rechne schriftlich. Du erhältst auffallende Ergebnisse.

a) 38 885 : 7   b) 3 737 · 12   c) 176 042 : 23   d) 7 992 · 125   e) 217 560 : 280
   74 070 : 6   2 963 · 33   302 192 : 34   3 389 · 102   220 800 : 640

11. Berechne das Produkt. Dividiere dann das Ergebnis durch 24.

a) 109 · 17   b) 31 · 144   c) 179 · 9   d) 23 · 71   e) 25 · 52   f) 26 · 73

12. Welche Zahl kann für das Kästchen eingesetzt werden, damit eine wahre Aussage entsteht? Rechne in deinem Heft.

a) $\square \cdot 12 = 168$ c) $800 : \square = 32$ e) $0 : \square = 0$
b) $\square : 27 = 101$ d) $\square \cdot 170 = 0$ f) $33 : 0 = \square$

13. Ein Kreuzfahrtschiff kann 1 912 Personen an Bord nehmen. Jedes Rettungsboot hat Platz für 86 Passagiere. Wie viele Rettungsboote muss das Schiff für seine Passagiere mitführen?

14. An einer Landstraße sollen 712 Bäume gepflanzt werden. Jeder Baum kostet 65 €. Es stehen 50 000 € zur Verfügung. Reicht dieser Betrag? Berechne die Differenz.

15. Ein Zuschauerraum hat 23 Sitzreihen zu je 54 Plätzen. Bei einer überfüllten Veranstaltung mussten 95 Zuschauer stehen. Wie viele Zuschauer hatte die überfüllte Veranstaltung?

16. Rechne vorteilhaft: a) $5 \cdot 51 \cdot 20$ b) $4 \cdot 25 \cdot 73$ c) $12 \cdot 25 \cdot 5 \cdot 4 \cdot 7$

17. Berechne.

a) $5 \cdot 10^3$ c) $(30 - 10) \cdot (23 + 3)$ e) $(263 - 81 : 9) : 2 - 26 : 13$
b) $(640 - 30) : (31 - 3 \cdot 7)$ d) $5 \cdot (100 - 5 \cdot 14) - 48 : 12$ f) $5 \cdot 2^3 - 2$

18. a) Tims Vater nimmt für eine Tasse Kaffee 4 g Kaffeepulver. Für wie viele Tassen reicht dann ein halbes Kilogramm?
b) Seine Mutter nimmt für eine Tasse 3,5 g Kaffeepulver. Wie viele Tassen sind das?
c) Wie viel g darf man für eine Tasse nehmen, damit man 200 Tassen erhält?

19. Auf einem Lkw können insgesamt 12 500 kg geladen werden. Auf dem Fahrzeug sind bereits 8 250 kg Baumaterial geladen. Wie viele Zementsäcke zu je 50 kg können noch zugeladen werden? Schreibe auch einen einzigen Zahlterm.

20. a) Suche alle Zahlen heraus, die teilbar sind durch 2, 3, 4, 5, 9, 10, 25 und 100.

35	125	1 017	9 100
36	310	2 225	9 700
45	400	5 316	37 850
64	884	6 172	60 002
72	927	7 620	87 904

b) Suche alle Primzahlen heraus.

12	19	43
15	29	51
17	39	71
13	56	81
33	49	101

21. Zerlege in Primfaktoren: a) 40 b) 84 c) 148 d) 6 200

22. Löse die Gleichung durch systematisches Probieren.

a) $2 \cdot x + 15 = 7 \cdot x$ b) $3 \cdot x - 12 = 39 + 2 \cdot x$ c) $5 \cdot x - 2 = 12 + 3 \cdot x$

23. Löse die Gleichung durch Rückwärtsrechnen.

a) $4 \cdot x - 3 = 17$ b) $2 \cdot x + 1 = 29$ c) $3 \cdot x - 2 = 37$ d) $5 \cdot x + 4 = 44$

3. Körper und Figuren

Viele Gegenstände weisen entsprechend ihrer Verwendung oder des schöneren Aussehens wegen besondere Formen auf.

→ Sieh dich um. Du findest überall Körper. Beschreibe ihre Formen:

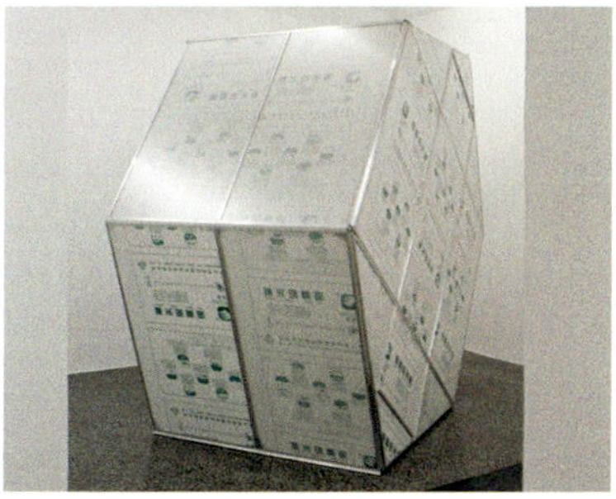

In diesem Kapitel …
wirst du geometrische Begriffe zur Beschreibung von Körpern, Figuren und Linien sowie ihrer Lage zueinander kennenlernen.

Lernfeld: Körper herstellen und damit experimentieren

Geometrie zum Essen

Alles was wir essen und trinken können, bezeichnet man als Lebensmittel. Viele Lebensmittel haben einfache Formen.

→ Beschreibt die Formen, die ihr erkennt.

→ Nennt Lebensmittel mit möglichst unterschiedlichen einfachen geometrischen Formen. Findet noch andere als die abgebildeten Formen.

→ Sortiert: Welche Formen kommen in der Natur vor, welche werden von Menschen hergestellt?
Welche Formen kommen besonders oft vor, welche sind selten?

→ Diskutiert Gründe, weshalb manche Formen besonders oft vorkommen.

→ Organisiert eine Ausstellung mit Bildern von Zusammenstellungen solcher geometrischer Speisen.
Solche Bilder werden in der Kunst Stillleben genannt.

→ Organisiert ein „Geometrie-Frühstück“, bei dem nur Speisen in bestimmten geometrischen Formen erlaubt sind.

Körper-Modelle herstellen

Körper sind dreidimensionale Gegenstände. Beim Zeichnen auf ein zweidimenstionales Papier geht viel von dem räumlichen Eindruck verloren. Daher ist es sinnvoll, Modelle von ihnen herzustellen:

- *Vollmodelle*
  Aus einer Kartoffel kannst du einen Körper ausschneiden. Du kannst ihn aber auch aus Knetgummi formen.

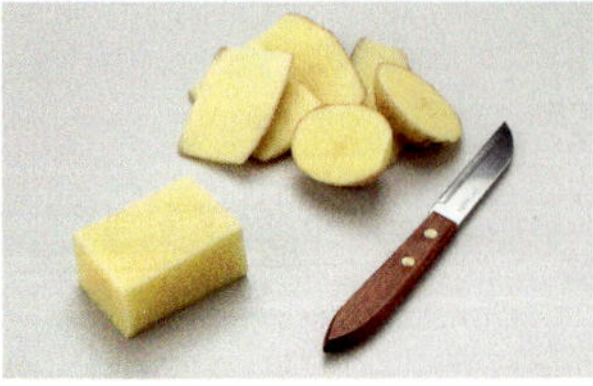

- *Flächenmodelle*
  Die Begrenzungsflächen eines Körpers kannst du aus Papier herstellen und damit den Körper herstellen. Pralinenschachteln, Waschmittelkartons, usw. sind solche Flächenmodelle.

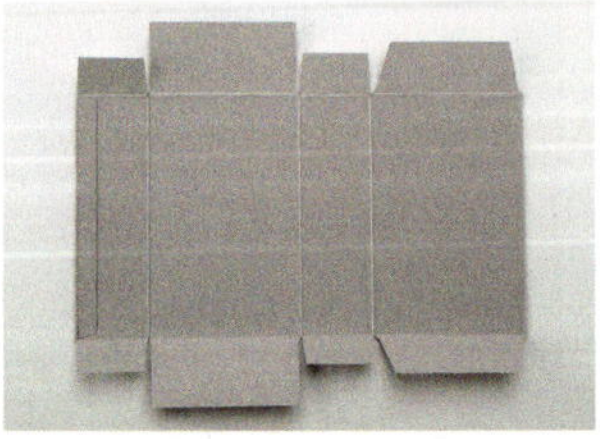

- *Kantenmodelle*
  Wenn man nur die Kanten eines Körpers herstellt, kann man gut durch ihn hindurchsehen. Am einfachsten ist es, Erbsen über Nacht einzuweichen und anschließend wieder eine Stunde trocknen zu lassen. Dann kann man sie gut mit Zahnstochern verbinden.

→ Wählt euch verschiedene Körper und stellt Vollmodelle, Flächenmodelle und Kantenmodelle von ihnen her.

3.1 Körper und Vielecke

3.1.1 Körper – Ecken, Kanten, Flächen

Einstieg

Bringt verschieden geformte Verpackungen mit in den Unterricht. Sortiert sie.

Aufgabe 1

Im Geometrieunterricht der Klasse 5 a wird folgendes Ratespiel gespielt:
Die Lehrerin hat in einem schwarzen Stoffbeutel unterschiedliche geometrische Körper. Ein Schüler greift hinein und beschreibt mit geschlossenen Augen den Körper, den er ertastet. Die anderen Schüler müssen den Körper erraten, indem sie ihn benennen oder zeichnen. Leider lassen die Beschreibungen immer noch mehrere Möglichkeiten offen.
Finde mindestens zwei Körper, auf die die Beschreibung passt.

a) Jens beschreibt den ersten Körper: „Er ist begrenzt von 6 Vierecken."

b) Jule ertastet einen Körper, der nur von Dreiecken begrenzt ist.

c) Jasper: „Ich glaube mein Körper hat tatsächlich nur zwei verschiedene Seitenflächen."

Lösung

a) Es könnte sich um einen Würfel, um einen anderen Quader oder um ein anderes Prisma oder einen Pyramidenstumpf handeln.

vierseitiges Prisma

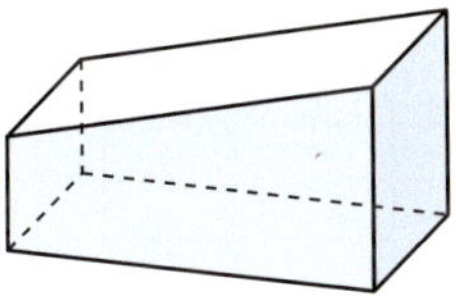

Spezialfall Quader

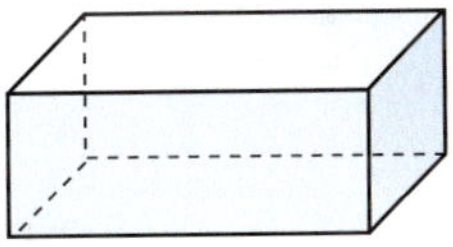

Spezialfall Würfel

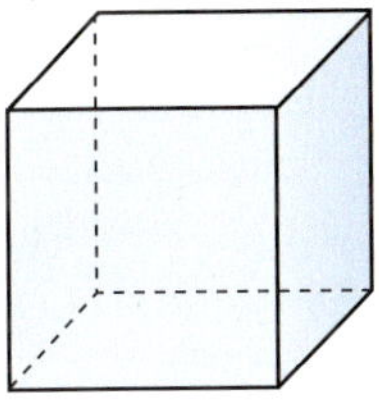

b) Sind es vier Dreiecke, dann ist es eine dreiseitige Pyramide. Bei mehr Dreiecken könnte es auch eine doppelseitige Pyramide sein.

dreiseitige Pyramide

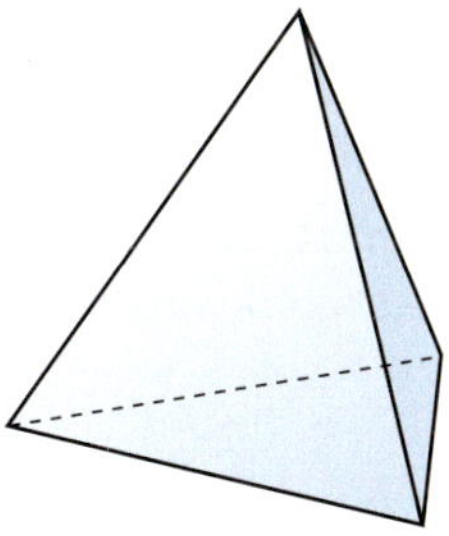

Doppelpyramiden

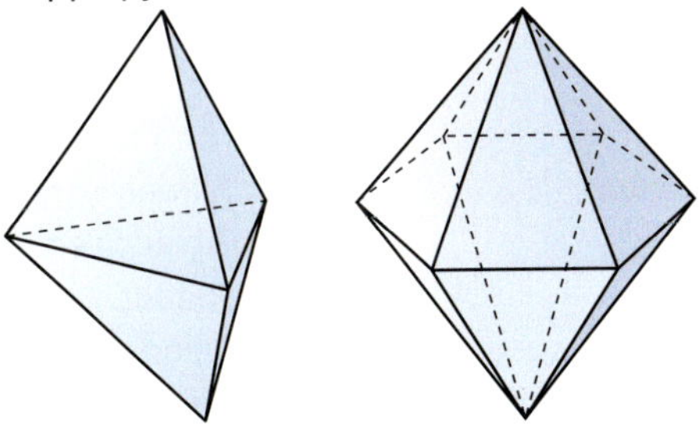

c) Der Körper könnte ein Kegel oder eine Halbkugel sein.

Kegel (mit einer Ecke)

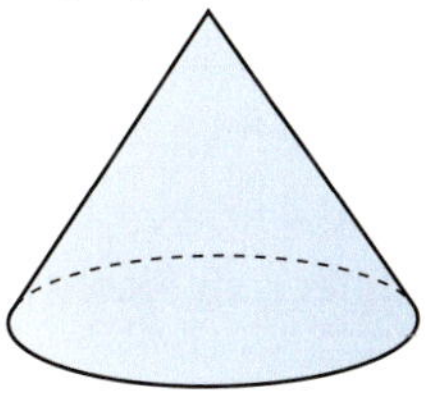

Halbkugel (ohne Ecke)

Information

(1) Flächen, Kanten und Ecken

Körper werden von **Flächen** begrenzt.
Aufeinander stoßende Flächen bilden eine **Kante**.
Aufeinander treffende Kanten bilden eine **Ecke**.

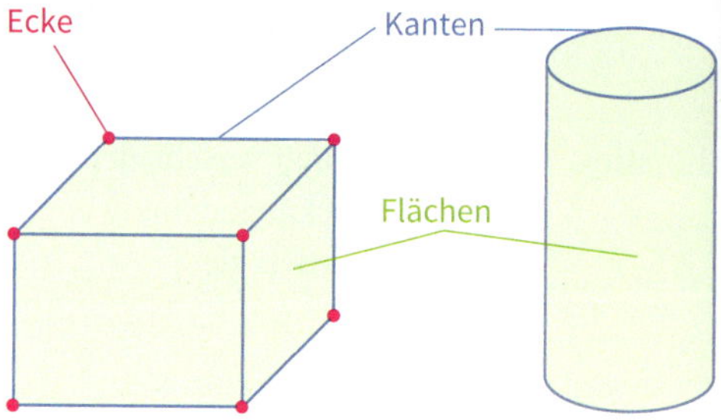

(2) Besondere Körper

Zur Beschreibung von Gegenständen aus dem Alltag verwendet man die Formen einfacher Körper.

Körper	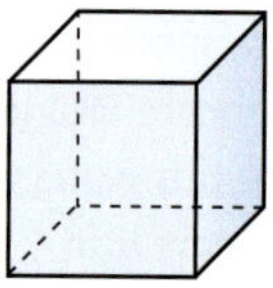 Würfel	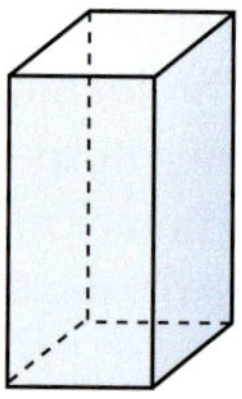 Quader	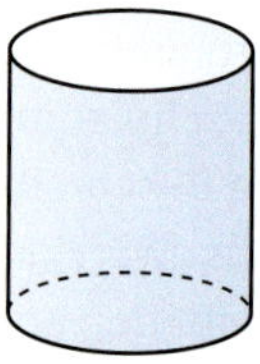 Zylinder	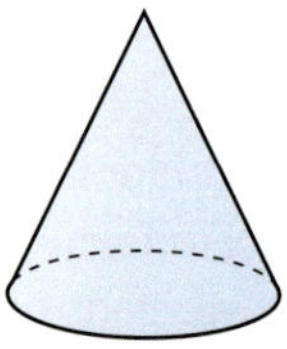 Kegel	 Kugel
Begrenzungsflächen	6 Quadrate	6 Rechtecke	2 Kreisflächen und 1 gewölbte Fläche	1 Kreisfläche und 1 gewölbte Fläche	nur 1 gewölbte Fläche

Körper	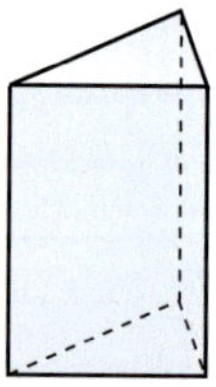 dreiseitiges Prisma	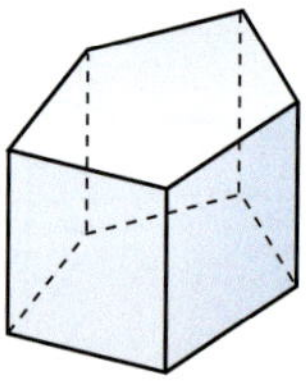 fünfseitiges Prisma	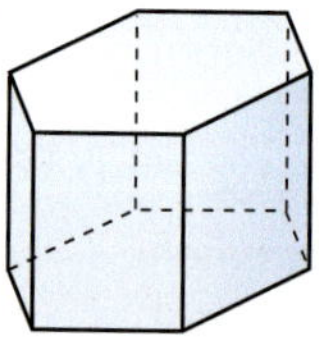 sechsseitiges Prisma	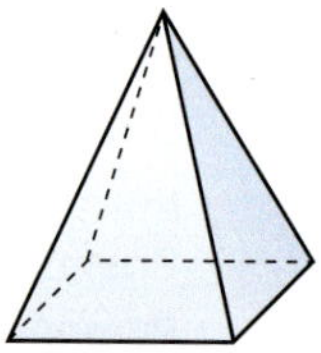 quadratische Pyramide	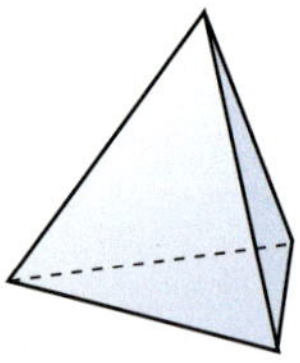 dreiseitige Pyramide
Begrenzungsflächen	2 Dreiecke und 3 Rechtecke	2 Fünfecke und 5 Rechtecke	2 Sechsecke und 6 Rechtecke	1 Quadrat und 4 Dreiecke	4 Dreiecke

Üben

2. Gib für den Körper die Anzahl der Ecken, die Anzahl der Kanten, die Anzahl der Flächen an. Gib auch an, um welche Art von Flächen es sich handelt.

a) Quader
b) Zylinder
c) Pyramide mit quadratischer Grundfläche
d) Pyramide mit sechseckiger Grundfläche
e) Kegel
f) Kugel
g) Prisma mit dreieckiger Grundfläche
h) Prisma mit sechseckiger Grundfläche

3. Nenne einen Körper mit:

a) 5 Flächen, 8 Kanten und 5 Ecken,
b) 4 Flächen, 6 Kanten und 4 Ecken,
c) 5 Dreiecke und ein Fünfeck als Flächen,
d) nur gewölbten Flächen,
e) keiner einzigen Kante,
f) keiner einzigen Ecke.

4. a) Erfinde weitere solche Beschreibungen wie in Aufgabe 3 und lasse deinen Partner raten. Tauscht die Rollen nach jedem Körper.
b) Tim sagt: „Mein Körper hat 1 Ecke, 1 Kante und 1 Fläche." Was meinst du dazu?

5. Auf folgende Weisen könnt ihr euch Modelle von Körpern herstellen:
(1) Formt den Körper aus Knetmasse oder schneidet ihn z. B. aus einer Kartoffel aus. Ihr erhaltet ein *Vollmodell* des Körpers.
(2) Verwendet Trinkhalme für die Kanten des Körpers. Ihr könnt diese mit Knetmasse oder Pfeifenputzern verbinden. Ihr erhaltet ein *Kantenmodell* des Körpers. Noch einfacher ist es, wenn ihr stabförmige Magneten und Eisenkugeln zur Verfügung habt.

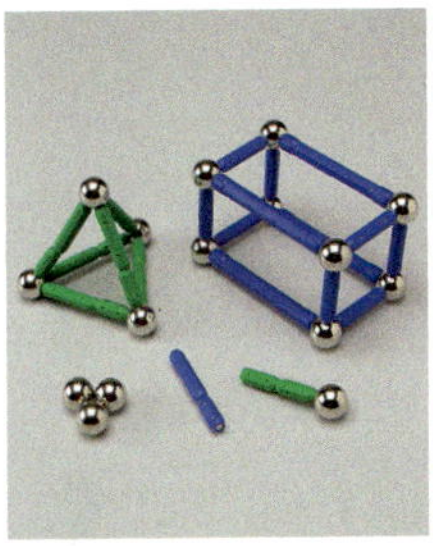

Arbeite mit deinem Partner zusammen. Jeder stellt ein Modell eines Körpers her und der Partner beschreibt den Körper mithilfe der Ecken, Kanten und Flächen.

6. Nenne Körper, von denen du kein Kantenmodell wie in Aufgabe 5 herstellen kannst. Begründe.

Vertiefen

Tetraeder, das (griech.)
Vierflächner, dreiseitige Pyramide

7. Im Bild siehst du das Kantenmodell einer besonderen Pyramide, des Tetraeders.

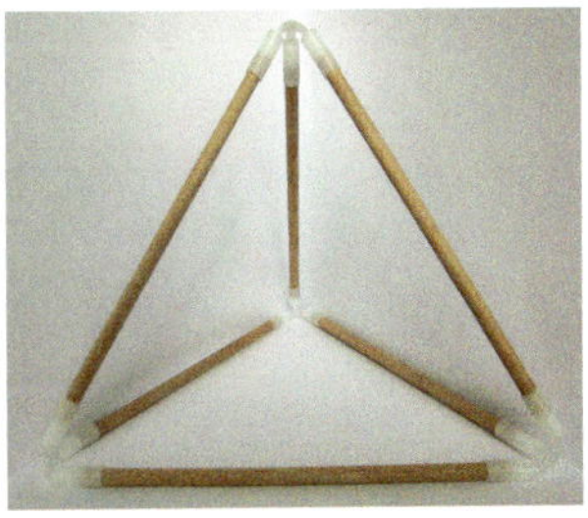

a) Stelle aus Erbsen und Zahnstochern ein solches Kantenmodell her. Wie viele Zahnstocher benötigst du?
b) Wie viele Ecken, Kanten, Flächen hat ein Tetraeder?
c) Ein solches Kantenmodell soll aus einem 18 cm langen Trinkhalm hergestellt werden.
Wie lang wird jede Kante?
d) Paul möchte einen größeren Tetraeder herstellen, bei dem jede Kante aus zwei Zahnstochern besteht. Wie viele Erbsen und Zahnstocher benötigt er insgesamt?
e) Der so hergestellte Tetraeder ist wenig stabil. Daher verbindet Paul zwei benachbarte Erbsen mit einem Zahnstocher. Wie viele Zahnstocher benötigt er insgesamt?
f) Auf diese Weise sind kleine Tetraeder entstanden. Wie viele kannst du in dem neuen Körper entdecken?

Das kann ich noch!

A) Schreibe folgende Zahlen mit Ziffern:
1) zwei Millionen dreihunderttausend
2) achtundzwanzigtausendvierhundertundsieben
3) fünf Milliarden sechs Millionen siebenhunderttausendacht

B) Schreibe folgende Zahlen mit Worten:
1) 16 007
2) 9 583 467
3) 9 998
4) 120 032 004
5) 356 000
6) 4 507 890 003

8. Auf dem Foto seht ihr die 1000 Jahre alte Michaeliskirche in Hildesheim. Das gesamte Gebäude ist aus einfachen geometrischen Körpern zusammengesetzt.
a) Gebt an, welche Körper ihr erkennt.
b) Sucht weitere Körper mit zwei oder mehreren Grundformen. Stellt die Körper oder Fotos von ihnen in eurem Klassenraum aus.

9. Aus vier regelmäßigen Dreiecken kann man eine Tetraeder herstellen, aus acht regelmäßigen Dreiecken einen Oktaeder.
a) Stelle ein Kantenmodell eines Oktaeders her.
b) Wie viele Ecken, Kanten, Flächen hat ein Oktaeder?

Herausfordern

10. a) Nenne Schnittflächen, die beim Zerschneiden eines Zylinders entstehen können.
b) Verfahre ebenso für Kegel und Kugel.

3.1.2 Vielecke – Umfang und Diagonale

Einstieg

a) Manche Körper könnt ihr als Stempel benutzen. Mit welchen der Körpern rechts kann man die Stempelabdrücke links herstellen?

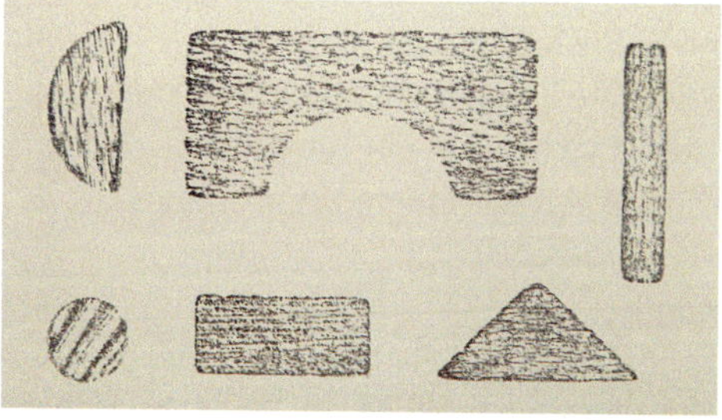

b) Stelle aus Kartoffeln oder Knetmasse einen Körper her und stemple mit ihm Abdrücke von mehreren seiner Seiten. Dein Partner soll aus den Stempelabdrücken erkennen, welchen Körper du verwendest hast. Danach tauscht ihr die Rollen.

Aufgabe 1

Vieleck – Umfang

Eine mit jungen Fichten bepflanzte Schonung im Wald soll eingezäunt werden. Die Punkte A, B, C, D und E markieren die Eckpfähle. Die Zeichnung ist im Maßstab 1:1000 angefertigt.
a) Übertrage die Punkte in dein Heft und zeichne den Zaun ein.
Färbe die bepflanzte Fläche.
b) Wie lang wird der Zaun?

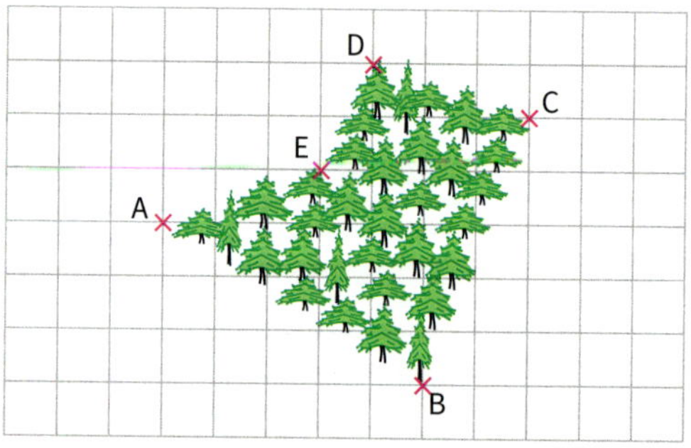

Lösung

a) Wir übertragen die Punkte auf Karopapier und verbinden sie.

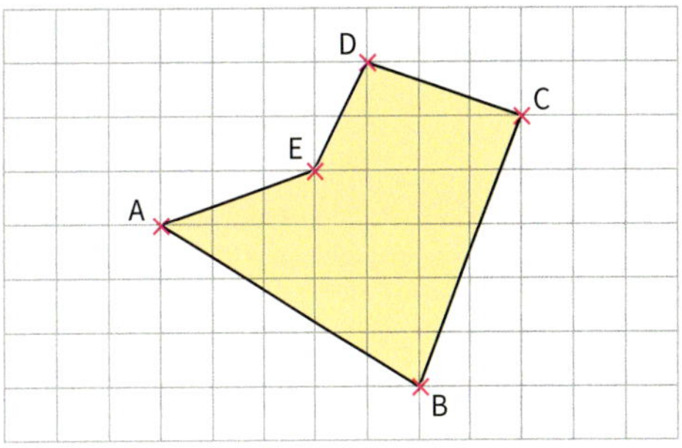

b) Um die Länge des Zaunes zu bestimmen, muss man die Längen aller Seiten der Schonung messen und addieren.
Beim Maßstab 1 : 1 000 entspricht 1 mm in der Zeichnung 1 000 mm, also 1 m in der Wirklichkeit.

Seite	Länge
Seite von A nach B	29 m
Seite von B nach C	27 m
Seite von C nach D	16 m
Seite von D nach E	11 m
Seite von E nach A	16 m
Länge des Zaunes	99 m

Information

(1) Vielecke – Umfang

Körper werden von Flächen begrenzt. In unserer Umwelt finden wir aber auch Flächen wie beispielsweise Grundstücke, Waldflächen, landwirtschaftliche Flächen, bei denen wir nicht an einen Körper denken. Die Waldfläche in Aufgabe 1 ist geradlinig begrenzt. Es gibt aber auch Flächen in der Umwelt, die nicht geradlinig begrenzt sind, wie z. B. kreisförmige Beete.

Jede Fläche, die nur von sich nicht überschneidenden geraden Linien begrenzt ist, bezeichnen wir als **Vieleck**. Die begrenzenden geraden Linien heißen **Seiten** des Vielecks.
Ein **Dreieck** wird von *drei* Seiten begrenzt und hat *drei* Eckpunkte;
ein **Viereck** wird von *vier* Seiten begrenzt und hat *vier* Eckpunkte;
ein **Fünfeck** wird von *fünf* Seiten begrenzt und hat *fünf* Eckpunkte,
ein **Sechseck** wird von *sechs* Seiten begrenzt und hat *sechs* Eckpunkte, usw.

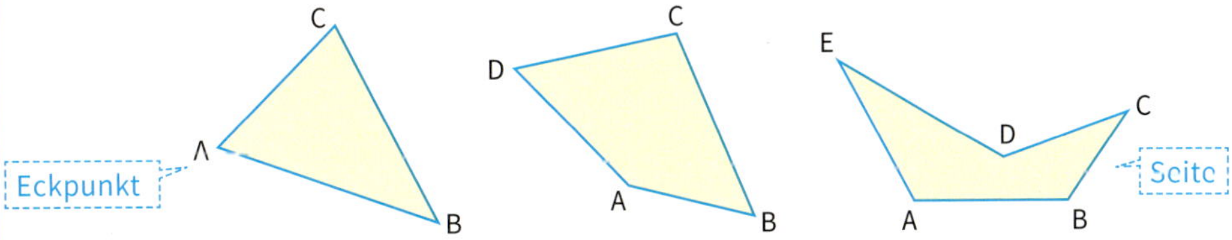

Ein Vieleck gibt man mithilfe der Eckpunkte an. Das obige Fünfeck heißt ABCDE.
Die Summe aller Seitenlängen ergibt den **Umfang** des Vielecks.

(2) Strecke – Länge einer Strecke

Die geradlinigen Kanten eines Körpers und die Seiten eines Vielecks sind Beispiele für *Strecken*.

Die geradlinige Verbindung zweier Punkte P und Q nennen wir **Strecke** mit den Endpunkten P und Q. Dafür schreiben wir kurz $\overline{PQ}$ oder $\overline{QP}$.
Das Lineal oder die entsprechende Kante des Geodreieckes kann man sowohl zum Zeichnen einer Strecke als auch zum Messen ihrer Länge verwenden.
Für die Länge der Strecke $\overline{PQ}$ schreiben wir $|PQ|$.

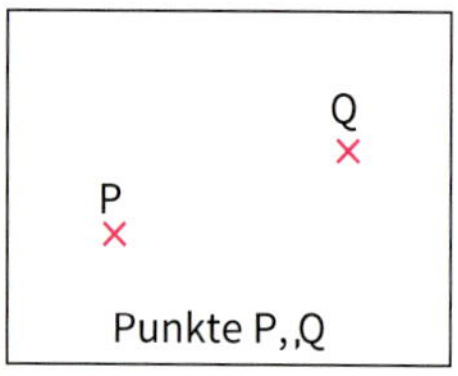

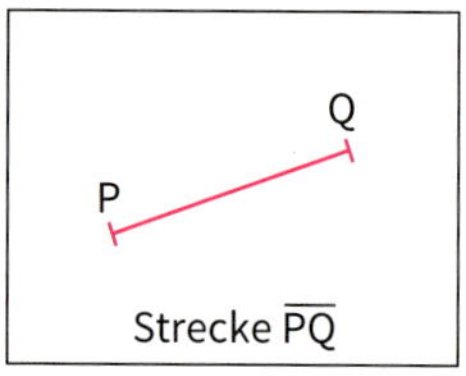

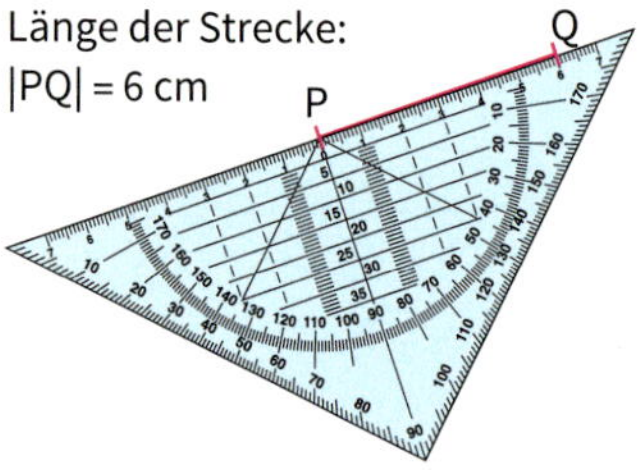

Weiterführende Aufgabe

Diagonale

2. Übertrage die beiden Vielecke in dein Heft. Zeichne bei jedem Vieleck alle Verbindungslinien nicht benachbarter Ecken ein. Was fällt dir beim Viereck ABCD auf?

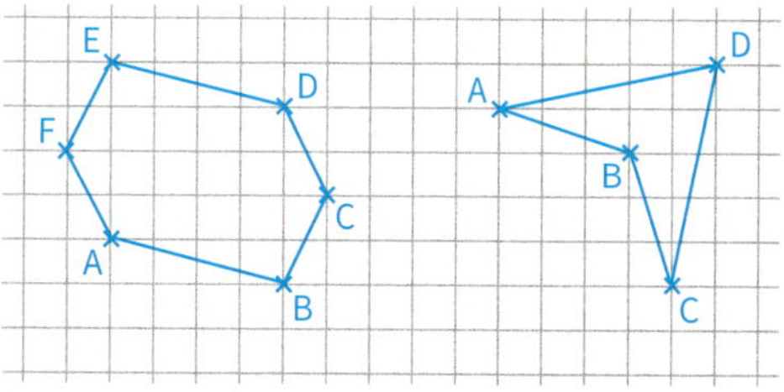

Information

diagonal (lat.) schräg laufend

Jede Verbindungsstrecke von zwei Eckpunkten eines Vielecks, die nicht Seite dieses Vielecks ist, nennt man **Diagonale** des Vielecks.

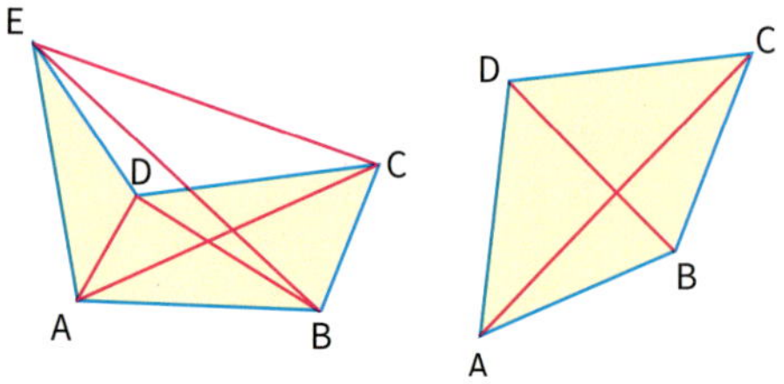

Üben

3. Welche der gezeichneten Flächen sind Vielecke? Um was für ein Vieleck handelt es sich?

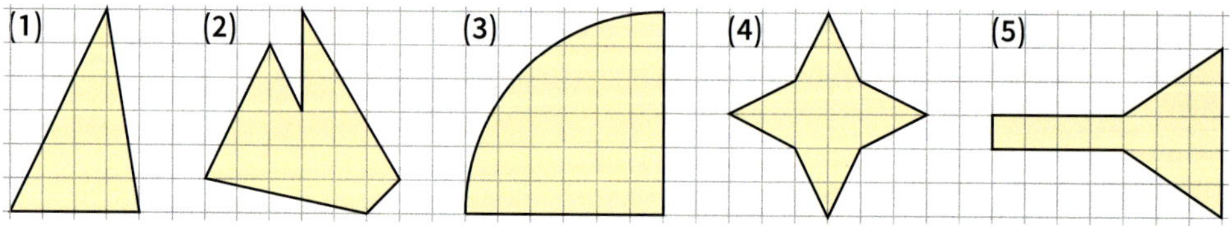

4. Erkundet, wo in eurer Umwelt Vielecke vorkommen. Sammelt Material und bringt es in die Schule mit. Gestaltet damit ein Plakat für den Klassenraum.

5. Welche der Körper von Seite 114 haben Strecken als Kanten, welche nicht?

6. Zeichne das Vieleck in dein Heft und bestimme seinen Umfang.

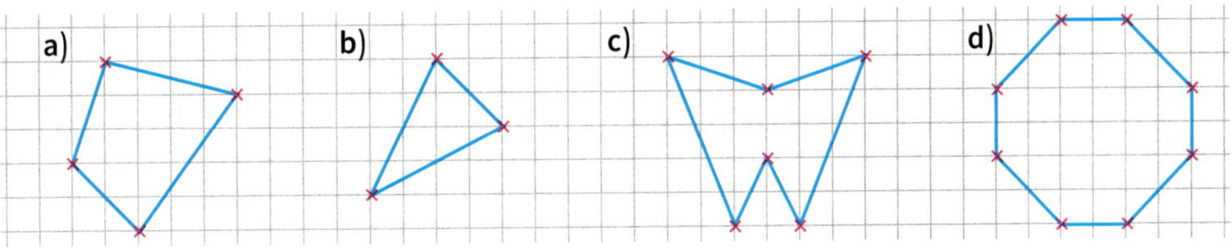

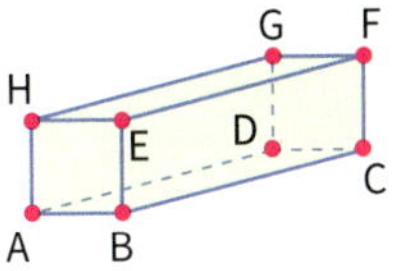

7. Welche Kanten des Quaders links sind gleich lang? Benutze die Schreibweise für Strecken.

8. Im Alltag verwendet man das Wort Strecke auch, z. B. im Wort Bahnstrecke. Beschreibe Gemeinsamkeiten und Unterschiede zum Gebrauch in der Geometrie.

Vertiefen

9. a) Der Spielplatz hat die Form eines Fünfecks. Wie lang ist der Zaun um den Spielplatz?
b) Das Einzäunen kostet 30 € pro Meter. Berechne die anfallenden Kosten.
c) Das Gelände des Spielplatzes soll eingezäunt werden. Eine Firma bietet die Arbeiten für 35 € pro Meter an. Mit welchen Kosten muss die Stadtverwaltung rechnen?

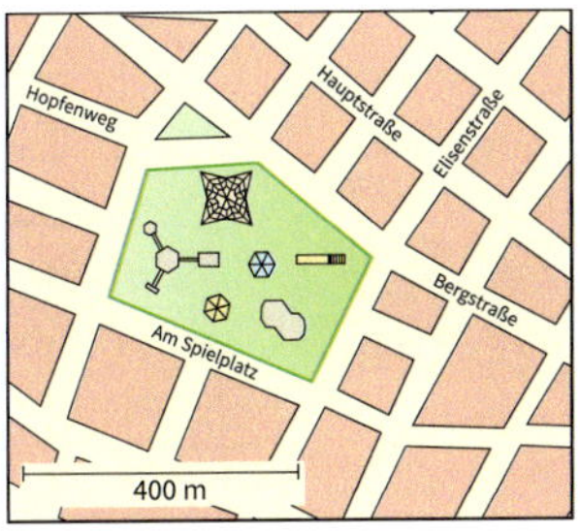

10. a) Übertrage die Punkte A, B, C, D, E in dein Heft und zeichne zunächst das Viereck ABCD. Zeichne dann ein anderes Viereck, wähle dessen Eckpunkte unter den Punkten A, B, C, D und E aus. Wie viele verschiedener solcher Vierecke kannst du zeichnen? Fertige für jedes Viereck eine neue Zeichnung an und benenne das Viereck.
b) Bestimme den Umfang aller Vierecke aus Teilaufgabe a). Welches hat den kleinsten, welches den größten Umfang?

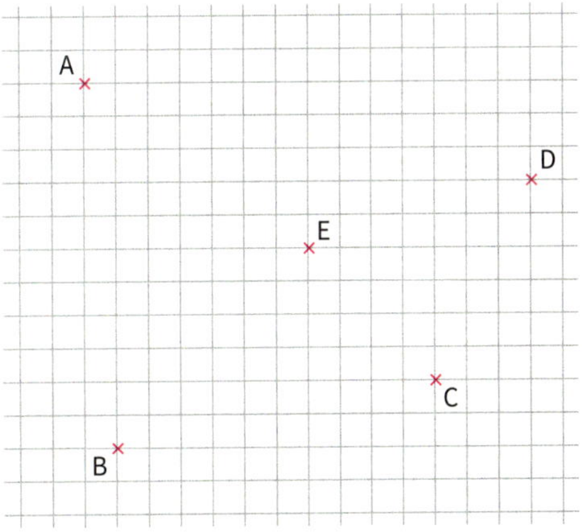

11. Matties behauptet: „Ein Vierundzwanzigeck hat 24 Eckpunkte, also nur 12 Seiten, da immer 2 Eckpunkte zu einer Seite gehören." Was meinst du dazu?

Herausfordern

12. a) Untersuche, wie viele Diagonalen ein Viereck, Fünfeck, ..., Achteck hat. Notiere dein Ergebnis in einer Tabelle im Heft.
b) Formuliere Regelmäßigkeiten und versuche, eine Begründung zu finden.

Zahl der Ecken	4	5	6	7	8
Zahl der Diagonalen					

13. Im Würfel rechts sind eine Diagonale und eine Raumdiagonale eingezeichnet. Wie viele Seitendiagonalen und wie viele Raumdiagonalen hat der Würfel?

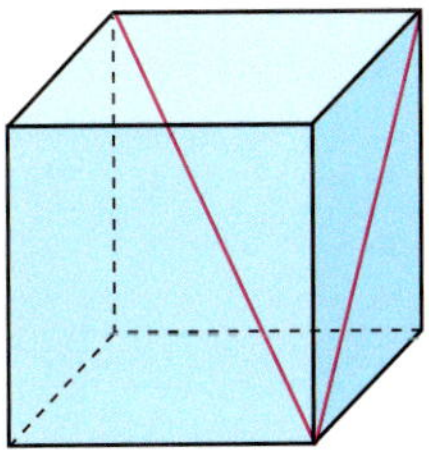

Geometrie auf dem Geobrett

Ein Geobrett ist ein kleines Holzbrett, in das in Form eines Quadratmusters Nägel eingeschlagen sind. Mit Gummibändern kann man um diese Nägel Figuren spannen.
Du kannst ein Geobrett auch leicht selbst herstellen, falls es an deiner Schule noch keine gibt: Verwende z. B. ein Holzbrettchen der Größe 20 cm × 20 cm. Markiere auf dem Brett z. B. 25 Punkte in Form eines Quadratmusters mit dem Abstand von z. B. 3 cm. Schlage an diesen Stellen die 25 Nägel vorsichtig ein.

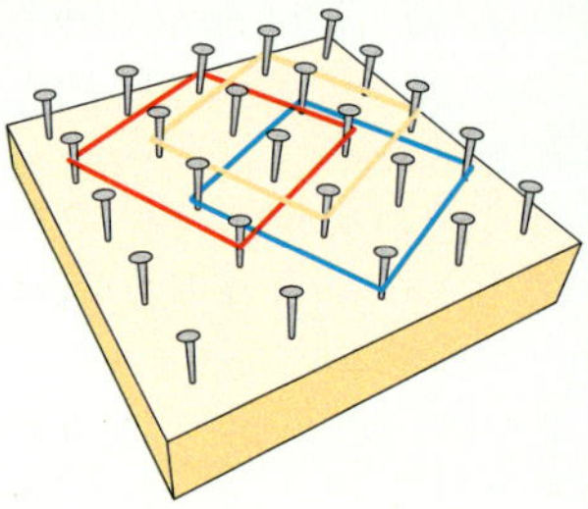

Auch im Deutschen ist Diagonale ein Fremdwort; es stammt aus dem Griechischen.

1. Als in Tansania 1961 die englische Kolonialmacht abzog, wurde die Kolonialsprache Englisch ersetzt durch die Landessprache Suaheli. Alle Schulbücher mussten aus dem Englischen in die Landessprache übersetzt werden.
Für das Wort Diagonale gab es kein Wort in Suaheli. Man wählte statt dessen das Wort „ulalo“. Es wird verwendet zur Beschreibung des Spannens von Betten und bedeutet „längstes Seilstück“.

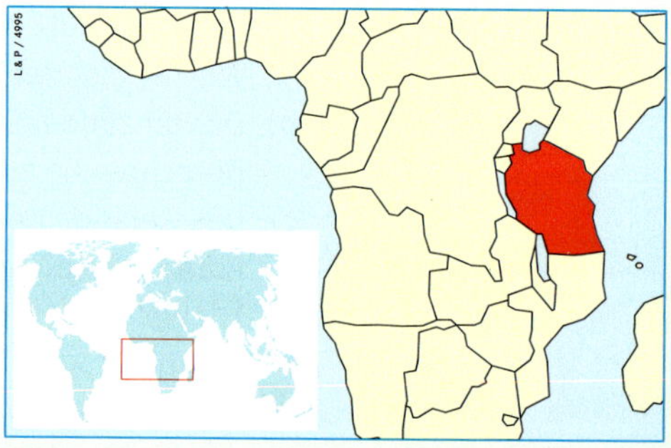

a) Rechts ist eine mögliche Bettbespannung gezeigt. Welches Seilstück ist das ulalo?

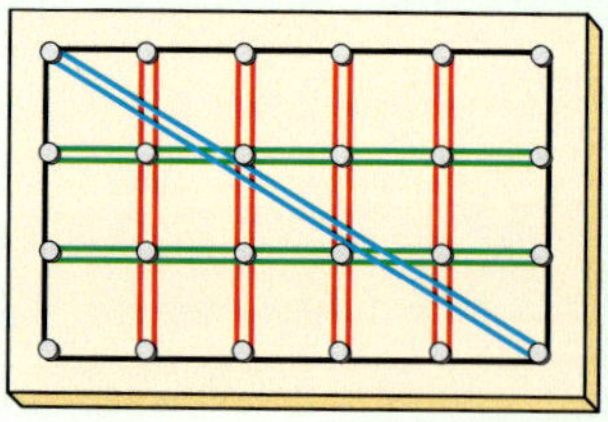

b) Spanne ein Viereck wie rechts mit einer Diagonale. Du erkennst, dass die Diagonale länger ist als jede Seite des Vierecks. Spanne ein Viereck, bei dem eine Diagonale kürzer ist als die Seiten.

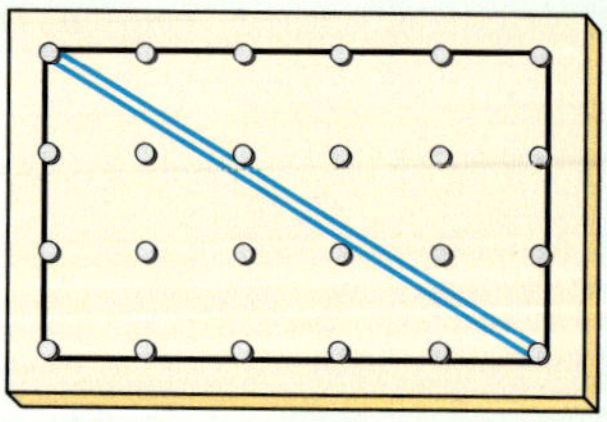

2. In dem abgebildeten Viereck liegen alle Diagonalen im Inneren des Vierecks und schneiden sich.
a) Spanne ein solches Viereck.
b) Spanne ein Viereck, bei dem eine Diagonale nicht im Inneren des Vierecks verläuft.

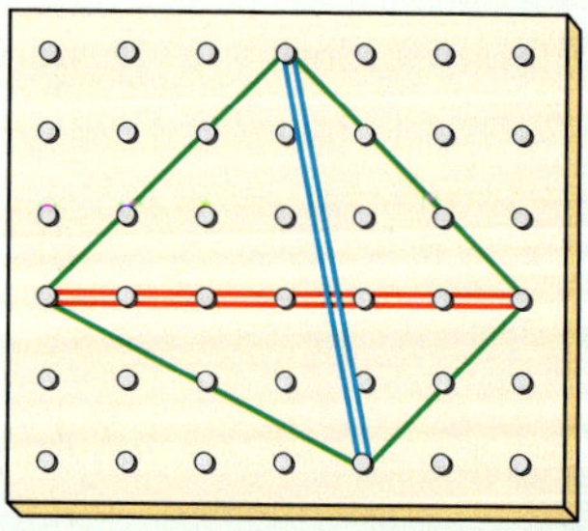

DGS

Zeichnen mit einem Dynamischen Geometrie-System

Wenn du dich bei einer Zeichnung im Heft vertan hast, musst du radieren, und das bleibt meistens nicht spurenlos. Änderungen einer Zeichnung sind somit nicht einfach möglich. Das ist anders beim Arbeiten mit Dynamischen Geometrie-Systemen, die es für Computer und auch Taschencomputer gibt. Du kannst hier problemlos Zeichenschritte rückgängig machen oder die Form einer Figur nachträglich verändern.

1. Mit den meisten DGS-Programmen kannst du Punkte, Strecken, Geraden, Kreise, Vielecke, ... zeichnen.
Die Befehle dafür findest du oben am Bildschirmrand in einem Auswahl-Menü bildlich dargestellt. Probiere das mit deinem DGS aus, um eine lustige Figur zu erzeugen.

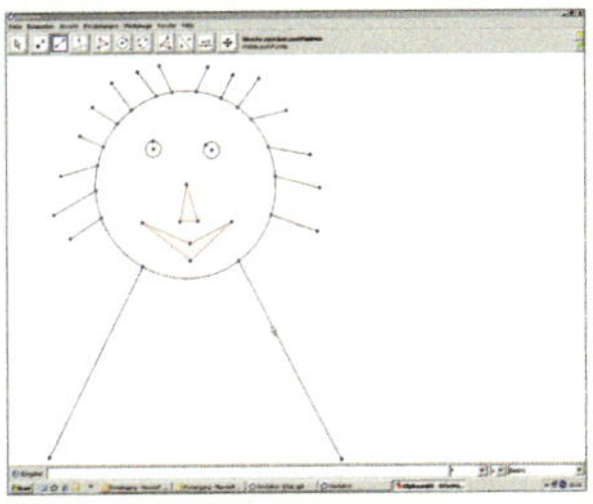

2. Du kannst vom Zeichnen zum Bewegen einer Figur wechseln, indem du den Befehl „Bewege“ aus dem Menü am oberen Bildschirmrand auswählst. Teile deiner Figur bleiben beim Verändern zusammen, andere fallen auseinander. Probiere das mit deiner Zeichnung aus und formuliere eine Vermutung, welche Teile der Zeichnung beim Verändern zusammen bleiben und welche auseinander fallen.

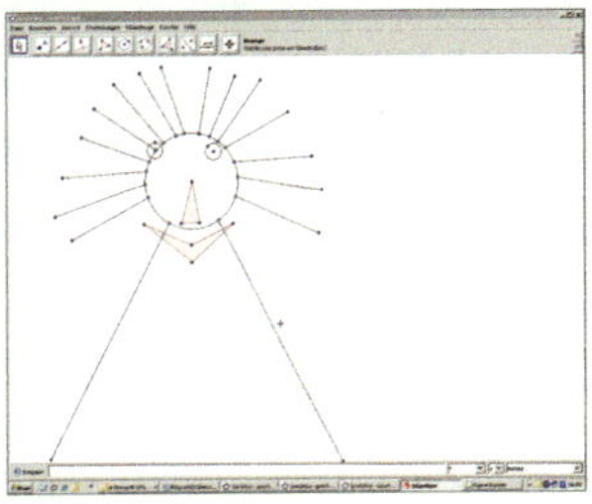

3. Hilfslinien, die nicht mehr benötigt werden, kannst du vom Programm verbergen lassen und auch wieder anzeigen lassen. Probiere das an einer geeigneten Figur aus.

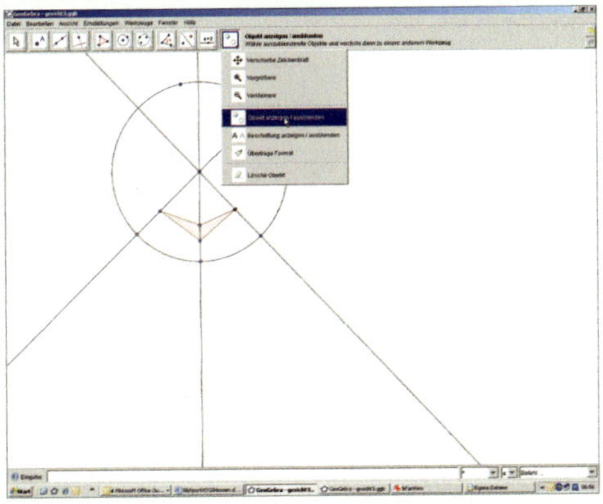

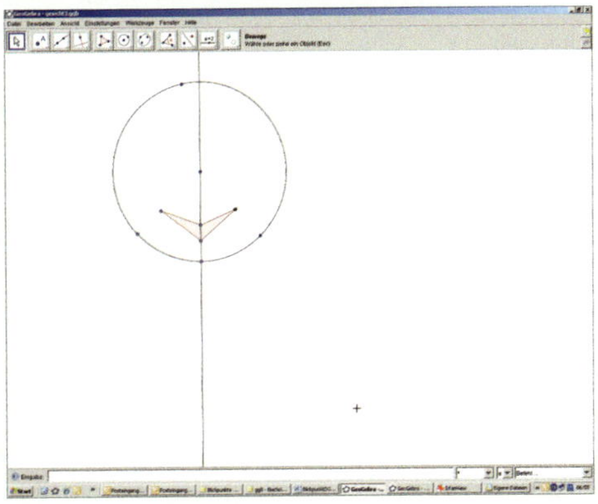

4. Arbeite mit dem DGS am Bildschirm, skizziere die gefundenen Figuren in dein Heft.

a) Zeichne ein Fünfeck, bei dem alle Diagonalen im Inneren des Fünfecks liegen.

b) Verändere das Fünfeck so, dass eine Diagonale nicht im Inneren des Fünfecks liegt.

c) Verändere das Fünfeck so, dass zwei Diagonalen nicht im Inneren des Fünfecks liegen.

d) Verändere das Fünfeck so, dass eine Diagonale teilweise innerhalb und teilweise außerhalb des Fünfecks liegt.

3.2 Koordinatensystem

Ziel

Hier lernst du, wie man die Lage von Punkten mithilfe von Zahlen eindeutig angeben kann.

Zum Erarbeiten

A

Angabe von Punkten durch Zahlen

Wo haben die Bankräuber das Geld versteckt? Auf einem Notizzettel fand die Polizei den entscheidenden Hinweis. Kurze Zeit später fand sie das Versteck.

→ Um zu dem Versteck zu gelangen, kann man vom Jägerstand aus zuerst 50 m nach Osten und dann 30 m nach Norden laufen. Geht man zuerst 30 m nach Norden und dann 50 m nach Osten, gelangt man natürlich auch zum Versteck.

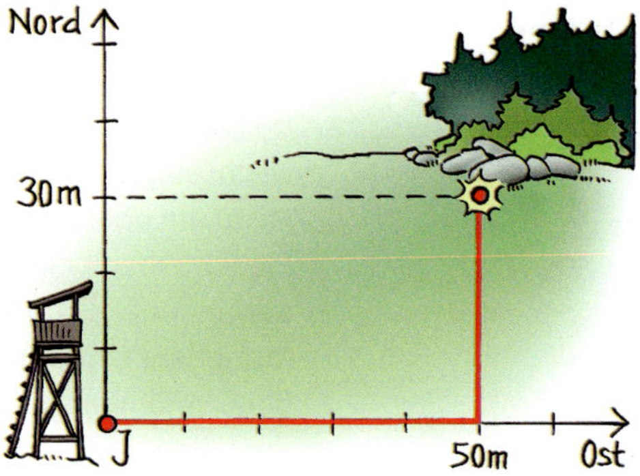

Information

Angabe von Punkten in einem Koordinatensystem

Genauso wie einen Punkt auf einer Karte kann man einen Gitterpunkt eines Quadratgitters durch die Angabe von zwei natürlichen Zahlen, den sogenannten *Koordinaten*, festlegen.

A(4|2) und B(2|4) sind verschiedene Punkte.

Wählt man in einem Quadratgitter einen festen Bezugspunkt O, einen Zahlenstrahl von O aus nach rechts und einen nach oben, so erhält man ein **(kartesisches) Koordinatensystem**.

Der Bezugspunkt O heißt **Ursprung** des Koordinatensystems. Den Zahlenstrahl nach rechts nennt man **x-Achse**, den Zahlenstrahl nach oben **y-Achse**.

A(4 | 2) bedeutet: Gehe vom Punkt O aus 4 Einheiten nach rechts, dann 2 Einheiten nach oben. So gelangt man zum Punkt A.

x vor y

Die erste Koordinate, die Zahl 4, nennt man **x-Koordinate** des Punktes A; die zweite Koordinate, die Zahl 2, nennt man **y-Koordinate** des Punktes A.

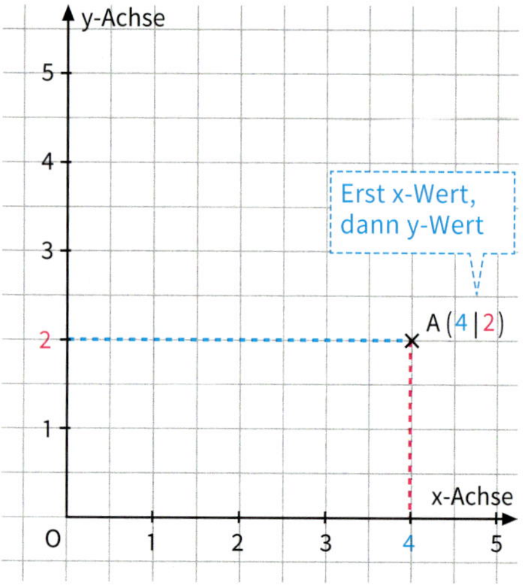

Üben

1. **a)** Gib für jeden eingezeichneten Punkt die Koordinaten an, z. B. A(3|2).

b) Zeichne ein Koordinatensystem mit der Einheit 1 cm in dein Heft und trage die folgenden Punkte ein:
A(2|1); B(1|2); C(3|5); D(6|10);
E(6|5); F(0|4); G(0|0); H(4|4).

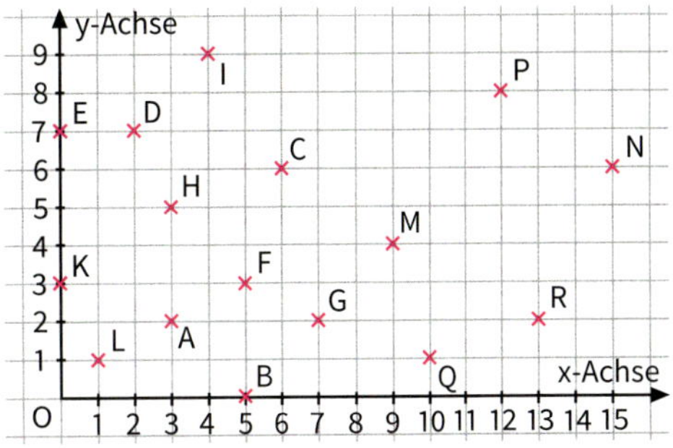

2. Lege das Blatt (DIN A4) quer.
Zeichne dann die Punkte in ein Koordinatensystem mit der Einheit 1 cm. Verbinde sie dann in der angegebenen Reihenfolge.
Punkte: A(2|12), B(2|2), C(6|2), D(17|2), E(19|4), F(19|10), G(18|11), H(8|11), I(8|14), J(5|17), K(6|12), L(17|8), M(6|8), N(7|11)
Reihenfolge: A-B-C-D-E-F-G-H-I-J-A-K-I, dann D-L-G, dann L-M-N-H, dann J-K-M-C.

3. Denke dir eine Figur im Koordinatensystem aus. Gib die Koordinaten deinem Nachbarn an und lasse daraus die Figur zeichnen. Du findest rechts eine Anregung.

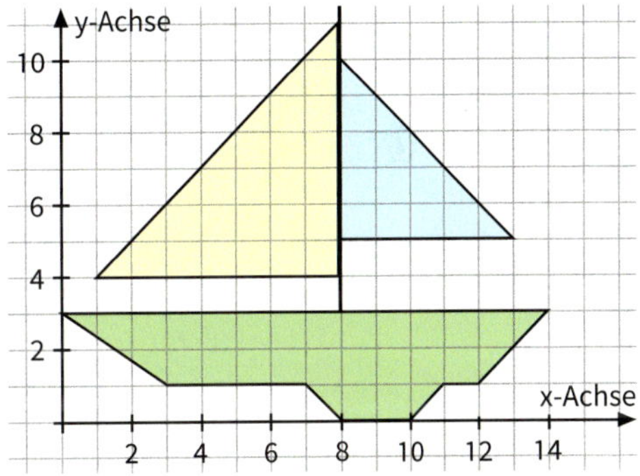

4. Zeichne die angegebenen Punkte in ein Koordinatensystem mit der Einheit 1 cm. Verbinde sie dann in der angegebenen Reihenfolge zu einem Vieleck.

a) A(2|7); B(7|3); C(9|6); D(6|9)
b) A(8|2); B(3|8); C(1|1); D(5|4)
c) A(4|5); B(0|5); C(2|0); D(5|0); E(8|1); F(9|5)
d) A(0|4); B(5|0); C(6|2); D(7|5); E(4|4); F(5|7); G(2|6)
e) A(5|5); B(1|6); C(5|7); D(6|11); E(7|7); F(11|6); G(7|5); H(6|1)

Vertiefen

5. Bei einem Orientierungslauf führt die Strecke vom Start S über die Stationen A, B und C zurück zum Start. Jeder Läufer erhält eine Karte, auf der die Route zu sehen ist. Derjenige, der als erstes im Ziel ankommt, gewinnt den Orientierungslauf.

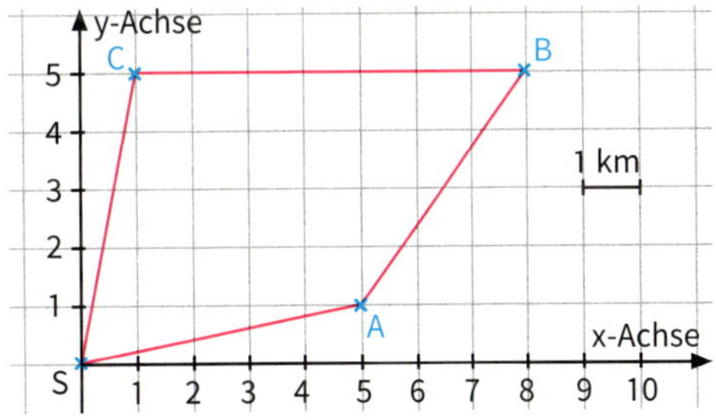

a) Gib die Koordinaten der Stationen A, B und C an.

b) Wie lang ist die Wegstrecke, die die Läufer mindestens zurückgelegt haben, wenn sie im Ziel angekommen sind?

c) Ein Läufer wählt aus Versehen den Weg S – A – C – B – S. Um wie viel läner ist der Weg?

d) Die Station B soll verlegt werden, dass die gesamte Wegstrecke S – A – B – C – S gleich lang bleibt. Gib mindestens eine Möglichkeit für die Koordinaten von B an. Begründe.

6. Trage in ein Koordinatensystem fünf Punkte ein, für die Folgendes gilt. Was fällt auf?

a) Die x- und die y-Koordinate ist gleich.

b) Die x-Koordinate ist immer 3.

c) Die x-Koordinate ist um 2 größer als die y-Koordinate.

7. Der New Yorker Stadtteil Manhattan hat ein regelmäßig aufgebautes Straßensystem. Die Streets verlaufen in Ost-West-Richtung, die Avenues in Nord-Süd-Richtung. Beide sind durchnummeriert.

a) Der Eingang zum Hauptbahnhof (Grand Central Terminal) ist an der Ecke 42nd Street / 4th Avenue. Finde ihn auf der Karte.

b) Wo befindet sich das Empire State Building?

c) Welche Gründe sprechen für eine solche Benennung der Straßen?

Hydrant
Wasserzapfstelle an der Straße

Schieber
Riegel zum Öffnen und Schließen einer Leitung

8. a) Die Schilder geben die Lage eines Hydranten H und eines Schiebers (GS) für eine Gasleitung an. Die Rohrdurchmesser betragen 80 mm bzw. 50 mm. Die übrigen Angaben sind in m. Wie musst du gehen, um den Hydranten und den Schieber zu finden?

b) An der Stelle O sollen Schilder aufgestellt werden, die auf die Hydranten bei A, B und C hinweisen. Wie müssen sie beschriftet werden?
Die Zeichnung hat den Maßstab 1 : 200.

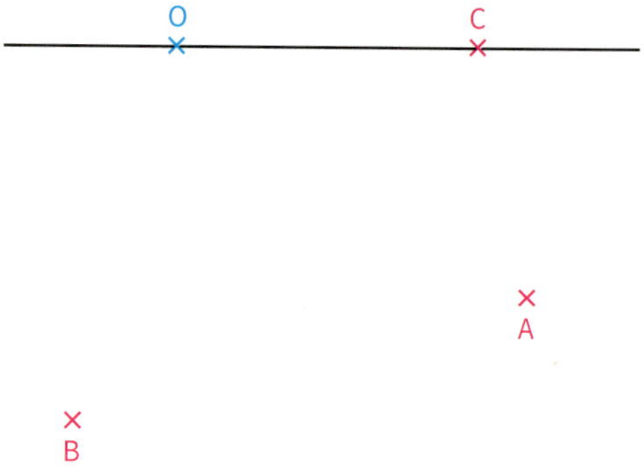

Herausfordern

9. In der Zeichnung siehst du die möglichen Züge eines Springers beim Schachspiel.

a) Gib alle Felder an, die ein Springer vom Feld G 1 in einem Zug erreichen kann.

b) Ein Springer ist auf das Feld F 8 gezogen. Von welchen Feldern aus ist das möglich?

c) Wie viele Züge sind mindestens nötig, um von Feld F 4 auf Feld D 6 zu gelangen? Gib eine Lösung an.

d) Marc behauptet, er könnte den Springer von A 1 in genau 7 Zügen auf jedes andere Feld des Schachbrettes ziehen. Warum kann das nicht sein?

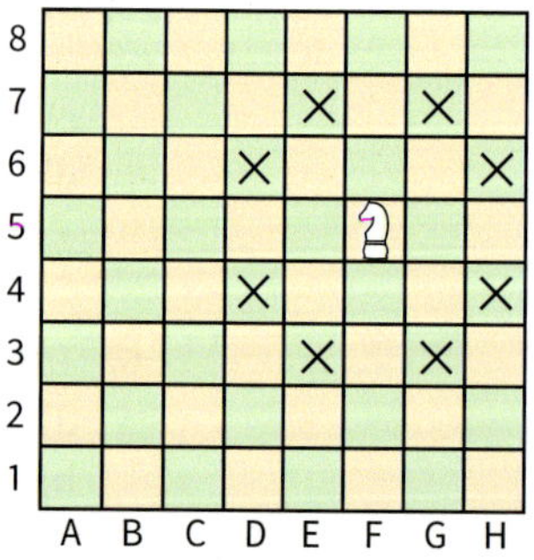

3.3 Geraden – Beziehungen zwischen Geraden

3.3.1 Geraden

Einstieg

Wenn du ein Zeichenblatt faltest, entsteht eine *Faltlinie*. Eine Faltlinie ist eine gerade Linie; du kannst sie deshalb mit Lineal und Bleistift von Rand zu Rand nachzeichnen.
Rechts siehst du ein Blatt mit vier Faltlinien a, b, c und d.

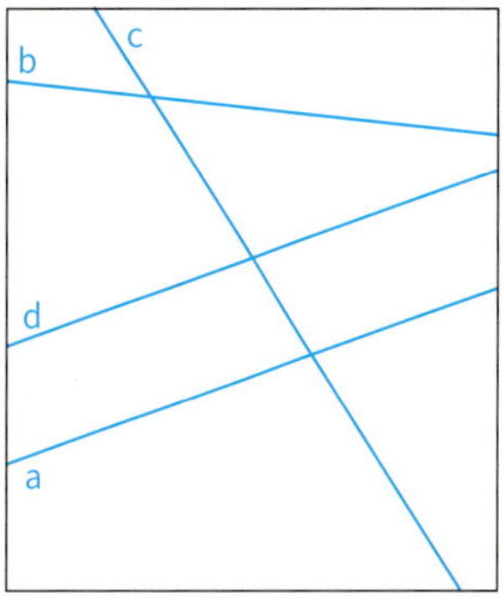

- Welche der Faltlinien *schneiden* (treffen) sich auf dem abgebildeten Blatt?
- Pause die Faltlinien auf ein größeres Blatt Papier durch und falte wieder.
  Welche Faltlinien schneiden sich jetzt? Markiere jeweils den *Schnittpunkt*.
- Denke dir nun das Zeichenblatt nach allen Seiten unbegrenzt fortgesetzt und damit auch die Faltlinien über die Ränder des Zeichenblattes hinaus beliebig verlängert.
  Was kann man nun über die Schnittpunkte sagen?

Information

(1) Gerade

Eine gerade Linie, die man sich über das Zeichenblatt hinaus beliebig verlängert denkt, nennen wir **Gerade**.

Eine **Gerade** ist eine gerade Linie, die nach beiden Seiten unbegrenzt ist.
Die Gerade durch die beiden Punkte P und Q bezeichnen wir mit PQ oder QP. Wir sagen auch: „Die Gerade geht durch die Punkte P und Q."
Will man die Lage der Punkte P und Q beschreiben, so sagt man:
„P und Q liegen auf der Geraden PQ."

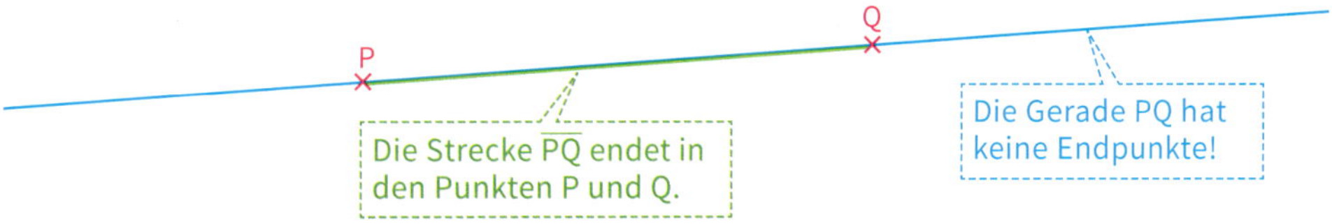

Oft bezeichnen wir Geraden auch mit kleinen Buchstaben wie g, h, ...

Beachte: Du kannst eine Gerade nie vollständig zeichnen, sondern immer nur ein kleines Stück von ihr. Um das zu verdeutlichen, markieren wir keine Endpunkte. Geraden haben im Gegensatz zu Strecken keine Länge.

(2) Schnittpunkt von Geraden

Die beiden rechts gezeichneten Geraden haben einen gemeinsamen Punkt. Man sagt auch: Sie schneiden sich. Den gemeinsamen Punkt nennt man **Schnittpunkt**.

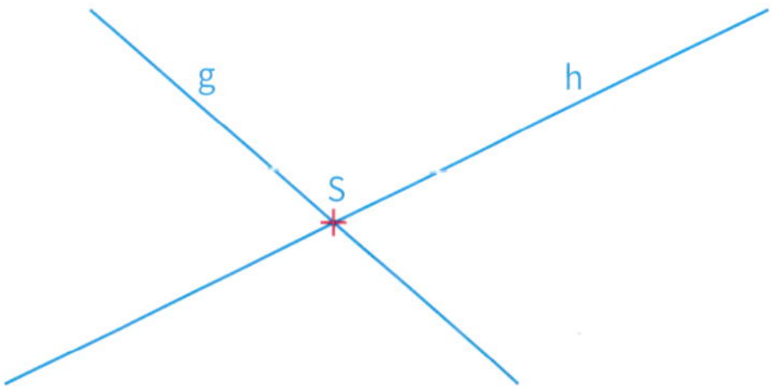

Üben

1.

a) Wozu wird im linken Bild die Schnur benutzt? Worauf muss man achten?

b) Wie kann man überprüfen, ob die Bäume im rechten Bild in einer geraden Linie stehen? Nenne zwei verschiedene Möglichkeiten.

2. Durch zwei Punkte kannst du stets eine Gerade zeichnen. Benenne diese Geraden. Auf welchen Geraden liegen drei oder noch mehr der eingezeichneten Punkte?

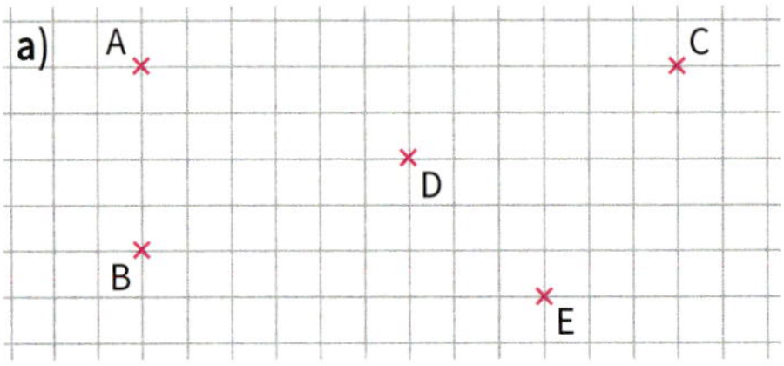

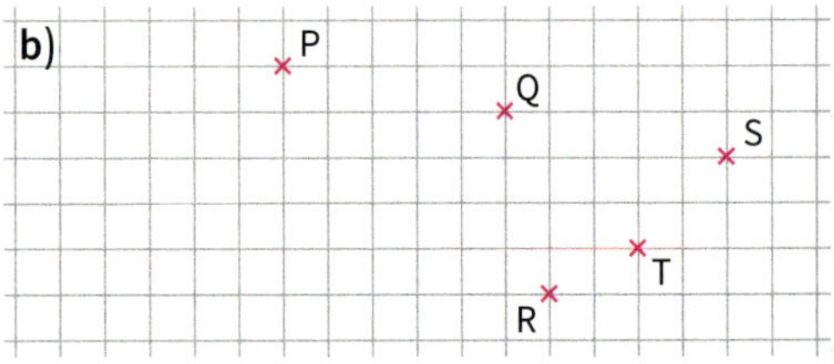

3. Bestimme die gemeinsamen Punkte von:

(1) AC und BD
(2) AC und $\overline{BD}$
(3) AB und CD
(4) $\overline{AB}$ und $\overline{CD}$
(5) $\overline{AB}$ und AC
(6) AB und BC

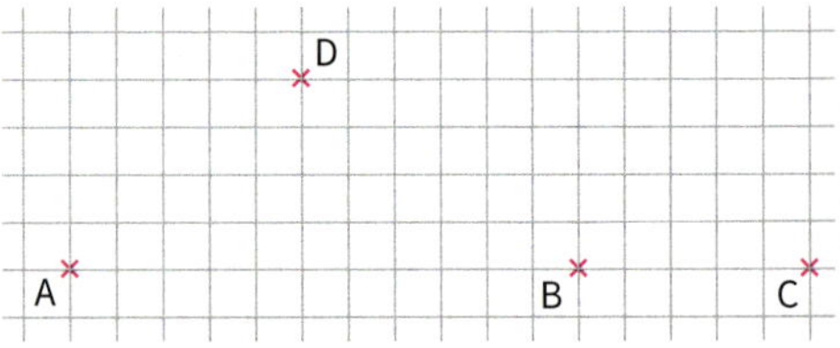

Vertiefen

4. a) Zeichne in ein Koordinatensystem die Punkte A (3 | 2), B (13 | 4), C (15 | 10) und D (5 | 12) sowie alle Verbindungsgeraden.

b) In welchem Punkt schneidet die Gerade DB die x-Achse?

c) Welche dieser Geraden geht durch den Koordinatenursprung?

d) Welche dieser Geraden schneiden sich im Innern des Vierecks ABCD?

5. a) Zeichne fünf Punkte so in dein Heft, dass drei von ihnen auf einer Geraden liegen und es noch eine weitere Gerade gibt, auf der drei dieser fünf Punkte liegen.

b) Zeichne sechs Punkte so in dein Heft, dass vier von ihnen auf einer Geraden liegen und es noch eine weitere Gerade gibt, auf der genau drei dieser Punkte liegen. Wie viele Geraden gibt es, auf denen genau zwei dieser Punkte liegen?

Herausfordern

6. Arbeitet auf einem Blatt Papier oder benutzt ein DGS.

a) Zeichnet vier Geraden so, dass sich möglichst viele Schnittpunkte ergeben.

b) Untersucht, wie viele Schnittpunkte 2; 3; 4; 5; 6 Geraden höchstens haben können. Notiert euer Ergebnis in einer Tabelle.

c) Welche Regelmäßigkeit entdeckt ihr? Begründet.

3.3.2 Zueinander orthogonale Geraden

Einstieg

Rechts seht ihr einen kleinen Ausschnitt aus dem Stadtplan von Heidelberg. An welchen Kreuzungen haben Autofahrer einen besonders guten Einblick in die quer verlaufende Straße?

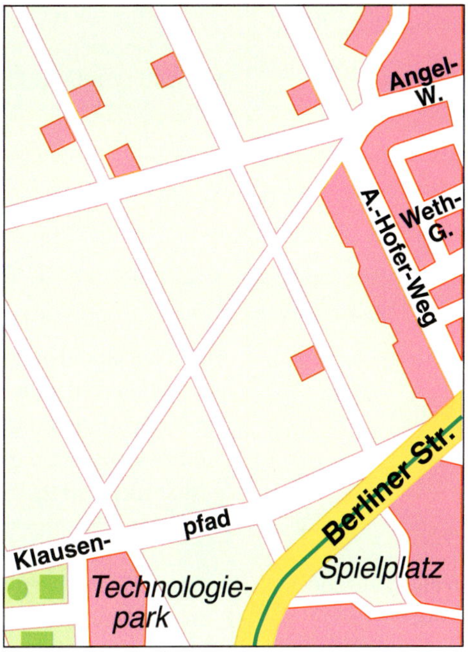

Aufgabe 1

Zueinander orthogonale Geraden

Nimm einen unregelmäßig umrandeten Notizzettel und falte ihn zweimal wie im Bild.
Die beiden Faltlinien bestimmen zwei Geraden, nenne sie g und h.
Beschreibe die Lage der Geraden zueinander.

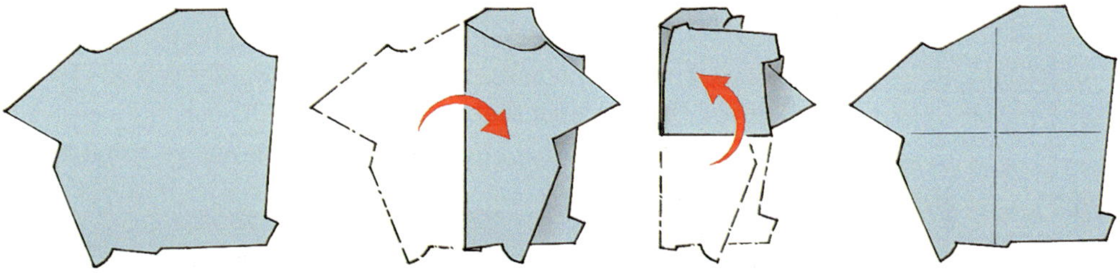

Lösung

Faltet man das Papier wieder auseinander, so erkennt man, dass die Geraden g und h sich in besonderer Weise schneiden. Sie treffen aufeinander wie benachbarte Seiten eines Rechtecks. Dies kannst du auch durch Anlegen eines Geodreiecks überprüfen.

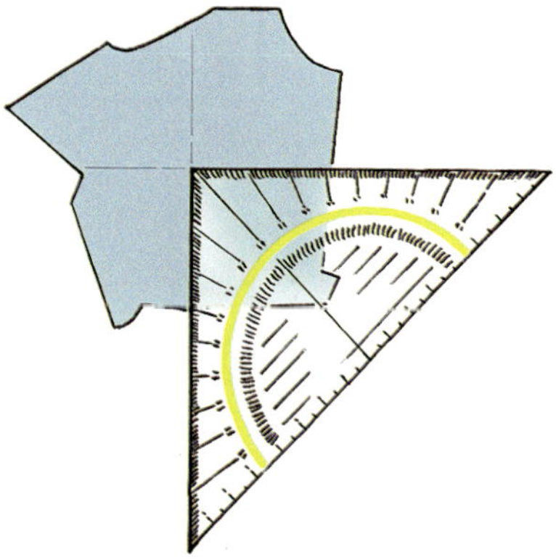

Information

Zueinander orthogonale Geraden

orthogonal (griech.) rechtwinklig

Zwei sich schneidende Geraden heißen **orthogonal** zueinander, wenn beim Falten an einer der beiden Geraden die beiden Teile der anderen Geraden aufeinander fallen.
Mit dem Geodreieck kann man bequem zueinander orthogonale Geraden zeichnen.

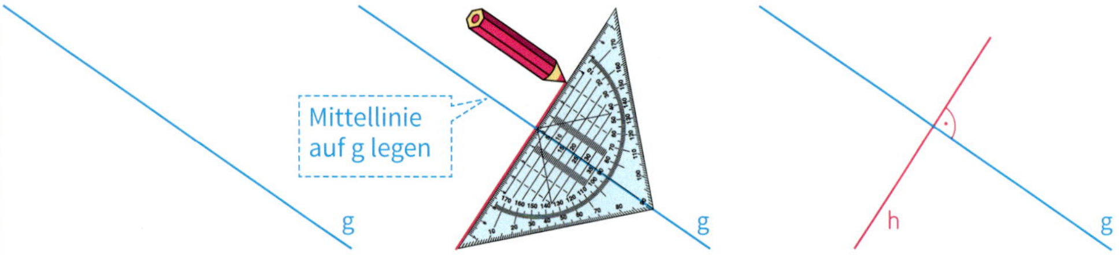

Sind zwei Geraden g und h orthogonal zueinander, so schreiben wir dafür kurz $g \perp h$, gelesen: *g ist orthogonal zu h*. In der Zeichnung verwenden wir das Zeichen ∟.
Sind zwei Geraden g und h *nicht* orthogonal zueinander, so schreiben wir $g \not\perp h$.
Sind zwei Geraden g und h orthogonal zueinander, so sagt man häufig auch:
g ist **senkrecht zu** h.

Weiterführende Aufgabe

„Senkrecht" und „senkrecht zu"

2. Bei der Neugestaltung eines Schulgartens sollen Mia und Peter in den schrägen Hang am Ende des Grundstücks Pflöcke senkrecht in den Boden schlagen, damit neu gepflanzte Sträucher daran befestigt werden können. Mia und Peter haben ihre Pflöcke jedoch ganz unterschiedlich angebracht, sind sich aber beide sicher, dass ihr Pflock senkrecht eingeschlagen ist. Wer hat Recht?

Information

Der Begriff „senkrecht zu" kann leicht verwechselt werden mit „senkrecht".
Ob eine Kante, z. B. eine Mauer, senkrecht verläuft, prüft man mit einem Senklot. Der Begriff „senkrecht" beschreibt die Lage *einer* Strecke (Geraden). Um Verwechslungen zu vermeiden, sagt man auch *lotrecht* statt *senkrecht*.

Im Alltag verwendet man oft eine Wasserwaage statt eines Senklots. Mit ihr kann man nicht nur überprüfen, ob eine Kante senkrecht verläuft, sondern auch, ob eine Kante waagerecht verläuft.
Zwei Kanten, von denen eine senkrecht (lotrecht) und die andere waagerecht verläuft, sind senkrecht zueinander. Umgekehrt gibt es aber Kanten, die senkrecht zueinander sind, von denen aber keine der beiden senkrecht ist. Der Begriff „senkrecht zu" beschreibt die Lage *zweier* Geraden *zueinander*.
Um Verwechslungen zu vermeiden, sagt man *„orthogonal zu"* statt *„senkrecht zu"*.

Weiterführende Aufgabe

Abstand eines Punktes von einer Geraden

3. Juri badet noch im See, als seine Freunde schon gehen wollen. Welchen Weg muss er schwimmen, um möglichst schnell auf den Steg zu gelangen?
Zeichne dazu in deinem Heft mehrere Möglichkeiten und vergleiche.

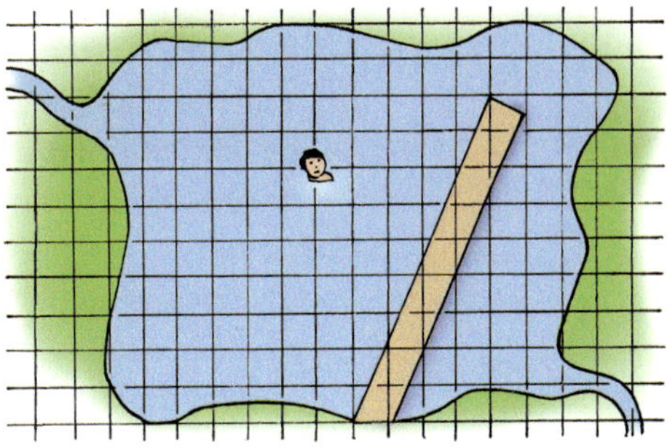

Information

(1) Abstand eines Punktes von einer Geraden

Die Länge der *kürzesten* Verbindungslinie von einem Punkt P zu einer Geraden g nennt man den **Abstand** des Punktes von der Geraden.
Um den Abstand des Punktes P von der Geraden zu bestimmen, zeichnet man zunächst die zu g orthogonale Gerade durch den Punkt P. Diese Gerade nennt man die **Orthogonale zu der Geraden g durch den Punkt P.**
Statt Orthogonale sagt man auch **Senkrechte**.
Die Länge der Strecke vom Punkt P bis zum Schnittpunkt F der beiden Geraden ist der gesuchte Abstand.

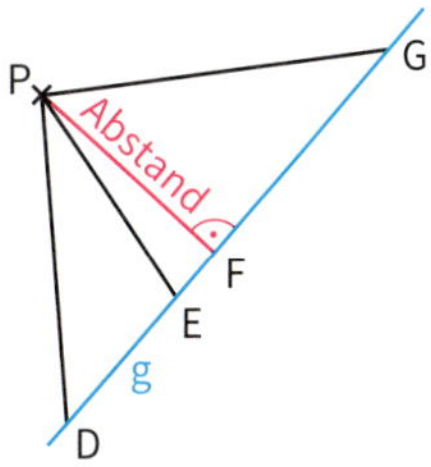

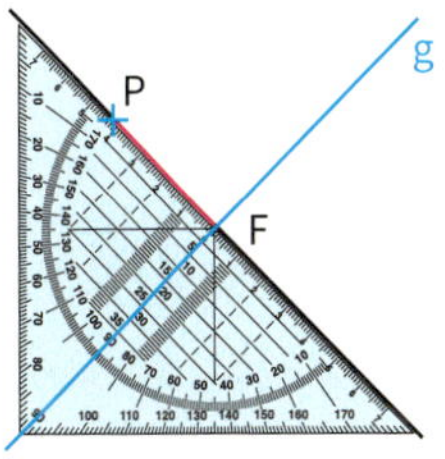

Die Strecke $\overline{PF}$ nennt man auch das Lot von P auf g.

(2) Abstand zweier Punkte

Man spricht auch von dem Abstand zweier Punkte. Das ist hier die Länge der kürzesten Verbindungslinie, also die Länge der Verbindungsstrecke.

Üben

4. **a)** Finde im Klassenraum oder in deiner Umwelt gerade Linien, die zueinander orthogonal sind.
b) Finde auf dem Geodreieck zueinander orthogonale Linien.
c) Wofür verwendet man einen Anschlagwinkel im Bild rechts?

5. Zeichne die Geraden AB und CD. Prüfe, ob sie orthogonal zueinander sind.
Schreibe z.B. $AB \perp CD$ bzw. $AB \not\perp CD$.

a) A(2|3); B(7|8); C(1|9); D(8|2)
b) A(1|5); B(6|9); C(0|10); D(8|1)
c) A(2|9); B(8|5); C(1|5); D(7|14)
d) A(1|9); B(7|4); C(2|0); D(7|7)

6. Sammle Körper, bei denen zueinander orthogonale Kanten vorkommen. Zähle bei jedem Körper, wie viele Kanten keine dazu orthogonale Kante haben.
Tausche die Körper mit deinem Nachbarn aus. Vergleiche, ob der Partner die gleiche Zahl nicht zueinander orthogonaler Kanten findet.

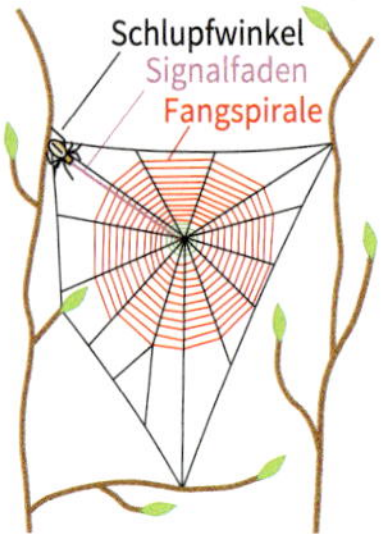

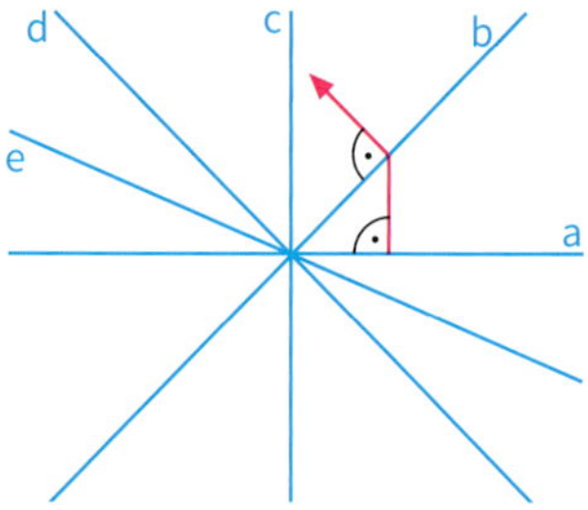

7. a) Zeichne ab und fahre entsprechend weiter fort.
   b) Zeichne die Figur nun ab ohne die Gerade e. Was ändert sich nun?

8. a) Finde im Klassenraum senkrechte und waagerechte Linien.
   b) Kannst du zwei zueinander orthogonale Linien an die Tafel zeichnen, die beide nicht senkrecht sind?

9. Zeichne in ein Koordinatensystem mit der Einheit 1 cm die Gerade AB und bestimme den Abstand des Punktes C von der Geraden.
   a) A(0|4); B(9|2); C(5|7)
   b) A(1|9); B(7|8); C(2|3)
   c) A(2|3); B(6|7); C(8|9)
   d) A(3|4); B(5|6); C(1|1)
   e) A(1|1); B(7|6); C(4|4)
   f) A(0|1); B(2|3); C(4|4)

10. Zeichne auf ein Blatt Papier eine Gerade g und einen Punkt P, der nicht auf g liegt.
Erzeuge dann durch Falten die Orthogonale zu g durch P und beschreibe deine Vorgehensweise.

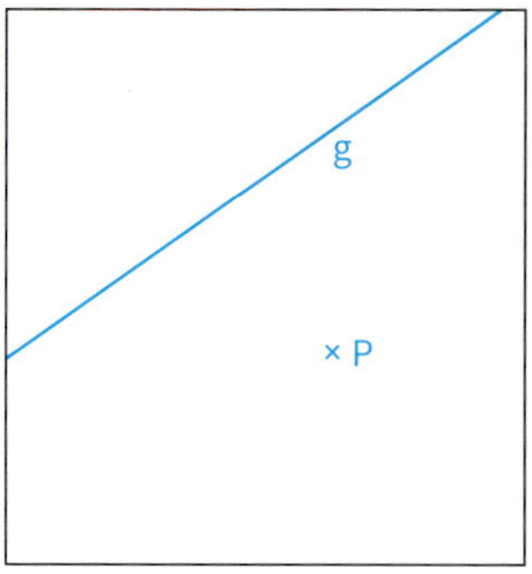

Vertiefen

11. a) Zeichne die Gerade durch die Punkte A(3|6) und B(12|3).
   b) Zeichne durch den Punkt C(6|5) die Orthogonale zu der Geraden AB.
   c) Gib zwei Punkte auf der Orthogonalen an. Einer soll unterhalb und einer oberhalb von AB liegen.

12. Eltern ermahnen ihre Kinder, „richtig über die Straße zu gehen".
   a) Beschreibe diesen Weg in der Sprache der Geometrie.
   b) Erläutere, warum dieser Weg der „richtige" ist.

13. Zeichne die Punkte A(1|1), B(6|1), C(4|7) und P(4|3). Von welcher der Geraden AB, BC und AC hat P den kleinsten Abstand?

Herausfordern

14. Zeichne einen Punkt P und dann möglichst viele Geraden, die von P den Abstand 3 cm haben. Welchen Eindruck erweckt das fertige Bild?

3.3.3 Zueinander parallele Geraden – Besondere Vierecke

Einstieg

Nimm ein Blatt Papier und falte es in der abgebildeten Art und Weise dreimal. Die erste und die letzte Faltlinie bestimmen zwei Geraden. Nenne sie g und h. Beschreibe ihre Lage zueinander.

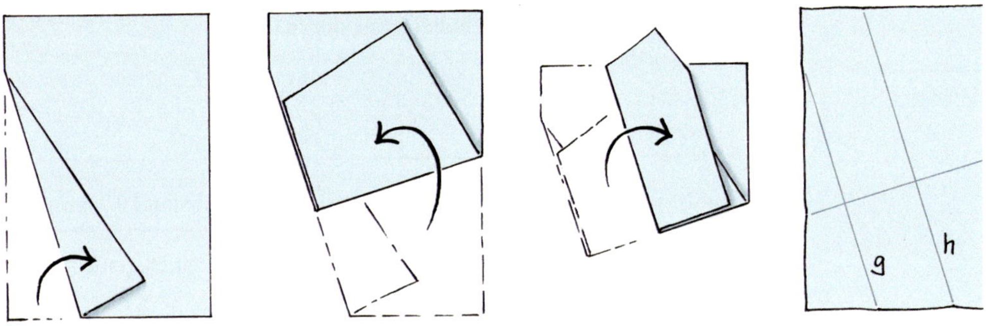

Einführung

Zueinander parallele Geraden

Florian und Sarah wollen ein Stück eines Eisenbahngleises zeichnen. Alle Punkte der zweiten Schiene müssen den gleichen Abstand von der ersten Schiene haben. Dieser Abstand heißt Spurweite. Bei der Modellgröße TT beträgt die Spurweite 12 mm.

Florian zeichnet an mehreren Stellen die Orthogonale zur ersten Schiene ein. Auf ihnen markiert er jeweils die Punkte mit 12 mm Abstand zur ersten Schiene. Anschließend zeichnet er die Gerade, auf der alle diese Punkte liegen.

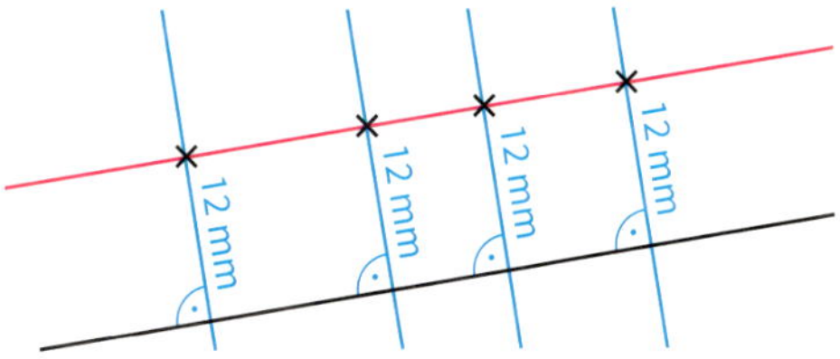

Sarah fällt auf: „Das lässt sich doch viel einfacher lösen. Zeichne nur eine Orthogonale zur ersten Schiene. Dann zeichnest du zu dieser Orthogonalen eine Orthogonale durch den Punkt mit 12 mm Abstand."

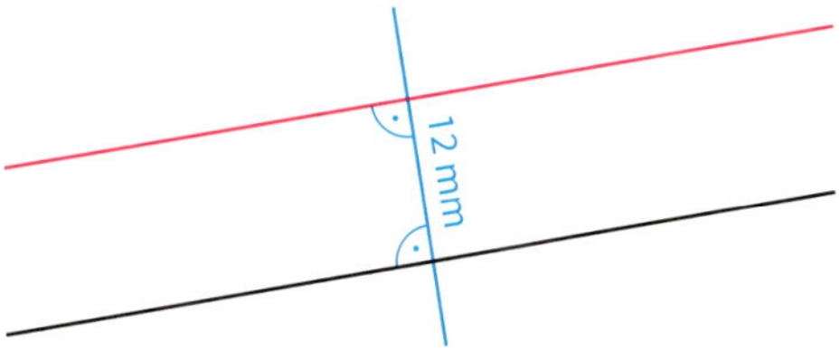

Information

(1) Parallelität von Geraden

Florian hat zum Zeichnen der zweiten Schiene ausgenutzt, dass sie überall denselben Abstand von der ersten Schiene hat.

parallel (griech.) gleichlaufend, gleichgerichtet, genau entsprechend

Zwei Geraden g und h heißen **parallel** zueinander, wenn alle Punkte auf g denselben Abstand von h haben und umgekehrt.

Sind zwei Geraden g und h parallel zueinander, so schreiben wir dafür kurz:

$g \parallel h$

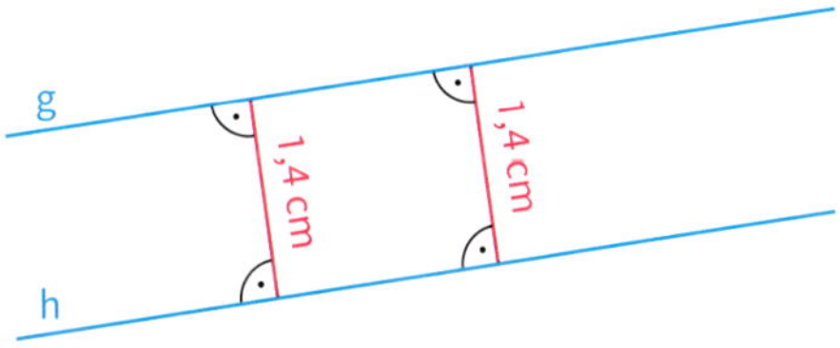

Sind zwei Geraden g und h *nicht* parallel zueinander, so schreiben wir dafür:

$g \nparallel h$

(2) Parallelität und Orthogonalität

Sarah hat zum Zeichnen der zweiten Schiene ausgenutzt, dass beide Schienen orthogonal zu einer Eisenbahnschwelle sind.

Zwei Geraden sind parallel zueinander, wenn man eine weitere Gerade finden kann, die zu beiden orthogonal ist.

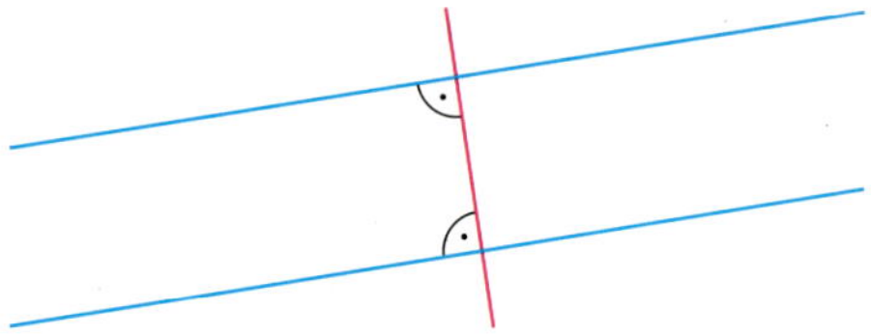

Damit ist jede Gerade parallel zu sich selbst mit dem Abstand 0. Daraus ergibt sich dann:

Zwei zueinander parallele Geraden haben entweder keinen gemeinsamen Punkt oder sie fallen zusammen.

(3) Zeichnen zueinander paralleler Geraden mit dem Geodreieck

Mit dem Geodreieck kannst du auf verschiedene Weisen zueinander parallele Geraden zeichnen: Du kannst die auf dem Geodreieck eingezeichneten Parallellinien verwenden wie in Bild a). Reichen die Parallellinien nicht aus, so musst du bei diesem Vorgehen zunächst eine Hilfsparallele (oder mehrere) zeichnen. Einfacher kannst du in diesem Fall die beiden Parallelen mithilfe einer gemeinsamen Orthogonalen zeichnen wie in Bild b).

a)

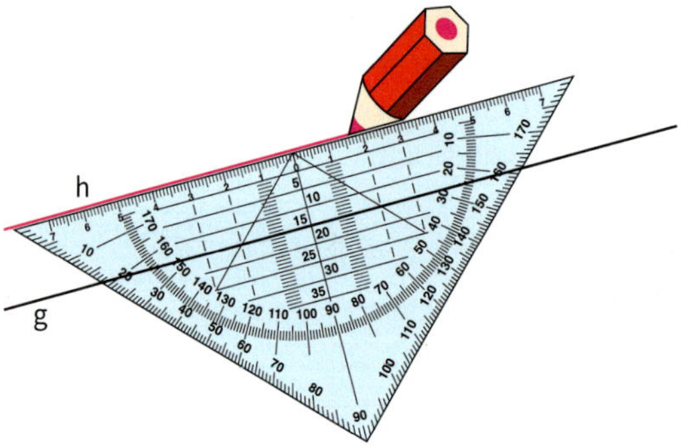

b)

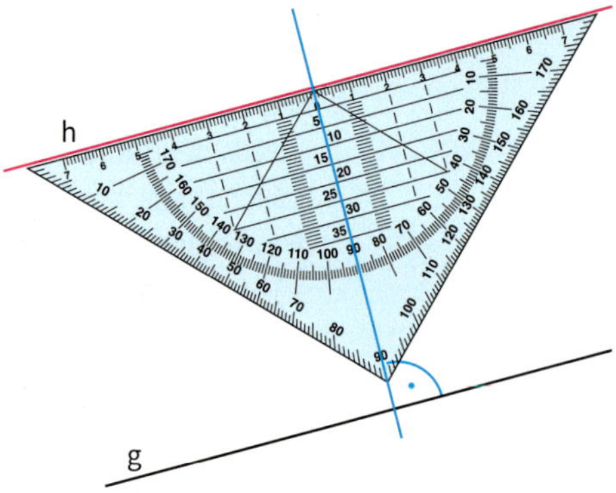

Weiterführende Aufgaben

Parallele zu einer Geraden durch einen Punkt

1. Zeichne eine Gerade AB und einen Punkt P, der nicht auf g liegt. Zeichne anschließend die Parallele zu AB durch P. Beschreibe zwei verschiedene Möglichkeiten für dein Vorgehen.
   a) A(1|2); B(7|3); P(5|5) **b)** A(2|4); B(3|9); P(7|0)

Besondere Vierecke

2. Verwende einen Streifen Papier von gleich bleibender Breite. Mit zwei Schnitten kannst du daraus Vierecke herstellen. Untersuche, welche besonderen Vierecke du so erzeugen kannst. Beschreibe ihre Eigenschaften.

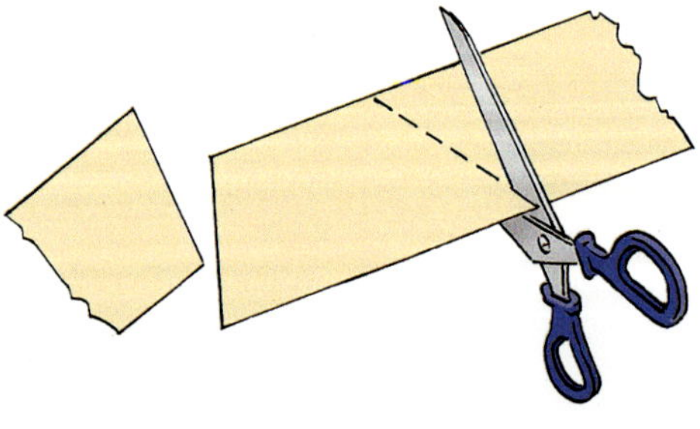

Information

(1) Rechteck und Quadrat

Vierecke mit zueinander orthogonalen Seiten kennst du schon.

Jedes Viereck, bei dem benachbarte Seiten jeweils orthogonal zueinander sind, nennen wir ein **Rechteck**.
An dieser Eigenschaft erkennst du das Rechteck.

Jedes Rechteck, bei dem alle vier Seiten gleich lang sind, nennen wir ein **Quadrat**.
An dieser Eigenschaft erkennst du das Quadrat.

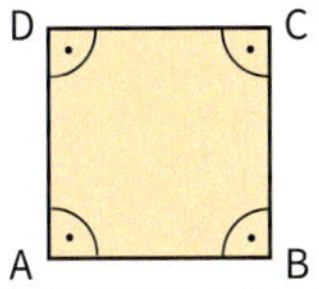

Quadrate sind also besondere Rechtecke.
Eine weitere Eigenschaft aller Rechtecke ist:
Einander gegenüber liegende Seiten sind jeweils parallel zueinander und gleich lang.

(2) Parallelogramme

Jedes Viereck, bei dem die gegenüberliegenden Seiten jeweils parallel zueinander sind, nennen wir ein **Parallelogramm**.
An dieser Eigenschaft erkennst du das Parallelogramm.

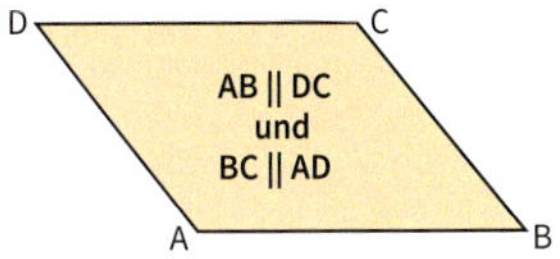

Rechtecke sind also besondere Parallelogramme.
Eine weitere Eigenschaft von Parallelogrammen ist:
Einander gegenüberliegende Seiten sind jeweils gleich lang.

(3) Rauten

Jedes Parallelogramm, bei dem alle vier Seiten gleich lang sind, nennen wir eine **Raute** (einen *Rhombus*).
An dieser Eigenschaft erkennst du die Raute.

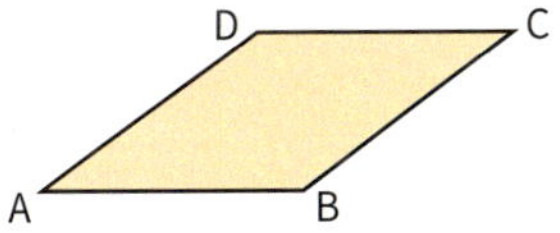

Quadrate sind also besondere Rauten.

(4) Trapeze

Ein Viereck, bei dem wenigstens zwei gegenüberliegende Seiten parallel zueinander sind, heißt **Trapez**.
Die beiden zueinander parallelen Seiten heißen **Grundseiten**, die beiden anderen Seiten heißen **Schenkel**.

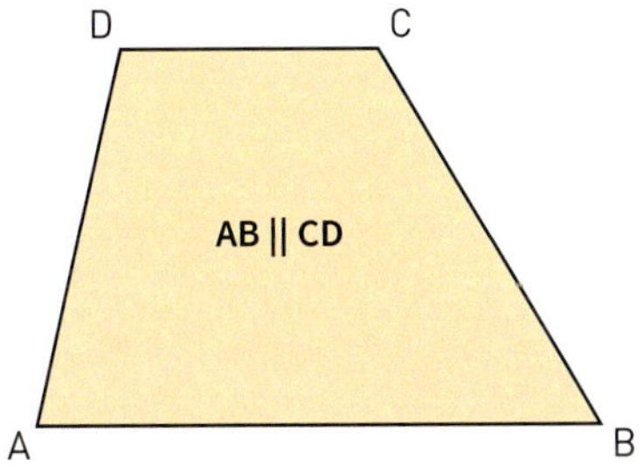

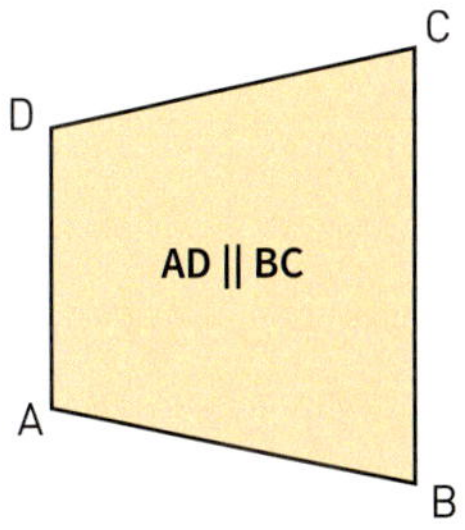

Parallelogramme sind somit besondere Trapeze.

Üben

3. Zeichne zwei Geraden, die keinen Schnittpunkt haben. Beschreibe ihre Lage zueinander.

4. Findet im Klassenzimmer bzw. in eurer Umwelt gerade Linien, die parallel zueinander sind.

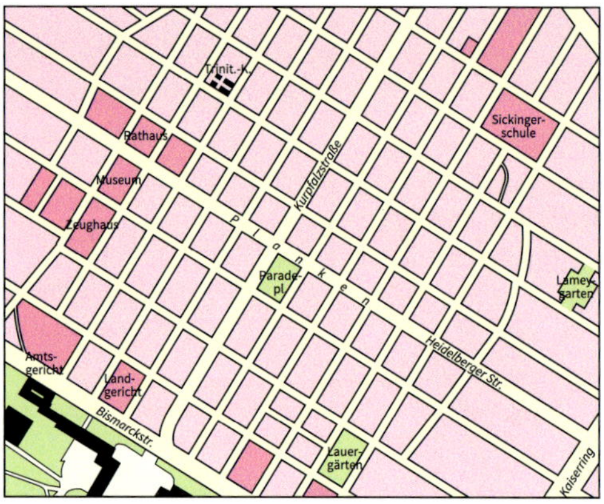

5. Beschreibe den Ausschnitt aus dem nebenstehenden Stadtplan der Mannheimer Innenstadt. Wie liegen die Straßen zueinander?

6. Suche auf deinem Geodreieck zueinander parallele Linien. Bestimme ihren Abstand voneinander.

7. Zeichne ab. Vereinfache dabei die Latten zu Strecken.

Jägerzaun

Der Jägerzaun, auch Scherengitter- oder Kreuzzaun genannt, wird in manchen Gegenden sehr gerne beim Privathausbau angelegt. Der Zaun besteht aus sich x-förmig kreuzenden Halbrundprofilplatten, die an zwei Querbalken befestigt sind. Ursprünglich stammen solche Holzzäune wie der Jägerzaun aus holzreichen Gegenden, wo sie zum Schutz gegen Wild preiswerte Einfriedungen für Nutzflächen waren. Jägerzäune werden heute aus vorgefertigten, ausziehbaren Zaunfeldern hergestellt, wobei die Zaunpfähle etwa im Abstand von 2,8 m gesetzt werden.

8. Welche Kanten der Kerzen rechts sind parallel zueinander?

9. Zeichne eine Gerade g und mehrere Punkte, die alle den gleichen Abstand 3 cm von dieser Geraden haben. Wo liegen alle diese Punkte?

10. Zeichne zwei zueinander parallele Geraden, deren Abstand voneinander
a) 3 cm, **b)** 4,3 cm beträgt.

11. Zeichne die Geraden AB und CD in ein Koordinatensystem mit der Einheit 1 cm. Bestimme ihren Abstand.
a) A(0|5); B(5|0); C(0|7); D(7|0)
b) A(1|2); B(4|5); C(3|4); D(6|7)
c) A(1|3); B(3|3); C(4|4); D(6|4)
d) A(2|3); B(5|6); C(0|5); D(6|11)

12. Zeichne eine Gerade g. Zeichne dann zwei zu g orthogonale Geraden h und i. Beschreibe die Lage von h und i zueinander.

13. Eine Gärtnerin will Johannisbeersträucher in zwei Reihen anpflanzen. Die Reihen sollen den Abstand 1,20 m haben. Dazu benutzt sie Pflöcke und Spannseile. Beschreibt, wie sie das machen kann. Ihr könnt dazu auch zeichnen.

14. Julia sollte jeweils drei Geraden so zeichnen, dass sie keinen bzw. einen bzw. zwei bzw. drei Schnittpunkte aufweisen. Was meinst du zu ihren Zeichnungen?

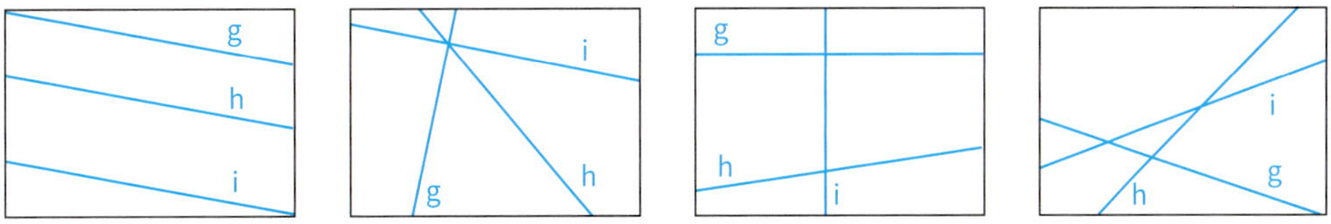

15. Erkundet, wo ihr in eurer Umwelt besondere Vierecke findet. Gestaltet ein Plakat damit.

16. Um welches besondere Viereck handelt es sich jeweils?
Stelle deine Antworten im Heft in einer Tabelle zusammen.
Begründe sie auch.

Viereck	(1)	(2)	
Parallelogramm	ja		
Rechteck	ja		
Quadrat	nein		
Raute	nein		
Trapez	ja		

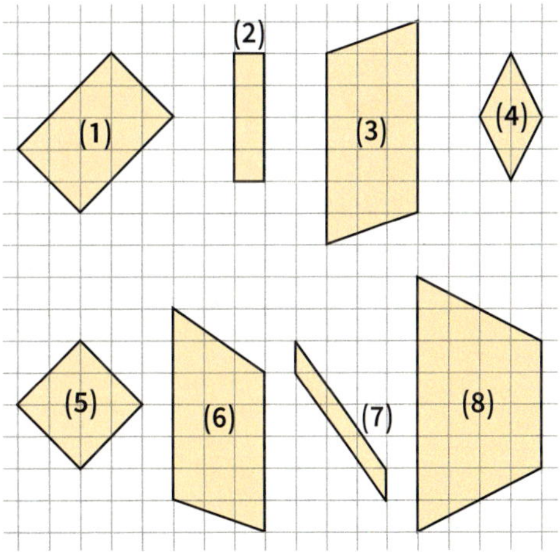

Vertiefen

17. a) Zeichne ein Dreieck ABC. Zeichne dann durch jeden Eckpunkt die Gerade, die parallel zur gegenüberliegenden Dreieckseite ist. Die Schnittpunkte dieser Geraden bilden ein neues Dreieck A′B′C′. Vergleiche die beiden Dreiecke miteinander.

b) Zeichne ein Dreieck ABC. Verbinde die Mittelpunkte M_a, M_b, M_c der Dreiecksseiten miteinander. Vergleiche das entstandene Dreieck $M_aM_bM_c$ mit dem Dreieck ABC.

Das kann ich noch!

A) Berechne und beachte dabei Rechenvorteile. Welche Rechengesetze verwendest du?

1) 69 + 86 + 31 + 114
2) 164 + 27 + 200 + 73 + 536
3) 234 + 567 + 433 + 766
4) 45 000 + 177 000 + 55 000 + 223 000
5) 8 999 + 2 333 + 7 667 + 1 001
6) 123 456 789 + 987 654 321 + 876 543 211

B) Berechne. Welche Besonderheit haben alle Ergebnisse?

1) 9 975 – 8 754
2) 14 677 – 12 345
3) 63 430 – 59 987
4) 255 612 – 45 600

18. Wie liegen die Geraden AB und CD zueinander? Notiere mit den entsprechenden Zeichen. Bestimme bei den zueinander parallelen Geraden ihren Abstand in einem Koordinatensystem mit der Einheit 1 cm.

a) A(1|3); B(5|7); C(6|0); D(10|4)
b) A(0|0); B(6|2); C(1|3); D(5|6)
c) A(1|8); B(5|3); C(2|4); D(7|8)
d) A(0|7); B(2|5); C(5|5); D(3|4)

19. Zeichne eine 1 cm lange Strecke. Zeichne an einem Endpunkt eine dazu orthogonale Strecke von 1,5 cm Länge.
An deren Endpunkt zeichnest du wieder eine dazu orthogonale Strecke der Länge 2 cm.
Fahre so fort.
Wie liegen die Strecken zueinander?

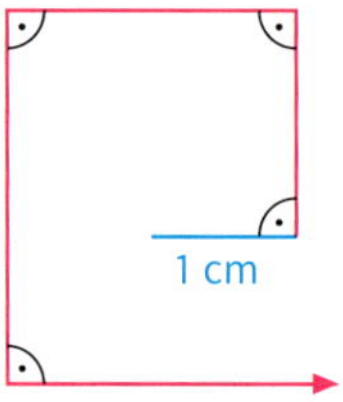

20. Zeichne zwei sich schneidende Geraden. Zeichne alle Punkte, die
a) von beiden Geraden einen Abstand von 3 cm haben;
b) von beiden Geraden einen Abstand von mindestens 3 cm haben;
c) von beiden Geraden einen Abstand von höchstens 3 cm haben.

21. Falte aus einem unregelmäßig geformten Stück Papier ein Rechteck.

22. Zeichne das Viereck ABCD in ein Koordinatensystem mit der Einheit 1 cm. Welches besondere Viereck liegt vor? Bestimme den Umfang. Miss auch beide Diagonalen.

a) A(0|5); B(5|0); C(10|5); D(5|10)
b) A(1|6); B(5|2); C(8|1); D(4|5)
c) A(0|2); B(3|1); C(5|7); D(2|8)
d) A(9|0); B(5|3); C(0|3); D(4|0)
e) A(1|4); B(5|0); C(5|3); D(3|5)
f) A(1|2); B(4|2); C(6|7); D(1|7)

23. Übertrage das Dreieck in dein Heft.
Vervollständige es dann auf mehrere Arten zu einem Parallelogramm.
Miss jeweils, wie weit die beiden längeren Seiten des Parallelogramms voneinander entfernt sind.

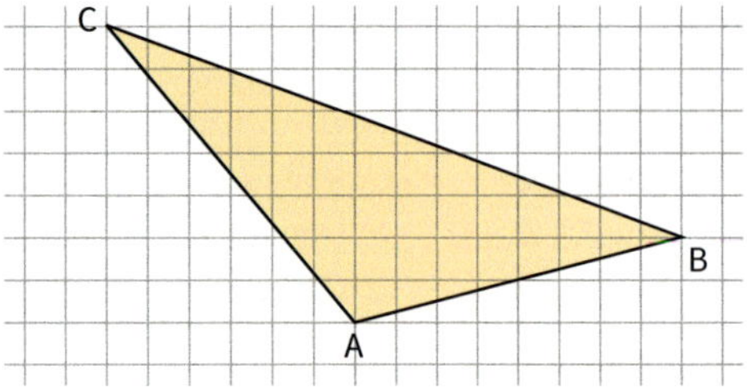

24. In den Bildern sieht es so aus, als ob nicht auf Parallelität und Orthogonalität geachtet wurde. Zeichnet genau ab.
Entwerft selber *optische Täuschungen*; hängt sie im Klassenraum aus.

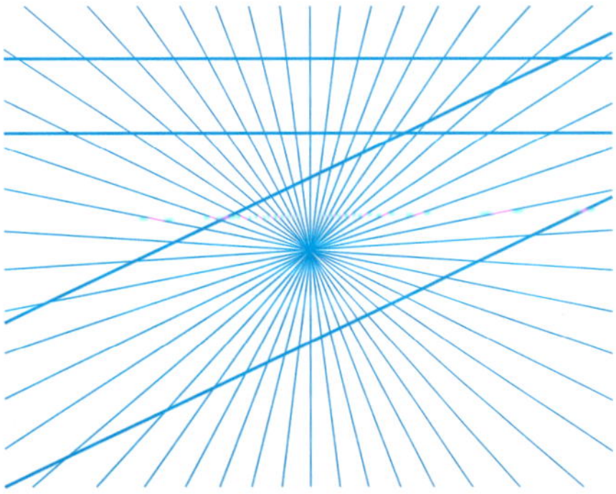

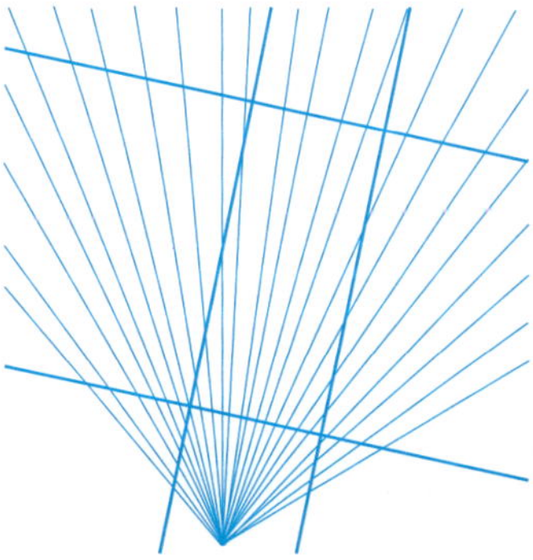

25. a) Zeichne in ein Koordinatensystem die Punkte A(3|3) und B(6|3) ein. Zeichne zwei weitere Punkte C und D so, dass ein Quadrat ABCD entsteht. Gib die Koordinaten von C und D an.
b) Wiederhole die Teilaufgabe a) für die Punkte A(5|1) und B(5|4).

26. Zeichne zwei verschiedene Trapeze, bei denen
a) die zueinander parallelen Seiten 6 cm und 4 cm lang sind;
b) die zueinander nicht parallelen Seiten 6 cm und 4 cm lang sind.

27. a) Ein Rechteck hat den Umfang von 24 cm; eine Seitenlänge beträgt 4 cm. Zeichne es.
b) Zeichne ein Quadrat, dessen Umfang 18 cm beträgt.
c) Zeichne ein Parallelogramm mit dem Umfang 12 cm, eine Seitenlänge beträgt 4 cm.
d) Zeichne zwei Rauten mit jeweils dem Umfang von 14 cm.

28. Zeichne ein Parallelogramm, das
a) weder ein Rechteck noch eine Raute ist;
b) sowohl ein Rechteck als auch eine Raute ist.

29. Ein Architekt hat für einen Kirchturm das nebenstehende Fenster aus Dreiecken entworfen. Kannst du auch Parallelogramme darin erkennen? Wie viele?

30. Mache dir die Behauptungen an Skizzen klar und überprüfe die Richtigkeit.
a) Wenn die Gerade g parallel zur Geraden h ist und die Gerade h parallel zur Geraden i, dann ist die Gerade g auch parallel zur Geraden i.
b) Wenn die Gerade g orthogonal zur Geraden h ist und die Gerade h orthogonal zur Geraden i ist, dann ist die Gerade g orthogonal zur Geraden i.
c) Wenn die Gerade g parallel zur Geraden h ist und die Gerade h orthogonal zur Geraden i ist, dann ist die Gerade g orthogonal zur Geraden i.

Herausfordern

31. Zeichne ein großes Dreieck ABC. Wähle einen Punkt auf der Seite $\overline{AB}$ und zeichne von ihm aus eine Parallele zur Seite $\overline{AC}$ bis hin zur Seite $\overline{BC}$. Von diesem Punkt aus zeichnest du eine Parallele zu einer Dreieckseite bis hin zur anderen. Fahre so fort, bis du am Anfangspunkt wieder angelangt bist. Vergleiche die Länge dieses Rundweges im Dreieck mit dem Dreiecksumfang.
Wiederhole die Aufgabe mit anderen Startpunkten auf der Seite $\overline{AB}$.

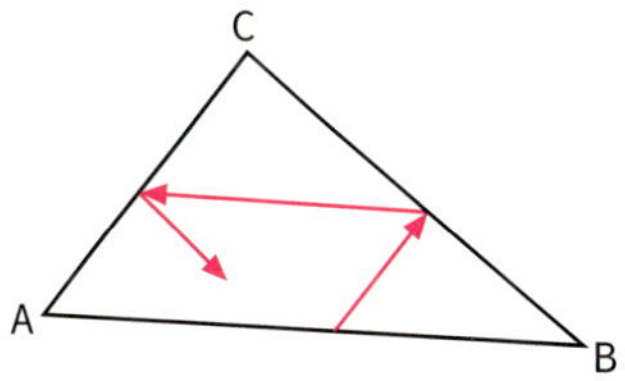

32. a) Max behauptet: „Zweimal orthogonal gibt parallel.“ Was meinst du dazu?
b) In der Ebene gilt: Wenn zwei Geraden sich nicht schneiden, dann sind sie parallel zueinander. Gilt dies auch im Raum? Begründe.

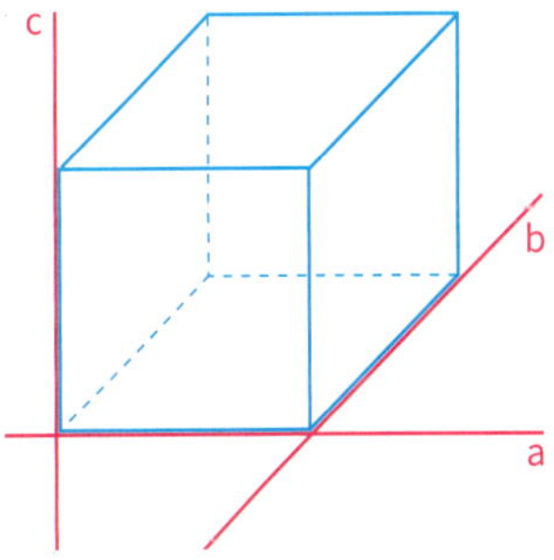

33. Zwei verschiedene Geraden haben entweder einen oder keinen Schnittpunkt. Untersuche, wie viele Schnittpunkte 3; 4; 5 verschiedenen Geraden haben können.

Eigenschaften besonderer Vierecke mit einem Dynamischen Geometrie-System (DGS) erforschen

1. Um mit einem dynamischen Geometrie-System ein Quadrat mit seinen Diagonalen zu zeichnen, sind mehrere Schritte nötig. Unten siehst du eine Möglichkeit. Zeichne selbst ein Quadrat und kontrolliere anschließend durch Verändern beim Ziehen an einem Eckpunkt, ob es ein Quadrat bleibt:

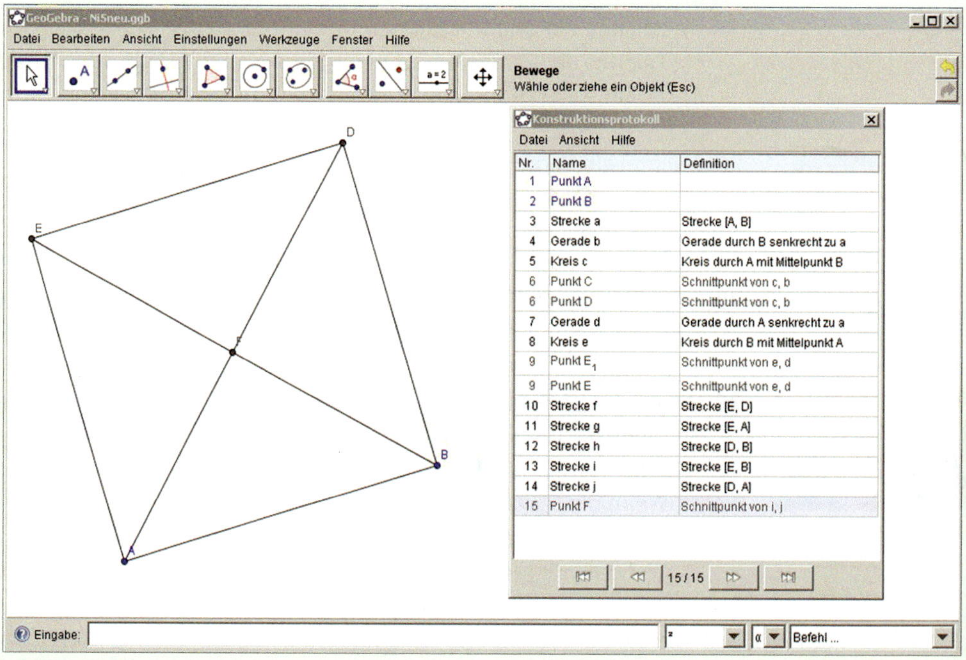

2. Beim Quadrat sind beide Diagonalen gleich lang. Sie halbieren sich ferner gegenseitig. Du kannst die Streckenlängen auch vom DGS messen lassen. Probiere das aus.

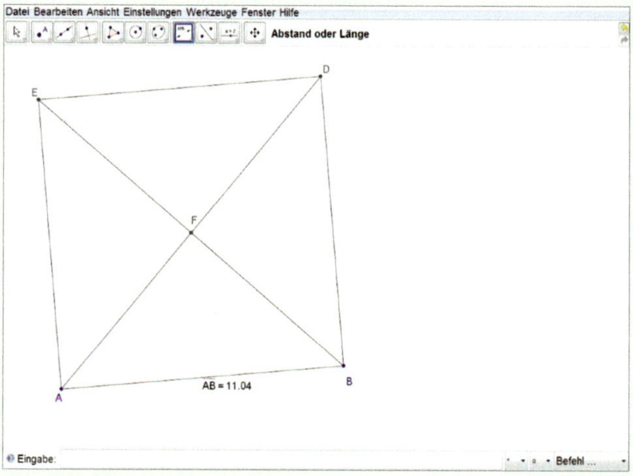

3. a) Untersuche die Länge der Diagonalen bei weiteren besonderen Vierecken.

b) Untersuche bei den besonderen Vierecken, ob sich die Diagonalen gegenseitig halbieren.

4. Beim Quadrat sind die Diagonalen sogar orthogonal zueinander. Untersuche, ob das bei anderen besonderen Vierecken auch so ist.

3.4 Netz und Schrägbild von Quader und Würfel

3.4.1 Herstellen von Quader und Würfel aus einem Netz

Einstieg

Besorgt euch mehrere quaderförmige und würfelförmige Schachteln. Schneidet sie längs so vieler Kanten auf, dass man die Begrenzungsflächen in die Ebene klappen kann. Es entstehen *Netze*. Welche Gemeinsamkeiten, welche Unterschiede weisen diese Netze auf?

Aufgabe 1

Netz eines Quaders

Für ein Theaterstück werden ein Goldbarren und ein goldener Würfel benötigt. Matties will daher einen Spielzeugklotz mit Goldpapier vollständig bekleben. Er schneidet sechs Rechtecke aus. Beim Bekleben stören jedoch die Kanten, an denen man erkennt, dass er kein massiver Goldbarren ist.
Sein Freund Fabian schlägt vor: Mache es doch so wie ich mit meinem Würfel.
Bastele ein solches Flächenmodell eines Quaders mit den Kantenlängen 1,5 cm, 2,3 cm und 3,0 cm.
Denke dir dazu einen Karton zerschnitten und dann aufgeklappt. Zeichne anschließend auf dickeres Papier einen Bauplan, bei dem die einzelnen Flächen zusammenhängen. Schneide ihn dann aus und klebe zusammen.

In der Praxis benutzt man häufig Klebelaschen.

Lösung

Der Bauplan (ohne Klebelaschen) besteht aus sechs Rechtecken, von denen jeweils zwei genau aufeinander passen.

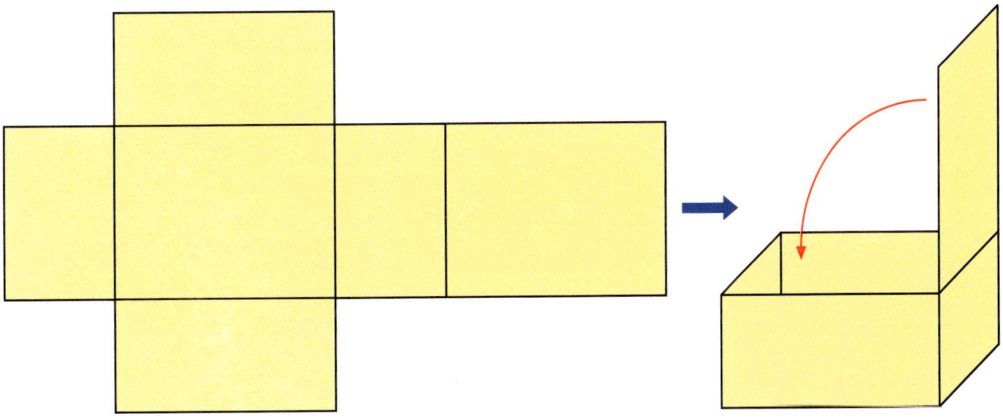

Information

(1) Quader als besonderer Körper, Würfel als besonderer Quader

(a) Jeder Körper, der von sechs rechteckigen Flächen begrenzt wird, heißt **Quader**.

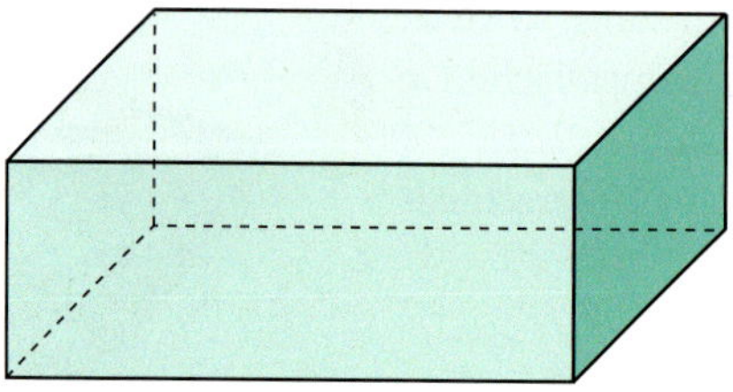

(b) Die besonderen Quader, die von sechs quadratischen Flächen begrenzt werden, heißen **Würfel**.

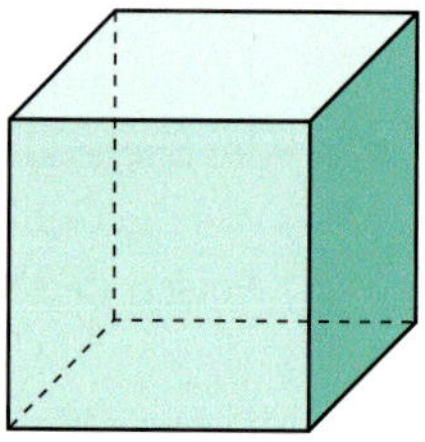

(2) Netz von Quader und Würfel

Die Begrenzungsflächen von Quadern und damit auch von Würfeln lassen sich aus ebenen **Netzen** herstellen.

Quadernetz

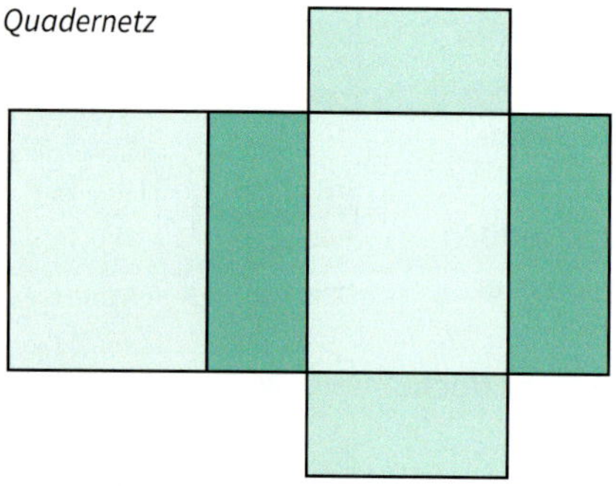

Würfelnetz

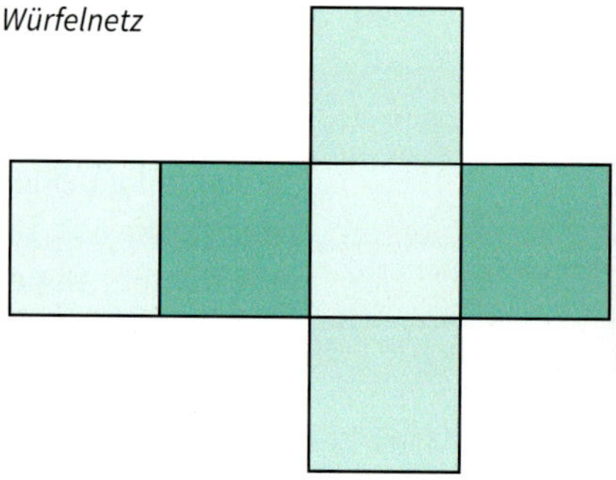

Weiterführende Aufgabe

Eigenschaften von Quadern

2. Rechts siehst du ein Kantenmodell einer Schachtel. Baue ein solches Modell aus Strohhalmen, Knetgummi oder Pfeifenputzern. Beschreibe, worauf du beim Zuschneiden und Zusammenbauen achten musst.

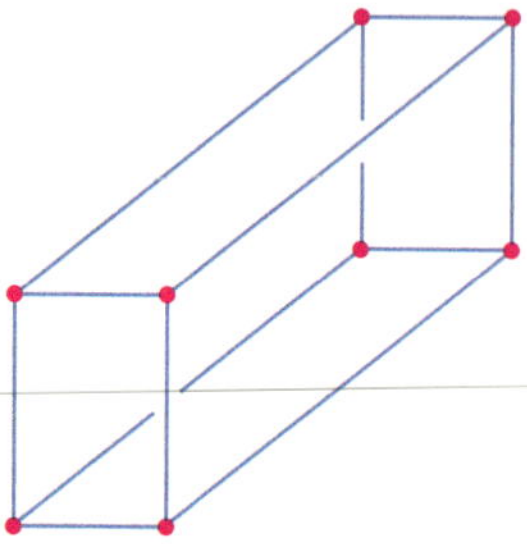

Eigenschaften von Quadern

(1) Ein Quader hat 8 Ecken.

(2) Ein Quader hat 12 Kanten.
Zueinander parallele Kanten sind gleich lang, benachbarte Kanten sind orthogonal zueinander.

(3) Ein Quader wird von 6 Rechtecken begrenzt.
Gegenüberliegende Rechtecke passen genau aufeinander und sind parallel zueinander.

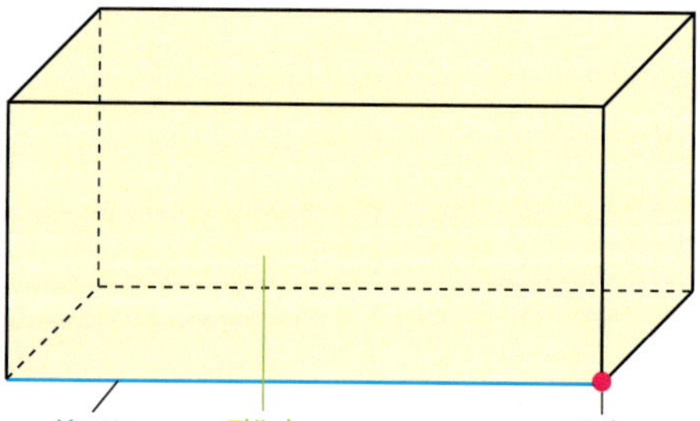

Üben

3. a) Welche der abgebildeten Körper sind Quader?

b) Nenne Beispiele für Würfel aus dem Alltag.

c) Tim meint, ein Stück Würfelzucker hat die Form eines Würfels. Was meinst du dazu?

4. Janina behauptet: „Ein Quader hat 24 Kanten und zwar 4 unten, 4 oben, 4 rechts, 4 links, 4 vorn und 4 hinten.“ Wo steckt der Fehler?

5. a) Zeichne auf dünnen Karton das Netz eines Würfels mit der Kantenlänge 6 cm. Schneide es aus und falte es zu einem Würfel zusammen.

b) Verfahre ebenso mit dem Netz eines Quaders, der 4 cm lang, 3 cm breit und 6 cm hoch ist.

6. a) Zeichne 3 verschiedene Netze eines Würfels mit der Kantenlänge 2 cm.

b) Zeichne 3 verschiedene Netze eines Quaders mit den Kantenlängen 2 cm, 3 cm, 4 cm.

7. (1) (2) (3) (4)

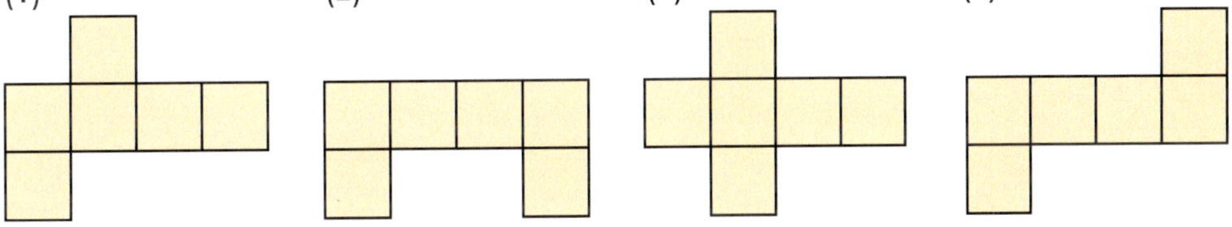

a) In welchen Fällen liegt ein Würfelnetz vor?

b) Wähle ein Würfelnetz aus, zeichne es in dein Heft. Denke es dir zu einem Würfel gefaltet. Färbe mit gleicher Farbe die Flächen, die dann einander gegenüberliegen.

c) Wähle ein Würfelnetz aus. Färbe mit der gleichen Farbe die Kanten, die beim Falten zu einem Würfel aneinander stoßen.

8. a) In welchen Fällen liegt ein Quadernetz vor?

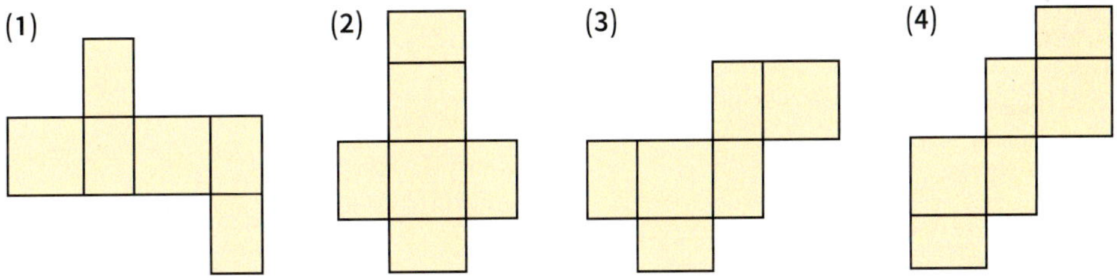

b) Wähle ein Quadernetz aus und zeichne es ab. Denke es dir zu einem Quader gefaltet.

(1) Färbe im Netz die Flächen mit derselben Farbe, die beim Quader gegenüber liegen.

(2) Färbe im Netz die Kanten mit derselben Farbe, die beim Falten aneinander stoßen.

9. a) Übertrage die Netze auf ein Blatt Papier. Stelle dir vor, ein Quader würde daraus hergestellt. Kennzeichne aufeinander fallende Kanten im Netz mit der gleichen Farbe.

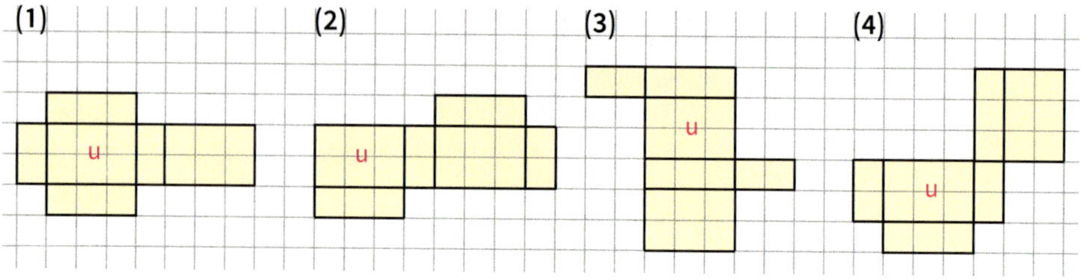

b) Der Buchstabe u in den Netzen von Teilaufgabe a) bedeutet: Die Fläche ist unten, z. B. auf der Tischplatte.
Welche Fläche ist rechts (r), links (l), oben (o), vorn (v), hinten (h)?
Schreibe die Buchstaben in die zugehörigen Flächen.

Vertiefen

10. Die vier „Würfelnetze“ rechts sind unvollständig.
Zeichne sie auf Karopapier und ergänze sie zu einem vollständigen Würfelnetz.
Hinweis: Es gibt zum Teil mehrere Lösungen.

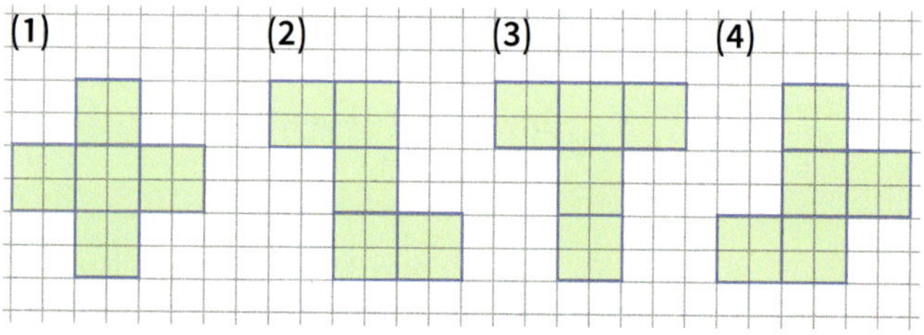

11. Findet möglichst viele verschiedene Netze für einen Würfel mit der Kantenlänge 1 cm.

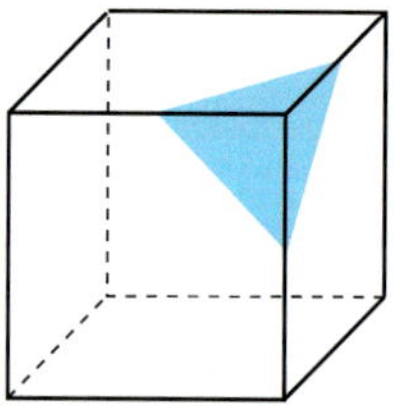

12. Eine Ecke eines Würfels ist blau gefärbt. Übertrage die gezeichneten Netze in dein Heft. Markiere dann alle Quadratecken, die beim Zusammenfalten die blaue Ecke ergeben.

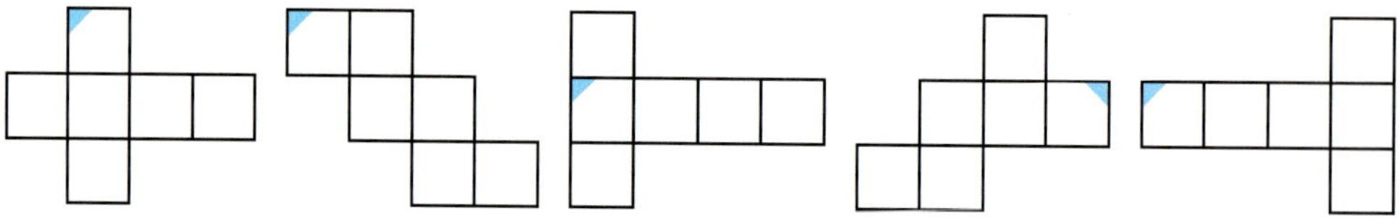

13. Ein Kantenmodell des Quaders soll aus Draht gebaut werden.
a) Wie viele Drahtstücke müssen hergestellt werden? Gibt es Ecken, an denen gleich lange Kanten zusammenstoßen? Erkläre.
b) Wie viele Drahtstücke müssen 6 cm, wie viele 4 cm, wie viele 2 cm lang sein?
c) Wie lang muss der benötigte Draht insgesamt sein?

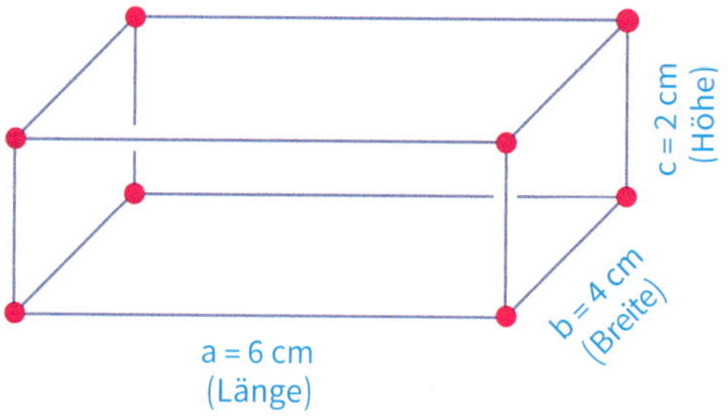

Das kann ich noch!

A) Berechne. Überlege dir dann jeweils eine Situation, die zur Rechnung passt.
1) 5,65 m + 25 cm
2) 12 kg : 500 g
3) 45 min · 6
4) 86,4 km : 4
5) 12 t − 3 500 kg
6) 210 mm · 200

14. Ein Kantenmodell eines Würfels soll aus Draht gebaut werden.
a) Eine Kante soll (1) 7 cm; (2) 4,5 cm lang werden. Wie viel Draht benötigt man?
b) Ein Draht ist (1) 72 cm; (2) 960 mm lang. Welche Kantenlänge hat der Würfel?

Herausfordern

15. Aus 60 cm Draht wird das Kantenmodell eines Quaders hergestellt.
a) Der Quader ist 0,4 dm lang und 3 cm breit. Wie hoch ist er?
b) Der Quader ist 3 cm lang und 5 cm hoch. Wie breit ist er?
c) Der Quader ist 4 cm breit und hat die gleiche Höhe und Länge. Wie lang ist er?
d) Der Quader soll würfelförmig sein. Wie groß ist seine Kantenlänge?

16. Aus 32 cm Draht soll das Kantenmodell eines Quaders hergestellt werden.
Gib fünf verschiedene Möglichkeiten an.

3.4.2 Darstellen von Quadern: Schrägbild und Seitenansichten

Einstieg

Fabian hält ein Kantenmodell eines Quaders in der Hand und beobachtet dessen Schatten an der Wand. Je nachdem, wie er das Modell in das Sonnenlicht hält, bekommt er einen mehr oder weniger guten Eindruck von der räumlichen Gestalt des Quaders. Auch in einer günstigen Stellung ist aber im Schattenbild nicht zu entscheiden, ob eine Kante vorne oder hinten liegt.

Einführung

Schrägbild eines Quaders

Eine Streichholzschachtel ist 1 cm hoch, 4 cm breit und 3 cm tief. Fabian möchte ein Bild dieser Streichholzschachtel zeichnen. Dabei zeichnet er die Kanten, die bei einem Vollkörper nicht sichtbar wären, gestrichelt. Das erste Bild der Streichholzschachtel gefällt ihm aber noch nicht, denn die Schachtel sieht viel zu breit aus. Erst wenn er für 1 cm einer nach hinten laufenden Kante nur die Diagonale eines Kästchens zeichnet, überzeugt das Bild.

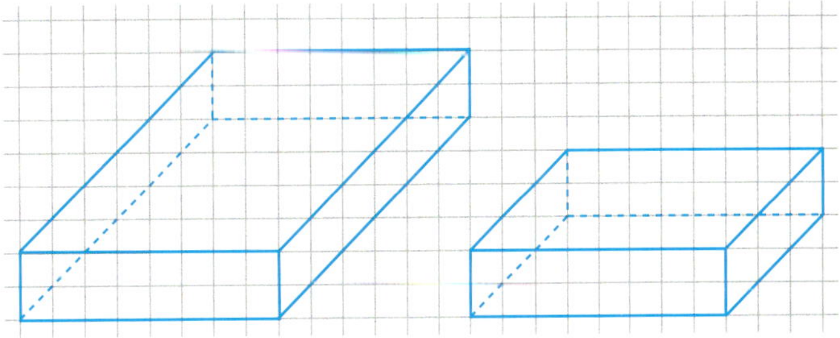

Information

Zeichnen des Schrägbildes eines Quaders

1. Schritt:

Zeichne zunächst die Vorderfläche mit den richtigen Maßen.

2. Schritt:

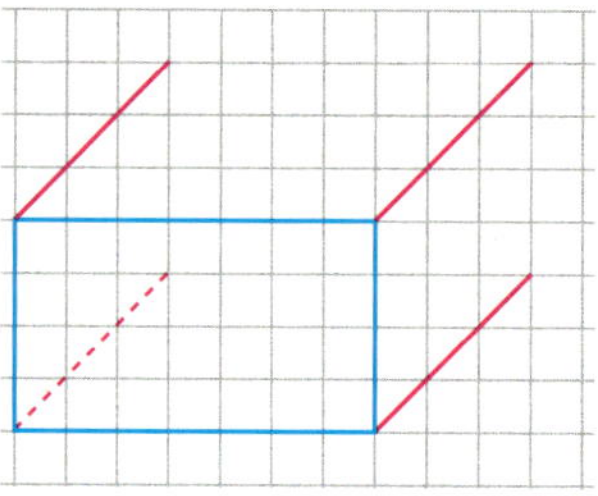

Zeichne die nach hinten laufenden Seitenkanten diagonal und verkürzt (für 1 cm jeweils 1 Kästchendiagonale). Nicht sichtbare Kanten werden nur gestrichelt gezeichnet.

3. Schritt:

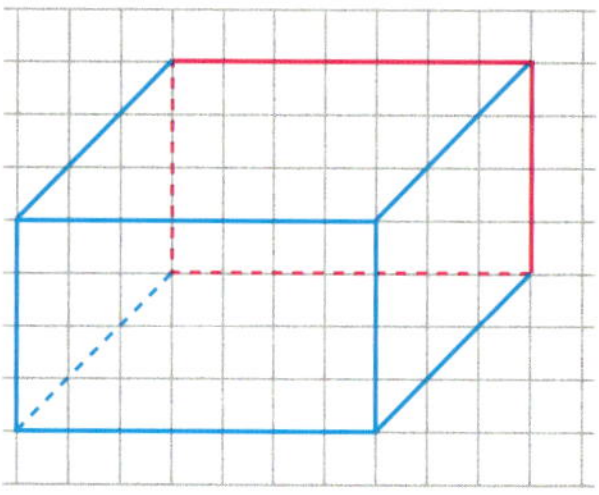

Zeichne die Rückfläche. Auch hier werden nicht sichtbare Kanten nur gestrichelt gezeichnet.

Weiterführende Aufgabe

Grundriss, Aufriss und Seitenriss eines Quaders

1. Rechts siehst du das Schrägbild eines Quaders. Zeichne die Figur, die du siehst, wenn du den Quader
   a) direkt von oben betrachtest;
   b) direkt von vorne betrachtest;
   c) direkt von rechts betrachtest.

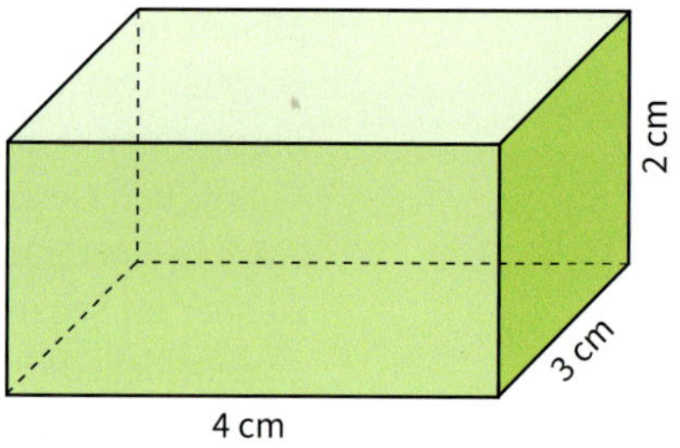

Information

Auch Ansichten eines Körpers aus verschiedenen Richtungen vermitteln eine räumliche Vorstellung des Körpers. Anders als im Schrägbild erscheinen hier alle Längen in wahrer Größe.

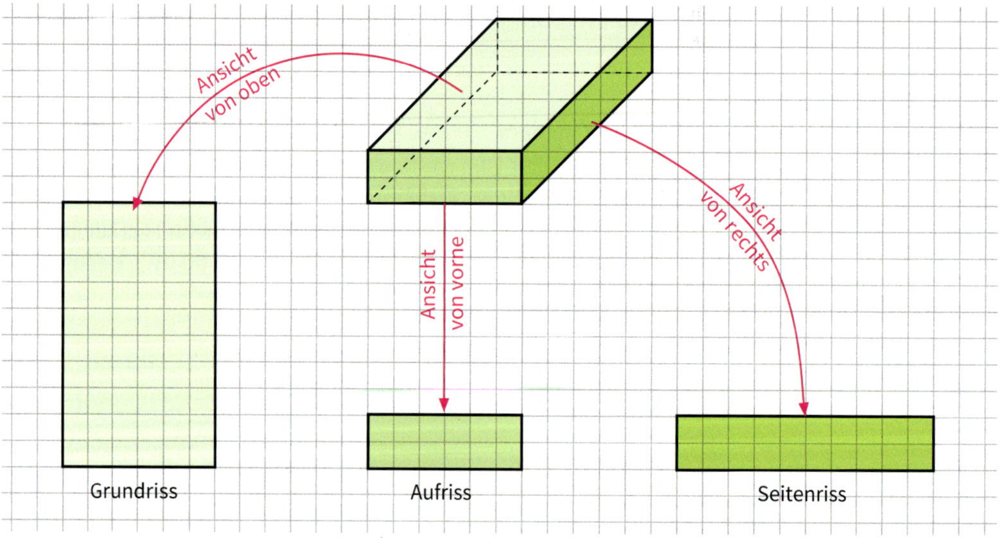

Üben

2. Zeichne das Schrägbild eines Würfels mit der Kantenlänge 3 cm [4 cm; 35 mm; 5 cm].

3. Zeichne ein Schrägbild sowie Grundriss und Aufriss eines Quaders mit den Seitenlängen:
a) 5 cm lang, 6 cm breit, 4 cm hoch **b)** 4 cm lang, 8 cm breit, 1 cm hoch

4. Eine Kaugummipackung hat die Kantenlängen 7 cm, 2 cm und 1 cm. Zeichne Schrägbilder von ihr, wähle drei verschiedene Flächen als Standflächen aus.

5. Das Schrägbild des Quaders ist unvollständig. Vervollständige es im Heft.

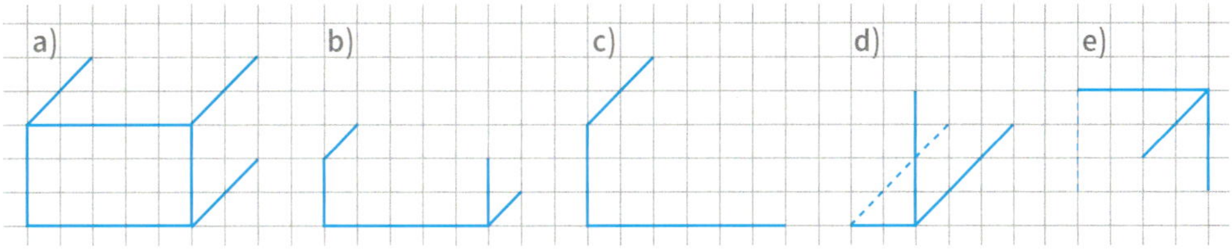

6. Untersuche folgende Fragestellung für Quader und antworte ausführlich.
a) Sind zueinander orthogonale Kanten auch im Schrägbild orthogonal zueinander?
b) Sind zueinander parallele Kanten auch im Schrägbild parallel zueinander?

7. Ein Quader wird von sechs Rechtecken begrenzt. Wie viele Rechtecke weist sein Schrägbild auf? Wie werden die anderen Rechtecke im Schrägbild gezeichnet?

Vertiefen

8. Ein Quader ist 4 cm hoch, 3 cm breit und 1 cm tief.
a) Zeichne ein Schrägbild sowie Grundriss, Aufriss und Seitenriss.
b) Aus dem Quader wird ein 3 cm hoher, 2 cm breiter und 1 cm tiefer Quader herausgeschnitten, sodass ein L-förmiger Körper entsteht.
Zeichne für diesen das Schrägbild sowie Grundriss, Aufriss und Seitenriss.

9. Jan hat aus 16 Würfeln eine „Würfelburg" gebaut und ihre Ansicht von oben und von rechts gezeichnet.
Zeichne ein passendes Schrägbild.
Findest du mehrere Möglichkeiten?

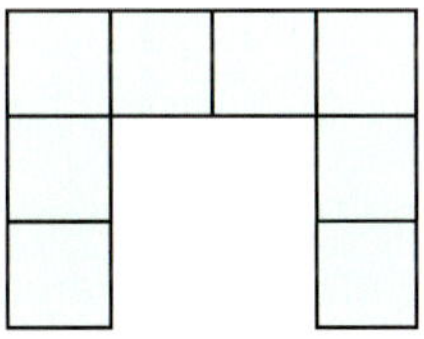
Ansicht von oben

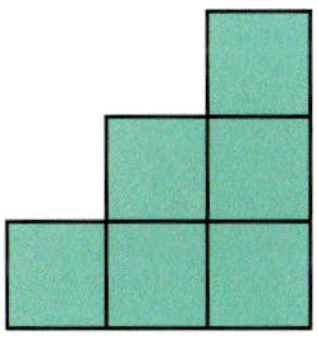
Ansicht von rechts

10. Auf dem Quader im Bild rechts ist der Weg einer Spinne eingezeichnet. Sie kriecht geradlinig von A nach B, dann von B nach C, von C nach D und von D nach E.
Zeichne drei verschiedene Netze des Quaders. Trage den Weg der Spinne jeweils in das Netz ein.

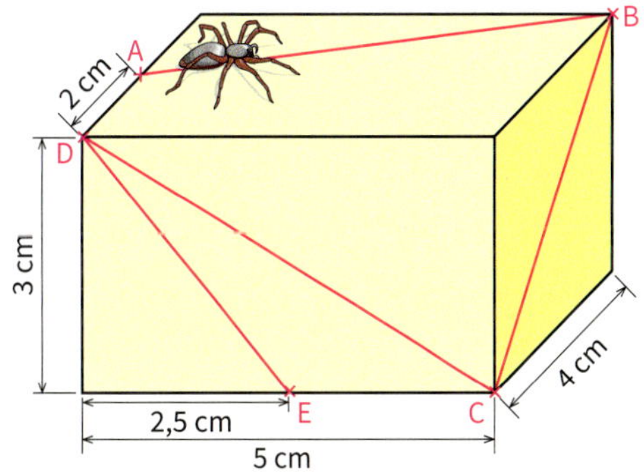

11. Bei dem Schrägbild des Quaders sind einige Kanten rot gezeichnet. Zeichne das Netz, das sich ergibt, wenn man den Quader längs dieser Kanten aufschneidet. Übernimm auch die Eckpunktbezeichnungen des Netzes.

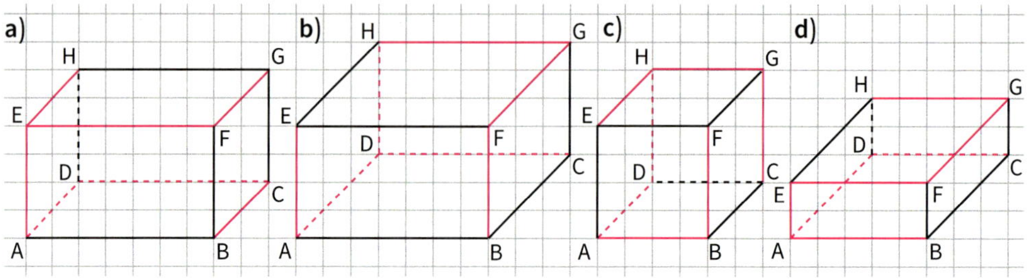

12. Im Schrägbild sieht manches anders aus als es in Wirklichkeit am Würfel ist. Untersuche
(1) die Form der Begrenzungsflächen;
(2) die Länge der Kanten;
(3) die Lage von Kanten zueinander.

13. Es ist jeweils das Schrägbild oder das Netz eines Quaders vorgegeben, der teilweise gefärbt ist. Übernimm diese Färbung in das Netz bzw. in das Schrägbild.

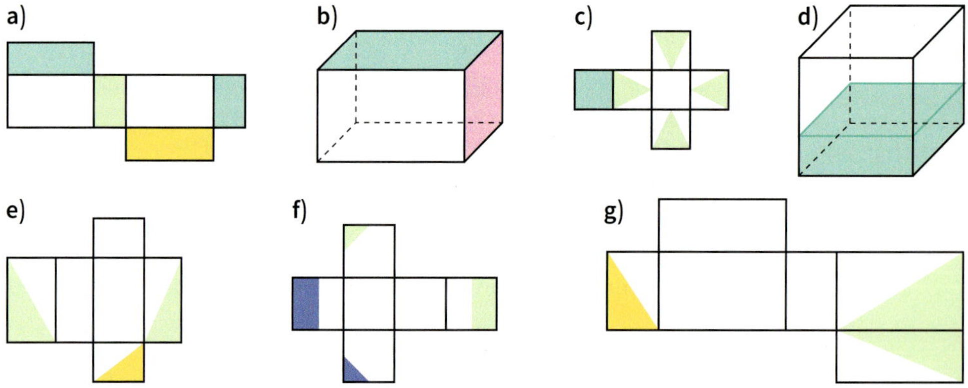

14. Die Würfel werden durch Eintauchen in Farbe wie angegeben eingefärbt. Zeichne jeweils ein Netz des gefärbten Würfels.

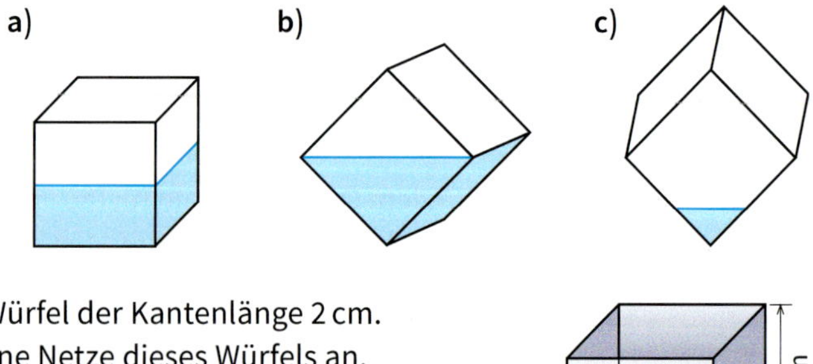

Herausfordern

15. Gegeben ist ein oben offener Würfel der Kantenlänge 2 cm.
Gib möglichst viele verschiedene Netze dieses Würfels an.
Anleitung: Beginne mit einer Seitenfläche, füge eine weitere hinzu, überlege dann, wie viele Möglichkeiten es gibt, die dritte anzugeben.

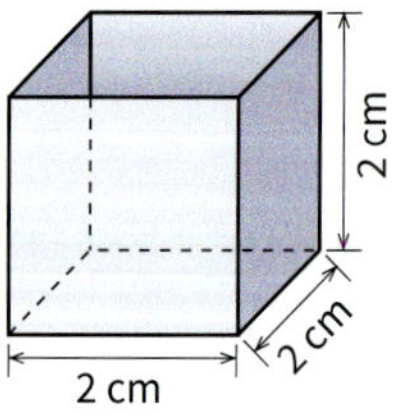

Anzahl von Ecken, Flächen und Kanten erforschen

1. a) Bastelt einen Würfel, indem ihr zuerst ein Netz aufzeichnet. Berücksichtigt – wie in den Beispielen rechts – die Falze, die zum Zusammenkleben nötig sind. Findet ihr noch mehr Möglichkeiten?

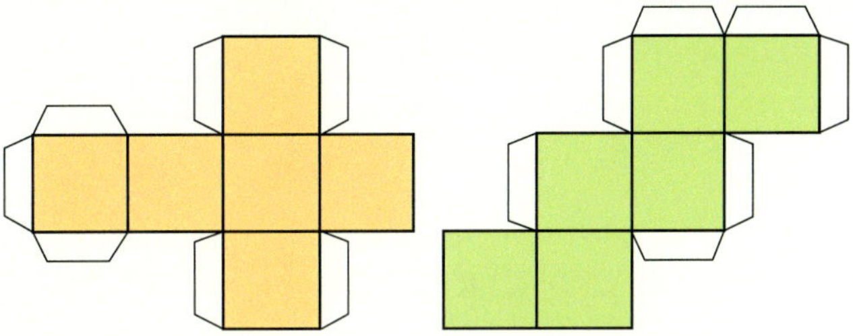

b) Vergleicht innerhalb der Klasse eure Netze und die Anzahl der nötigen Klebefalze. Überlegt, warum man beim Würfel immer sieben Falze benötigt.

2. Zeichne für die Pyramide rechts verschiedene Netze mit Klebefalzen. Wie viele Falze benötigt man jeweils?

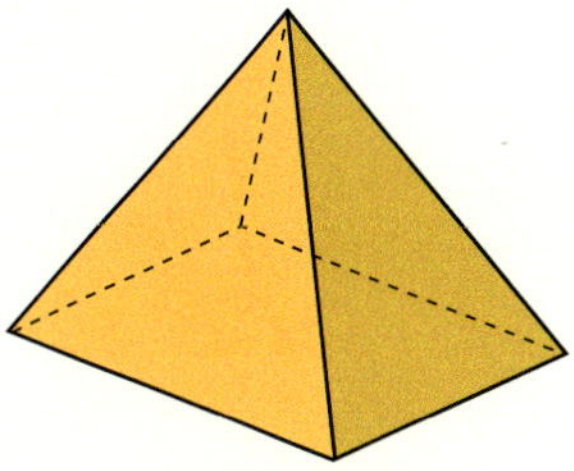

3. Um einen Zusammenhang zwischen der Anzahl der Ecken, Flächen, Kanten und Falze herauszufinden, ist es sinnvoll, eine Tabelle anzufertigen. Vervollständige die unten stehende Tabelle im Heft.

Körper	Zahl der Ecken e	Zahl der Flächen f	Zahl der Kanten k	Zahl der Falze z
Würfel, Quader	8	6	12	7
Vierseitige Pyramide	5	5	8	4
Dreiseitige Pyramide				
Prisma mit sechseckiger Grundfläche				

4. Sicherlich ist dir aufgefallen, dass die Anzahl der Falze immer um 1 kleiner ist als die Anzahl der Ecken: $z = e - 1$
Versuche dies zu begründen. Nimm hierzu einen Körper (z. B. eine Schachtel) und schneide den Körper längs seiner Kanten so auf, dass du ein Netz erhältst. Der erste Schnitt verbindet 2 Ecken des Körpers längs einer Kante, beim zweiten Schnitt erreichst du drei Ecken mit 2 Kanten. Führe diese Überlegungen weiter. Wie viele Schnitte benötigt man, bis jede Ecke einmal erreicht ist? Begründe, dass die Anzahl der Schnitte gleich der Anzahl der Falze ist.

5. Wir wollen jetzt den Zusammenhang zwischen Ecken, Flächen und Kanten eines Körpers mit geradlinigen Kanten untersuchen. Übertrage das Netz des abgebildeten Quaders in dein Heft und kennzeichne die Kanten, an denen der Körper aufgeschnitten wurde, und diejenigen Kanten, die im Netz zusammenhängen.

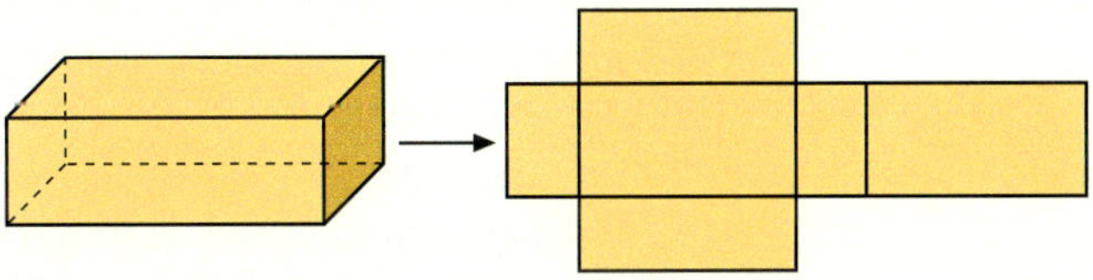

6. Betrachte deine Zeichnung aus Aufgabe 5.
Wir wissen, dass die Anzahl der Kanten, an denen aufgeschnitten wurde, e – 1 beträgt.
Wie viele Kanten gibt es, an denen der Körper zusammenhängt?
Begründe, dass die Anzahl dieser Kanten um 1 kleiner sein muss als die Anzahl der Flächen des Körpers.
Erläutere, dass sich damit folgender Satz ergibt:

Euler'scher Polyedersatz
Für viele Körper mit geradlinigen Kanten ist die Anzahl der Kanten um 2 kleiner als die Summe aus der Anzahl der Ecken und der Anzahl der Flächen:
$\mathbf{k = e + f - 2}$

7. Vervollständige die Tabelle im Heft mithilfe des Euler'schen Polyedersatzes.

Körper	Ecken	Flächen	Kanten
	8		12

	5	5	
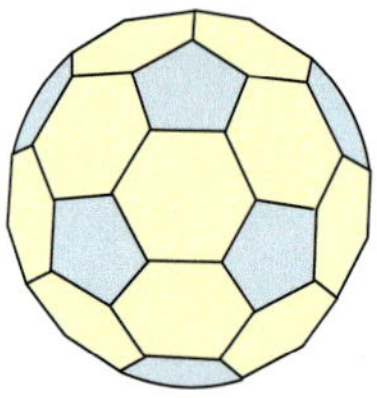	60	12 Fünfecke, 20 Sechsecke	
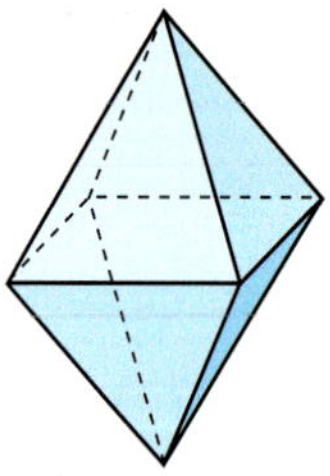			

8. Betrachte den Körper rechts.
a) Überlege, ob man diesen Körper aus einem zusammenhängenden Netz bauen kann.
b) Vergleiche die Anzahl der Ecken, Flächen und Kanten miteinander.
c) Ändere eine Längenangabe so ab, dass der Körper doch aus einem zusammenhängenden Netz zu bauen ist.
d) Zeichne ein Schrägbild des Körpers mit den rechts angegebenen Maßen.

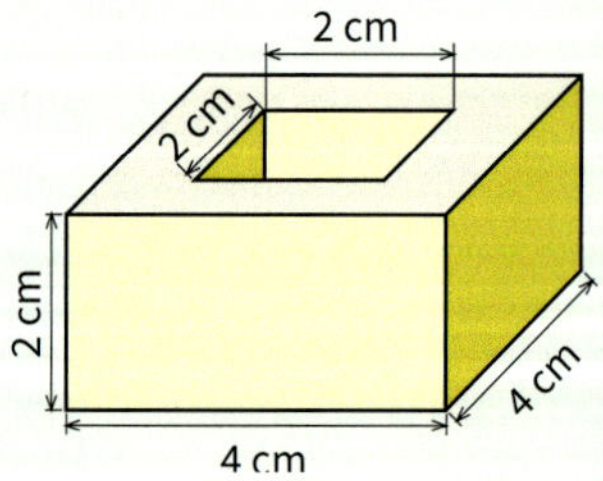

3.5 Aufgaben zur Vertiefung

1. a) Zeichne ein Quadrat mit der Seitenlänge 9 cm und markiere einen beliebigen Punkt im Inneren des Quadrates. Verbinde dann diesen Punkt mit allen vier Eckpunkten des Quadrates.

b) Halbiere diese vier Verbindungsstrecken und verbinde die gezeichneten Mittelpunkte miteinander. Was für ein Viereck entsteht?

c) Wiederhole Teilaufgabe b) für das neu entstandene Viereck.

d) Wiederhole Teilaufgabe b) für das in Teilaufgabe c) neu entstandene Viereck.

e) Zeichne die Vierecke etwas dicker nach. Welchen Eindruck erweckt das fertige Bild?

2. a) Zeichne ein Quadrat ABCD mit der Seitenlänge 6 cm.

b) Bestimme auf den Seiten des Quadrates die vier Punkte, die 1 cm von den Eckpunkten A und C entfernt sind. Verbinde diese. Was für ein Viereck entsteht?

c) Wiederhole b) andersfarbig mit einer Entfernung von 2 cm statt 1 cm.

d) Vergleiche die Umfänge der in den Teilaufgaben b) und c) entstandenen Vierecke. Versuche das Ergebnis zu erklären.

3. a) Das Verlängern einer Strecke ist über beide Endpunkte hinaus möglich. Wir vereinbaren für diese Aufgabe, dass das Verlängern einer Strecke $\overline{XY}$ immer über den zuletzt genannten Endpunkt (hier also Y) hinaus erfolgen soll.
Zeichne ein Quadrat ABCD mit der Seitenlänge 3 cm und verlängere die Seiten $\overline{AB}$, $\overline{BC}$, $\overline{CD}$ und $\overline{DA}$ in der vereinbarten Weise um 1 cm.

b) Verbinde nun die Endpunkte der Verlängerungen miteinander. Was für ein Viereck entsteht? Wie lang sind seine Seiten?

c) Führe dieses Verfahren noch dreimal durch und betrachte das fertige Bild. Welchen Eindruck erweckt es?

4. Zeichne drei Punkte, die nicht alle drei auf einer Geraden liegen.

a) Zeichne einen vierten Punkt so, dass ein Parallelogramm entsteht.

b) Zeichne die drei Punkte so, dass mit einem vierten Punkt ein Rechteck [ein Quadrat; eine Raute] entsteht.

5. Übertrage das Bild in dein Heft und zeichne auf der Geraden g von S aus fünf Punkte P_1 bis P_5 mit jeweils gleichem Abstand. Verbinde die Punkte P_5 und Q_5 durch eine Gerade. Zeichne zu dieser Geraden P_5Q_5 jeweils eine Parallele durch P_1 bis P_4. Diese Geraden schneiden die Gerade h in den Punkten Q_1 bis Q_4. Was stellst du fest?

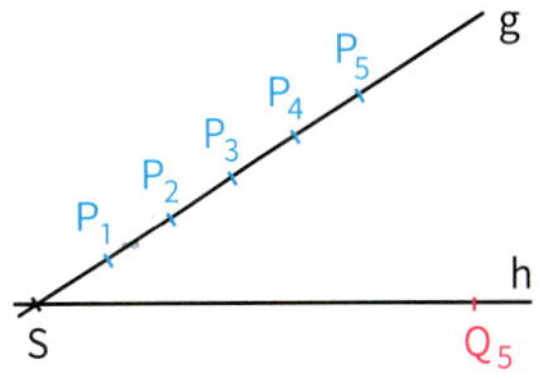

6. Prüfe Fabians Behauptung:

a) Jedes Parallelogramm mit 4 gleich langen Seiten ist ein Quadrat.

b) Alle Vierecke, deren Diagonalen orthogonal zueinander sind, sind Quadrate.

c) Es gibt Rechtecke, bei denen beide Diagonalen gleich lang sind.

d) Bei jeder Raute sind die beiden Diagonalen gleich lang.

e) Es gibt Rechtecke, bei denen alle Seiten gleich lang sind.

f) Es gibt Trapeze, bei denen alle Seiten verschieden lang sind.

Präsentieren auf Plakaten

1. a) Zwei Gruppen von Schülerinnen und Schülern haben jeweils ein Plakat zu geometrischen Themen hergestellt. Vergleicht die Gestaltung der beiden Plakate miteinander. Was ist besonders gut gelungen? Wo kann man noch Verbesserungen vornehmen?

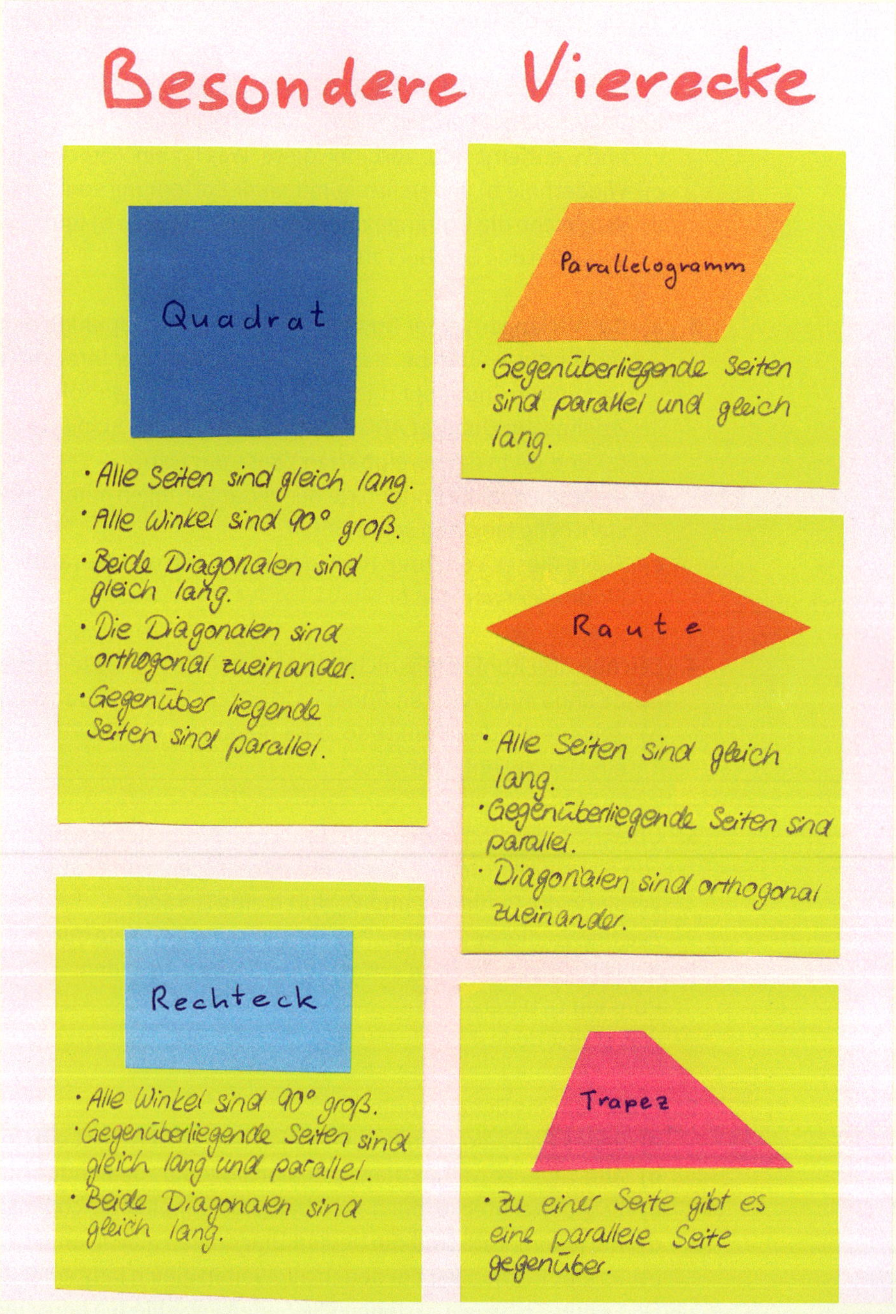

b) Vergleicht eure Vorschläge mit den folgenden Tipps.

> **Präsentieren von Ergebnissen auf einem Plakat:**
> **So werden Plakate richtig ansprechend!**
> - Achte auf eine kurze Überschrift.
> - Schreibe groß und deutlich, am besten in Druckschrift oder mit dem Computer.
> - Formuliere knapp; häufig sind Stichworte besser als ganze Sätze.
> - Lockere das Plakat durch Bilder und Grafiken auf. Fotos wirken häufig gut; du kannst sie bequem mit einer Digitalkamera herstellen.

2. Erstellt ein Plakat zu folgendem Thema und hängt es im Klassenraum aus.

a) Wo kommen Vielecke in der Umwelt vor?

b) Wo kommen symmetrische Figuren im Alltag vor?

Das Wichtigste auf einen Blick

Körper

Geometrische Körper werden von **Flächen** begrenzt. Flächen stoßen in **Kanten** aufeinander. **Ecken** werden durch aufeinander treffende Kanten gebildet.

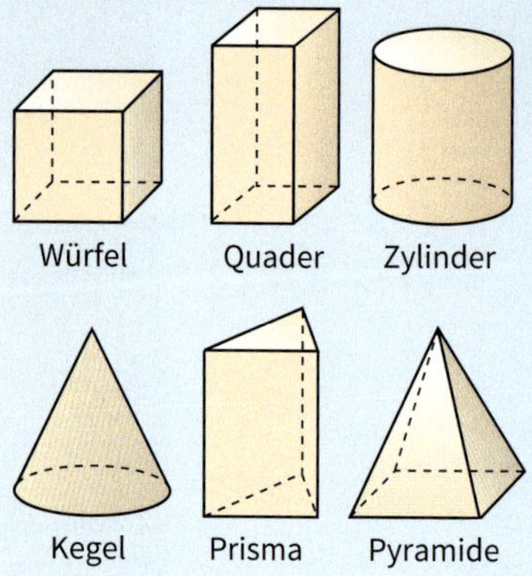

Koordinatensystem

Ein **Koordinatensystem** besteht aus einem nach rechts gerichteten Zahlenstrahl, der **x-Achse** *(Rechtsachse)*, und einem nach oben gerichteten Zahlenstrahl, der **y-Achse** *(Hochachse)*.
Der Punkt O heißt Ursprung des Koordinatensystems.
Punkte haben eine **x-Koordinate** *(1. Koordinate)* und eine **y-Koordinate** *(2. Koordinate)*. Z. B. hat P(4 | 3) die x-Koordinate 4 und die y-Koordinate 3.

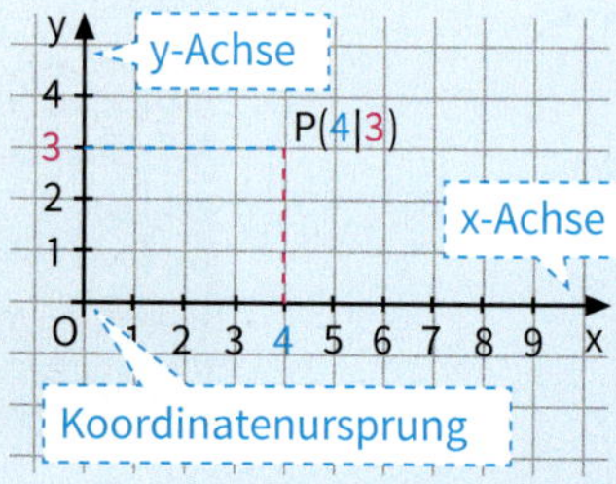

Strecke

Eine geradlinige Verbindung zweier Punkte A und B wird als **Strecke** bezeichnet. A und B sind die Endpunkte dieser Strecke. Man schreibt kurz: $\overline{AB}$ oder $\overline{BA}$.
Für die **Länge** der Strecke $\overline{AB}$ schreibt man $|AB|$.

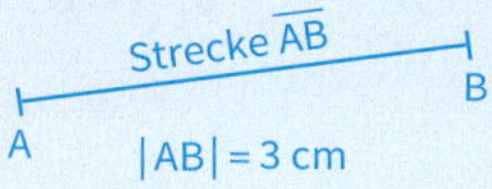

Vielecke

Eine Fläche, die von Strecken begrenzt wird, heißt **Vieleck**. *Dreiecke* (drei Eckpunkte), *Vierecke* (vier Eckpunkte) und *Fünfecke* (fünf Eckpunkte) sind Beispiele für Vielecke.
Unter dem **Umfang** eines Vielecks versteht man die Summe aller seiner Seitenlängen. Eine **Diagonale** verbindet nicht nebeneinander liegende Eckpunkte eines Vielecks.

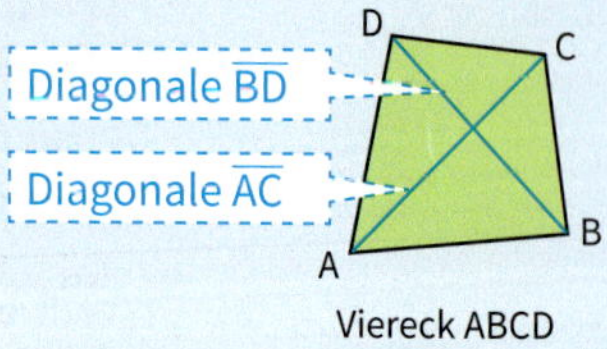

Geraden

Eine **Gerade** ist eine gerade Linie ohne Anfangs- und Endpunkt. Die Gerade durch die Punkte A und B wird mit AB bzw. BA oder einem Kleinbuchstaben (hier h) bezeichnet.
Zwei sich *schneidende* Geraden haben einen Punkt, den **Schnittpunkt** S gemeinsam. Schneiden sich die Geraden g und h **orthogonal**, so liegen sie wie Mittellinie und Zeichenkante eines Goedreiecks. Man schreibt $g \perp h$.

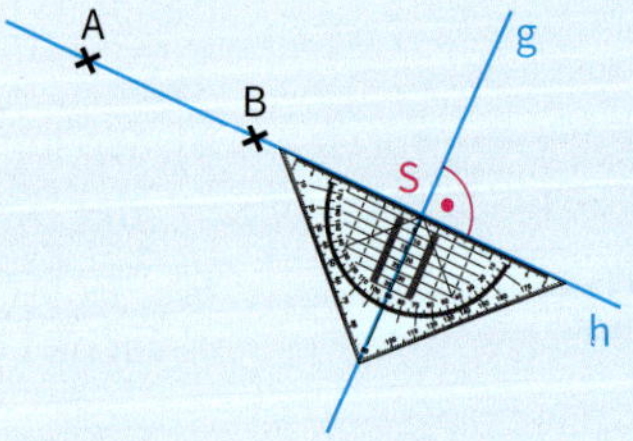

Abstand

Die kürzeste Verbindung des Punktes P zu einem Punkt der Geraden g nennt man den **Abstand** des Punktes von der Geraden. Die Gerade, die durch den Punkt P und orthogonal zur Geraden g verläuft, nennt man die *Orthogonale der Gerade g durch den Punkt P*.
Zwei Geraden g und h, die überall denselben Abstand haben, nennt man **parallel** zueinander. Man schreibt $g \parallel h$.

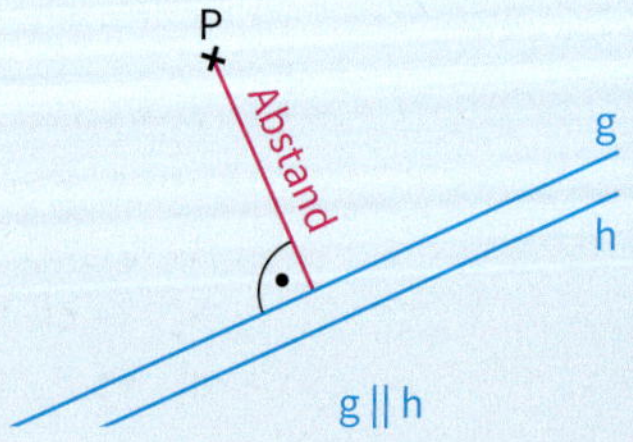

Besondere Vierecke

Parallelogramm: Gegenüberliegende Seiten sind jeweils parallel zueinander.
Rechteck: Benachbarte Seiten sind jeweils orthogonal zueinander.
Quadrat: Rechteck mit vier gleich langen Seiten
Raute: Parallelogramm mit vier gleich langen Seiten
Trapez: Wenigstens zwei gegenüberliegende Seiten sind parallel zueinander.

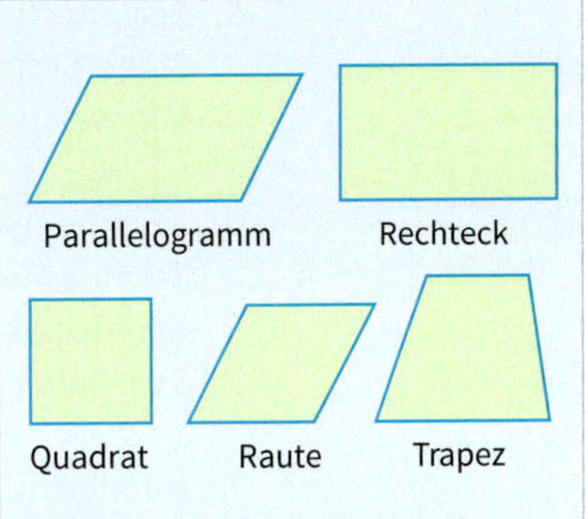

Quader und Würfel

Ein Quader wird von 6 Rechtecken begrenzt. Ein Würfel ist ein besonderer Quader, der von 6 Quadraten begrenzt wird. Quader kann man im Schrägbild darstellen und aus einem Netz herstellen.
Anssichten des Quaders von oben, von vorne und von der Seite vermitteln auch eine räumliche Vorstellung. Alle Längen erscheinen darin in wahrer Größe.

Schrägbild

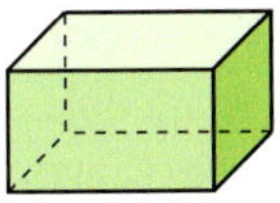

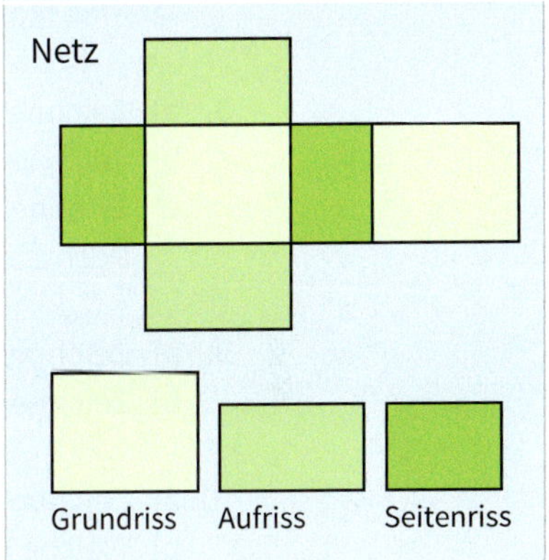

Bist du fit?

1. a) Zeichne die Punkte A (1 | 1), B (5 | 1), C (7 | 3), D (4 | 3), E (1 | 5) in ein Koordinatensystem mit der Einheit 1 cm und verbinde sie zum Fünfeck ABCDE.
b) Bestimme den Umfang des Fünfecks ABCDE.
c) Zeichne alle Diagonalen ein.

2. Zeichne die Punkte P (1 | 5), Q (1 | 3), R (1 | 1), S (3 | 5), T (5 | 3), U (6 | 5), V (7 | 1) in ein Koordinatensystem. Zeichne dann die Geraden PT, QV, RS und TU.
Untersuche, welche dieser Geraden parallel, welche orthogonal zueinander sind. Schreibe das Ergebnis mit den Zeichen $\perp$ und $\|$.

3. Welche Himmelsrichtungen sind zueinander orthogonal?
Notiere so: N $\perp$ O

4. Zeichne die Gerade g durch die Punkte A (3 | 0) und B (7 | 4) sowie den Punkt P (3 | 6) in ein Koordinatensystem mit der Einheit 1 cm.
a) Zeichne eine Gerade a durch P, die zu g orthogonal ist.
b) Zeichne eine Gerade b durch P, die zu g parallel ist.
c) Bestimme den Abstand des Punktes P von der Geraden g.

5. Zeichne die Punkte A(1|1), B(6|1), C(4|7) und P(4|3) in ein Koordinatensystem mit der Einheit 1 cm.
Von welcher der Geraden AB, BC und AC hat der Punkt P den kleinsten Abstand?

6. Zeichne zwei zueinander parallele Geraden a und b mit dem Abstand 5 cm.
Zeichne nun eine dritte Gerade c. Sie soll zu a und zu b parallel sein. Außerdem soll die Gerade c von der Geraden a den Abstand 2 cm [8 cm] und von der Geraden b den Abstand 3 cm haben.

7. Markiere in einem Koordinatensystem die Punkte P(3|3) und Q(4|6). Zeichne ein Quadrat, das die Strecke $\overline{PQ}$ als Seite hat.

8. **a)** Zeichne ein Rechteck mit den Seitenlängen 3 cm und 5 cm.
b) Zeichne eine Diagonale ein.
c) Zeichne zu dieser Diagonalen eine Parallele, die durch einen Eckpunkt des Rechtecks geht.

9. **a)** Zeichne ein Rechteck mit dem Umfang 18 cm; eine Seite soll 6 cm lang sein.
b) Zeichne ein Quadrat mit dem Umfang 18 cm.

10. **a)** Zeichne Netz und Schrägbild eines Quaders mit den Seitenlängen 6 cm, 8 cm und 5 cm.
b) Welche besonderen Vierecke zeigt das Schrägbild?

11. Zeichne ein Netz des rechts abgebildeten Würfels, in das du die angegebene Färbung überträgst.

12. Ein Quader ist 6 cm hoch, 3 cm breit und 4 cm tief.
Zeichne ein Schrägbild sowie Grundriss, Aufriss und Seitenriss.

13. Eine Streichholzschachtel hat die Kantenlängen 5 cm, 3 cm und 1 cm.
Zeichne Schrägbilder von ihr, wähle drei verschiedene Flächen als Standflächen aus.

14. Untersuche, wie viele Ecken, Kanten und Flächen eine Pyramide mit einem Dreieck, Viereck und Fünfeck, ... als Grundfläche hat. Stelle deine Ergebnisse in einer Tabelle zusammen.
Formuliere Regelmäßigkeiten und versuche, diese zu begründen.

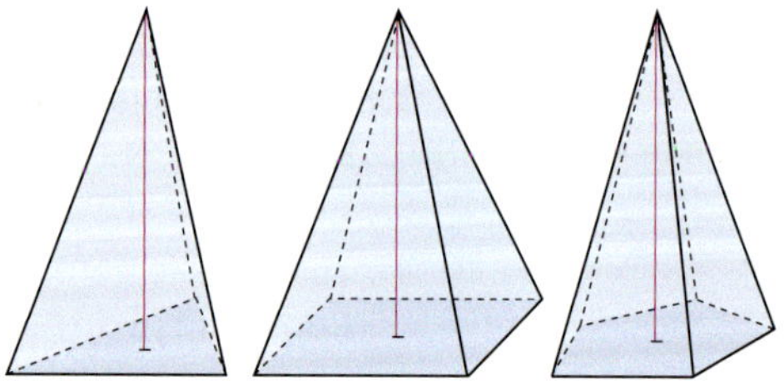

4. Flächen- und Rauminhalte

Beim Planen, Bauen und Renovieren benötigt man oft Größen von z. B. Terrassen, Zimmern und Gebäuden.

Familie Wieblitz möchte ihre Terrasse neu mit Fliesen auslegen. Die Terrasse ist 4 m lang und 3 m breit.

- Wie viele der rechteckigen Fliesen benötigt die Familie mindestens, wenn die ganze Terrasse damit gefliest werden soll?
- Wie viele der quadratischen Fliesen benötigt die Familie mindestens, wenn die ganze Terrasse damit gefliest werden soll?
- Man könnte auch rechteckige und quadratische Fliesen kombinieren. Finde dafür eine Möglichkeit.

In diesem Kapitel …

lernst du, wie man die Größe von Flächen misst und berechnet. Auch das Messen und Berechnen des Rauminhalts von Körpern lernst du.

Lernfeld: Wie groß ist …?

Wie umläuft man eine möglichst große Fläche?

In der Erzählung „Wie viel Erde braucht der Mensch?" von Leo Tolstoi erhält der Bauer Pachom für 1000 Rubel so viel Land, wie er von Sonnenaufgang bis Sonnenuntergang umlaufen kann.

Desjatine, altes russisches Maß für Flächen Ein Quadrat mit der Seitenlänge 104,5 m ist 1 Desjatine groß.

»Nun, ich habe nichts dagegen. Nimm dir Land, wo du willst; wir haben genug.« […]
»Und welchen Preis verlangt ihr dafür?« fragte Pachom.
»Wir haben nur einen Preis: tausend Rubel für den Tag.«
Pachom verstand es nicht.
»Was ist denn der Tag für ein Maß? Wieviel Desjatinen sind es?«
»Wir verstehen so nicht zu rechnen«, erwiderte der Älteste.
»Wir verkaufen so: Wieviel Land du an einem Tage umgehen kannst, soviel gehört dir. Und ein Tag kostet tausend Rubel.«
Pachom wunderte sich.
»In einem Tage«, sagte er, »kann man ja ein sehr großes Stück Land umgehen.«
Der Älteste lachte: »Ja, und alles das soll dir gehören!
Wir machen aber noch eine Bedingung aus: Wenn du am gleichen Tage nicht an die Stelle zurückkommst, von der du ausgegangen bist, ist dein Geld verfallen.« […]
Pachom geht also auf den Hügel zu, und das Gehen fällt ihm immer schwerer: er schwitzt, die bloßen Füße sind zerschunden und wollen ihm nicht mehr gehorchen. Er will gern ein wenig ausruhen, darf es aber nicht mehr, sonst kann er vor Sonnenuntergang nicht zurück sein. Die Sonne wartet nicht und sinkt immer tiefer.
»Habe ich nicht doch einen Fehler gemacht und mir zuviel Land vorgenommen? Wenn ich nur nicht zu spät komme!«
Er blickt bald auf den Hügel, bald auf die Sonne: bis zum Ziel ist es noch weit, die Sonne steht aber schon dicht über dem Steppenrand. Pachom geht mit großer Mühe und beschleunigt dennoch seine Schritte immer mehr. Er geht und geht, die Entfernung bleibt aber immer die gleiche; nun fängt er an zu laufen […]

→ Nehmen wir einmal an, du könntest am Tag 24 km gehen. Zeichne in verkleinertem Maßstab auf kariertem Papier verschiedene Wege so auf, dass ein rechteckiges Feld umlaufen wird. Wie kannst du die Größe der Felder vergleichen? Welches Feld ist das größte?

→ Suche zu Hause oder in einer Bücherei oder im Internet nach der Erzählung von Tolstoi und lies, wie die Geschichte ausgeht.

Somawürfel

Jan hat von einer Holzstange Würfel der Kantenlänge 2 cm abgesägt. Alle Würfel passen lückenlos in eine würfelförmige Schachtel der Kantenlänge 6 cm.

→ Wie viele Würfel sind es?

In der Abbildung rechts siehst du, wie Kilian die Würfel zu größeren Teilen zusammengeklebt hat. Beim Zusammenkleben hat er sorgfältig darauf geachtet, dass die quadratischen Klebeflächen genau aufeinander passen.
Jan behauptet, dass er alle möglichen verschiedenen Körper hergestellt hat, die man so aus höchstens 4 Würfeln zusammenfügen kann.

→ Wie viele Würfel hat er insgesamt verarbeitet?

→ Stimmt Jans Aussage oder gibt es weitere Möglichkeiten, die Würfel zusammenzukleben?

→ Sortiere die Körper nach gemeinsamen Merkmalen.

4.1 Flächen und ihr Flächeninhalt

4.1.1 Größenvergleich von Flächen

Einstieg

Zerschneide ein Rechteck längs einer Diagonalen in zwei Teile. Lege diese Teile zu einer neuen Figur zusammen.
Findest du mehrere Möglichkeiten?
Was haben die unterschiedlichen Figuren gemeinsam, worin unterscheiden sie sich?

Aufgabe 1

Flächeninhalt

Auf dem Teppichboden ist ein großer Fleck entstanden. Tanja und ihr Vater wollen den Teppichboden ausbessern. Es ist noch ein Reststück vorhanden, das beim Verlegen übrig geblieben ist. Der Fleck ist jedoch zu breit.
Wie können sie sich helfen?

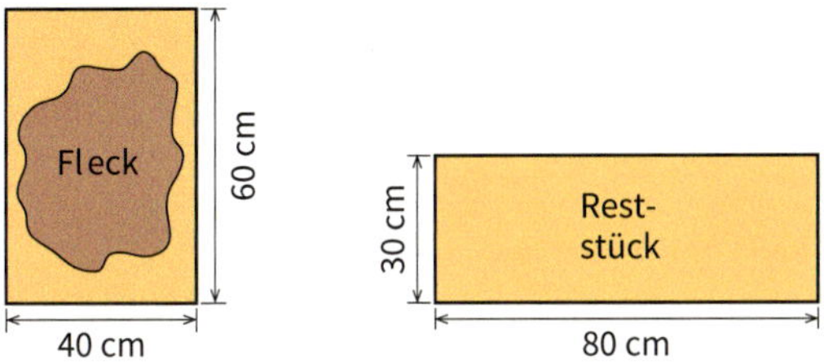

Lösung

Tanja und ihr Vater schneiden aus dem Teppichboden ein Rechteck mit den Seitenlängen 40 cm und 60 cm heraus. Wenn das Reststück in der Mitte zerschnitten wird, passt es genau in die Lücke.

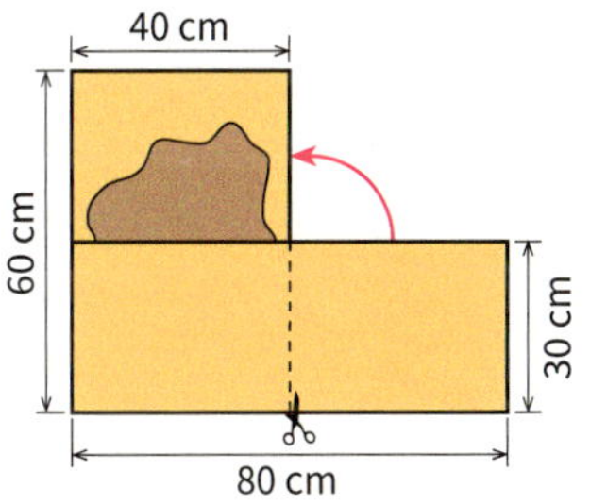

Information

Flächeninhalt

Reststück und Lücke aus Aufgabe 1 sind Rechtecke. Sie haben zwar verschiedene Maße, sie sind aber dennoch gleich groß. In der Mathematik sagt man: Sie haben denselben *Flächeninhalt.*

Flächen haben denselben **Flächeninhalt**, wenn man sie so zerlegen kann, dass sie in ihren Teilflächen übereinstimmen.

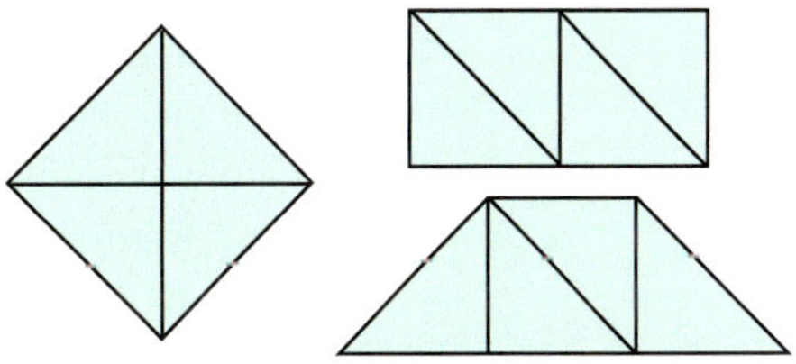

Weiterführende Aufgabe

Unterscheidung von Flächeninhalt und Umfang

2. Das Rechteck und die Teppichlücke von Aufgabe 1 haben denselben Flächeninhalt. Bestimme von beiden den Umfang. Was fällt dir auf?

Üben

3. Haben die beiden Flächen denselben Flächeninhalt? Wenn nein, welcher Flächeninhalt ist größer?

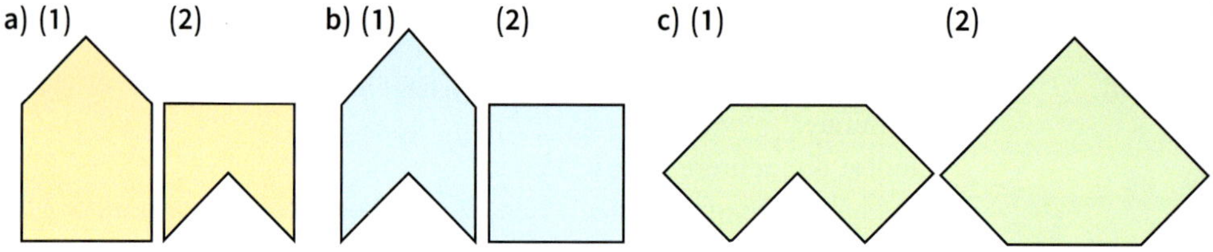

4. Warum haben die beiden gelben Quadrate zusammen denselben Flächeninhalt wie das grüne Quadrat?

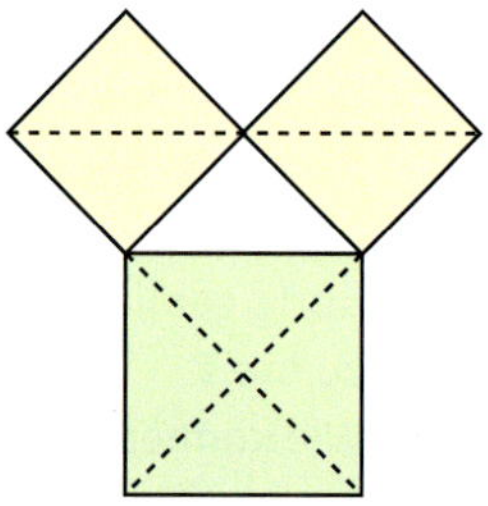

5. Zeichne zwei unterschiedliche Figuren, die denselben Flächeninhalt haben.

6. Ein Balkon soll gefliest werden. Es stehen zwei verschiedene Fliesensorten zur Auswahl.
Welche Fliese ist größer? Zeichne, schneide aus und versuche aufeinander zu legen.

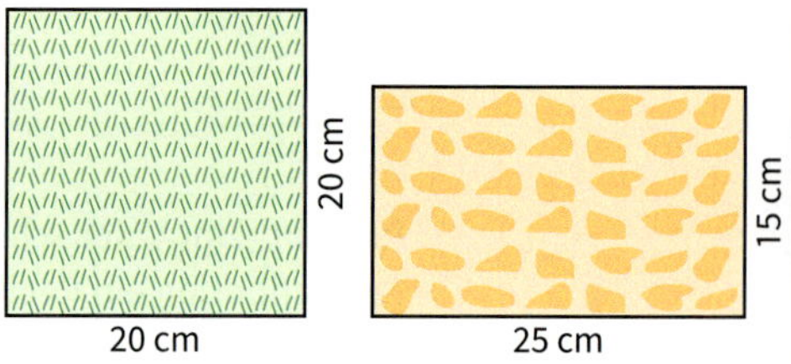

Vertiefen

7. Entscheide, ob die angegebenen Flächen den gleichen Flächeninhalt haben.
Zeichne dazu ab, schneide aus und zerlege.
a) Figur K und Figur L
b) Figur L und Figur M

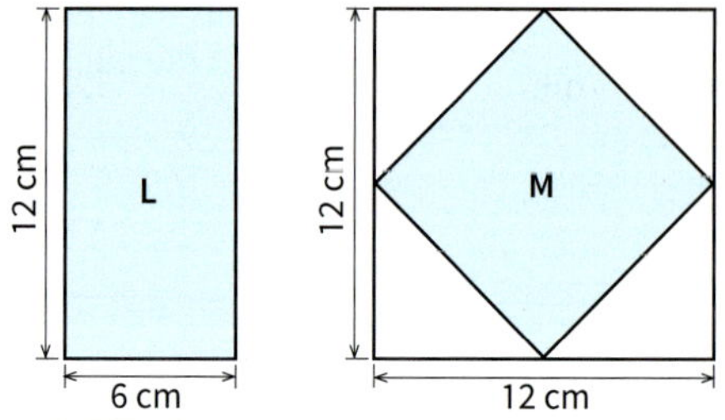

8. a) Verschiedene Rasenstücke in einem Park sollen neu eingesät werden. Vergleiche die Rasenstücke. Benötigt man für eines mehr Rasensamen als für ein anderes?
b) Die Rasenfläche soll mit Randsteinen von 1 m Länge umgeben werden.
Lukas sagt: „Für die Begrenzung des Rasenstücks B braucht man mehr Randsteine als für die Begrenzung des Rasenstücks A. Also ist das Rasenstück B größer als das Rasenstück A.“ Stimmt die Überlegung von Lukas? Begründe.

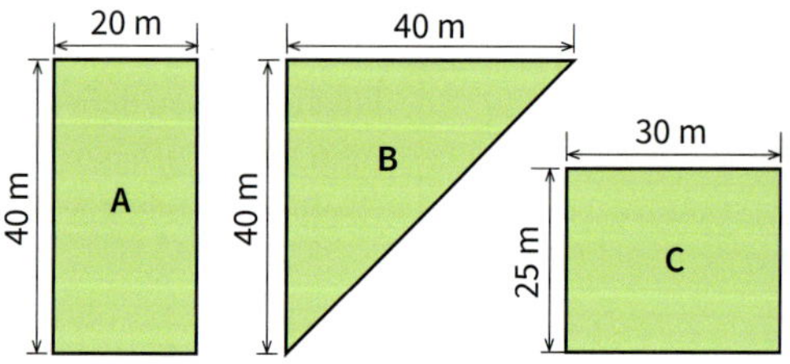

9. *Tangram*
Das Tangramspiel ist ein altes chinesisches Legepuzzle, das aus 7 einfachen Teilen besteht (siehe Zeichnung rechts). In China wird es auch Ch'i Ch'a pan (d. h. Siebenschlau) genannt. Obwohl es nur aus wenigen Figuren besteht, lassen sich mit ihm eine Vielzahl von Bildern legen.
Übertragt das Tangram auf Karopapier und schneidet es aus.

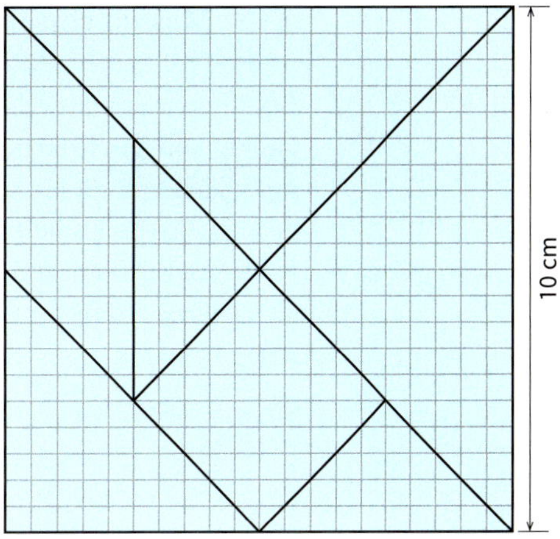

a) Vergleicht den Flächeninhalt der Puzzleteile. Welche Puzzleteile sind gleich groß?
b) Aus welchen Puzzleteilen lässt sich ein großes Dreieck legen?
c) Legt die Figuren rechts mit euren Puzzleteilen nach.
d) Begründet, weshalb man jede dieser Figuren aus lauter kleinen Dreiecken legen könnte. Wie viele solche kleinen Dreiecke würde man brauchen?
e) Lege mithilfe einiger Puzzleteile eine schöne Figur. Umrande diese Figur. Tausche die umrandete Figur mit deinem Nachbarn. Lege eine weitere Figur, die gleich groß ist.

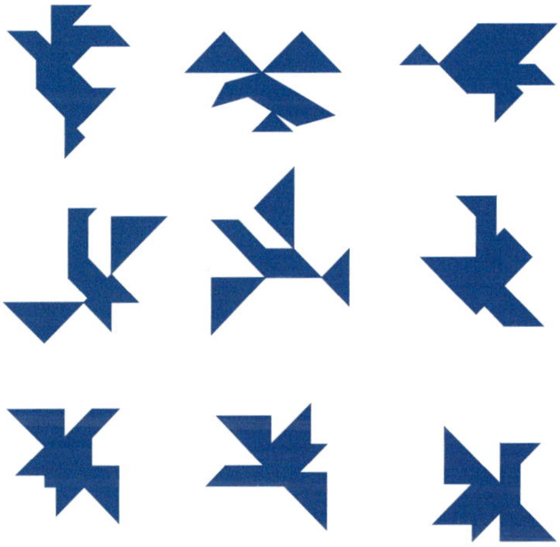

Herausfordern

10. Zeichne die Figur rechts in dein Heft. Zeichne dann ein Rechteck, das denselben Flächeninhalt wie diese Figur hat.

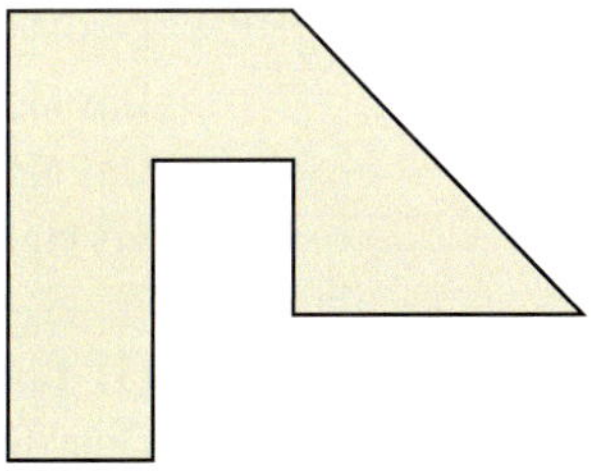

11. Zeichne ein Quadrat. Zeichne nun ein weiteres Quadrat, dessen Flächeninhalt doppelt so groß ist.
Tipp: Zerlege das kleine Quadrat geeignet.

Das kann ich noch!

A) Verwende jede der Ziffern 4, 5, 6, 7, 8 und 9 einmal.
1) Bilde die kleinste Zahl aus den Ziffern und lies sie vor.
2) Bilde die größte Zahl aus den Ziffern und lies sie vor.
3) Bilde aus den Ziffern die Zahl, die einer halben Million am nächsten ist.
4) Bilde aus den Ziffern die Zahl, die 900 000 am nächsten ist.

B) Runde die folgenden Zahlen jeweils auf Millionen (Mio), Tausender (T), Hunderter (H) und Zehner (Z).
1) 1 234 567 2) 9 876 789 3) 999 999 4) 9 090 909

4.1.2 Messen von Flächeninhalten – Quadratzentimeter

Einstieg

Bestimmt näherungsweise den Flächeninhalt (die Größe) von Tischflächen. Legt dazu die Flächen mit gleich großen Heften aus und gebt diese Ergebnisse in der Einheit H (Heftgröße) an.
Findet im Klassenraum kleinere und größere Flächen, deren Größe ihr mithilfe von Heften ermittelt.

Aufgabe 1

Tim will drei Mosaike aus quadratischen Steinchen herstellen. Er hat dazu geometrische Muster entworfen.

(1)

(2)

(3)
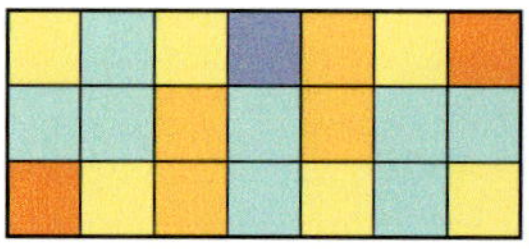

Mit seinem Freund Sebastian diskutiert er darüber, welches Mosaik am größten und welches am kleinsten ist.
Wie kann man die Größe der Mosaike vergleichen? Welche Einheit bietet sich dazu an?

Lösung

Um die Größe der Mosaike zu bestimmen, kann man jeweils die Anzahl der Steinchen bestimmen.
Das Mosaik 1 besteht aus 4 Reihen zu je 5 Steinchen und somit aus $5 \cdot 4$, also 20 Steinchen.
Das Mosaik 2 besteht aus $2 \cdot 11$, also 22 Steinchen.
Das Mosaik 3 besteht aus $3 \cdot 7$, also 21 Steinchen.
Das Mosaik 2 ist am größten, das Mosaik 1 am kleinsten.
Als Maßeinheit wurde die Größe eines Steinchens verwendet.

Information

(1) Bestimmen des Flächeninhalts durch Auslegen der Flächen

Das Mosaik 1 aus Aufgabe 1 besteht aus 20 Steinchen. Man kann daher sagen, es hat den Flächeninhalt 20 Steinchengrößen, kurz 20 S.
Entsprechend hat das Mosaik 2 den Flächeninhalt 22 S und des Mosaik 3 schließlich 21 S.

S (= Steinchengröße) ist die Einheit, in der der Flächeninhalt des Mosaiks gemessen wird. Sie ist eine frei gewählte Einheit, die hier praktisch ist.

Die Größe von Terrassen oder von Gartenwegen kann man in der Einheit *Plattengröße* angeben. Bei gefliesten Flächen, z. B. im Bad, bietet sich die Einheit *Fliesengröße* an. Journalisten geben große Flächen gelegentlich in der Einheit *Fußballfeld* an.

(2) Messen des Flächeninhalts in der Einheit Quadratzentimeter

Die frei gewählten Einheiten für den Flächeninhalt (z. B. Flächeninhalt einer Fliese oder einer Kachel) können unterschiedlich groß sein. Eine Angabe wie „10 Fliesen groß“ kann Flächen unterschiedlicher Größe beschreiben und ist deshalb für den Alltag unpraktisch. Man hat sich daher auf Einheiten für den Flächeninhalt geeinigt, die auf der ganzen Welt üblich sind.
Man verwendet Flächeninhalte von Quadraten, deren Seitenlängen die Einheiten mm, cm, dm, m, km haben. Wir betrachten zunächst die Einheit Quadratzentimeter.

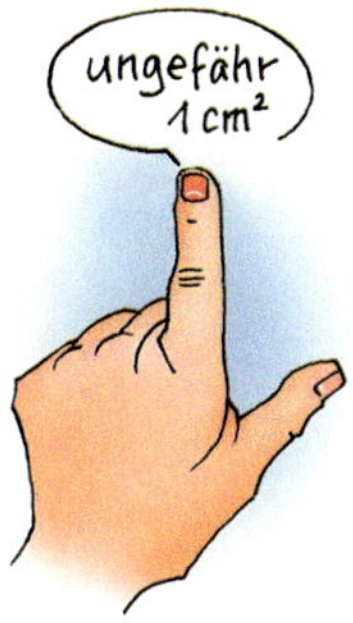

area (lat./engl.)
Fläche

(1) Ein Quadrat mit der Seitenlänge 1 cm hat den Flächeninhalt **1 cm²** (gelesen: *1 Quadratzentimeter*).
Alle anderen Figuren, die man durch Zerschneiden und erneutes Zusammensetzen eines Quadrats mit 1 cm Seitenlänge erhält, haben auch den Flächeninhalt 1 cm².

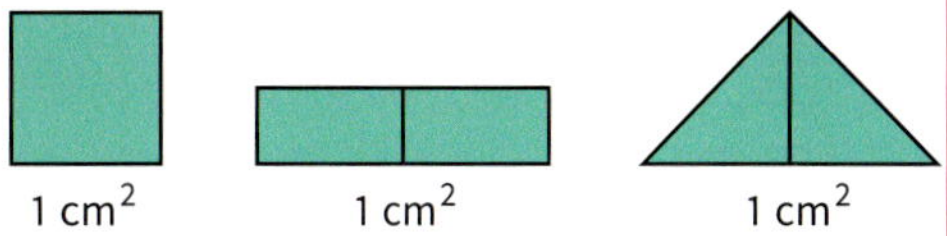

(2) In die Fläche rechts passen 4 Quadrate von 1 cm Seitenlänge. Die Fläche hat also den Flächeninhalt 4 cm².
Der Flächeninhalt einer Fläche wird meist mit A bezeichnet. Für die Fläche rechts ist A = 4 cm².

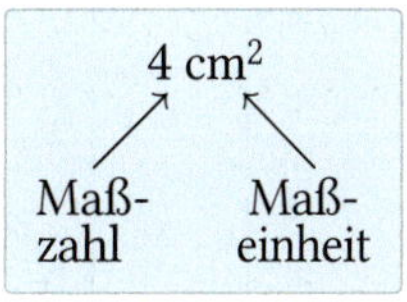

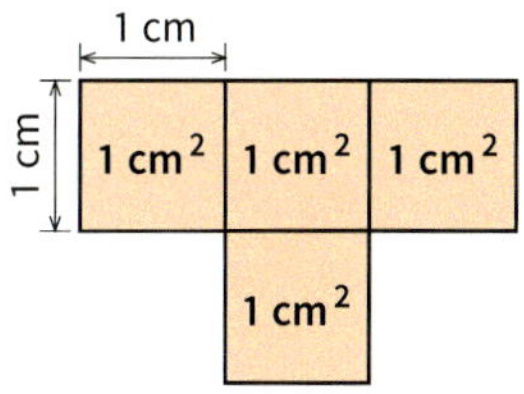

Abkürzungen:
A: Flächeninhalt
u: Umfang

(3) Unterscheidung von Flächeninhalt und Umfang

Der Umfang ist eine Länge. Der Flächeninhalt darf nicht mit dem Umfang verwechselt werden

Flächen mit demselben Flächeninhalt können unterschiedlichen Umfang haben.
Beispiele:

Üben

2.

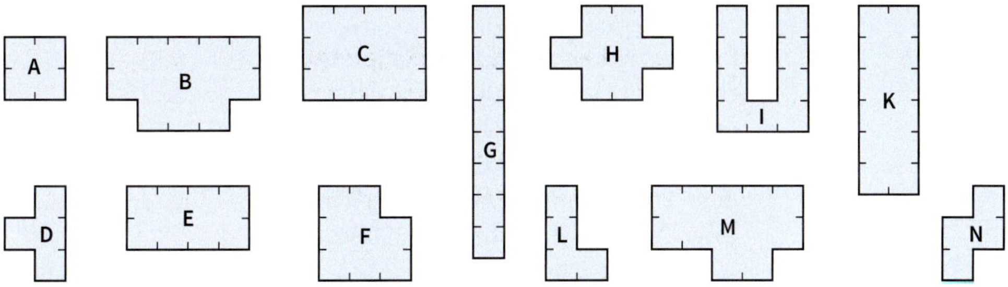

a) Gib den Flächeninhalt der Flächen in der Einheit *Kästchengröße* (KG) an.
b) Gib den Umfang der Flächen in der Einheit *Kästchenlänge* (KL) an.
c) Gib die Flächen an, die denselben Umfang, aber verschiedene Flächeninhalte haben.
d) Gib die Flächen an, die verschiedene Umfänge, aber denselben Flächeninhalt haben.

3. Kontrolliere Evas Hausaufgabe.

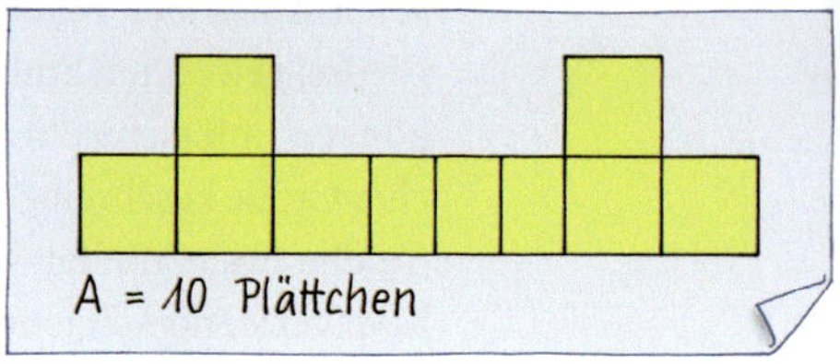

4. In einer Zeitschrift findet man verschiedene Vorschläge für eine Terrassengestaltung. Gib den Flächeninhalt der Terrassen in der Einheit P (= Plattengröße) an. Welche Flächen haben den gleichen Flächeninhalt?

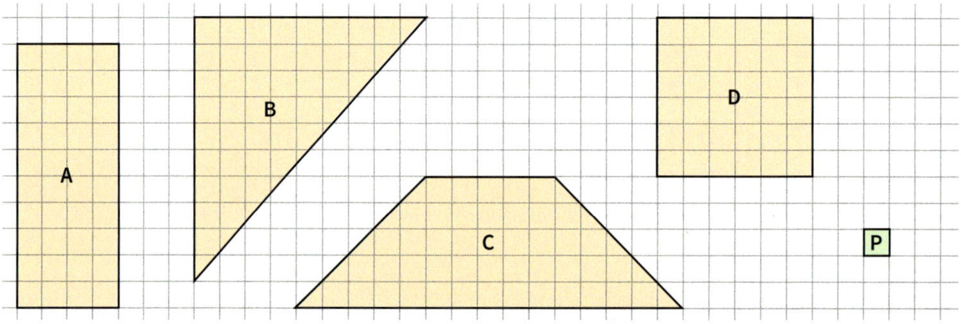

5. **a)** Bestimme den Flächeninhalt in cm^2.

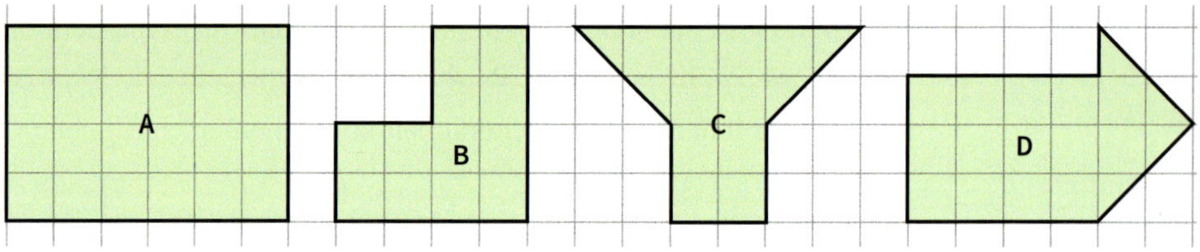

b) Zeichne die Fläche A von Teilaufgabe a) und schneide sie aus. Lege sie nun neu zu einer anderen Fläche zusammen. Welchen Flächeninhalt hat die neue Fläche? Miss den Umfang und vergleiche mit dem Umfang von Fläche A.

6. Zeichne drei unterschiedliche Flächen, die den Flächeninhalt 7 cm^2 haben

Vertiefen

7. Die drei Figuren rechts haben alle den Flächeninhalt 1 cm^2 (Maße in mm). Zeichne ab und schneide sie aus. Zeichne auch die drei Flächen unten in dein Heft und ermittle ihren Flächeninhalt durch Auslegen mit einer der kleinen Figuren (1), (2) bzw. (3).

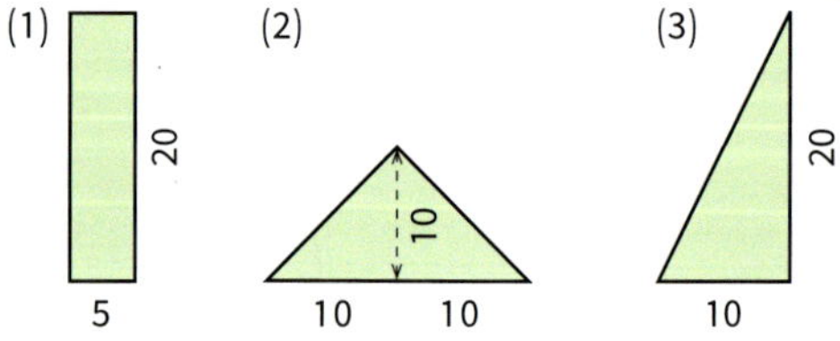

a)

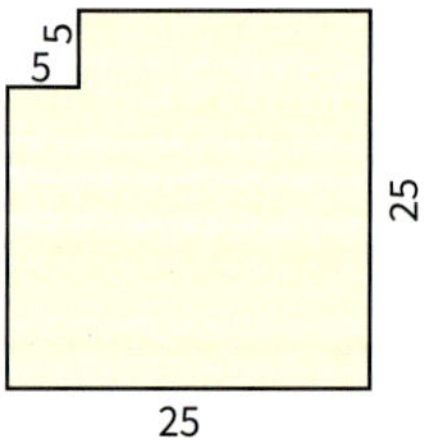

b)

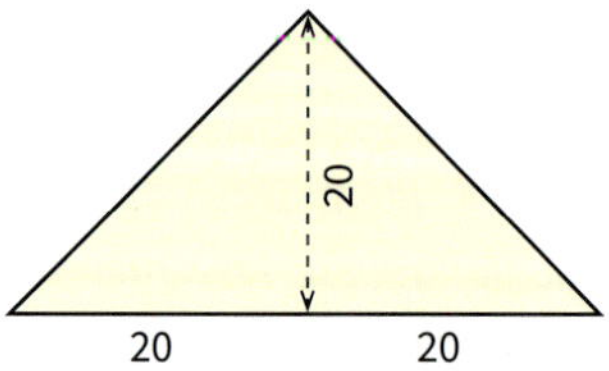

c)

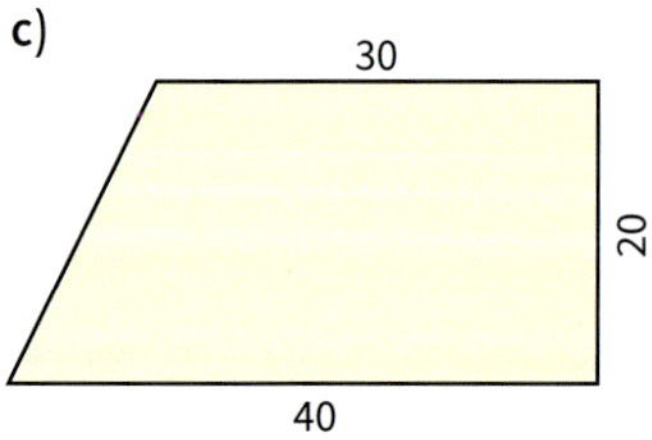

8. Lest die Zeitungsnotiz rechts.
Um eine Vorstellung von der Größe des Hautstücks zu bekommen, zeichnet auf Karopapier mehrere Flächen (nicht nur Rechtecke) mit dem Flächeninhalt $A = 5\,cm^2$.
Bestimmt auch den Umfang u der Flächen.

Teure Haut

Bei Verbrennungen 3. Grades, also bei sehr schweren Verbrennungen der Haut, ist diese in der Regel so stark zerstört, dass eine Hauttransplantation durchgeführt werden muss.
Dafür werden in Laboren aus einem Hautstück größere Hautlappen gezüchtet. Das ist ein sehr aufwendiger und teurer Prozess. $5\,cm^2$ der gezüchteten Haut kosten dabei 75 €.

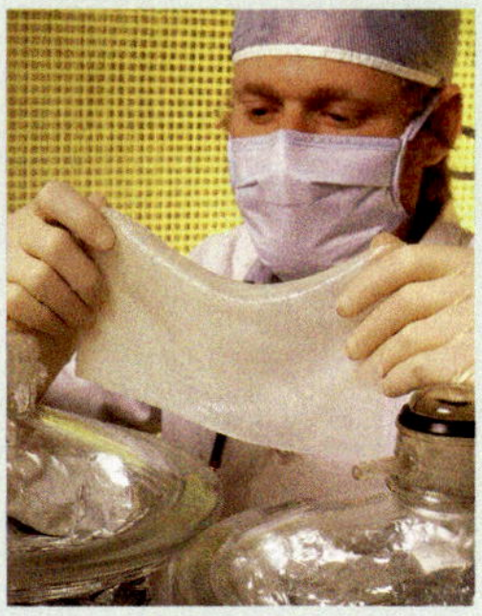

9. Zeichne drei Flächen mit dem folgenden Flächeninhalt. Gib auch den Umfang an.
a) $7\,cm^2$ b) $80\,cm^2$ c) $10\,cm^2$ d) $100\,cm^2$ e) $120\,cm^2$ f) $160\,cm^2$

10. Zeichne eine Fläche mit dem Flächeninhalt A und dem Umfang u.
a) $A = 16\,cm^2$ und $u = 16\,cm$ b) $A = 16\,cm^2$ und $u = 20\,cm$ c) $u = 12\,cm$ und $A = 9\,cm^2$

Herausfordern

11. a) Zeichne ein Rechteck mit dem Umfang $u = 12\,cm$, das einen möglichst großen Flächeninhalt hat.
b) Zeichne ein Rechteck mit dem Flächeninhalt $A = 20\,cm^2$, das einen möglichst großen Umfang hat.

4.1.3 Weitere Einheiten für Flächeninhalte

Einstieg

Im letzten Abschnitt hast du die Flächeneinheit $1\,cm^2$ kennengelernt. Bei sehr großen oder sehr kleinen Flächen verwendet man andere Flächeneinheiten, z. B. $1\,m^2$, $1\,dm^2$ oder $1\,mm^2$.

a) Das Glückskleeblatt rechts soll vergoldet werden. Der Preis dafür richtet sich nach der Größe. Wie groß ist das Kleeblatt?
b) Zeichne auf Millimeterpapier Quadrate mit der Seitenlänge 1 mm, 1 cm, 1 dm und vergleiche deren Flächeninhalte.

Einführung

(1) Die Einheit Quadratmillimeter

Das Quadrat rechts hat den Flächeninhalt $1\,cm^2$. Es ist unterteilt in kleine Quadrate mit der Seitenlänge 1 mm. Jedes dieser Quadrate ist $1\,mm^2$ (gelesen: **1 Quadratmillimeter**) groß. Wie viele $1\,mm^2$ große Quadrate sind in einem $1\,cm^2$ großen Quadrat enthalten?

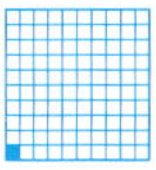

Um ein Quadrat der Seitenlänge 1 cm zu erhalten, muss man 10 Quadrate der Seitenlänge 1 mm nebeneinander legen und 10 von diesen Reihen übereinander. Man benötigt folglich $10 \cdot 10$, also 100, kleine Quadrate.
Somit ist: $1\,cm^2 = 100\,mm^2$.

Ist deine Handfläche 1 dm^2 groß? Prüfe durch Auflegen auf das Quadrat.

(2) Die Einheit Quadratdezimeter

Das Quadrat hat die Seitenlänge 1 dm.
Es hat den Flächeninhalt 1 dm^2 (gelesen: *1 Quadratdezimeter*)
Nina will es mit bunten Quadraten mit dem Flächeninhalt 1 cm^2 bekleben, sodass ein schönes Mosaik entsteht.
Wie viele kleine Quadrate benötigt sie?
Um ein Quadrat der Seitenlänge 1 dm zu erhalten, muss man 10 Quadrate der Seitenlänge 1 cm nebeneinander legen und 10 von diesen Reihen übereinander.
Man benötigt folglich $10 \cdot 10$, also 100 kleine Quadrate.

Somit ist $1\,dm^2 = 100\,cm^2$.

m^2 und m sind Einheiten für verschiedene Größen!

(3) Die Einheit Quadratmeter

Die Tafelfläche links im Bild ist ein Quadrat mit 1 m Seitenlänge. Der Flächeninhalt des Quadrats ist 1 m^2 (gelesen: *1 Quadratmeter*)

Auf die Tafel ist ein Gitternetz gezeichnet.
Wie viele kleine Quadrate mit 1 dm Seitenlänge entstehen?
Es entstehen $10 \cdot 10$, also 100 solcher Quadrate mit dem Flächeninhalt 1 dm^2.

Somit ist $1\,m^2 = 100\,dm^2$.

Information

Überblick über alle Einheiten des Flächeninhalts

Weitere Einheiten für den Flächeninhalt sind: 1 a (Ar), 1 ha (Hektar), 1 km².
Die folgende Tabelle gibt einen Überblick über alle Flächeninhaltseinheiten.

Quadrat mit der Seitenlänge	Flächeninhalt des Quadrats	gelesen
1 mm	1 mm²	1 Quadratmillimeter
1 cm	1 cm²	1 Quadratzentimeter
1 dm	1 dm²	1 Quadratdezimeter
1 m	1 m²	1 Quadratmeter
10 m	1 a	1 Ar
100 m	1 ha	1 Hektar
1 km	1 km²	1 Quadratkilometer

Beispiele:

Judomatte: 1 a

Fußballfeld: 1 ha

Fläche eines Dorfes: 1 km²

Weiterführende Aufgaben

Zusammenhang zwischen m², a, ha und km²

1. a) Legt auf dem Schulhof mit einem Seil ein Quadrat mit der Seitenlänge 10 m fest. Dieses Quadrat hat den Flächeninhalt 1 a. Wie viele Quadrate mit der Seitenlänge 1 m braucht man, um ein Quadrat mit dem Flächeninhalt 1 a auszulegen?
   Füllt im Heft aus: 1 a = $\square$ m²

   b) Erklärt:
   (1) 1 ha = 100 a
   (2) 1 km² = 100 ha
   Das Quadrat auf Seite 164 kann euch helfen.

Messen des Flächeninhalts in geeigneten Einheiten

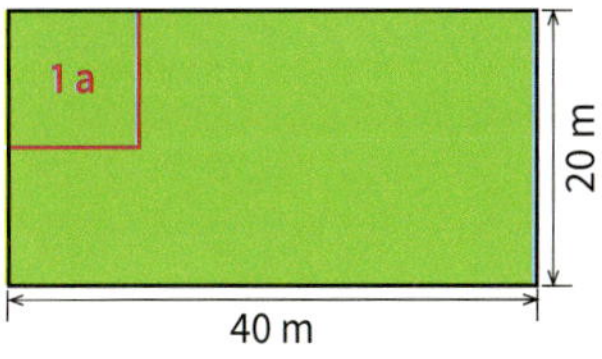

2. Ähnlich wie man kleine Flächen in cm² angibt, kann man große Flächen wie Zimmerflächen, Ackerflächen usw. in größeren Einheiten angeben.
   a) Wie groß ist das nebenstehende Grundstück? Gib das Ergebnis in verschiedenen Einheiten an.
   b) In welchen Einheiten misst man sinnvoll folgende Flächen:
   Zimmerdecke, Segel, Querschnittsfläche eines Drahtes, Brett, Äcker, Baugrundstücke, Gärten, Bauernhöfe, Staaten (Länder), große Seen, Inseln, Erdteile?

Information

Bei Flächeninhalten ist die Umrechnungszahl 100.
Man kommt zur nächstkleineren Einheit, indem man die Maßzahl mit 100 multipliziert:

$1\,km^2 = 100\,ha$	$1\,m^2 = 100\,dm^2$
$1\,ha = 100\,a$	$1\,dm^2 = 100\,cm^2$
$1\,a = 100\,m^2$	$1\,cm^2 = 100\,mm^2$

Üben

3. a) Gib die Größe der rechts abgebildeten Kellerfläche in m^2 an.
b) Zeichne ebenso verkleinert zwei verschiedene Zimmerflächen mit dem Flächeninhalt $30\,m^2$.

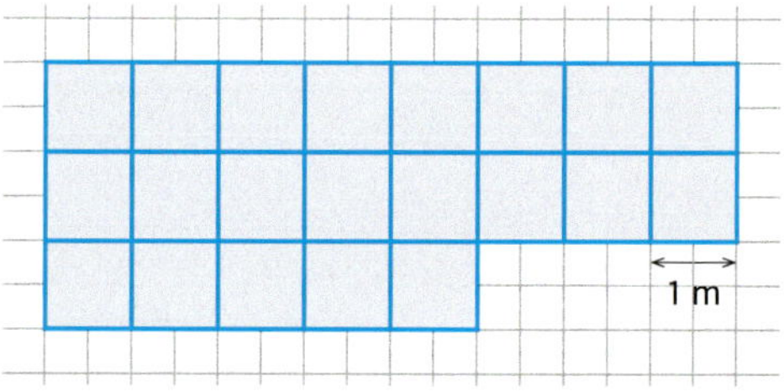

4. Bestimmt den Flächeninhalt eines DIN-A4-Blattes folgendermaßen:
Stellt euch mehrere Quadrate mit dem Flächeninhalt $1\,dm^2$ her und legt damit ein DIN-A4-Blatt (großes Schulheft) aus.

5. In welcher Einheit würdest du jeweils messen?
a) Briefmarke
b) Klassenzimmer
c) Wohnort
d) Briefumschlag
e) Handfläche
f) Fensterscheibe

6. Rechne in die in Klammern angegebene Einheit um.
a) $8\,dm^2$ (cm^2)
b) $15\,dm^2$ (cm^2)
c) $8\,a$ (m^2)
d) $75\,a$ (m^2)
e) $2\,ha$ (a)
f) $31\,ha$ (a)

$1\,cm^2 = 100\,mm^2$
$57\,cm^2 = 5\,700\,mm^2$

7. Drücke in der in Klammern angegebenen Einheit aus.
a) $3\,800\,cm^2$ (dm^2)
b) $4\,000\,cm^2$ (dm^2)
c) $400\,m^2$ (a)
d) $1\,400\,m^2$ (a)
e) $8\,000\,ha$ (km^2)
f) $400\,ha$ (km^2)
g) $470\,000\,cm^2$ (m^2)
h) $520\,000\,cm^2$ (m^2)

8. Gib die Größe des Industriegebietes auch in m^2 und ha an.

9. Rechne in die in Klammern angegebene Einheit um.
a) $5\,m^2$ (dm^2)
b) $27\,m^2$ (dm^2)
c) $8\,cm^2$ (mm^2)
d) $18\,cm^2$ (mm^2)
e) $3\,km^2$ (ha)
f) $43\,km^2$ (m^2)
g) $5\,900\,dm^2$ (m^2)
h) $8\,000\,dm^2$ (m^2)
i) $3\,000\,a$ (ha)
j) $1\,700\,a$ (ha)
k) $300\,mm^2$ (cm^2)
l) $16\,000\,mm^2$ (cm^2)

10. Fülle die Lücken in deinem Heft aus.

a) $400\,dm^2 = ☐\,cm^2$	e) $500\,mm^2 = ☐\,cm^2$	i) $655\,cm^2 = ☐\,mm^2$
b) $200\,m^2 = ☐\,dm^2$	f) $700\,ha = ☐\,km^2$	j) $1\,900\,cm^2 = ☐\,dm^2$
c) $100\,km^2 = ☐\,a$	g) $1\,000\,a = ☐\,ha$	k) $7\,ha = ☐\,m^2$
d) $300\,dm^2 = ☐\,m^2$	h) $817\,m^2 = ☐\,dm^2$	l) $3\,m^2 = ☐\,cm^2$

Vertiefen

11. **a)** Gib die Größe der Wiese an.
b) Gib die Größe des Ackers an.
c) Wie lang wäre ein Zaun um die Wiese, wie lang um den Acker?
d) Zeichne ähnlich einen 9 a großen Bolzplatz.
e) Zeichne verkleinert eine 6 ha große Waldfläche und einen $6\,km^2$ großen Park.

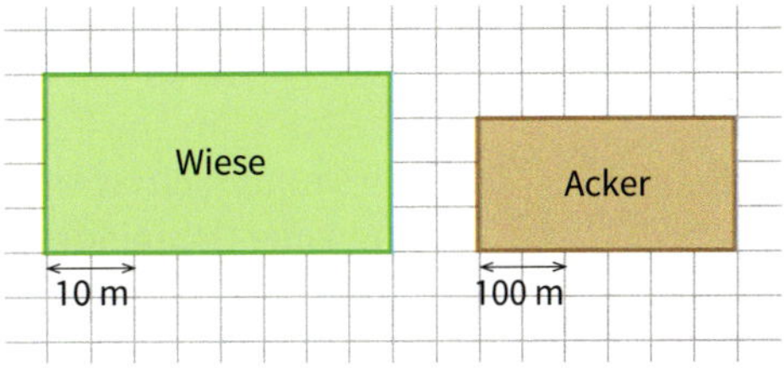

12. Schlage in einem Lexikon oder im Internet die Größe folgender Seen nach:
(1) Schluchsee (3) Chiemsee
(2) Bodensee (4) Viktoriasee
a) Wie viele 1 ha große Fußballfelder würden jeweils hineinpassen?
b) Ordne die Seen der Größe nach.

13. **a)** Wie viele Personen können auf $1\,m^2$ stehen? Schätze zuerst und probiert dann aus.
b) Patrik behauptet: „$1\,m^2$ Fläche reicht mir, um ganz bequem zu liegen.“ Was meinst du?

Herausfordern

14. Welcher Flächeninhalt gehört zu welchem Gegenstand?

$4\,m^2$ | $4\,a$ | $150\,m^2$ | $10\,cm^2$ | $10\,ha$ | $2\,cm^2$ | $150\,km^2$ | $7\,dm^2$ | $600\,m^2$ | $208\,mm^2$

4.1.4 Umrechnen mit gemischten Einheiten – Kommaschreibweise

Einstieg

Gib den Flächeninhalt der Briefmarke auf verschiedene Weisen an.

Aufgabe 1

Ein Grundbuch ist ein öffentliches Verzeichnis der Grundstücke eines bestimmten Gebietes, z. B. einer Gemeinde. Es wird beim Amtsgericht geführt. Hier siehst du einen Auszug.

Nr. der Grundstücke	Eigentümer	Karte		Wirtschaftsart und Lage	Größe		
		Flur	Flurstück		ha	a	m^2
1	Müller, Hans	2	16/1	Wiese; Helmeweg		3	47
2	Müller, Anne	2	16/2	Acker; Am Morgenhang	37	05	

In Grundbüchern wird die Größe eines Grundstücks mit gemischten Einheiten angegeben. Rechne auch die Größenangaben der anderen Grundstücke in m^2 um.

Lösung

Um 3 a 47 m^2 insgesamt in m^2 anzugeben, müssen wir 3 a in m^2 umrechnen.
1 a ist genauso groß wie 100 m^2, 3 a so groß wie 300 m^2.
Damit ist das Grundstück insgesamt 347 m^2 groß: 3 a 47 m^2 = 347 m^2
Entsprechend findest du: 37 ha 05 a = 3 705 a = 370 500 m^2

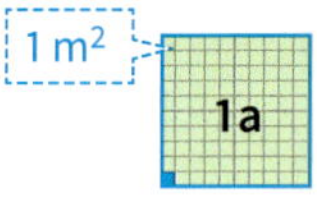

Information

(1) Einheitentabelle

Das Grundbuch oben enthält eine *Einheitentabelle* mit ha, a und m^2. Diese kann man um die übrigen Flächeninhaltseinheiten ergänzen. An dieser großen Einheitentabelle kann man leicht verschiedene Schreibweisen für denselben Flächeninhalt ablesen. Sie ist eine Hilfe beim Umrechnen in andere Einheiten. Da die Umrechnungszahl 100 ist, hat jede Einheit zwei Stellen: Zehner (Z) und Einer (E).

	km^2		ha		a		m^2		dm^2		cm^2		mm^2		zwei verschiedene Schreibweisen für denselben Flächeninhalt
	Z	E	Z	E	Z	E	Z	E	Z	E	Z	E	Z	E	
						7	2	3							7 a 23 m^2 = 723 m^2
	2	2		5											22 km^2 5 ha = 2205 ha
				3	7	0									3 ha 70 a = 370 a

(2) Kommaschreibweise

Die Größe von Grundstück Nr. 1 ist in einer Einheitentabelle angegeben: 3 a 47 m^2. Diese Angabe schreibt man auch mit Komma: 3,47 a = 3 a 47 m^2. Die Kommaschreibweise ist also nur eine Abkürzung für eine Schreibweise mit gemischten Einheiten.

Vor dem Komma		Nach dem Komma	
a		m^2	
Z	E	Z	E
	3	4	7

Beispiele:

km^2 ha ↘ ↙ 8,49 km^2 = 8 km^2 49 ha

ha a ↘ ↙ 37,05 ha = 37 ha 5 a

m^2 dm^2 ↘ ↙ 2,4 m^2 = 2 m^2 40 dm^2

Üben

2. Rechne in die kleinere Einheit um.
Die Einheitentabelle kann dir helfen.

$4\,a\;25\,m^2 = 425\,m^2$
$7\,m^2\;4\,dm^2 = 704\,dm^2$

a) $8\,a\;37\,m^2$ c) $4\,km^2\;15\,ha$ e) $15\,a\;9\,m^2$
b) $4\,a\;7\,m^2$ d) $1\,km^2\;4\,ha$ f) $26\,a\;35\,m^2$

3. a) $3\,ha\;18\,a$ c) $4\,m^2\;12\,dm^2$ e) $8\,ha\;9\,a$ g) $3\,km^2\;2\,ha$ i) $18\,cm^2\;25\,mm^2$
b) $24\,ha\;48\,a$ d) $9\,m^2\;75\,dm^2$ f) $24\,ha\;3\,a$ h) $43\,km^2\;11\,ha$ j) $8\,dm^2\;3\,cm^2$

4. Schreibe mit gemischten Einheiten.

$340\,a = 3\,ha\;40\,a$

a) $260\,ha$ c) $4\,823\,m^2$ e) $846\,ha$
b) $4\,821\,ha$ d) $204\,m^2$ f) $1\,024\,ha$

5. a) $3\,250\,a$ c) $803\,a$ e) $5\,020\,m^2$ g) $3\,437\,cm^2$ i) $372\,dm^2$
b) $4\,635\,a$ d) $4\,024\,a$ f) $305\,m^2$ h) $809\,cm^2$ j) $5\,056\,dm^2$

6. Gib mit gemischten Einheiten an. Rechne dann in die kleinere Einheit um. Die Einheitentabelle kann dir helfen.

$8{,}35\,a = 8\,a\;35\,m^2 = 835\,m^2$

a) $2{,}49\,km^2$ e) $0{,}54\,m^2$ i) $2{,}54\,dm^2$ m) $4{,}7\,cm^2$ q) $7{,}65\,a$ u) $4{,}37\,ha$
b) $37{,}53\,km^2$ f) $2{,}04\,m^2$ j) $59{,}09\,dm^2$ n) $0{,}04\,cm^2$ r) $98{,}23\,a$ v) $8{,}05\,ha$
c) $8{,}06\,km^2$ g) $2{,}4\,m^2$ k) $3{,}5\,dm^2$ o) $0{,}4\,cm^2$ s) $0{,}42\,a$ w) $78{,}05\,ha$
d) $30{,}03\,km^2$ h) $9{,}31\,m^2$ l) $0{,}35\,dm^2$ p) $3{,}08\,cm^2$ t) $10{,}04\,a$ x) $90{,}37\,ha$

7. Schreibe mit einem Komma.

a) $7\,m^2\;12\,dm^2$ e) $5\,ha\;43\,a$ i) $4\,dm^2\;6\,cm^2$ m) $53\,m^2\;72\,dm^2$
b) $5\,dm^2\;16\,cm^2$ f) $3\,cm^2\;54\,mm^2$ j) $8\,km^2\;7\,ha$ n) $27\,dm^2\;32\,cm^2$
c) $12\,a\;16\,m^2$ g) $27\,ha\;32\,a$ k) $14\,a\;9\,m^2$ o) $2\,a\;9\,m^2$
d) $84\,ha\;13\,a$ h) $2\,km^2\;97\,ha$ l) $7\,m^2\;2\,dm^2$ p) $5\,cm^2\;8\,mm^2$

8. Kontrolliere Tims Hausaufgaben. Wo stecken Fehler? Erkläre und berichtige.

a) $8\,m^2 = 800\,cm^2$ d) $4\,a\;7\,m^2 = 47\,m^2$ g) $23\,cm^2 = 0{,}23\,m^2$
b) $900\,mm^2 = 90\,cm^2$ e) $7\,cm^2\;3\,mm^2 = 7{,}3\,cm^2$ h) $70\,000\,m^2 = 700\,ha$
c) $300\,m^2 = 3\,ha$ f) $24\,ha = 2\,ha\;4\,a$ i) $2\,km^2 = 2\,000\,m^2$

9. a) Lies die Zeitungsanzeige rechts.
Was bedeutet die Angabe qm?
Was fällt euch bei den Größenangaben auf?
b) Sucht ähnliche Angaben im Alltag.

Bungalow
210 qm Wohnfläche
2 a Grundstück
zentrumsnahe, aber ruhige Lage in einer verkehrsberuhigten Sackgasse
Preis: VB

10. Schreibe mit gemischten Einheiten.

a) $2{,}97\,ha$ d) $84{,}28\,m^2$ g) $4{,}7\,m^2$ j) $2{,}4\,ha$ m) $0{,}75\,a$ p) $6{,}72\,a$
b) $18{,}52\,a$ e) $5{,}2\,km^2$ h) $4{,}9\,a$ k) $1{,}97\,ha$ n) $0{,}33\,ha$ q) $3{,}7\,cm^2$
c) $37{,}36\,ha$ f) $7{,}6\,km^2$ i) $3{,}05\,m^2$ l) $0{,}09\,km^2$ o) $7{,}53\,ha$ r) $4{,}02\,dm^2$

Vertiefen

11. a) Rechne in die in Klammern angegebene Einheit um.
(1) $749\,m^2$ (a) (2) $23\,cm^2$ (mm^2) (3) 2,3 ha (a) (4) 0,7 ha (km^2)

b) Erkläre Samiras Hausaufgaben.

(1) $543\,mm^2 = 5\,cm^2\ 43\,mm^2 \approx 5\,cm^2$ (2) $1\,370\,dm^2 \approx 1\,400\,dm^2 = 14\,m^2$

c) Auch Flächeninhalte rundet man. Runde auf die in Klammern angegebene Einheit.
(1) $813\,cm^2$ (dm^2) (2) $785\,m^2$ (a) (3) $94\,mm^2$ (cm^2) (4) 15,09 a (ha)

12. Rund auf

a) volle m^2:	(1) $3\,761\,dm^2$	(2) $1\,748\,dm^2$	(3) $12\,465\,cm^2$	(4) $725\,335\,cm^2$	(5) $9\,735\,cm^2$
b) volle ha:	(1) 547 a	(2) 2 467 a	(3) $653\,786\,m^2$	(4) $176\,819\,m^2$	(5) $37\,195\,m^2$
c) volle km^2:	(1) 923 ha	(2) 6 451 ha	(3) 472 ha	(4) 98 ha	(5) 45 392 ha

13. a) Maries Zimmer ist $12\,m^2$ groß. Diese Angabe ist auf volle m^2 gerundet. Wie groß kann das Zimmer tatsächlich sein?

b) Daniels Onkel besitzt ein 7 ha großes Waldstück. Die Angabe ist auf volle ha gerundet. Wie groß kann das Waldstück tatsächlich sein?

14. Wie teuer ist das Baugrundstück rechts?

15. a) Ein Landwirt will einen 32 a großen Acker mit Rasen einsäen. Für je $1\,m^2$ Fläche benötigt man 25 g Rasensamen. Wie viel Rasensamen muss er kaufen?

b) Eine Landwirtin baut auf einer 7 ha großen Fläche Roggen an. Für je $100\,m^2$ Fläche rechnet man 1,1 kg Saatgut. Wie viel Roggen-Saatgut muss sie kaufen?

16. Vervollständige die Lücke im Heft.

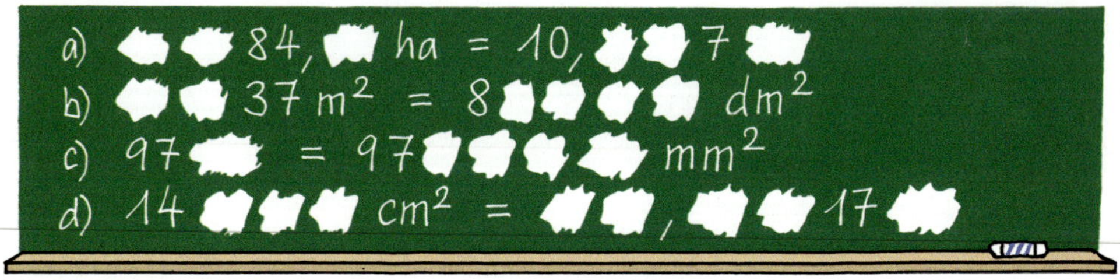

Herausfordern

17. Lies den Text durch und gib jeweils in sinnvollen Einheiten an. Beantworte die Fragen.

Seit 672 Stunden lebe ich mit meinem älteren Bruder und unserer Mutter nun in der neuen Wohnung. Die Wohnung hat ca. $900\,000\,cm^2$. Riesig, oder? Mein Zimmer ist toll und beinahe 0,13 a groß. Mein Zimmer hat eine Dachschräge, an manchen Stellen ist es ganze 630 mm hoch. Mein Bett ist $1\,800\,000\,mm^2$ groß.

Mein Haustier ist auch mitgekommen. Wenn es sich zusammenrollt, schläft es auf einer Fläche von $0{,}008\,m^2$, dabei hat der Käfig eine Grundfläche von $7\,021\,cm^2$.
Weißt du, was ich für ein Haustier habe?

4.2 Formeln für Flächeninhalt und Umfang eines Rechtecks

Einstieg

Nimm Stellung zu dem Gespräch über das Zimmer.

Aufgabe 1

Flächeninhalt eines Rechtecks

Ein Rechteck ist 5 cm lang und 3 cm breit. Bestimme seinen Flächeninhalt und erkläre, wie man aus den Seitenlängen den Flächeninhalt A des Rechtecks berechnen kann.

Lösung

Wir legen das Rechteck vollständig mit $1\,cm^2$ großen Quadraten aus. In den linken Teil des Rechtecks können wir zunächst 3 Quadrate zu einem Streifen übereinanderlegen, da die eine Seite 3 cm lang ist. 5 solche Streifen passen dann nebeneinander, da die andere Seite 5 cm lang ist.
Insgesamt kann man das Rechteck mit $5 \cdot 3$ Quadraten der Größe $1\,cm^2$ auslegen. Also beträgt der Flächeninhalt:
$A = (5 \cdot 3)\,cm^2 = 15\,cm^2$

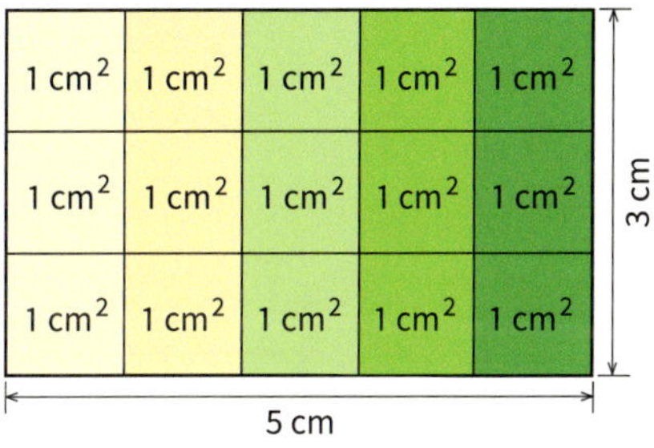

Information

(1) Formel für den Flächeninhalt eines Rechtecks

Die Größe eines rechteckigen Teppichs gibt man üblicherweise durch das Produkt der Seitenlängen an, z. B. $200\,cm \times 300\,cm$, gelesen: *200 cm mal 300 cm*.
Du kennst sicherlich bei Fotos die Größenangabe $10\,cm \times 15\,cm$ (kurz 10×15).
Auch bei einem Rechteck mit den Seitenlängen 5 cm und 3 cm wollen wir für den Flächeninhalt A schreiben:
$A = 5\,cm \cdot 3\,cm$
Wie man den Flächeninhalt dieses Rechtecks berechnet, hast du oben erfahren. Diese Produktschreibweise ermöglicht uns, für den Flächeninhalt eines Rechtecks eine Formel zu notieren:

Achte auf gleiche Einheiten!

Für den **Flächeninhalt A eines Rechtecks** mit den Seitenlängen a und b gilt:
$\mathbf{A = a \cdot b}$

Beispiel: $a = 6\,cm$; $b = 4\,cm$
$A = 6\,cm \cdot 4\,cm = (6 \cdot 4)\,cm^2 = 24\,cm^2$

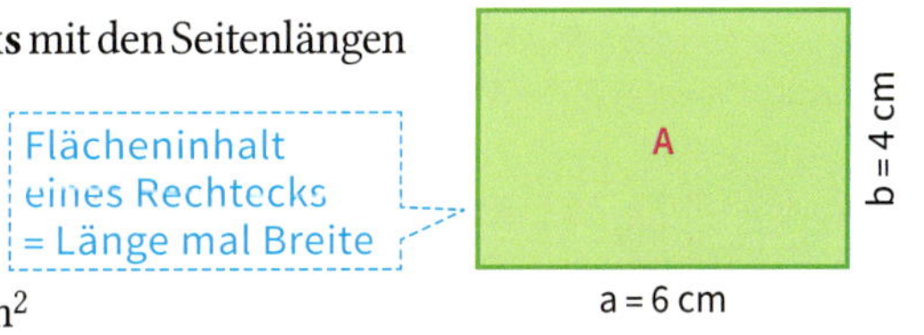

Bei der Multiplikation $6\,cm \cdot 4\,cm$ in der Formel handelt es sich um eine neue Multiplikation zwischen Längen (hier 6 cm und 4 cm). Das Ergebnis dieser Multiplikation ist ein Flächeninhalt, nämlich $24\,cm^2$.

Weiterführende Aufgaben

Formel für den Umfang eines Rechtecks

2. In der Information hast du eine Formel zum Berechnen des Flächeninhalts eines Rechtecks kennengelernt. Betrachte als Beispiel ein Rechteck mit den Seitenlängen $a = 4\,cm$ und $b = 3\,cm$ und erstelle damit eine Formel für den Umfang des Rechtecks.

Für den **Umfang eines Rechtecks** mit den Seitenlängen a und b gilt:

$$u = 2 \cdot a + 2 \cdot b = 2 \cdot (a + b)$$

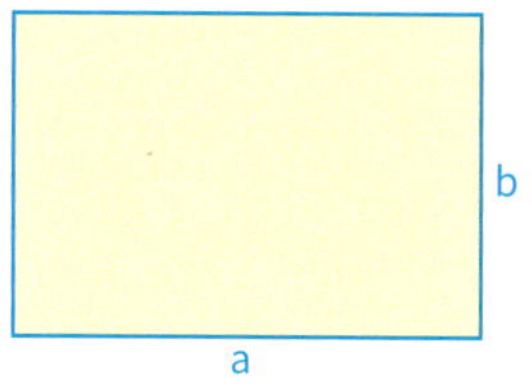

Beispiel: $a = 34\,m$; $b = 57\,m$

$u = 2 \cdot 34\,m + 2 \cdot 57\,m$ *oder:* $u = 2 \cdot (34\,m + 57\,m)$

$= 68\,m + 114\,m$ $= 2 \cdot 91\,m$

$= 182\,m$ $= 182\,m$

Formeln für Flächeninhalt und Umfang eines Quadrats

3. Gegeben ist ein Quadrat mit der Seitenlänge a.
   a) Gib eine Formel an für
      (1) den Flächeninhalt des Quadrats; (2) den Umfang des Quadrats.
   b) Berechne mithilfe der Formeln den Flächeninhalt und den Umfang des Quadrats mit den Seitenlängen
      (1) $a = 7\,cm$; (2) $a = 25\,m$.

Berechnen einer Seitenlänge aus dem Flächeninhalt

4. Ein Rechteck ist $36\,cm^2$ groß. Eine Seite ist 2 cm lang. Wie lang ist die andere Seite?

Dividieren eines Flächeninhalts durch eine Länge

Kennt man von einem Rechteck den Flächeninhalt und eine Seitenlänge, so erhält man die Länge der anderen Seite, indem man den Flächeninhalt durch die gegebene Seitenlänge dividiert.

Beispiel:
Gegeben: $A = 600\,cm^2$; $a = 75\,cm$

$75\,cm \cdot b = 600\,cm^2$

$b = 600\,cm^2 : 75\,cm$ ← $cm^2 = cm \cdot cm$

$= 8\,cm$

Üben

5. Gib den Flächeninhalt A und den Umfang u des Rechtecks mit den Seitenlängen a und b an.

	a)	b)	c)	d)	e)	f)	g)
Seite a	7 cm	4 m	64 mm	40 cm	70 dm	8 cm	5 m 8 dm
Seite b	8 cm	6 m	89 mm	6 dm	8 m	2,5 dm	4,4 m

6. Eine Wiese ist 110 m lang und 42 m breit. Gib den Flächeninhalt in m^2 und in Ar an. Die Wiese soll eingezäunt werden. Wie lang ist der Zaun?

7. Schätzt zunächst die Größe eures Klassenraumes und berechnet dann genau.

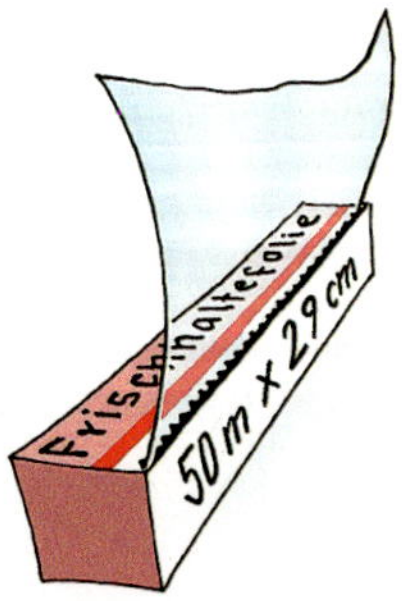

8. Eine Verpackung für Frischhaltefolie trägt die Aufschrift: 50 m × 29 cm.

9. Ein Grundstück ist 60 m lang und 20 m breit. Wie viel Ar ist es groß? Wie viel m Zaun werden benötigt um das Grundsstück einzuzäunen?

10. Berechne die fehlenden Größen eines Rechtecks mit den Seitenlängen a und b, dem Flächeninhalt A und dem Umfang u.

a	6 cm		10 m	11 dm		18 cm	8 cm	
b	5 cm	9 mm			18 cm	1,2 m		2 km
A				88 dm^2	306 cm^2			1 km^2
u		36 mm	28 m				3,6 dm	

11. Von einem Quadrat ist die Seitenlänge a gegeben. Berechne Flächeninhalt und Umfang.
a) a = 12 cm **b)** a = 24 cm **c)** a = 48 cm **d)** a = 14,3 m **e)** a = 2,09 m

Vertiefen

12. Ein rechteckiger Garten ist 11 m breit und 87 m lang. Er wird an einer schmalen Seite durch eine Mauer mit einer Pforte begrenzt. An den übrigen Seiten des Gartens steht ein Zaun.
a) Fertige eine geeignete Skizze an.
b) Wie lang ist dieser Zaun?
c) Die Hälfte des Gartens ist Rasen. Wie groß ist dieser Rasen?

13. Die Fußleiste eines Zimmers soll erneuert werden. Das Zimmer ist 4,50 m breit und 5,20 m lang. Die Tür ist 1,20 m breit. Wie lang ist die Fußleiste?

14. Ein 47 m langes und 22 m breites Baugrundstück soll verkauft werden. Der Quadratmeterpreis beträgt 105 € . Wie teuer ist das Grundstück?

15. a) Der Flächeninhalt eines Rechtecks beträgt **(1)** 24 cm^2; **(2)** 48 cm^2.
Wie groß könnten die Seitenlängen des Rechtecks sein?
Gib alle Möglichkeiten mit ganzzahligen Zahlenwerten in der Maßeinheit cm an.
b) Der Bodensee ist etwa 540 km^2 groß. Gib Rechtecke an, die denselben Flächeninhalt haben.

16. Sucht in Zeitschriften, Zeitungen oder Katalogen nach Größenangaben für rechteckige Gegenstände, die als Produkt angegeben werden.
Gestaltet damit ein Plakat und hängt es im Klassenraum aus.

17. Eine rechteckige landwirtschaftliche Fläche ist 640 m lang und 120 m breit. Es soll Weizen angebaut werden. Dazu werden 1,6 kg Saatgut je Ar benötigt.
Wie viel kg Weizen werden zum Säen benötigt?

Das kann ich noch!

A) Das Diagramm rechts zeigt die Höhe einiger bayerischer Berge.
1) Was kannst du dem Diagramm sofort auf einen Blick entnehmen?
2) Lies die Höhen der Berge ab.
3) Welche Rundung wurde vorgenommen?

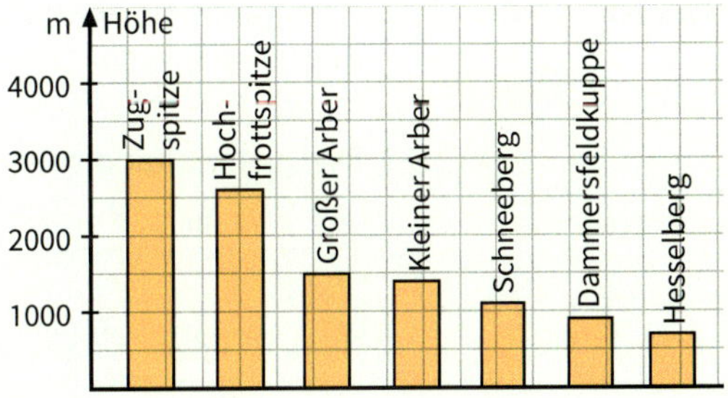

18. Die Größe von Fußballfeldern ist nicht genau festlgelegt. Sie können unterschiedlich groß sein.

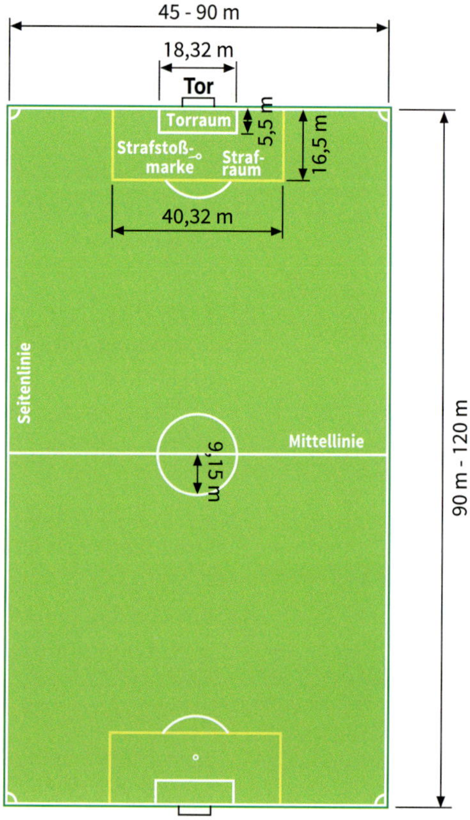

a) Lars und Tim gehören verschiedenen Sportvereinen an. Sie streiten, welcher Verein das größere Fußballfeld hat. Wer hat Recht?

b) Welchen Flächeninhalt hat das Fußballfeld mindestens, welchen höchstens?

c) Wie groß ist der Strafraum?

d) Stelle selbst geeignete Aufgaben und lasse sie deinen Partner lösen.

19. Nora und Ruben besichtigen die neue Wohnung, in die sie umziehen wollen. Ruben misst die beiden Kinderzimmer aus: Das erste ist 5 m lang und 4 m breit, das zweite 6 m lang und 3 m breit. Nora sagt: „Beide Zimmer sind gleich groß, denn $5 + 4$ ist 9 und $6 + 3$ ist auch 9." Was meinst du?

20. Der Umfang eines Rechtecks beträgt 24 cm, seine Breite 4 cm. Wie groß ist der Flächeninhalt des Rechtecks?

21. Ein Holzpaneel zum Verkleiden einer Zimmerdecke ist 4 m lang und 23 cm breit.

a) Wie groß ist die Fläche, die man damit bedecken kann?

b) Wie viele Paneele braucht man, um eine 9 m² große Zimmerdecke zu verkleiden?

Herausfordern

22. Viele Konservendosen haben ein Papieretikett. Bringt verschiedene Konservendosen mit und bestimmt die Größe der Etiketten.

23. Ein Quadrat hat die Seitenlänge a, den Flächeninhalt A und den Umfang u.

a	6 cm		13 m		24 mm				
A				9 cm²		64 mm²	144 m²		
u		36 mm						10 m	0,6 m

4.3 Rechnen mit Flächeninhalten

Einstieg

Am Waldrand soll ein Schülercamp mit 5 Blockhütten und einem Kletterpark errichtet werden. Für jede Blockhütte ist eine Grundstücksfläche von etwa 420 m^2 vorgesehen. Das Wirtschaftsgebäude mit Information und Küche soll eine Grundfläche von mindestens 60 m^2 haben. Für den Kletterpark sollen rund 2500 m^2 zur Verfügung stehen.
Reicht das rechts abgebildete Grundstück aus?
Vergleicht eure Rechenwege.

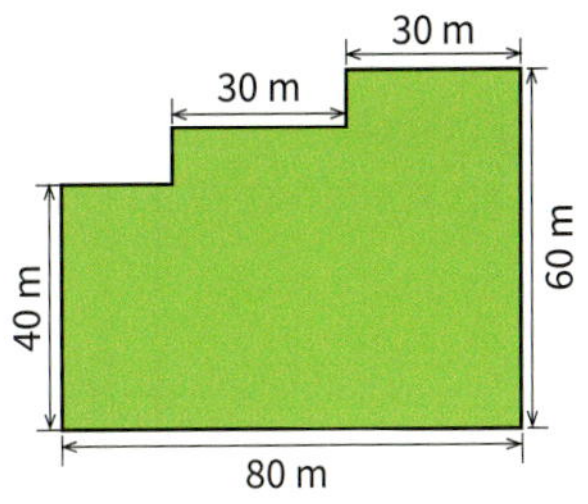

Aufgabe 1

Addieren und Subtrahieren von Flächeninhalten
Das Wohnzimmer rechts soll einen neuen Parkettboden erhalten.
Wie viel Parkett muss bestellt werden?
Finde verschiedene Rechenwege und erkläre sie.

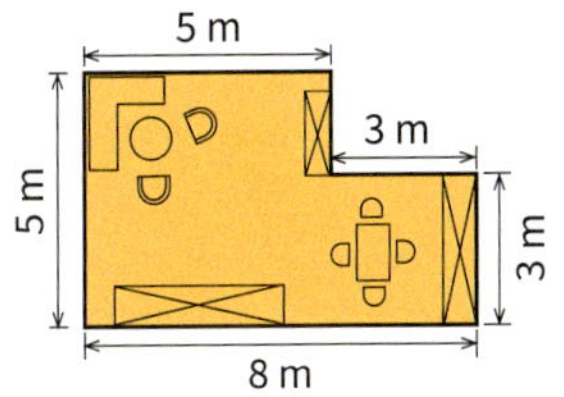

Lösung

Du kannst auf verschiedene Weise vorgehen:

(1) Du kannst den Essplatz abtrennen.
Der linke Teil des Wohnzimmers ist ein Rechteck mit dem Flächeninhalt:
$A_l = 5\,m \cdot 5\,m = 25\,m^2$
Der rechte Teil (Essplatz) hat den Flächeninhalt:
$A_r = 3\,m \cdot 3\,m = 9\,m^2$
Der Flächeninhalt A des gesamten Wohnzimmers ist dann die Summe dieser beiden Flächeninhalte:
$A = A_l + A_r = 25\,m^2 + 9\,m^2 = 34\,m^2$

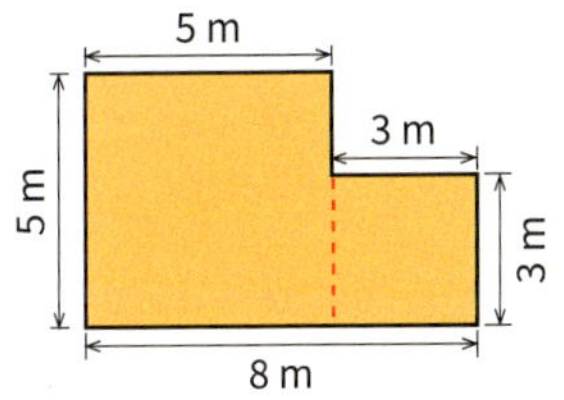

(2) Du kannst das Wohnzimmer auch in zwei andere Rechtecke zerlegen. Für das obere Rechteck gilt:
$A_o = 5\,m \cdot 2\,m = 10\,m^2$
Für das untere Rechteck gilt:
$A_u = 8\,m \cdot 3\,m = 24\,m^2$
Auch hier ist der Flächeninhalt A des gesamten Wohnzimmers die Summe der beiden Flächeninhalte:
$A = A_o + A_u = 10\,m^2 + 24\,m^2 = 34\,m^2$

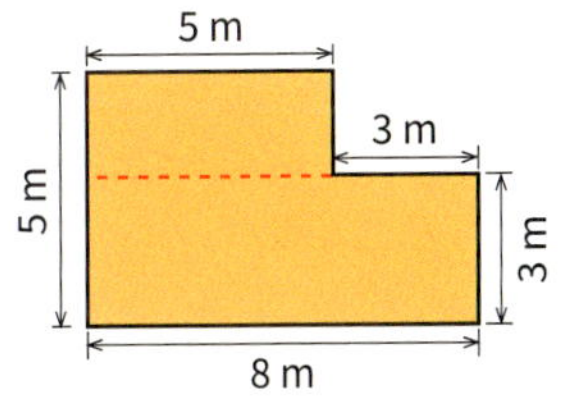

(3) Du kannst die Fläche des Wohnzimmers zu einem großen Rechteck ergänzen. Dieses hat den Flächeninhalt:
$A_g = 8\,m \cdot 5\,m = 40\,m^2$
Ergänzt wurde dabei ein Rechteck mit dem Flächeninhalt:
$A_e = 2\,m \cdot 3\,m = 6\,m^2$
Dieser Flächeninhalt wurde zu viel berechnet, muss also subtrahiert werden. Der Flächeninhalt A des gesamten Wohnzimmers ist die Differenz der beiden Flächeninhalte:
$A = A_g - A_e = 40\,m^2 - 6\,m^2 = 34\,m^2$

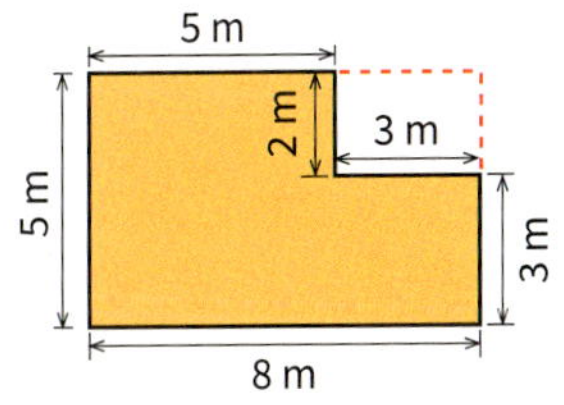

Auf allen drei Wegen erhältst du, dass 34 m^2 Parkettboden bestellt werden müssen.

Information

Strategien zum Berechnen des Flächeninhalts zusammengesetzter Flächen

1. Strategie: Zerlegen

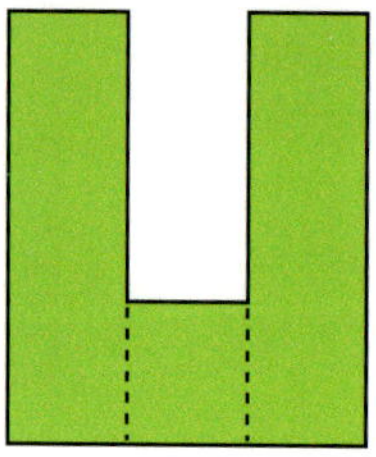

Man zerlegt die Figur in geeignete Teilflächen, berechnet deren Flächeninhalte und addiert diese.

2. Strategie: Ergänzen

Man ergänzt die Figur geeignet. Dann berechnet man den Flächeninhalt der gesamten Figur und subtrahiert davon den Flächeninhalt der ergänzten Fläche.

Aufgabe 2

Vervielfachen und Dividieren von Flächeninhalten

Ein Gartenverein erhält von der Gemeinde 5 nebeneinander liegende Grundstücke. Jedes Grundstück ist 30 m lang und 15 m breit.

a) Wie groß ist die neue Fläche insgesamt?

b) Es ist geplant, dass die neue Fläche in 250 m² große Gärten aufgeteilt wird. Wie viele Gärten erhält man?

c) Da sich jedoch nur 6 Familien für einen neuen Garten angemeldet haben, wird das Grundstück gleichmäßig an sie verteilt. Wie groß wird dann jeder Garten?

Lösung

a) Jedes der 30 m langen und 15 m breiten Grundstücke hat den Flächeninhalt:
$A_G = 30\,m \cdot 15\,m = 450\,m^2$
Den Flächeninhalt der neuen Fläche erhält man durch Multiplizieren mit 5:
$A = 5 \cdot 450\,m^2 = 2\,250\,m^2$
Ergebnis: Die neue Fläche ist 2 250 m² groß.

b) Da die neue Fläche in gleich große Flächen zu je 250 m² zerlegt wird, dividieren wir die Gesamtfläche durch 250 m²:
$A = 2\,250\,m^2 : 250\,m^2 = 9$
Ergebnis: Man erhält 9 Gärten.

Zerlegen in gleich große Flächen mit vorgegebenem Flächeninhalt, also durch den Flächeninhalt dividieren.

c) Da die neue Fläche in 6 gleich große Teile zerlegt werden soll, dividieren wir die Gesamtfläche durch 6:
$2\,250\,m^2 : 6 = 375\,m^2$
Ergebnis: Jeder Garten ist 375 m² groß.

Zerlegen einer Fläche in eine bestimmte Anzahl gleich großer Flächen, also Flächeninhalt durch Zahl dividieren.

Information

Dividieren von Flächeninhalten

Insgesamt kennst du jetzt drei Fälle zum Dividieren bei Flächeninhalten:

(1) Zum Zerlegen einer Fläche in gleich große Flächen mit vorgegebenem Flächeninhalt dividiert man den Gesamtflächeninhalt durch den vorgegebenen Flächeninhalt. Man erhält als Ergebnis eine Zahl. *Beispiel:* $600\,m^2 : 50\,m^2 = 12$

(2) Zum Zerlegen einer Fläche in eine vorgegebene Anzahl von gleich großen Teilflächen dividiert man den Gesamtflächeninhalt durch die Anzahl der Teilflächen. Man erhält als Ergebnis einen Flächeninhalt. *Beispiel:* $480\,m^2 : 20 = 24\,m^2$

(3) Von einem Rechteck sind der Flächeninhalt und eine Seitenlänge bekannt. Zum Bestimmen der anderen Seitenlänge dividiert man den Flächeninhalt durch die bekannte Seitenlänge. Man erhält als Ergebnis eine Seitenlänge. *Beispiel:* $96\,m^2 : 24\,m = 4\,m$

Üben

3. Ein Wohnzimmer mit Essplatz soll mit Parkettboden ausgelegt werden.
Wie viel m² müssen bestellt werden? Du kannst unterschiedlich rechnen.

a)
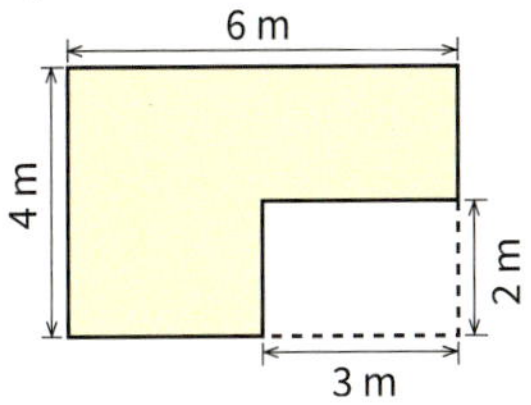

b)
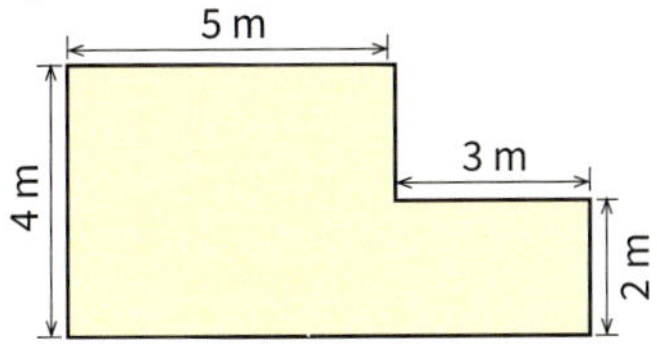

c)
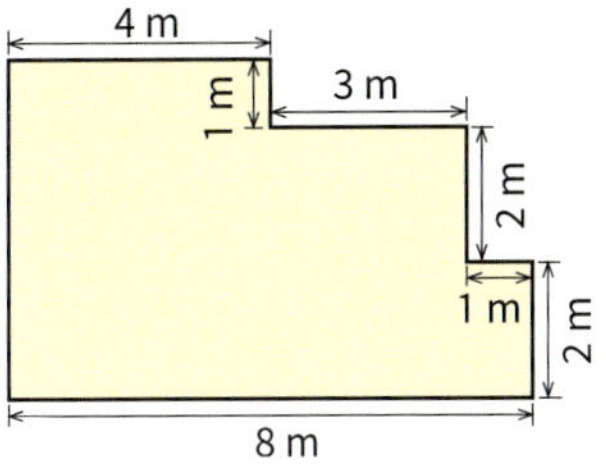

4. Ein 30 cm × 20 cm großes Bild soll aufgehängt werden. Dazu wird es auf eine weiße Pappe mit den Seitenlängen 50 cm und 40 cm geklebt.
Vergleiche die Bildfläche mit der weißen Fläche.

5. An einer Straße sollen 18 Garagen gebaut werden. Jede soll 17 m² groß sein. Wie groß muss das Grundstück mindestens sein, auf dem die Garagen gebaut werden sollen?

6. An einem Straßenrand stehen 126 m² für 9 Parkplätze zur Verfügung.
Wie groß ist ein Parkplatz?

7. Frau Sorp kauft den Rasendünger im Bild rechts. Die Rasenfläche ist 8 m lang und 3 m breit. Stelle geeignete Fragen und beantworte sie.

Vertiefen

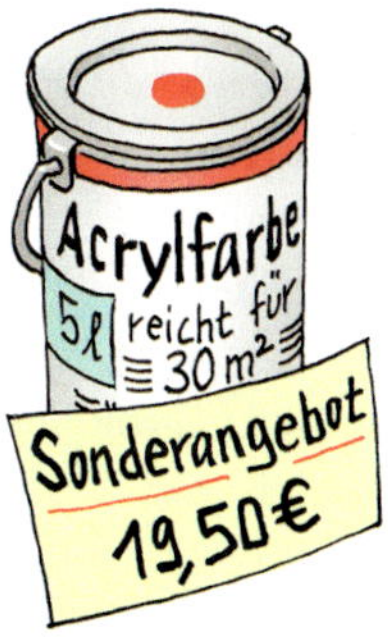

8. Herr Kerner will den Fußboden in seinem Keller mit einer Acryl-Farbe streichen.
Er misst: Heizungskeller 3 m × 3 m; Vorratskeller 3 m × 5 m; Hobbyraum 6 m × 8 m; Vorratsraum 3 m × 4 m.
a) Für welchen Kellerraum braucht er am meisten, für welchen am wenigsten Farbe?
b) Wie viele m² möchte Herr Kerner insgesamt streichen?
c) Wie viele Eimer Farbe muss er kaufen?
d) Wie teuer ist die Farbe?

9. Die Cheopspyramide in Ägypten hat ein Quadrat mit der Seitenlänge 230 m als Grundfläche.
Wie viele Fußballfelder der Größe 105 m × 80 m passen mindestens in diese Grundfläche? Schätze zuerst.

10. a) Berechne Flächeninhalt und Umfang eines DIN-A4-Blatts.

b) Clara behauptet: „Ein DIN-A3-Blatt ist doppelt so groß wie ein DIN-A4-Blatt. Flächeninhalt und Umfang eines DIN-A3-Blatts sind also doppelt so groß wie beim DIN-A4-Blatt.“ Was meinst du dazu?

c) Eine Packung Druckerpapier enthält 500 DIN-A4-Blätter. Frank meint, dass eine solche Packung genügt, um mit den Blättern den Schulhof auszulegen.
Überprüfe Franks Behauptung.

d) Ihr bekommt im Unterricht etliche Fotokopien. Schätzt, ob man mit den Fotokopien, die ihr in einem Schuljahr erhaltet, euren Klassenraum tapezieren könnte.

11. Erfinde eine Rechengeschichte.

a) $380\,cm^2 + 750\,cm^2$
b) $240\,cm^2 - 48\,cm^2$
c) $6 \cdot 18\,m^2$
d) $40\,m^2 : 5\,m$
e) $720\,m^2 : 12\,m^2$
f) $135\,m^2 : 15$
g) $120\,m^2 + 30\,m^2$
h) $5\,ha - 2\,a$

Aufgabe: $1420\,m^2 - 350\,m^2$
Rechengeschichte: Frau Blum besitzt eine $1420\,m^2$ große Wiese. Sie verkauft davon einen $350\,m^2$ großen Teil. Wie groß ist ihre Wiese noch?

12. Berechne das Gewicht der abgebildeten Blechplatten (Maße in cm). $1\,cm^2$ Blech wiegt 3 g.

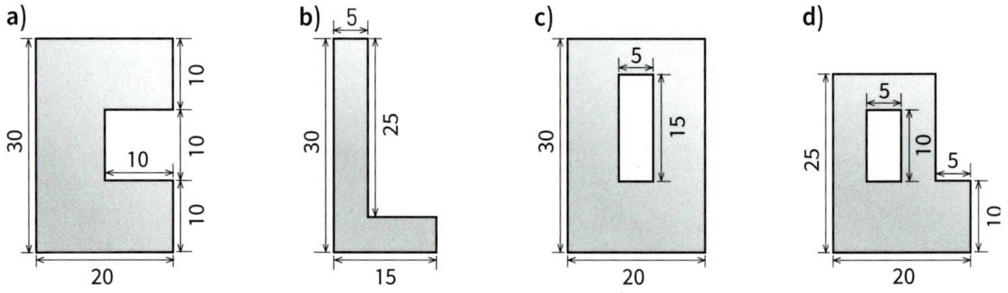

13. Eine Tageszeitung erscheint an allen Wochentagen. Die Anzahl der Seiten ist an den einzelnen Wochentagen unterschiedlich. Durchschnittlich erscheinen wöchentlich 400 Seiten, das sind 100 Blätter in jeder Woche. Damit kann man eine Fläche von ungefähr $30\,m^2$ bedecken.

a) Welche Fläche kann mit den Zeitungen eines Monats bedeckt werden? Wie viele Blätter sind das dann?

b) Welche Größe hat ein Zeitungsblatt? Gib mögliche Maße für ein solches Blatt an.

c) Baden-Württemberg ist ungefähr $35\,752\,km^2$ groß. Wie viele Zeitungsleser müssten ihre Zeitungen ein Jahr lang sammeln, um ganz Baden-Württemberg bedecken zu können?

d) Zeitungspapier wiegt ungefähr 42 g pro Quadratmeter. Der Papiervorrat wird in großen Rollen gelagert, wobei eine Rolle 1 221 kg wiegt. Jede Woche benötigt die Zeitungsdruckerei eine neue Rolle. Erkläre, wie du vorgehst, um die Anzahl der gedruckten Zeitungen pro Woche auszurechnen

14. Für das Titelbild des Jahresberichts einer Schule soll ein Foto mit allen Schülerinnen und Schülern darauf aufgenommen werden.
Der Fotograf hat auf dem Schulhof eine rechteckige Fläche mit 15 m und 20 m Seitenlänge gekennzeichnet, in das sich alle Schülerinnen und Schüler stellen sollen, damit er sie vom Schuldach aus fotografieren kann. Passen alle Schülerinnen und Schüler in das Rechteck?

15. Rechts siehst du einen Zeitungsartikel zur Frankfurter Buchmesse. Die Größe der Ausstellungsfläche kannst du dir nur schwer vorstellen. Gib die Seitenlängen eines Rechtecks an, das ungefähr denselben Flächeninhalt hat.

Frankfurter Buchmesse

Die Frankfurter Buchmesse ist die weltweit größte Messe im Buch- und Medienbereich. Ihre Anfänge reichen bis in das 16. Jahrhundert zurück. Damals fand die Messe in der Buchgasse statt.
Vom 7. bis zum 12. Oktober 2014 zeigten 7 275 Aussteller aus 100 Ländern auf einer Ausstellungsfläche von 171 791 Quadratmetern rund 400 000 Publikationen. Die Anzahl der Besucher betrug 275 000.

Im Rahmen der Buchmesse wird in der Frankfurter Paulskirche der Friedenspreis des deutschen Buchhandels verliehen.

16. Ein Hof von 12 m Länge und 5 m Breite hat ein 2 m breites Tor. Er soll mit Platten belegt werden. Jede Platte ist 75 cm lang und 50 cm breit.

a) Wie viele Platten werden benötigt?

b) Der Hof soll eingezäunt werden. Wie lang ist der Zaun?

17. Die vordere Fassade der Fabrik rechts soll gestrichen werden.
Mit welchen Kosten muss man rechnen?

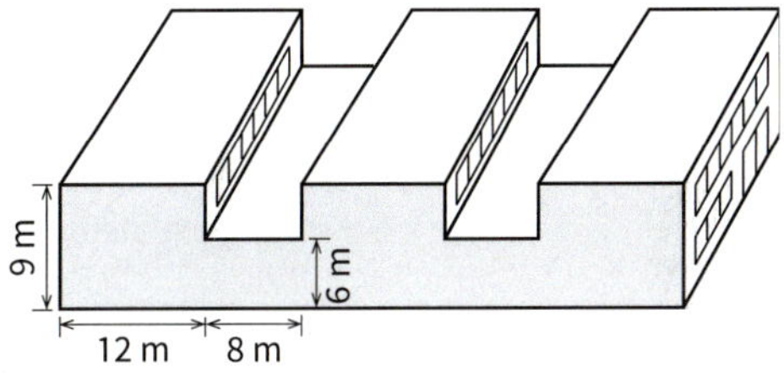

18. In einem Neubaugebiet beträgt der Grundstückspreis 110 € pro m^2. Berechne die Preise für die Grundstücke rechts.

Bauland AG

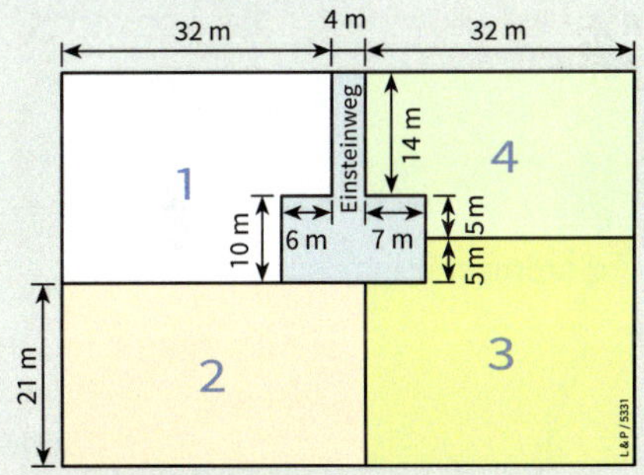

Herausfordern

19. Peter sagt: „Beim Format 10 × 15 bekommt man bei diesem Angebot am meisten Foto für sein Geld!“

MeisterFOTO

Format	Preis für 10 Stück
10 × 15	0,60 €
20 × 30	5,00 €
30 × 45	29,90 €
40 × 60	59,50 €

20. a) Eine Seite eines Rechtecks wird um 1 m verlängert. Wie musst du die andere Seitenlänge verändern, damit der Umfang sich nicht ändert? Formuliere eine allgemeine Regel.

b) Die Länge einer Seite eines Rechtecks wird
(1) verdoppelt; (2) verdreifacht; (3) vervierfacht.
Wie muss man die andere Seitenlänge ändern, damit der Flächeninhalt gleich bleibt?

Flächeninhalt nicht rechteckiger Figuren

„Deutschland hat eine Fläche von 356 974 km²", lesen Ronja und Kevin in ihrem Erdkundebuch. Kevin überlegt: „Den Flächeninhalt von Rechtecken kann man leicht bestimmen. Aber wie geht man bei einer krummlinig begrenzten Figur vor?"
„Wir könnten ja die Größe zunächst ungefähr bestimmen", meint Ronja.

Ronja zeichnet ein Rechteck, das auf jeden Fall größer als Deutschland ist: „Wie groß die Fläche Deutschlands höchstens ist, können wir aus der Fläche des Rechtecks in der Zeichnung berechnen."

„Das Rechteck ist aber viel zu groß. An den Ecken des Rechtecks können wir noch kleinere Rechtecke einzeichnen. Dann erhalten wir eine Figur, die fast wie die Umrisse von Deutschland aussieht...", schlägt Kevin vor.

1. a) Kopiere die Zeichnung. Zeichne Rechtecke in den Ecken des großen Rechtecks so ein, dass du nicht über die Umrisse von Deutschland hinausgehst. Berechne den Flächeninhalt dieser Figur. Vergleiche dein Ergebnis mit deinem Nachbarn.

b) Rechne aus, wie groß Deutschland höchstens ist. Beachte dabei, dass 1 cm auf deiner Zeichnung 60 km in der Natur entsprechen.

„Jetzt wissen wir, wie groß Deutschland höchstens ist. Können wir genau so leicht feststellen, wie groß Deutschland mindestens ist?", möchte Kevin noch wissen.

Ronja überlegt kurz, dann schlägt sie vor: „Zeichnen wir doch Rechtecke, die ganz in den Umrissen von Deutschland liegen. Mit einem Rechteck kommen wir dabei sicherlich nicht aus. Aber wenn wir mehrere nehmen und sie aneinander legen, können wir die Zeichnung fast abdecken. Wir müssen aber darauf achten, dass wir in den Umrissen Deutschlands bleiben. Mit ihrem Flächeninhalt zusammen bekommen wir dann eine Angabe über die Mindestfläche Deutschlands."

2. Zeichne Rechtecke so, wie Ronja es vorschlägt.
Was kannst du jetzt über den Flächeninhalt von Deutschland aussagen?

Als Ronja und Kevin gerade die letzten Rechtecke einzeichnen, kommt ihr Freund Felix dazu. „Das ist mir zu umständlich und zu ungenau. Warum zeichnet ihr die Karte denn nicht auf kariertes Papier. Dann braucht ihr doch nur Karos zu zählen."

3. **a)** Bestimme zunächst, welchen Flächeninhalt ein Karo in der Wirklichkeit hat.
b) Ermittle dann einen Wert wie groß Deutschland höchstens ist.
c) Ermittle auch wie groß Deutschland mindestens ist.

4. Bestimme einen noch genaueren Wert für die Größe von Deutschland, indem du angeschnittene Karos geeignet berücksichtigst.

5. Mithilfe von Millimeterpapier kannst du den Wert für die Größe von Deutschland noch weiter verbessern. Wie nahe kommst du dem Wert aus dem Erdkundebuch?

Auf die hier beschriebene Art kannst du den Flächeninhalt jeder Figur angenähert bestimmen. Du musst dazu Quadrate so nebeneinander legen, dass sie die Figur ganz überdecken. Dann weißt du, wie groß der Flächeninhalt höchstens ist. Durch Auslegen mit Quadraten kannst du dann andererseits auch berechnen, wie groß die Fläche mindestens ist. Dabei werden deine Ergebnisse immer genauer, je kleiner die Seiten der Quadrate sind, mit denen du die Figur überdeckst bzw. ausfüllst.

4.4 Körper und ihr Volumen

4.4.1 Größenvergleich von Körpern – Begriff des Volumens

Einstieg

Die Fotos zeigen zwei Versuche. Beschreibt sie. Welche Folgerung könnt ihr daraus entnehmen?

(1)

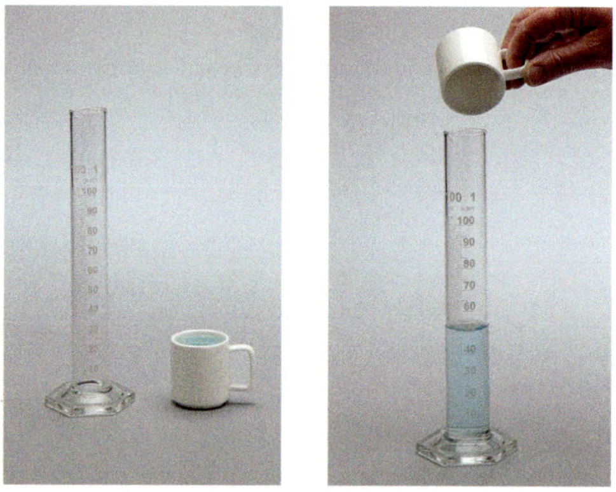

(2)

Aufgabe 1

Fassungsvermögen und Volumen

Zwei Flaschen werden verglichen.

(1) Der Inhalt einer gefüllten Flasche wird in die andere leere Flasche gegossen.

(2) Beide leeren Flaschen werden in einen Zylinder mit Wasser getaucht.

Betrachte die Fotos. Welche Aussage kannst du über die Flaschen machen?

Lösung

(1) Füllt man den Inhalt der rechten Flasche in die linke, so wird diese randvoll gefüllt und es bleibt nichts in der rechten Flasche zurück. In beide Flaschen passt gleich viel Flüssigkeit. Beide Flaschen haben somit dasselbe Fassungsvermögen.

(2) Beim Eintauchen der rechten Flasche in den Standzylinder mit Wasser steigt der Wasserstand stärker an als beim Eintauchen der linken Flasche. Die rechte Flasche verdrängt mehr Wasser als die linke. Sie nimmt also einen größeren Raum ein.

Trotz gleichen Fassungsvermögens nehmen die leeren Flaschen unterschiedlichen Raum ein. Die rechte Flasche hat eine dickere Glaswand.

Information

(1) Ausfüllen des Innenraumes eines Gefäßes

Flüssigkeiten füllen den Innenraum von Gefäßen (Flaschen, Töpfen, Eimern, Wannen, Fässern usw.) aus. Durch Umfüllen kann man feststellen, ob der Innenraum von Gefäßen gleich oder verschiedenen groß ist. Die Größe des ausgefüllten Raumes heißt **Volumen** (oder *Rauminhalt*).

(2) Raumausfüllung von Körpern

Taucht man Körper ins Wasser, so steigt der Wasserspiegel.
Zwei Körper haben das gleiche Volumen, wenn der Wasserspiegel im gleichen Gefäß um den gleichen Betrag steigt. Das Volumen des eingetauchten Körpers ist gleich dem Volumen des Wassers über dem alten Wasserstand.

Das **Volumen** eines Körpers ist die Größe des Raumes, den der Körper ausfüllt.

Weiterführende Aufgaben

Volumenvergleich durch Zerlegen und Zusammensetzen von Körpern

2. Rechts siehst du zwei Quader. Vergleiche deren Volumen. Denke dir einen der beiden Quader zerschnitten und neu zusammengesetzt.

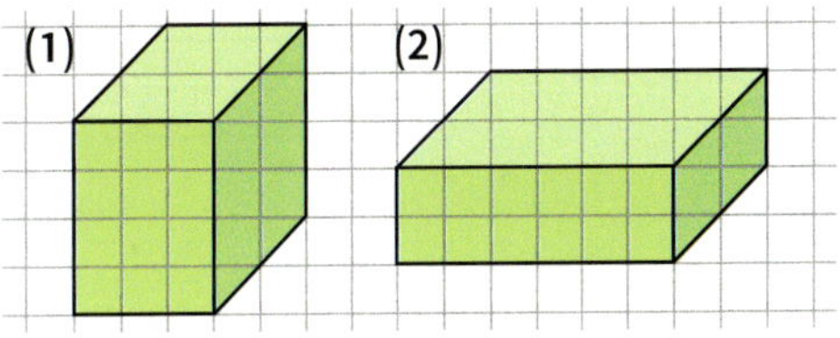

Körper, die man in dieselben Teilkörper zerlegen kann, haben dasselbe **Volumen** (denselben *Rauminhalt*).

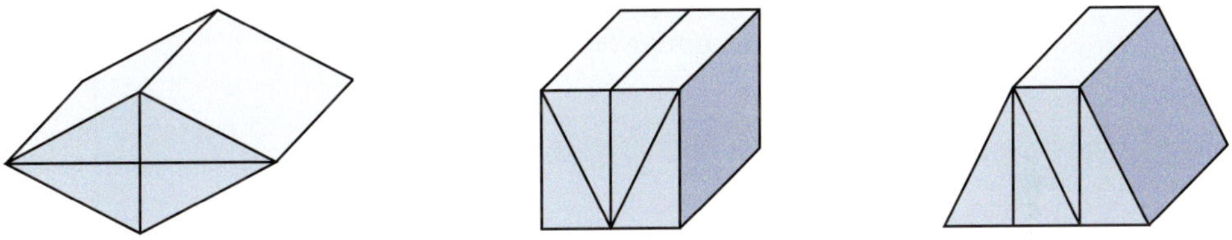

Unterscheidung von Volumen und Gewicht

3. Das Volumen und das Gewicht darf man nicht verwechseln.
Zwei der Körper rechts haben gleiches Volumen, aber unterschiedliches Gewicht.
Zwei der Körper haben gleiches Gewicht, aber unterschiedliches Volumen.

a) Welche Körper haben gleiches Volumen? Welche Körper haben gleiches Gewicht?

b) Besteht der lackierte Körper C aus Holz oder aus Blei? Entscheide und begründe.

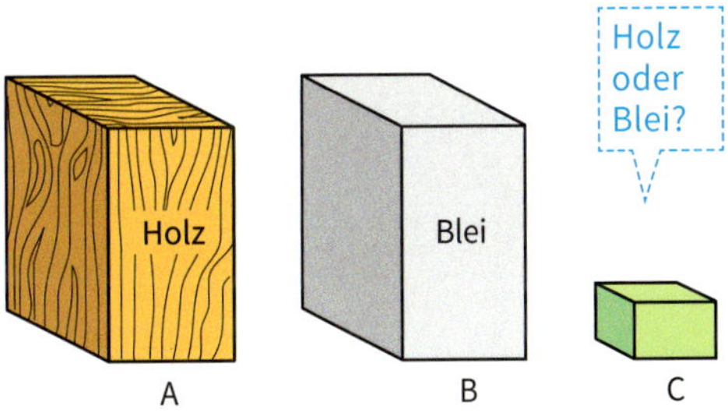

Üben

4. Haben die beiden Körper dasselbe Volumen? Begründe.

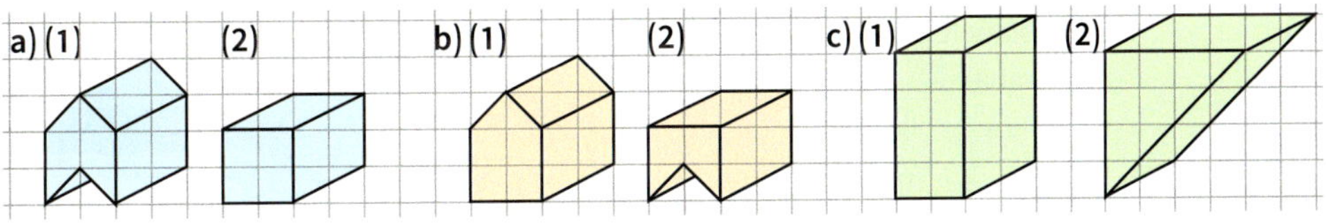

5. Vergleiche die Körper. Welche der Körper füllen einen gleich großen Raum aus?

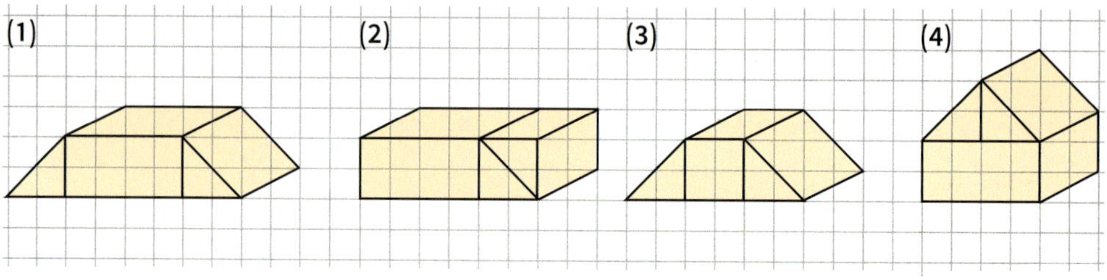

Vertiefen

6. Skizziere Körper, die dasselbe Volumen wie der abgebildete Körper haben.

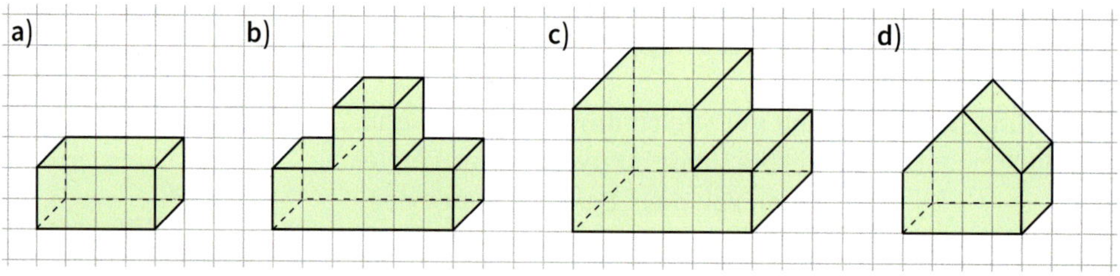

7. a) Nennt zwei Körper, die gleiches Volumen, aber verschiedenes Gewicht haben.
b) Nennt zwei Körper, die gleiches Gewicht, aber unterschiedliches Volumen haben.

Herausfordern

8. Der Körper rechts soll in vier gleichgroße Teilkörper zerlegt werden.
Gib zwei verschiedene Möglichkeiten an.

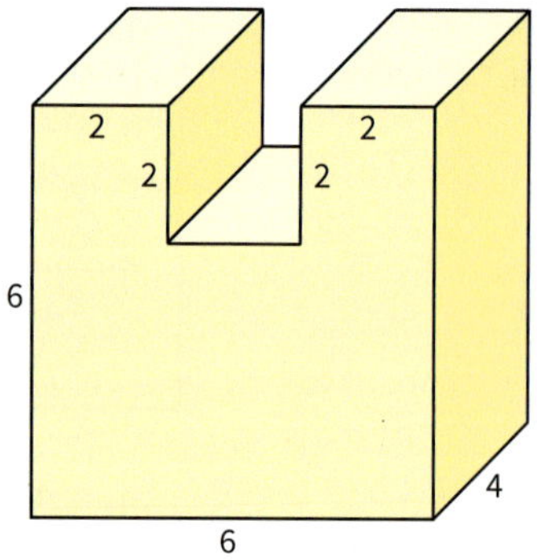

4.4.2 Angabe eines Volumens – Volumeneinheiten

Einstieg

Für die Größenangabe des Stauraums eines Containerschiffes kann man als frei gewählte Volumeneinheit 1 C (C = Containervolumen) verwenden.
An Deck passen immer 8 Container nebeneinander, 4 hintereinander und 3 übereinander.
Unter Deck sind die Container in 4 Schichten gestapelt. Es stehen 5 nebeneinander und 4 hintereinander.
Wie groß ist der gesamte Stauraum des Schiffes (in der Volumeneinheit C)?

Aufgabe 1

a) Der Körper rechts besteht aus 12 gleich großen Würfeln. Man sagt auch: Sein Volumen beträgt 12 W (W = Würfelgröße). W ist dabei eine frei gewählte Volumeneinheit. Gib das Volumen der Körper in der Einheit W an.

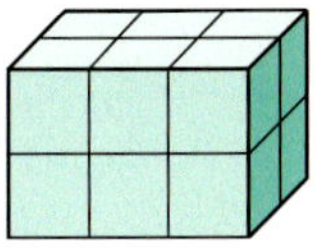

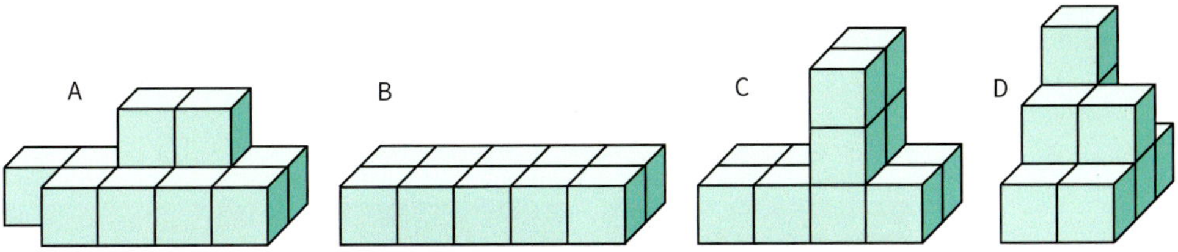

b) Als Einheit für das Volumen ist festgelegt: Ein Würfel mit der Kantenlänge 1 cm hat das Volumen 1 cm³ (gelesen: *1 Kubikzentimeter*). Welches Volumen hat der Körper rechts?

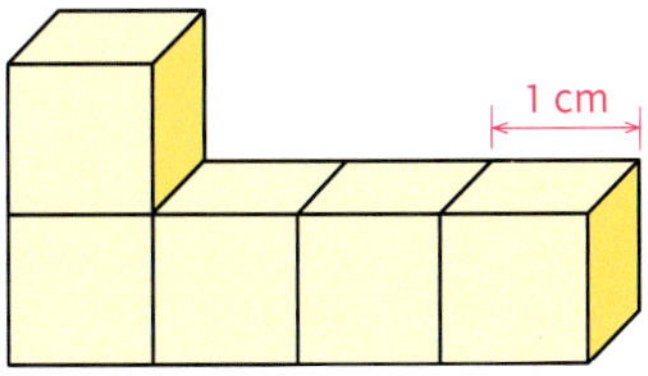

Lösung

a)

Körper	A	B	C	D
Volumen	11 W	10 W	12 W	10 W

b) Der Körper besteht aus 5 Würfeln mit jeweils 1 cm Kantenlänge. Jeder Würfel hat das Volumen 1 cm³. Der ganze Körper hat daher das Volumen 5 cm³.

Information

(1) Messen in der Einheit Kubikzentimeter

Frei gewählte Volumeneinheiten, wie z. B. das Fassungsvermögen eines Löffels oder einer Tasse bei Backrezepten, können unterschiedlich groß sein. Sie sind für genaue Volumenangaben im täglichen Leben sowie für Handel und Industrie nicht geeignet.
Man hat sich daher auf Volumeneinheiten geeinigt, die weltweit üblich sind.

(1) Ein Würfel mit der Kantenlänge 1 cm hat das Volumen 1 cm³ (gelesen: *1 Kubikzentimeter*). Alle anderen Körper, die man durch Zerlegen und erneutes Zusammensetzen eines Würfels mit 1 cm Kantenlänge erhält, haben auch das Volumen 1 cm³.

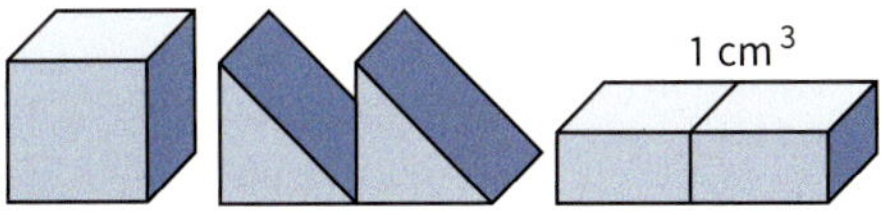

(2) In den Körper links passen 5 Würfel mit 1 cm Kantenlänge. Der Körper hat das Volumen 5 cm³. Die beiden anderen Körper haben dasselbe Volumen, nämlich 5 cm³.

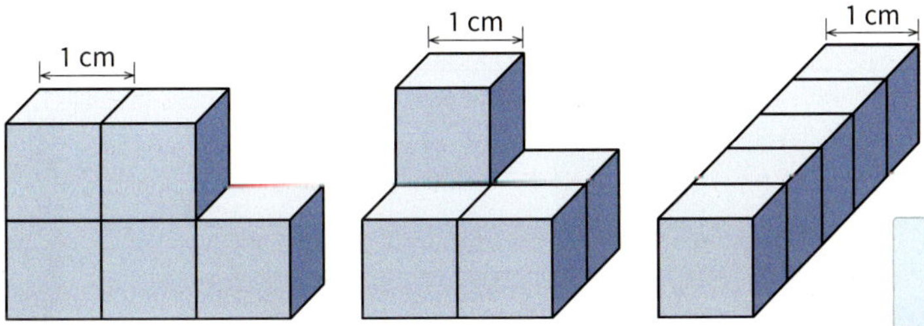

5 cm³
Maßzahl ↗ ↖ Einheit

(2) Weitere Volumeneinheiten

Weitere Einheiten für das Volumen sind: **Kubikmillimeter; Kubikdezimeter, Kubikmeter**
Die folgende Tabelle ist eine Übersicht über die Volumeneinheiten.

Kantenlänge des Würfels	Volumen des Würfels	gelesen
1 mm	$1\,mm^3$	1 Kubikmillimeter
1 cm	$1\,cm^3$	1 Kubikzentimeter
1 dm	$1\,dm^3$	1 Kubikdezimeter
1 m	$1\,m^3$	1 Kubikmeter

Salzkorn
Volumen $1\,mm^3$

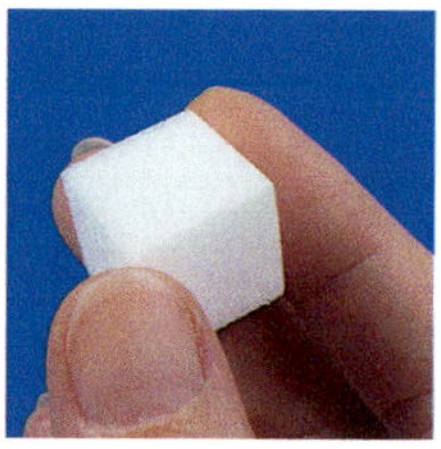
Würfelzucker
Volumen $1\,cm^3$

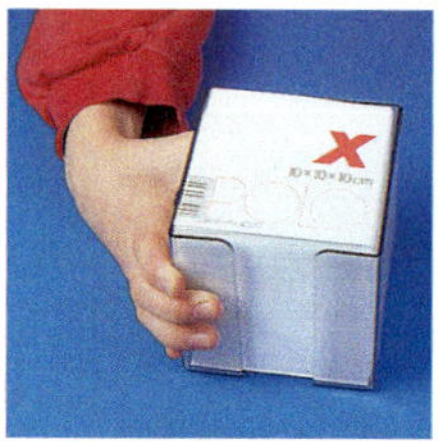
Zettelblock
Volumen $1\,dm^3$

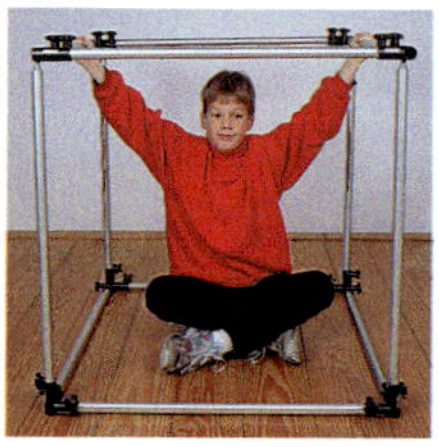
Würfel mit 1 m Kantenlänge;
Volumen $1\,m^3$

(3) Die Einheiten Liter (ℓ), Milliliter (mℓ) und Hektoliter (hℓ)

(a) Das Volumens von Gefäßen wie Töpfen, Eimern, Kannen, Fässern wird oft auch in der Einheit Liter (ℓ) angegeben. Es gilt:

$1\,\ell = 1\,dm^3$

(b) Das Volumen der Flüssigkeit in Flaschen (z. B. in Arzneimittelflaschen, Mineralwasserflaschen) wird oft in der Einheit Milliliter (mℓ) angegeben. Es gilt:

$1\,m\ell = 1\,cm^3$

(c) Außerdem gibt es noch die Einheit Hektoliter (hℓ). Man verwendet sie für das Volumen großer Fässer und Tanks. Es gilt:

$1\,h\ell = 100\,\ell$

Zusammengefasst ergibt sich:

$1\,m\ell = 1\,cm^3$ $\quad$ $1\,\ell = 1\,dm^3$ $\quad$ $1\,h\ell = 100\,\ell = 100\,dm^3$

Filzstiftkappe 1 mℓ

Messbecher 1 ℓ

Weinfass 100 ℓ = 1 hℓ

(4) Weitere gegenwärtig verwandte Volumeneinheiten sowie alte Volumeneinheiten

In der Erdölindustrie wird heute weltweit das Volumen von Erdöl in der Einheit Barrel angegeben. Es gilt ziemlich genau: 1 Barrel = 159 ℓ.

In den USA und in Großbritannien wird Benzin an den Tankstellen nicht in Liter, sondern in der Einheit *Gallone* verkauft.

Es gilt in Großbritannien: 1 Gallone = $4\frac{1}{2}$ ℓ; in den USA dagegen: 1 Gallone = $3\frac{3}{4}$ ℓ.

Üben

2. **a)** Gib das Volumen an.

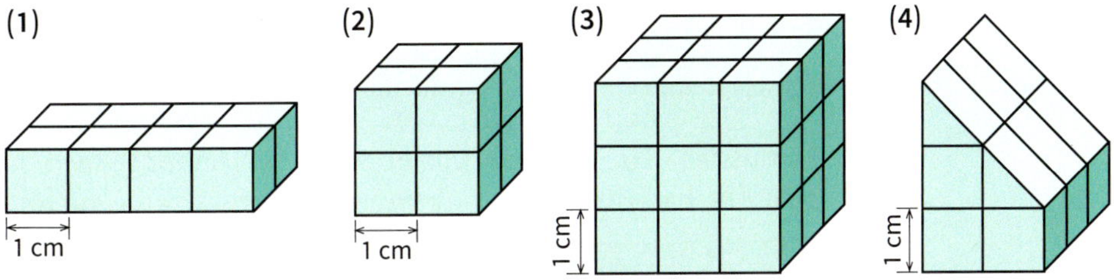

b) Nimm an, die Kantenlänge der einzelnen Würfel ist nicht 1 cm, sondern 1 dm [1 m]. Wie groß ist jetzt das Volumen des Körpers?

3. Bestimme das Volumen des Körpers.

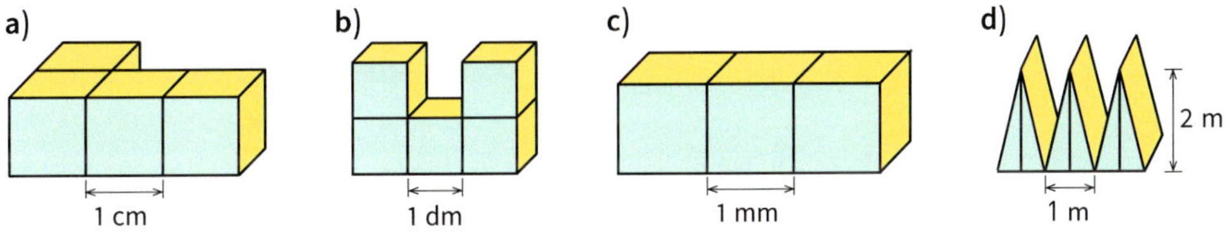

Vertiefen

4. Jeder einzelne Würfel hat die Kantenlänge 1 dm.

a) Bestimme das Volumen der Körper.

b) Der Körper soll (mit möglichst wenig Würfeln) zu einem Quader ergänzt werden. Welches Volumen hat der Ergänzungskörper und welches Volumen hat der Quader?

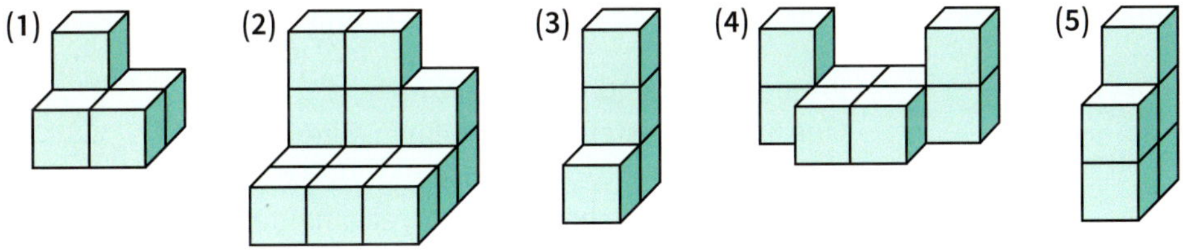

5. Zeichne ein Schrägbild eines Quaders mit folgendem Volumen. Trage die Maße ein.

a) 18 cm³ **b)** 3 cm³ **c)** 49 cm³

6. In welcher Volumeneinheit würdest du messen?

(1) Erdaushub bei einer Baugrube
(2) Inhalt einer Mineralwasserflasche
(3) Inhalt eines Fläschchens mit Medizin
(4) Nutzinhalt eines Kühlschranks
(5) Sack Blumenerde
(6) Eis in einer Packung
(7) anzulieferndes Heizöl
(8) Farbe in einem Eimer

7. Auf kleinen Gläsern findet man auch Volumenangaben in cℓ (gelesen: *Zentiliter*): 1 cℓ = 10 mℓ
Gib folgende Volumina in cm^3 an: a) 1 cℓ b) 2 cℓ c) 30 cℓ

Herausfordern

8. Simone hat ein 600 mℓ-Gefäß und ein 800 mℓ-Gefäß, beide aber ohne Messskalen. Damit möchte sie 400 mℓ Wasser für die Zubereitung einer Limonade abfüllen.
Erkläre, wie sie vorgehen kann.

4.4.3 Zusammenhang zwischen den Volumeneinheiten

Einstieg

Wie viele Zentimeterwürfel (Würfel mit der Kantenlänge 1 cm) passen in einen Meterwürfel?

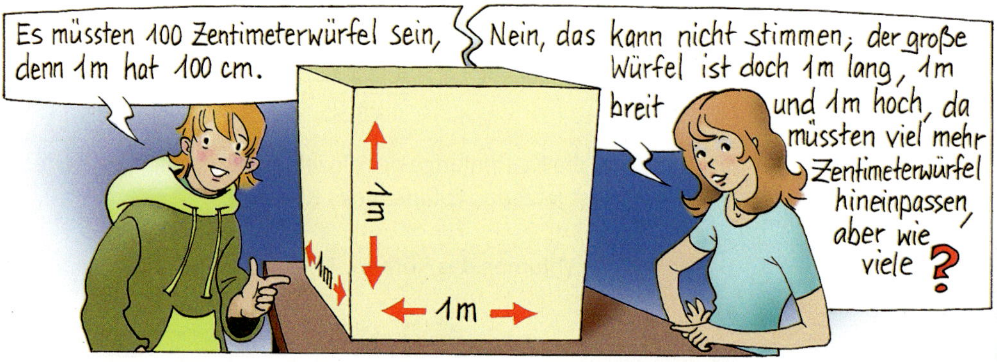

Aufgabe 1

Zusammenhang zwischen dm^3 und cm^3

a) Der große Würfel mit der Kantenlänge 1 dm wird mit kleinen Würfeln mit der Kantenlänge 1 cm ausgelegt.
Wie viele kleine Würfel werden insgesamt benötigt? Welches Volumen hat der Würfel mit der Kantenlänge 1 dm?

b) Drücke das Volumen $37\,dm^3$ in cm^3 aus.

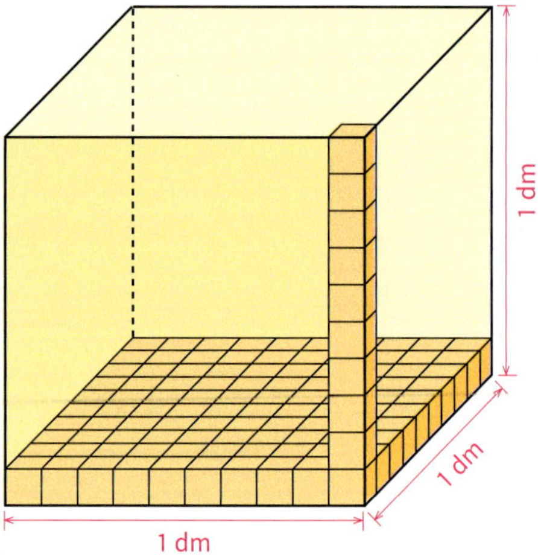

Lösung

a) In einer Reihe sind 10 kleine Würfel.
Eine Schicht besteht aus 10 Reihen. Eine Schicht hat $10 \cdot 10$, also 100 kleine Würfel.
Es werden 10 Schichten benötigt, also $10 \cdot 100$ und somit 1 000 kleine Würfel.
Da der große Würfel mit 1 000 Würfeln mit jeweils $1\,cm^3$ Volumen ausgefüllt werden kann, hat er auch das Volumen $1\,000\,cm^3$.

Es gilt: $1\,dm^3 = 1\,000\,cm^3$

b) 37 Würfel mit der Kantenlänge 1 dm haben zusammen das Volumen $37\,dm^3$. Jeder Würfel mit der Kantenlänge 1 dm besteht aus 1 000 Würfeln mit der Kantenlänge 1 cm. Das sind zusammen 37 000 Würfel mit der Kantenlänge 1 cm.

Es gilt somit $37\,dm^3 = 37\,000\,cm^3$.

Information

(1) Zusammenhang zwischen den Volumeneinheiten – Einheitentabelle

Entsprechend wie oben kann ein Würfel mit der Kantenlänge 1 m mit 1 000 Würfeln mit der Kantenlänge 1 dm ausgefüllt werden.

Es gilt daher: $1\,m^3 = 1\,000\,dm^3$

Ein Würfel mit der Kantenlänge 1 cm kann mit 1 000 Würfeln mit der Kantenlänge 1 mm ausgefüllt werden.

Es gilt: $1\,cm^3 = 1\,000\,mm^3$

Die folgende Tabelle gibt einen Überblick über diese Volumeneinheiten.

Bei Volumina ist die **Umrechnungszahl 1 000**. Man kommt zur nächstkleineren Einheit, in dem man die Maßzahl mit 1 000 multipliziert.

$1\,m^3 = 1\,000\,dm^3$ $1\,dm^3 = 1\,000\,cm^3$ $1\,cm^3 = 1\,000\,mm^3$

Milli (lat.) ein Tausendstel einer Einheit

Du kennst auch die Volumeneinheiten Liter und Milliliter.
Du weißt: $1\,dm^3 = 1\,\ell$ und $1\,cm^3 = 1\,m\ell$
Daher gelten auch folgende Umwandlungen:

$1\,m^3 = 1\,000\,\ell$ $1\,dm^3 = 1\,000\,m\ell$ $1\,\ell = 1\,000\,m\ell$

Bei den Umrechnungen zwischen den Volumeneinheiten kann die Einheitentabelle helfen. Da die Umrechnungszahl 1000 ist, müssen bei jeder Einheit Einer (E), Zehner (Z) und Hunderter (H) unterschieden werden.

	m^3			dm^3 (= ℓ)			cm^3 (= ml)			mm^3			Schreibweisen
	H	Z	E	H	Z	E	H	Z	E	H	Z	E	
			5			8							$5\,m^3\,8\,dm^3 = 5\,008\,dm^3$
					3	2		4	3				$32\,dm^3\,43\,cm^3 = 32\,043\,cm^3$
					3	7		2					$37\,\ell\,20\,m\ell = 37\,020\,m\ell$
									0	4			$0\,cm^3\,400\,mm^3 = 400\,mm^3$
			0		7								$0\,m^3\,70\,dm^3 = 70\,dm^3$

(2) Kommaschreibweise

Die Kommaschreibweise für Volumina kommt z.B. bei der Gasuhr vor. Sie ist eine Abkürzung für eine Schreibweise mit zwei Einheiten.

Vor dem Komma m^3				Nach dem Komma dm^3		
4	6	2	3	0	8	2

$4\,623,082\,m^3 = 4\,623\,m^3\,82\,dm^3$

Weitere Beispiele für die Kommaschreibweise bei Volumina

Vor dem Komma dm^3			Nach dem Komma cm^3		
		3	0	7	

$3,07\,dm^3 = 3\,dm^3\,70\,cm^3$

Vor dem Komma cm^3			Nach dem Komma mm^3		
	3	4	4		

$34,4\,cm^3 = 34\,cm^3\,400\,mm^3$

Üben

2. a) Ein Körper hat das Volumen (1) $1\,dm^3$; (2) $8\,dm^3$.
Er ist aus Würfeln mit der Kantenlänge 1 cm zusammengesetzt. Wie viele sind das?
b) Ein Körper hat das Volumen (1) $1\,m^3$; (2) $12\,m^3$.
Er ist aus Würfeln mit der Kantenlänge 1 dm zusammengesetzt. Wie viele sind das?

3. Drücke in der in Klammern angegebenen Volumeneinheit aus.

a) $3\,dm^3$ (cm^3)	c) $5\,m^3$ (dm^3)	e) $3\,cm^3$ (mm^3)	g) $8\,\ell$ ($m\ell$)	i) $15\,m^3$ (ℓ)
b) $18\,dm^3$ (cm^3)	d) $413\,m^3$ (dm^3)	f) $68\,cm^3$ (mm^3)	h) $37\,\ell$ ($m\ell$)	j) $4\,m^3$ (ℓ)

4. Schreibe in der in Klammern angegebenen Volumeneinheit.

a) $2\,000\,cm^3$ (dm^3)	c) $180\,000\,dm^3$ (m^3)	e) 40 000 ml (ℓ)
b) $200\,000\,cm^3$ (dm^3)	d) $4\,000\,000\,dm^3$ (m^3)	f) $73\,000\,\ell$ (m^3)

$1\,000\,cm^3 = 1\,dm^3$
$4\,000\,cm^3 = 4\,dm^3$

5. Fülle die Lücken in deinem Heft aus.

a) $7\,dm^3$ = ▢ cm^3	d) $9\,\ell$ = ▢ $m\ell$	g) $9\,\ell$ = ▢ cm^3	j) $24\,dm^3$ = ▢ mm^3
b) $8\,m^3$ = ▢ dm^3	e) $2\,m^3$ = ▢ cm^3	h) $30\,\ell$ = ▢ cm^3	k) $23\,m^3$ = ▢ ℓ
c) $7\,cm^3$ = ▢ mm^3	f) $42\,m^3$ = ▢ cm^3	i) $5\,m^3$ = ▢ $m\ell$	ℓ) $18\,\ell$ = ▢ cm^3

6. Schätze, wie viel Liter Wasser du täglich benötigst. $1\,m^3$ Trinkwasser kostet 2,00 €. Zusätzlich sind an Abwassergebühren pro Kubikmeter 3,50 € zu zahlen. Überschlage, wie viel dein Trinkwasserverbrauch monatlich kostet.

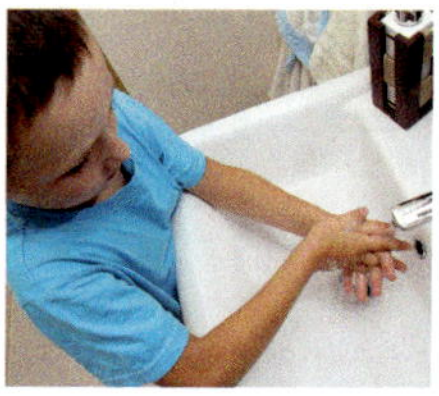

7. Schreibe in gemischten Einheiten.

a) $3\,742\,dm^3$	e) $68\,549\,dm^3$	i) $1\,047\,cm^3$		
b) $48\,046\,cm^3$	f) $8\,039\,dm^3$	j) $32\,008\,cm^3$		
c) $2\,759\,dm^3$	g) $38\,537\,m\ell$	k) $8\,249\,cm^3$	m) $49\,307\,dm^3$	o) $2\,031\,dm^3$
d) $54\,928\,\ell$	h) $4\,045\,m\ell$	l) $62\,049\,cm^3$	n) $3\,018\,dm^3$	p) $87\,906\,dm^3$

$3\,578\,dm^3 = 3\,m^3\,578\,dm^3$
$2019\,cm^3 = 2\,dm^3\,19\,cm^3$

8. Drücke in der kleineren Einheit aus.

a) $2\,m^3\,150\,dm^3$	d) $18\,dm^3\,280\,cm^3$		
b) $4\,m^3\,14\,dm^3$	e) $4\,dm^3\,5\,cm^3$	g) $19\,cm^3\,4\,mm^3$	i) $19\,\ell\,30\,m\ell$
c) $63\,m^3\,2\,dm^3$	f) $20\,dm^3\,10\,cm^3$	h) $99\,cm^3\,904\,mm^3$	j) $9\,\ell\,4\,m\ell$

$4\,m^3\,275\,dm^3 = 4\,275\,dm^3$

9. Gib in gemischten Einheiten an.

a) $3{,}754\,m^3$	c) $12{,}456\,\ell$	e) $43{,}7\,m^3$	g) $18{,}4\,\ell$
b) $0{,}4\,m^3$	d) $3{,}55\,\ell$	f) $42{,}043\,dm^3$	h) $0{,}075\,m^3$

$2{,}5\,\ell = 2\,\ell\,500\,m\ell$
$4{,}7\,m^3 = 4\,m^3\,700\,dm^3$

10. Schreibe wie im Beispiel.

a) $4\,m^3\,725\,dm^3$	c) $14\,cm^3\,50\,mm^3$	e) $7\,\ell\,4\,m\ell$	
b) $4\,dm^3\,50\,cm^3$	d) $28\,\ell\,63\,m\ell$	f) $0\,\ell\,6\,m\ell$	g) $0\,dm^3\,50\,cm^3$

$3\,dm^3\,70\,cm^3 = 3{,}070\,dm^3$

11. Schreibe mit Komma.

a) $2\,431\,dm^3$	c) $44\,873\,\ell$	e) $5\,732\,dm^3$	g) $418\,m\ell$
b) $7\,419\,dm^3$	d) $8\,240\,dm^3$	f) $48\,400\,dm^3$	h) $500\,dm^3$

$4\,739\,dm^3 = 4{,}739\,m^3$
$3\,500\,m\ell = 3{,}5\,\ell$

Vertiefen

12. Rechne in die in Klammern angegebene Einheit um.

a) (1) 75 cm³ (mm³); (2) 7 000 dm³ (cm³); (3) 43 m³ 50 dm³ (dm³) (4) 18 000 cm³ (ℓ)

b) Prüfe Tinas Hausaufgaben. Wo steckt der Fehler? Erkläre.

a) 8 m³ = 800 cm³	d) 2 m³ 3 dm³ = 203 dm³	g) 6000 mm² = 60 cm²
b) 700 dm³ = 7 cm³	e) 900 mℓ = 9 ℓ	h) 2 km³ = 2000 m³
c) 5 mℓ = 5 dm³	f) 700 m = 7 km	i) 8 hℓ = 8000 ℓ

c) Auch Volumen rundet man. Runde auf die in Klammern angegebene Einheit:
(1) 7 531 dm³ (m³); (2) 25 187 mm³ (cm³); (3) 750 m³ (dm³) (4) 1 237 cm³ (ℓ)

13. a) Runde auf volle m³: 8 513 dm³; 12 147 dm³; 7 619 ℓ; 12,456 m³; 54,98 m³; 46 501 ℓ; 874 ℓ

b) Runde auf volle ℓ: 19 349 mℓ; 3 604 mℓ; 24,491 ℓ; 12,50 ℓ; 874,3 mℓ; 990 cm³

c) Nenne jeweils 5 Volumina, die gerundet 4 dm³; 6,81 cm³; 7,3 m³ ergeben.

14. Vervollständige die Lücken im Heft.

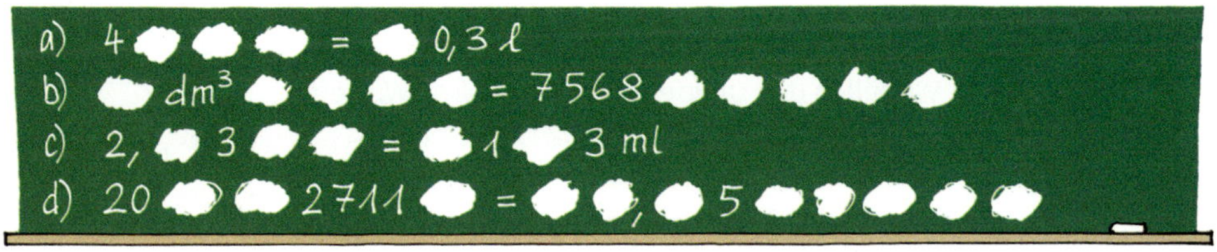

15. Lies die Zeitungsanzeigen.
Was bedeutet die Volumenangabe ccm?
Suche selbst ähnliche Anzeigen.

Herausfordern

16. a) Anne und ihre Eltern sind im Urlaub in den USA. Sie haben ein Auto gemietet. Dessen Tank fasst 20 Gallonen. Wie viel Liter sind das? (Siehe dazu Information (4) auf Seite 187.)

b) Gib in der Einheit ℓ an: (1) 10 (engl.) Gallonen (2) 12 (US) Gallonen (3) 235 Barrel

17. a) 1 cm³ Styropor wiegt 30 mg, 1 cm³ Kork ist 250 mg schwer. Kannst du 1 m³ Styropor tragen? Ist das auch bei 1 m³ Kork möglich?

b) 1 cm³ Gold wiegt 19,3 g. Kann man 1 m³ Gold mit einem Pkw mit der Nutzlast 505 kg transportieren?

Das kann ich noch!

A) Miss den Abstand der Punkte P und S.

B) Miss den Abstand des Punktes P von der Geraden g.

C) Miss den Abstand der beiden Geraden g und h.

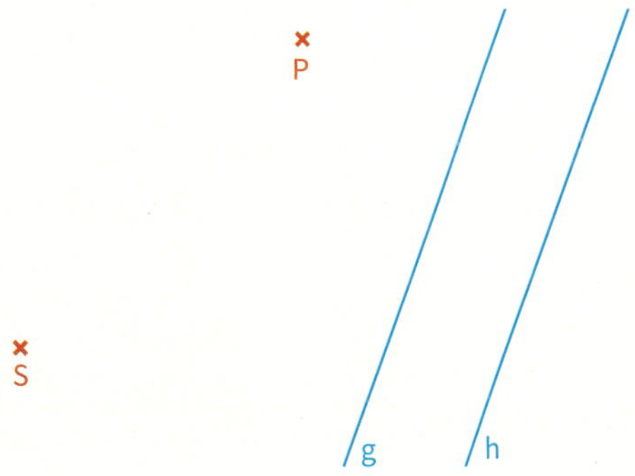

4.5 Formeln für Volumen und Oberflächeninhalt eines Quaders

Einstieg

In einen quaderförmigen Karton mit den Innenmaßen a = 4 dm, b = 3 dm und c = 2 dm sollen Zettelblocks verpackt werden. Die Zettelblocks sind würfelförmig und haben die Kantenlänge 1 dm.
Wie viele Zettelblocks passen in den Karton?
Wie groß ist das Volumen (Fassungsvermögen) des Kartons?

Aufgabe 1

Volumen eines Quaders

Bestimme das Volumen eines Quaders mit den Kantenlängen 5 cm, 4 cm und 3 cm.

Lösung

Wir füllen den Quader mit $1\,cm^3$ großen Würfeln. An die 5 cm lange Kante passen 5 solche Würfel nebeneinander. 4 solche Reihen passen hintereinander, denn die nach hinten verlaufende Kante ist 4 cm lang.
Wir erhalten damit eine Schicht mit $4 \cdot 5$ Würfeln. 3 solche Schichten passen aufeinander, denn die dritte Kante ist 3 cm lang.
Insgesamt kann man somit den Quader mit $3 \cdot 4 \cdot 5$ Würfeln der Größe $1\,cm^3$ ausfüllen.
Also: $V = (3 \cdot 4 \cdot 5)\,cm^3 = 60\,cm^3$

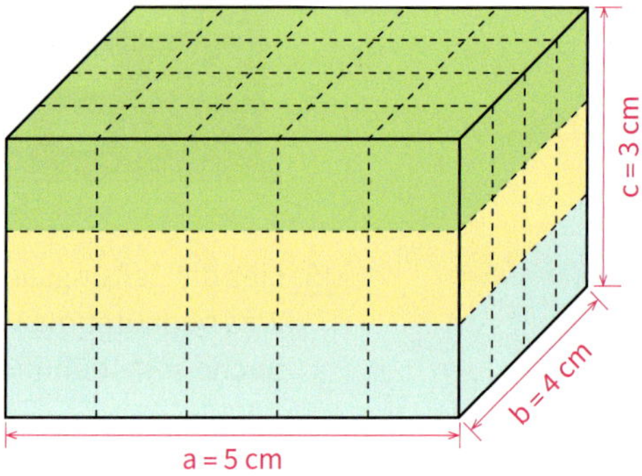

Information

Formel für das Volumen eines Quaders

Die Größe eines quaderförmigen Pakets gibt man üblicherweise durch das Produkt der Kantenlängen an, z. B. bei der Post $35 \times 25 \times 12\,cm$ für $35\,cm \times 25\,cm \times 12\,cm$.
Auch bei einem Quader mit den Kantenlängen 4 cm, 2 cm und 3 cm wollen wir für das Volumen V schreiben:
$V = 4\,cm \cdot 2\,cm \cdot 3\,cm$
Wie man dieses Volumen berechnet, hast du oben erfahren. Damit ergibt sich,, für das Volumen des Quaders eine einfache Formel:

Für das **Volumen V eines Quaders** mit den Kantenlängen a, b und c gilt:
$\mathbf{V = a \cdot b \cdot c}$

Beispiel: $a = 4\,cm;\ b = 2\,cm;\ c = 3\,cm$
$V = 4\,cm \cdot 2\,cm \cdot 3\,cm$
$= (4 \cdot 2 \cdot 3)\,cm^3$
$= 24\,cm^3$

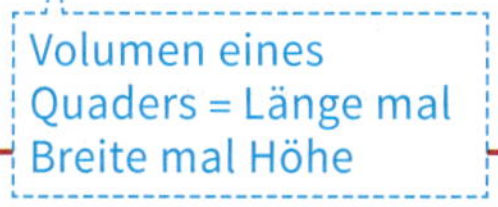

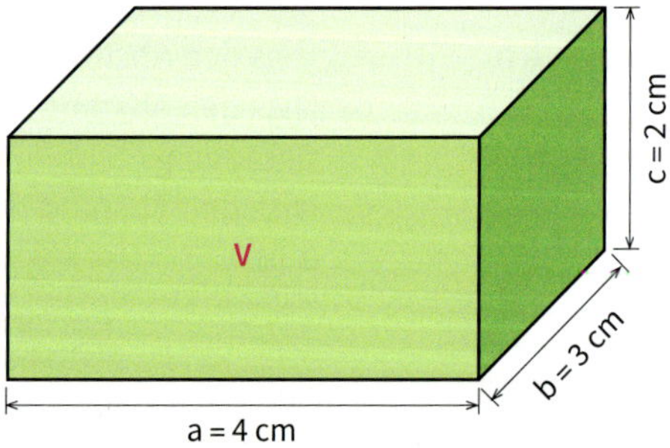

Weiterführende Aufgaben

Formel für das Volumen eines Würfels

2. **a)** Ein Würfel hat die Kantenlänge 3 cm. Berechne das Volumen.

b) Ein Würfel hat die Kantenlänge a. Gib eine Formel für das Volumen V des Würfels an.

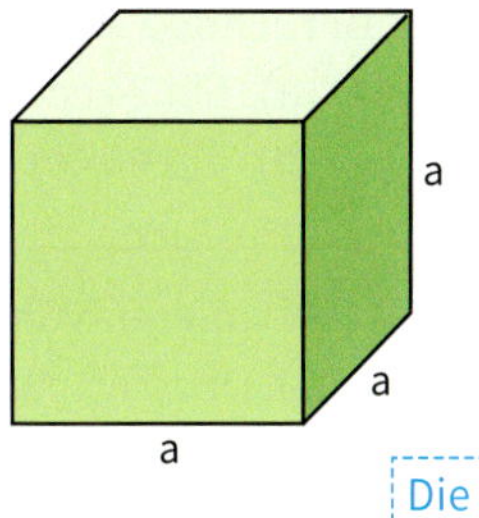

Oberflächeninhalt eines Quaders

3. **a)** Laura hat Ohrschmuck als Geburtstagsgeschenk für ihre Freundin gebastelt. Sie will diesen schön verpacken. Sie hat dazu eine Schachtel, die sie mit Silberpapier bekleben möchte. Wie viel cm^2 Papier benötigt sie?

b) Ein Quader hat die Kantenlängen a, b, c. Stelle eine Formel für den Oberflächeninhalt O auf.

c) **(1)** Wie groß ist die Oberfläche eines Würfels mit der Kantenlänge 3 cm?

(2) Erstelle eine Formel für den Oberflächeninhalt eines Würfels mit der Kantenlänge a.

Die Größe der Oberfläche ist ein Flächeninhalt.

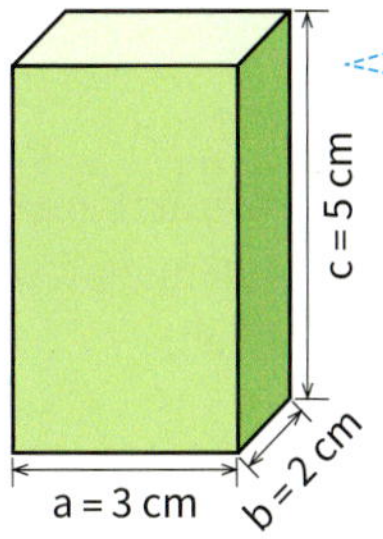

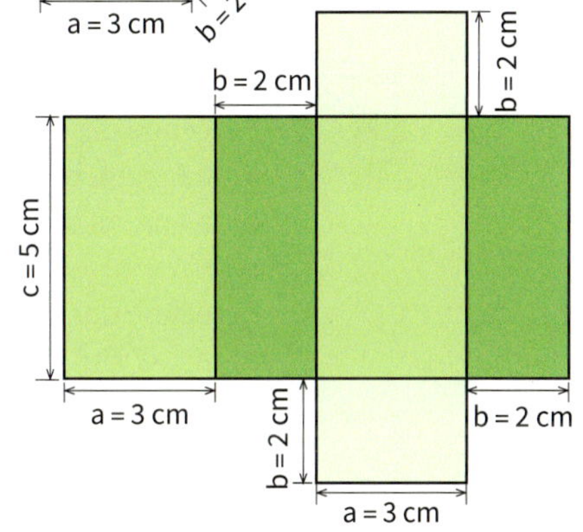

Oberflächeninhalt eines Quaders

Alle sechs Flächen, die zum Netz eines Quaders gehören, bilden zusammen die Oberfläche des Quaders.

Für den **Oberflächeninhalt O eines Quaders** mit den Kantenlängen a, b und c gilt:

$$\mathbf{O = 2 \cdot a \cdot b + 2 \cdot a \cdot c + 2 \cdot b \cdot c}$$

Beispiel: a = 4 cm, b = 2 cm, c = 3 cm

$$\begin{aligned} O &= 2 \cdot 4\,cm \cdot 2\,cm + 2 \cdot 4\,cm \cdot 3\,cm + 2 \cdot 2\,cm \cdot 3\,cm \\ &= 2 \cdot 8\,cm^2 + 2 \cdot 12\,cm^2 + 2 \cdot 6\,cm^2 \\ &= 16\,cm^2 + 24\,cm^2 + 12\,cm^2 \\ &= 52\,cm^2 \end{aligned}$$

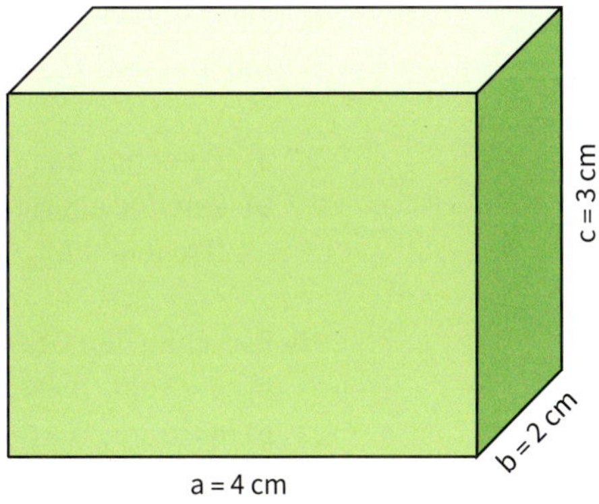

Sonderfall:

Für den **Oberflächeninhalt eines Würfels** mit der Kantenlänge a gilt:

$$\mathbf{O = 6 \cdot a \cdot a = 6 \cdot a^2}$$

Berechnen einer Seitenlänge bzw. eines Flächeninhalts aus dem Volumen

4. **a)** Ein $24\,cm^3$ großer Quader ist 3 cm breit und 2 cm hoch. Wie lang ist er?
b) Ein $48\,cm^3$ großer Quader ist 3 cm hoch. Was kannst du über die Abmessungen sagen?

Dividieren von Volumina durch Seitenlängen und Flächeninhalt

(1) Dividiert man ein Volumen durch einen Flächeninhalt, so erhält man eine Seitenlänge.

Gegeben: $V = 12\,cm^3$; $a = 2\,cm$; $b = 3\,cm$

$2\,cm \cdot 3\,cm \cdot c = 12\,cm^3$
$6\,cm^2 \cdot c = 12\,cm^3$
$c = 12\,cm^3 : 6\,cm^2$
$c = 2\,cm$

(2) Dividiert man ein Volumen durch eine Seitenlänge, so erhält man einen Flächeninhalt.

Gegeben: $V = 18\,cm^3$; $c = 3\,cm$

$a \cdot b \cdot 3\,cm = 18\,cm^3$
$A \cdot 3\,cm = 18\,cm^3$ (Grundfläche $A = a \cdot b$)
$A = 18\,cm^3 : 3\,cm$
$A = 6\,cm^2$

Üben

5. Berechne das Volumen V des Quaders.
a) $a = 7\,cm$, $b = 6\,cm$, $c = 2\,cm$
b) $a = 5\,cm$, $b = 5\,cm$, $c = 5\,cm$
c) $a = 3\,m$, $b = 3\,m$, $c = 4\,m$
d) $a = 65\,mm$, $b = 48\,mm$, $c = 35\,mm$

6. Berechne das Volumen V des Quaders. Rechne erst in die kleinere Einheit um.
a) $a = 7\,cm$; $b = 3\,cm\ 5\,mm$; $c = 92\,mm$
b) $a = 44\,mm$; $b = 1\,dm\ 2\,cm$; $c = 8\,dm$
c) $a = 4\,cm$; $b = 5\,dm$; $c = 85\,cm$
d) $a = 15\,cm$; $b = 1{,}5\,cm$; $c = 1{,}2\,cm$

7. Es sollen Abwasserrohre gelegt werden. Dazu wird ein Graben ausgehoben. Dieser ist 1 km lang, 2 m breit und 4 m tief. Wie viel Kubikmeter Erde müssen bewegt werden?

8. Ein Quader hat das Volumen $100\,mm^3$. Welche Kantenlängen kann der Quader haben? Gib drei verschiedene Möglichkeiten an.

9. **a)** Berechne das Volumen.
b) Zeichne ein Netz des Quaders und berechne den Oberflächeninhalt.

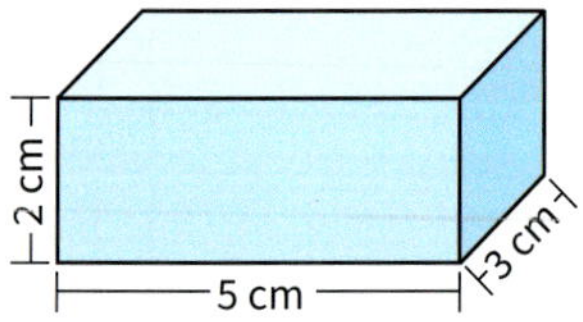

10. Berechne den Oberflächeninhalt O des Quaders.
a) $a = 5\,cm$, $b = 4\,cm$, $c = 2\,cm$
b) $a = 6\,cm$, $b = 6\,cm$, $c = 6\,cm$
c) $a = 3\,m$, $b = 2\,m$, $c = 1\,m$
d) $a = 55\,mm$, $b = 32\,mm$, $c = 24\,mm$

11. Felix hat den Oberflächeninhalt der Quader berechnet. Hat er richtig gerechnet?

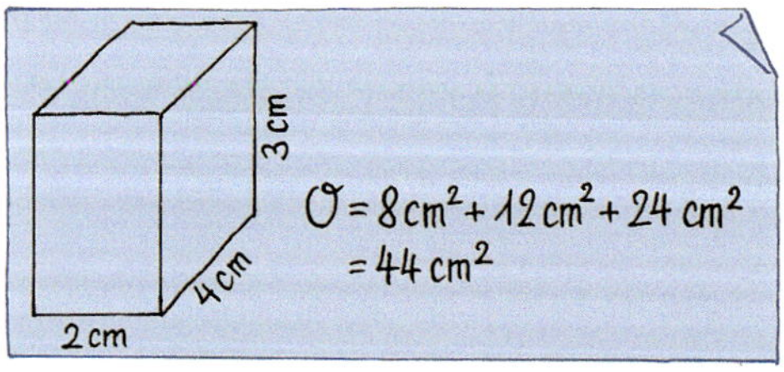

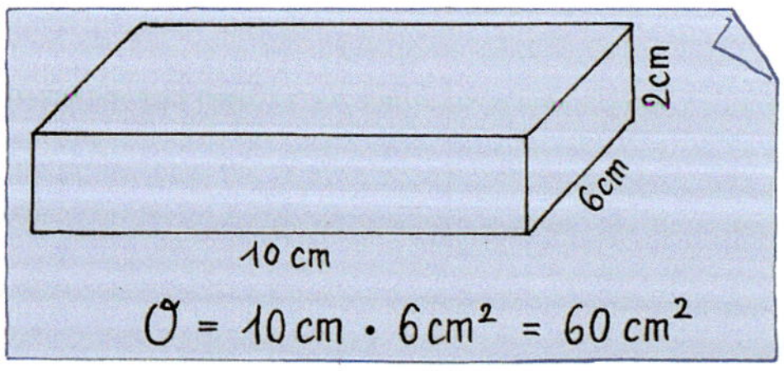

12. Wie viel Geschenkpapier benötigt man mindestens?

a)

b)

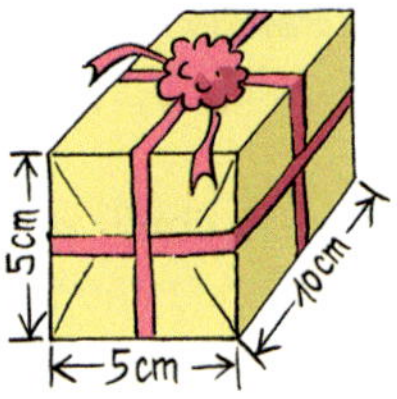

c)

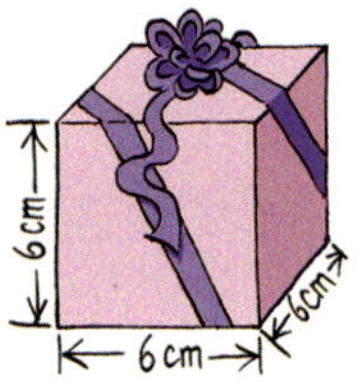

13. Ein Quader hat das Volumen 96 m³. Er ist 6 m lang und 8 m hoch. Wie breit ist er?

14. Schätzt, welches Volumen euch in eurem Klassenraum zur Verfügung steht. Kontrolliert anschließend durch Rechnung.

1 ℓ Wasser wiegt 1 kg.

15. Ein Aquarium ist 50 cm lang und 40 cm breit. Es ist 10 cm hoch mit Wasser gefüllt.
  a) Wie viel Liter Wasser sind im Aquarium?
  b) Das Aquarium wiegt leer 12 kg. Wie viel wiegt das gefüllte Aquarium?
  c) Das Aquarium steht auf einem Tisch, der bis zu 200 kg tragen kann. Wie hoch darf das Aquarium höchstens befüllt werden?

Vertiefen

16. Tims Mutter hat in ihren Garten einen Behälter, in welchem sie Regenwasser sammelt. Der Behälter ist 250 cm lang, 125 cm breit und 80 cm hoch. 1 Eimer Wasser fasst 10 ℓ. Wie viele Eimer Wasser befinden sich in dem Behälter?

17. Frau Müller will einen Flachdachbungalow bauen. Der Architekt geht von 280 € pro Kubikmeter umbautem Raum aus. Das Haus ist 18 m lang, 12 m breit und 4 m hoch. Wie teuer wird das Haus?

18. Berechne die fehlende Kantenlänge und den Oberflächeninhalt des Quaders.

	a)	b)	c)	d)	e)
Kantenlängen	5 cm; 6 cm	3 m; 2 m	14 cm; 3 cm	9 dm; 9 dm	30 dm; 150 dm
Volumen	120 cm³	24 m³	84 cm³	729 dm³	135 m³

19. a) Berechne Volumen und Oberflächeninhalt der beiden Quader A und B. Vergleiche.
  (1) Quader A: 3 cm; 4 cm; 2 cm
      Quader B: 2 cm; 6 cm; 2 cm
  (2) Quader A: 1 m; 3 m; 3 m
      Quader B: 7 m; 1 m; 1 m
  b) Gib Quader mit gleichem Volumen, aber verschiedenem Oberflächeninhalt an.
  Gib Quader mit gleichem Oberflächeninhalt, aber verschiedenem Volumen an.

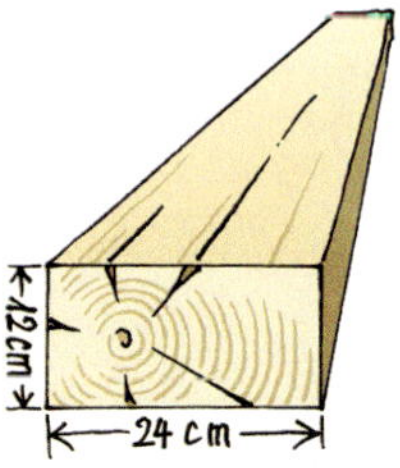

20. Das Bild links zeigt einen 12 m langen Balken.
  a) 1 cm³ Holz wiegt 700 mg. Wie viel wiegt der Balken?
  b) Die Oberfläche des Balkens soll durch Hobeln geglättet werden. Wie groß ist diese?

21. Ein Aquarium ist 80 cm lang und 50 cm breit. Wie hoch steht das Wasser, wenn man 50 ℓ hineingießt?

22. Ein Heimwerkermarkt bietet Paneele aus Fichtenholz an. In einem Paket befinden sich 6 Paneele; jedes Paneel ist 265 cm lang, 12 cm breit und 13 mm dick. 1 cm^3 Fichtenholz wiegt 0,5 g. Wie schwer ist das Paket?

23. Lies den Zeitungsausschnitt rechts. Den 30 000 m^3 großen Eisblock kannst du dir sicher nur schwer vorstellen. Gib daher die Kantenlängen eines Quaders an, dessen Volumen 30 000 m^3 beträgt.

Großer Gletscher in der Schweiz abgestürzt

GRINDELWALD Bei einem großen Gletscherabsturz im Berner Oberland sind mehr als 30 000 Kubikmeter Eis talwärts gedonnert. Das beeindruckende Naturschauspiel am Wetterhorn oberhalb des Schweizer Skiortes Grindelwald fand am frühen Morgen fast unter Ausschluss der Öffentlichkeit statt, obwohl Kamerateams und Schaulustige den Berg seit Tagen belagert hatten.
Die Natur schlug den Neugierigen jedoch ein Schnippchen und ließ die Eismassen gegen 2:15 Uhr im tiefen Dunkel der Nacht vom Gutzgletscher auf die 1 500 m tiefer gelegene Alp Lauchbühl stürzen. Die Eisbrocken drangen fast bis zu einer vorsorglich gesperrten Bergstraße vor. Zu Schaden kam niemand.

24. Für ein Pferd sind 40 m^3 Luftraum vorgeschrieben.
a) Ein Stall ist 24 m lang, 8 m breit und 4 m hoch. Wie viele Pferde dürfen in diesem Stall untergebracht werden?
b) Ein anderer Stall ist 35 m lang, 8 m breit und 3 m hoch. Es sind 20 Pferde untergebracht. Ist das gestattet?

25. In den Tetrapak passt 1 ℓ Saft. Er ist 20 cm hoch, 10 cm breit und 5 cm tief.
a) Gib zwei weitere Möglichkeiten für die Kantenlängen des Tetrapaks an.
b) In einen anderen Tetrapak passt doppelt so viel Saft. Lukas meint: „Da das Volumen doppelt so groß ist, sind auch die Kantenlängen doppelt so lang." Was meinst du?

Herausfordern

26. a) Eine Kiste hat ein Volumen von 64 m^3. Gebt mehrere Möglichkeiten für die Kantenlängen an und berechnet jeweils den zugehörigen Oberflächeninhalt. Erläutert euer Vorgehen.
b) Eine Kiste hat ein Volumen von 64 m^3. Findet ihr einen Quader mit diesem Volumen, der den kleinstmöglichen Oberflächeninhalt hat? Beschreibt ihn.

27. 500 g Kaffee wird oft in Doppelpackungen abgefüllt, damit beim Verbrauch längere Frische gewährleistet wird. Maria betrachtet die Packung und meint: „Wenn man die beiden Pakete anders anordnet, kann man Papier zum Verpacken sparen." Vernachlässige Stellen, an denen das Papier doppelt liegt, und bestimme, wie viel Papier bei der verkauften Anordnung benötigt wird. Kontrolliere dann, ob Maria Recht hat und wie viel Papier man ggf. sparen könnte.

28. 30 Papiertaschentuch-Pakete der Größe 10 cm × 5 cm × 2 cm sollen in eine Plastikfolie eingeschweißt werden. Überlege, welche Anordnung am günstigsten ist, damit möglichst wenig Plastikfolie benötigt wird. Berechne, wie viel Plastikfolie benötigt wird.

Das kann ich noch!

A) Berechne und beachte dabei Rechenvorteile.

1) $2 \cdot 9 \cdot 5 \cdot 9$
2) $25 \cdot 337 \cdot 40$
3) $126 : 7 - 56 : 7$
4) $66 + 222 + 34 + 278$
5) $34 \cdot 77 + 66 \cdot 77$
6) $7\,676 - 2\,324 + 5\,454 + 4\,545$

4.6 Rechnen mit Volumina

Ziel

Im Alltag gibt es viele Gegenstände, die nicht quaderförmig sind. Hier lernst du, wie man das Volumen von Gegenständen bestimmt, die aus Quadern zusammengesetzt sind.

Zum Erarbeiten

Addieren und Subtrahieren von Volumina

Berechne das Volumen des Winkelbungalows rechts.

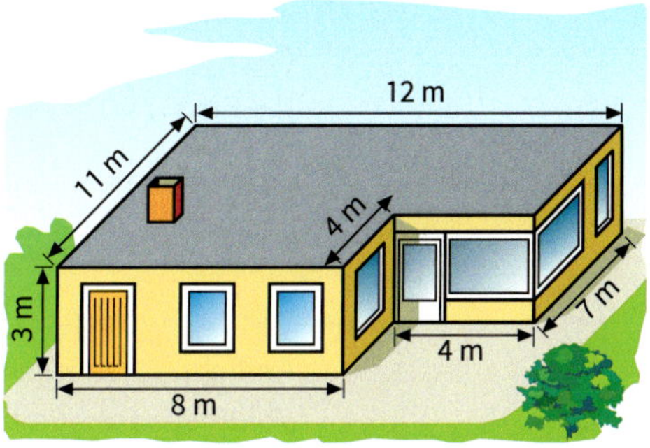

→ *1. Möglichkeit:*
Denke dir den Körper aus zwei Quadern zusammengesetzt. Addiere deren Volumina.
Der vordere Quader hat ein Volumen von:
$V_1 = 8\,m \cdot 4\,m \cdot 3\,m = 96\,m^3$
Der hintere Quader hat ein Volumen von:
$V_2 = 12\,m \cdot 7\,m \cdot 3\,m = 252\,m^3$
Das Volumen des Bungalows beträgt also:
$V = V_1 + V_2 = 96\,m^3 + 252\,m^3 = 348\,m^3$

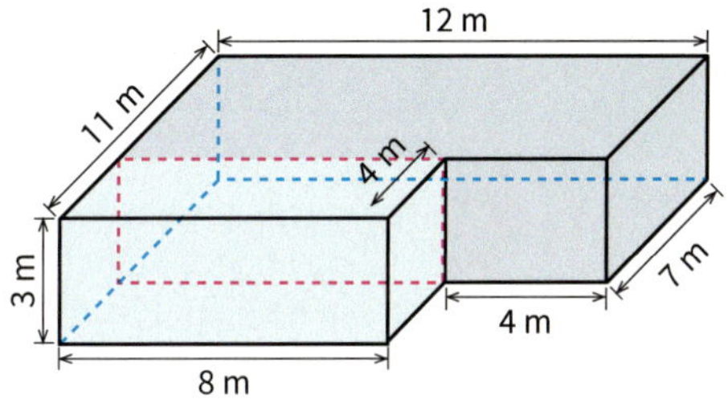

→ *2. Möglichkeit:*
Denke dir den Körper zu einem Quader ergänzt. Berechne dessen Volumen und subtrahiere davon das Volumen des ergänzten Quaders.
Gesamtvolumen:
$V_G = 12\,m \cdot 11\,m \cdot 3\,m = 396\,m^3$
Ergänztes Volumen:
$V_E = 4\,m \cdot 4\,m \cdot 3\,m = 48\,m^3$
Das Volumen des Bungalows beträgt also:
$V = V_G - V_E = 396\,m^3 - 48\,m^3 = 348\,m^3$

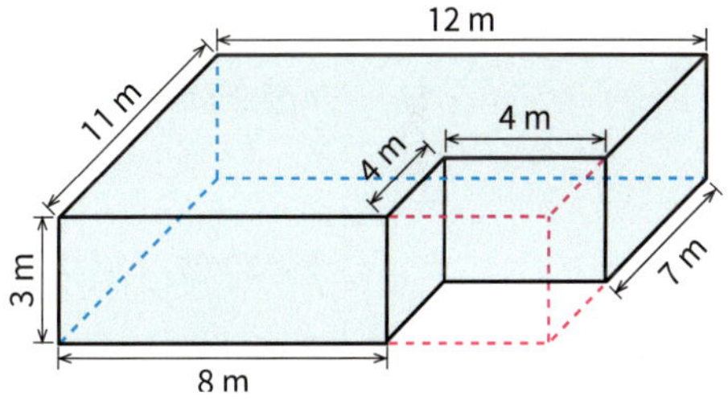

Information

Strategien zum Berechnen des Volumens zusammengesetzter Körper

1. Strategie: Zerlegen

Man zerlegt den Körper in geeignete Teilkörper. Dann berechnet man deren Volumina und addiert diese.

2. Strategie: Ergänzen

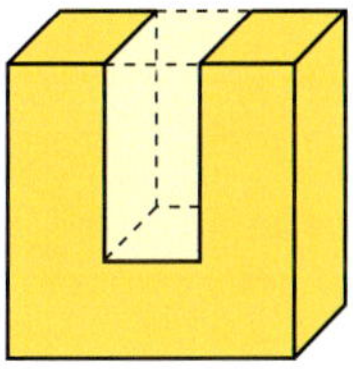

Man ergänzt den Körper geeignet. Dann berechnet man das Volumen des Gesamtkörpers und subtrahiert davon das Volumen des ergänzten Körpers.

Zum Erarbeiten

Zerlegen eines Körpers in eine vorgegebene Anzahl gleich großer Teile

Für eine Reihenhauskette aus 6 Häusern ist ein umbauter Raum von insgesamt 2 700 m^3 angegeben.
Wie groß ist jedes einzelne Haus?

→ Das Gesamtvolumen V muss durch 6 dividiert werden, um das Volumen V_R eines einzelnen Reihenhauses zu erhalten:

Volumen eines Reihenhauses: $V_R = V : 6$
$= 2\,700\ m^3 : 6$
$= 450\ m^3$

Ein Körper wird in gleich große Teile zerlegt, also: Volumen durch Zahl dividieren

Ergebnis: Jedes Haus ist 450 m^3 groß.

Zerlegen eines Körpers in gleich große Teile vorgegebener Größe

Eine andere Reihenhauskette soll wegen behördlicher Bestimmungen ein Gesamtvolumen von höchstens 4 400 m^3 aufweisen. Für ein Reihenhaus des geplanten Typs ist ein umbauter Raum von 550 m^3 angegeben.
Wie viele Reihenhauser können gebaut werden?

→ Wir dividieren das Gesamtvolumen V durch das Volumen V_R eines Reihenhauses, um die Anzahl der Reihenhäuser zu erhalten:

Anzahl der Häuser: $V : V_R$
$= 4\,400\ m^3 : 550\ m^3$
$= 8$

Ein Körper wird in Teilkörper mit vorgegebenem Volumen zerlegt, also: Gesamtvolumen durch dieses Volumen dividieren

Ergebnis: Es können 8 Häuser gebaut werden.

Information

Dividieren von Volumina

(1) Zum Zerlegen eines Körpers in eine vorgegebene Anzahl von gleich großen Teilkörpern dividiert man das Gesamtvolumen durch die vorgegebene Anzahl der Teilkörper. Man erhält als Ergebnis ein Volumen.
Beispiel: $320\ cm^3 : 8 = 40\ cm^3$

(2) Zum Zerlegen eines Körpers in gleich große Körper mit vorgegebenem Volumen dividiert man das Gesamtvolumen durch das vorgegebene Volumen. Man erhält als Ergebnis eine Zahl.
Beispiel: $400\ cm^3 : 50\ cm^3 = 8$

(3) Von einem Quader sind Volumen und zwei Seitenlängen bekannt. Zum Bestimmen der dritten Seitenlänge dividiert man das Volumen durch das Produkt der beiden Seitenlängen. Man erhält als Ergebnis eine Seitenlänge.
Beispiel: $400\ cm^3 : (8\ cm \cdot 5\ cm) = 400\ cm^3 : 40\ cm^2 = 10\ cm$

(4) Von einem Quader sind Volumen und eine Seitenlänge bekannt. Zum Bestimmen des Flächeninhalts der Grundfläche, die orthogonal zu der gegebenen Seite ist, dividiert man das Volumen durch die Seitenlänge. Man erhält als Ergebnis einen Flächeninhalt.
Beispiel: $480\ cm^3 : 12\ cm = 30\ cm^2$

Üben

1. Das Volumen des abgebildeten Körpers kann man auf verschiedene Weisen bestimmen.

a)
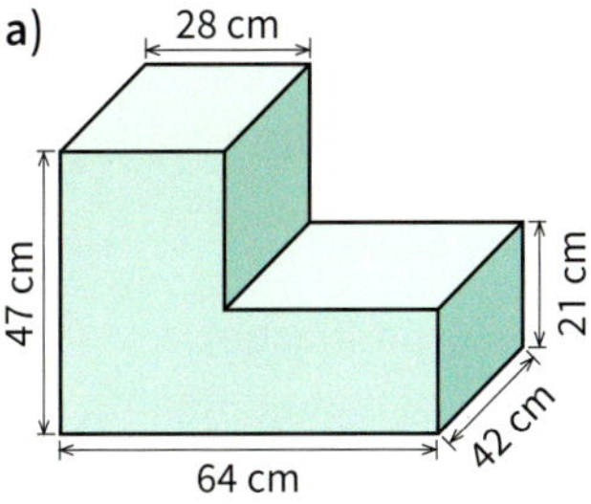

b)
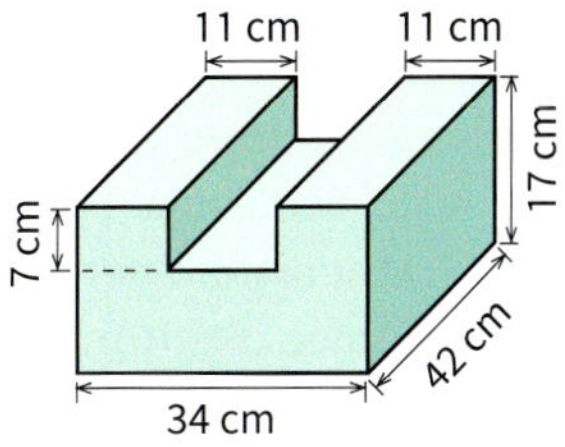

c)
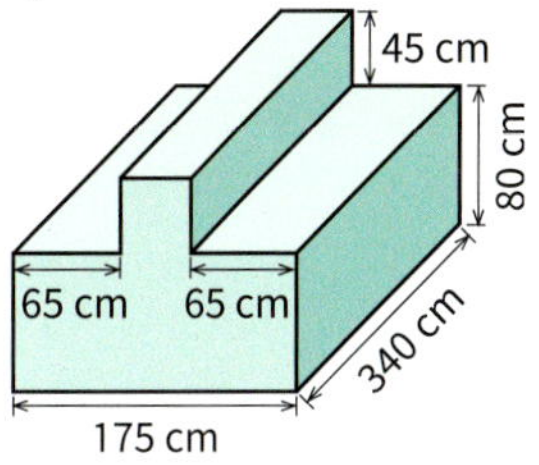

2. Das leichte Vordach ist an einem großen u-förmigen Betonträger befestigt. 1 cm^3 Beton wiegt 2,4 g. Ermittle einen Schätzwert für sein Gewicht.

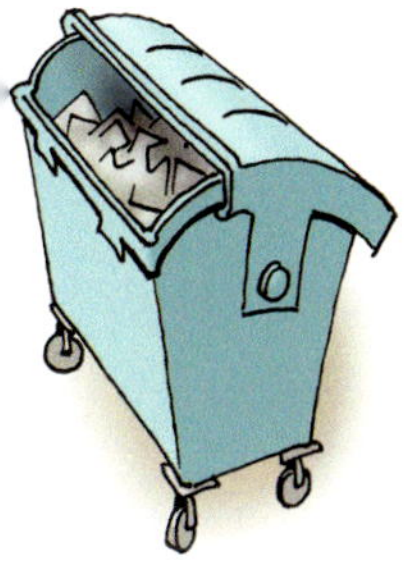

3. a) Eine Mülltonne fasst 80 ℓ. In einem Ortsteil werden an einem Tag 315 Mülltonnen geleert. Wie viel Müll ist das?

b) Ein Müllwagen fasst 16 m^3 Müll. Wie viele Mülltonnen mit einem Fassungsvermögen von 80 ℓ [110 ℓ] können in einen Müllwagen geleert werden?

c) Ein Müllgroßbehälter fasst 4 400 ℓ Müll. In einer Stadt werden an einem Tag 45 volle Großbehälter geleert. Ein Müllwagen fasst 22 m^3 Müll. Wie viele Fahrten des Müllwagens sind erforderlich?

d) Der Inhalt eines 504 m^3 großen Müllbunkers soll mit 24 Müllwagen abtransportiert werden. Wie viel m^3 muss jeder Wagen bei gleichmäßiger Verteilung aufnehmen?

e) Schätze, wie viel Müll pro Woche in eurer Schule anfällt.

4. Die Skizze zeigt eine Weitsprunganlage. Stelle geeignete Fragen und beantworte sie.

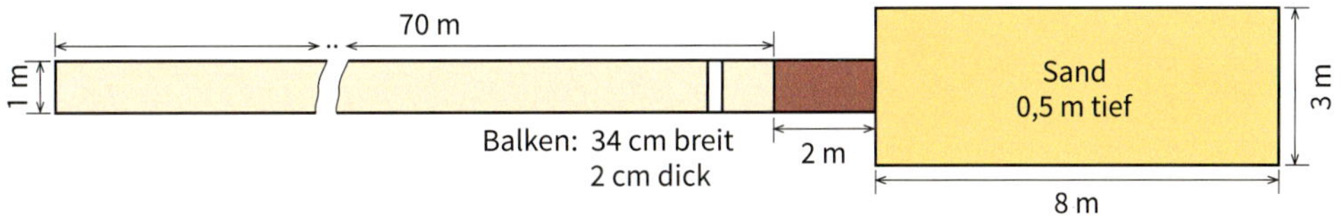

5. Das Bedecken des Gartenbodens mit Rindenhumus bezeichnet man als Mulchen. Es sorgt dafür, dass Unkrautbewuchs und Austrocknung gehemmt werden. Das abgebildete Gartenbeet soll gleichmäßig mit einer Rindenhumusschicht von 5 cm Dicke gemulcht werden. Mit welchen Kosten muss man rechnen?

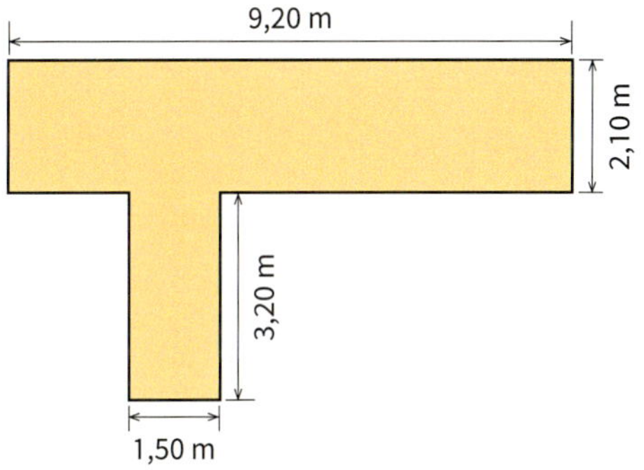

Vertiefen

6. Betrachte den Winkelbungalow rechts.

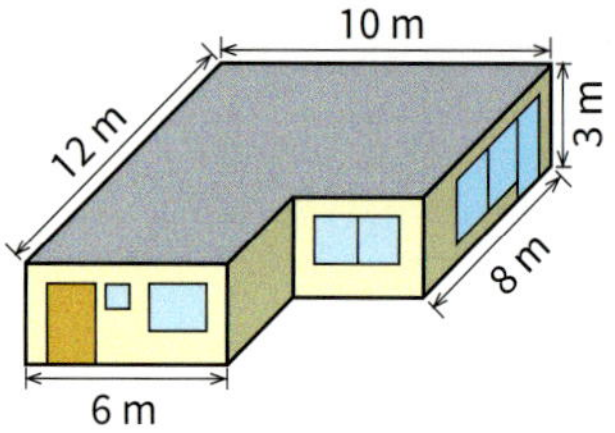

a) Zeichne ein Schrägbild. Wähle als Maßstab 1 cm in der Zeichnung für 2 m in der Wirklichkeit.
b) Zeichne im selben Maßstab ein Netz, aus dem ein Modell hergestellt werden kann.
c) Berechne für den Winkelbungalow
(1) den Flächeninhalt der Standfläche (Grundfläche);
(2) das Volumen (Bruttorauminhalt bzw. umbauter Raum);
(3) die Größe der Oberfläche dieses Körpers. (Dazu gehört auch die Standfläche.)
d) Pro m^3 umbauten Raum rechnet man 290 € Baukosten. Wie teuer wird das Haus?

7. Erfinde zu dem Term eine Rechengeschichte.

a) $48\,m^3 + 53\,m^3$
b) $2170\,\ell - 827\,\ell$
c) $3 \cdot 40\,m^3$
d) $4800\,m^3 : 12$
e) $120\,m^3 : 4\,m^3$
f) $225\,\ell : 25\,\ell$

Term: $3 \cdot 4\,m^3$
Rechengeschichte: Ein Lkw fasst $4\,m^3$ Erde. Er fährt dreimal. Wie viel Erde transportiert er?
Ergebnis: Der Lkw transportiert $12\,m^3$ Erde.

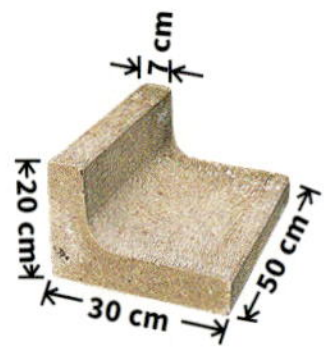

8. Winkelbausteine werden zum Abstützen von Erde verwendet.
a) $1\,dm^3$ Beton wiegt 2 kg. Wie viel wiegt der Winkelbetonstein links?
b) Der Stein soll mit einem Schutzanstrich versehen werden. 1 kg Farbe reicht für $5\,m^2$. Wie viel Farbe ist für 20 Steine erforderlich?

9. Ein 8 m langes Stützfundament soll gemauert werden. Für $1\,m^3$ benötigt man 400 Steine.

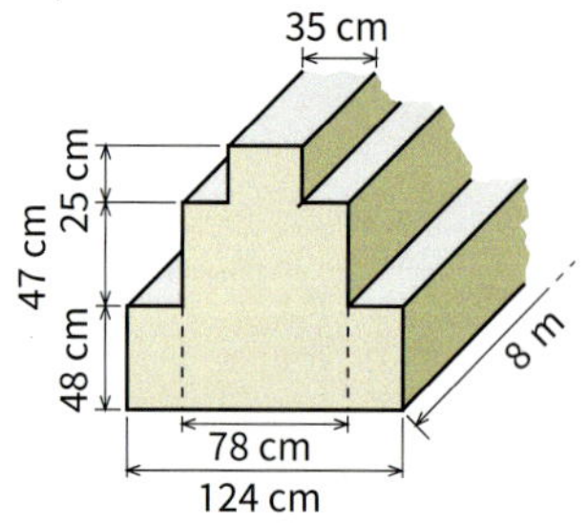

a) Man rechnet damit, dass jeder 50. Stein beschädigt ist oder verloren geht. Daher müssen mehr Steine zusätzlich bestellt werden. Wie viele sind das?
b) Das Fundament soll durch einen Bitumenanstrich gegen Feuchtigkeit geschützt werden. Gestrichen werden sollen alle Außenflächen außer der Deck- und der Bodenfläche. Wie viel m^2 sind zu streichen?

10. Bei diesem Turm hat jeder Baustein dieselbe Höhe. Die Bausteine haben eine quadratische Grundfläche, deren Seitenlänge sich von unten nach oben jeweils halbiert. Die Seitenlänge der unteren Grundfläche ist 16 cm lang. Erkläre, wie du vorgehst, um Volumen und Oberfläche des Körpers zu berechnen.

Herausfordern

11. Der Sessel ist rundum mit Stoff bezogen. Wie viel m^2 Stoff waren dazu nötig?

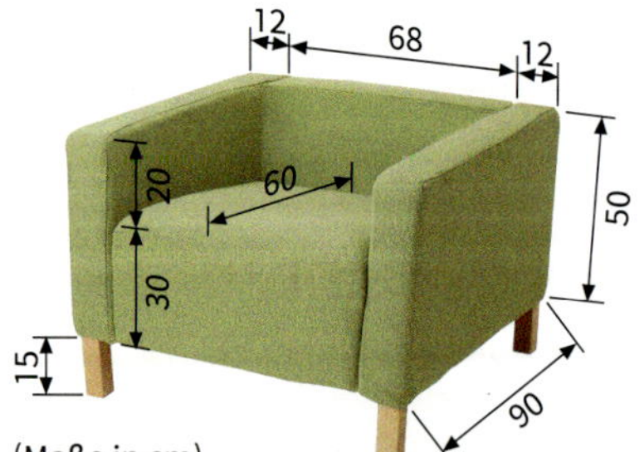

(Maße in cm)

Modellieren mit Flächen und Körpern

1. a) Aus einem Wetterbericht im Radio: „Während der letzten 24 Stunden fielen 4 mm Niederschlag." In der Zeitung steht: „4 ℓ pro m^2 Regen in den letzten 24 Stunden!"
(1) Vergleiche; was meinst du dazu?
(2) Familie Stein hat ein Haus mit Satteldach. Sie überlegt, in Zukunft das Regenwasser zum Bewässern des Gartens in einer Tonne aufzufangen. Sie wollen ausrechnen, wie viel gesammeltes Regenwasser dabei zusammenkommt. Dazu muss Familie Stein verschiedene Vereinfachungen machen um eine Berechnung beginnen zu können. Welche könnten das sein? Betrachte die Abbildungen und überlege weitere mögliche Situationen, die die Lösung beeinflussen können.

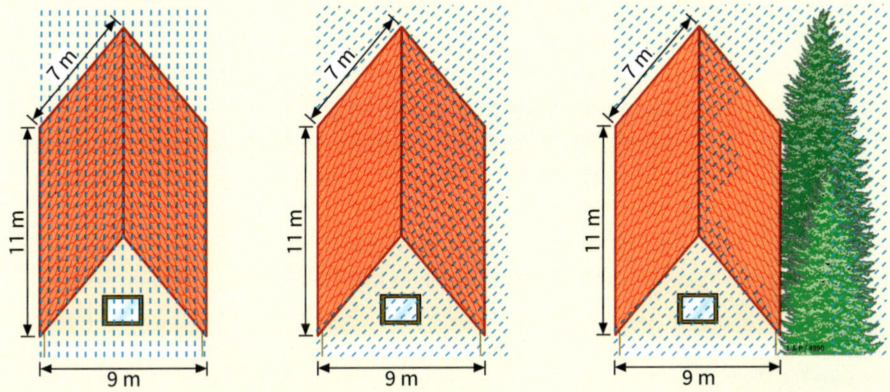

b) Vergleiche dein Vorgehen mit dem folgenden.

1. Suche die wesentlichen Informationen zum Problem.
2. Erstelle einen Ansatz zur Lösung.
   - Welche Annahmen oder Vereinfachungen musst du machen?
   - Gibt es Einschränkungen, die die Lösung beeinflussen?
3. Suche zu deinen Annahmen einen Lösungsweg und führe ihn aus.
   - Kannst du aus einer Skizze oder Tabelle Beziehungen erkennen?
   - Welche Kenntnisse (Formeln) benötigst du zur Lösung?
   - Kannst du die Rechnung kontrollieren (z. B. durch einen Überschlag)?
4. Prüfe das Ergebnis und beantworte die gestellte Aufgabe mit einem Satz.
   - Passt dein Ergebnis zum Sachverhalt?
   - Waren die Annahmen und Vereinfachungen sachgerecht?

2. Im Kinderzimmer von Erik soll neuer Teppichboden verlegt werden. Das Zimmer hat eine Fläche von 3,5 m × 4,5 m. Sie haben sich schon einen Belag für 13,99 € pro m^2 ausgesucht. Es gibt den Belag in einer Breite von 4 m oder 5 m zu kaufen.

a) Wie viel kostet der Belag, wenn sie in der Länge und der Breite wenigstens 10 cm für den Verschnitt dazu rechnen?

b) Beim Spar-Tipp hat der Teppichboden eine feste Größe von 4 m × 5 m. Diskutiere, unter welchen Bedingungen sich der Spar-Tipp lohnt. Wie viel würde man sparen?

3. Familie Unger baut ein Haus. Der Keller ist bereits fertiggestellt. Die Überraschung ist groß, als Familie Unger nach einem kräftigen Gewitter auf die Baustelle kommt und im Keller das Wasser 10 cm hoch steht. Familie Unger beschließt, nun das Wasser mit 10-Liter-Eimern aus dem Keller zu tragen.

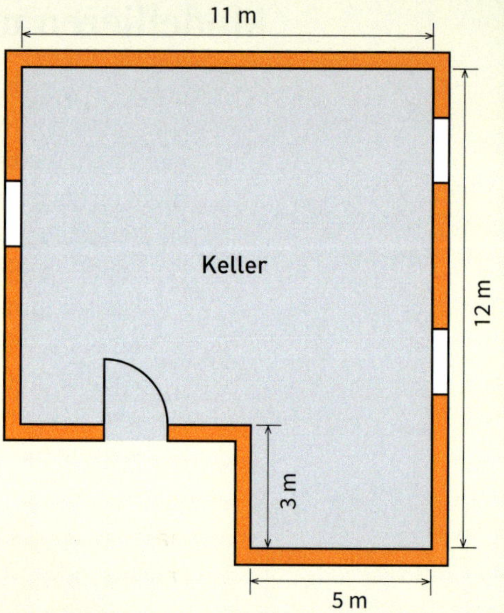

a) Nachdem sie hundert Eimer aus dem Keller getragen haben, sind alle schon ziemlich erschöpft und sie stellen fest, dass das Wasser kaum weniger geworden ist.
Rechne aus, wie hoch das Wasser im Keller jetzt noch steht.

b) Welche Modellannahmen hast du bei der Berechnung gemacht?

c) Wie viele Eimer müsste man insgesamt aus dem Keller tragen, damit er wieder trocken ist? Musst du hierbei deine Modellannahmen anpassen?

4. a) Sarahs und Lisas Hobby ist das Reiten. Sie trainieren jede Woche auf einem kleinen Pferdehof. In den Ferien helfen sie auch beim Füttern der Pferde.
Ein ausgewachsenes Pferd frisst am Tag 3 kg Hafer und 5 kg Heu. Außerdem müssen jeden Tag 5 kg Stroh pro Pferd eingestreut werden. Der Hafer wird in 50-kg-Säcken geliefert. Das Heu und das Stroh sind in quaderförmige Ballen der Größe $2\,m \times 1\,m \times 0{,}5\,m$ gepresst. Jeder Ballen wiegt ungefähr 300 kg.

(1) Wie viel Säcke Hafer werden für die 20 Pferde auf dem Pferdehof in einer Woche benötigt?

(2) Wie lange reichen 2 Ballen Stroh?

(3) Berechne die Gesamtkosten für Futter und Stroh für eine Woche.

(4) Reichen 2 Ballen Heu für eine Woche, wenn am Wochenende 5 Pferde für 2 Tage fehlen, weil sie an einem Turnier teilnehmen? Begründe deine Antwort.

50 kg Hafer	12 €
1 Ballen Heu	24 €
1 Ballen Stroh	27 €

b) Sarah bereitet sich schon auf ihr erstes Turnier vor. Im Freigelände ist ein Parcours aufgebaut (siehe Abbildung). Sarah reitet 4-mal den abgesteckten Parcours.
Berechne die ungefähre Länge einer Parcoursrunde und bestimme damit den Auslauf von Sarahs Pferd.

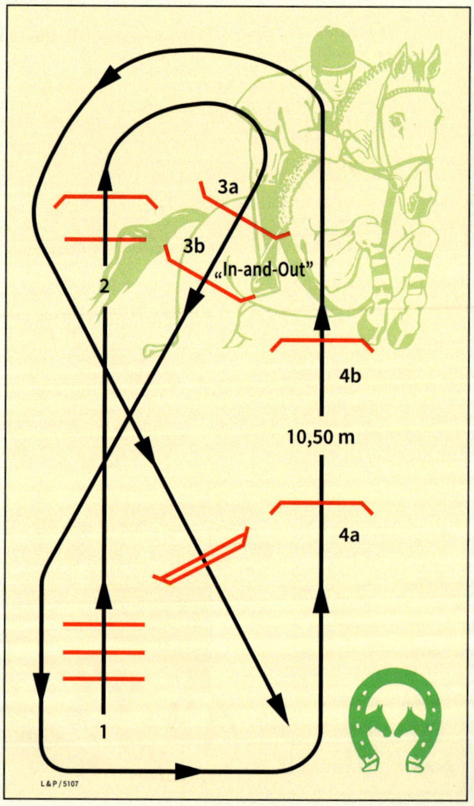

4.7 Aufgaben zur Vertiefung

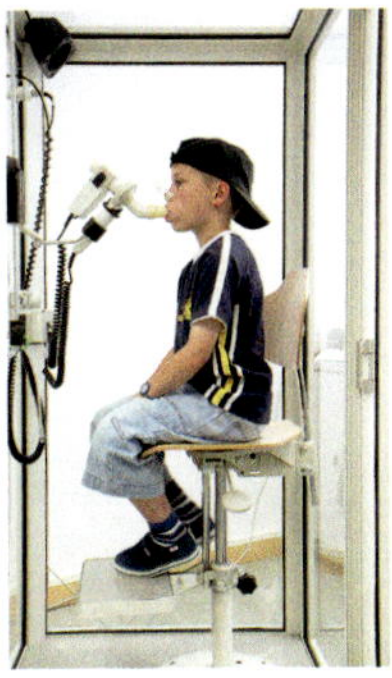

1. In der Tabelle sind Werte für die sogenannte Vitalkapazität des Menschen genannt. Darunter versteht man das Luftvolumen, das bei maximaler Ein- und Ausatmung bei einem Atemzug bewegt wird.

a) Veranschaulicht die Tabellendaten in einem geeigneten Diagramm.

b) Mit der Tabelle kann man verschiedene Fragen beantworten. Stellt solche Fragen und beantwortet sie mithilfe der Tabelle.

c) Schätzt ab, wie oft ein Kind aus der Klasse Atem holen müsste, um die Luft im ganzen Klassenzimmer einzuatmen.

Alter (in Jahren)	Frauen (in cm^3)	Männer (in cm^3)
4	717	855
8	1 513	1 585
10	1 806	2 022
12	2 217	2 357
14–19	3 330	4 030
20–29	3 600	5 440
30–39	3 680	5 030
40–49	3 460	4 650
50–59	3 250	4 530
60–64	3 140	3 860

2. Wie ändert sich das Volumen eines Quaders, wenn man

a) eine Kantenlänge (1) verdoppelt; (2) verdreifacht;

b) zwei Kantenlängen (1) verdoppelt; (2) verdreifacht;

c) alle Kantenlängen (1) verdoppelt; (2) verdreifacht?

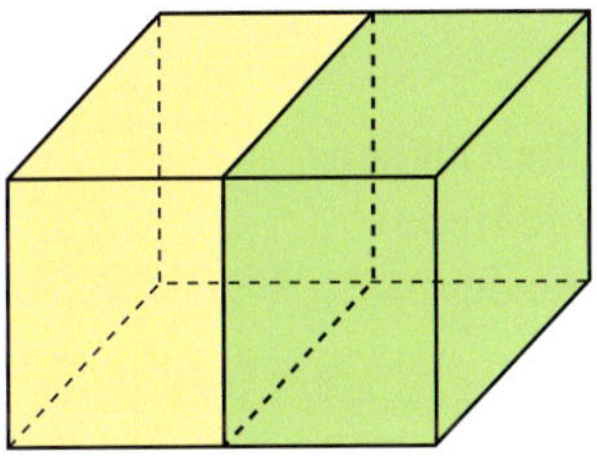

Eine Kantenlänge wird verdoppelt.

3. Wie ändert sich der Oberflächeninhalt eines Quaders, wenn man alle Kantenlängen verdoppelt?
Anleitung: Denke dir im Netz die Kanten verdoppelt.

Rechne in mm.

4. Parfüm, Badeöl, Cremes und ähnliche Kosmetikartikel werden in der Regel in Fläschchen oder Dosen verkauft, die zusätzlich in einer Schachtel aus Feinkarton verpackt sind. Dabei wird die Verpackung oft recht großzügig gestaltet. Vergleiche bei den Artikeln das Volumen des Inhalts mit dem Gesamtvolumen der Verpackung.

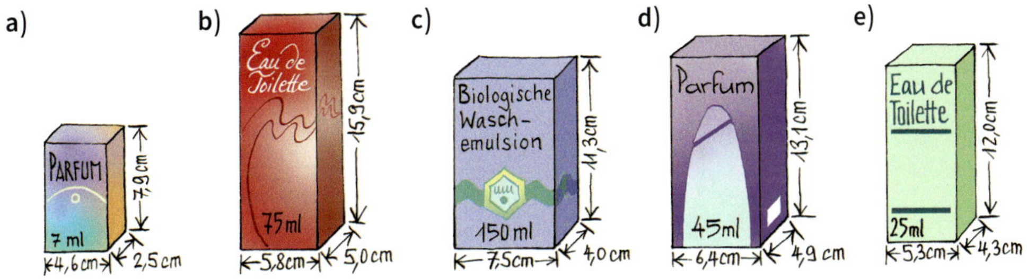

5. Berechne das Volumen der Körper (Maße in cm).

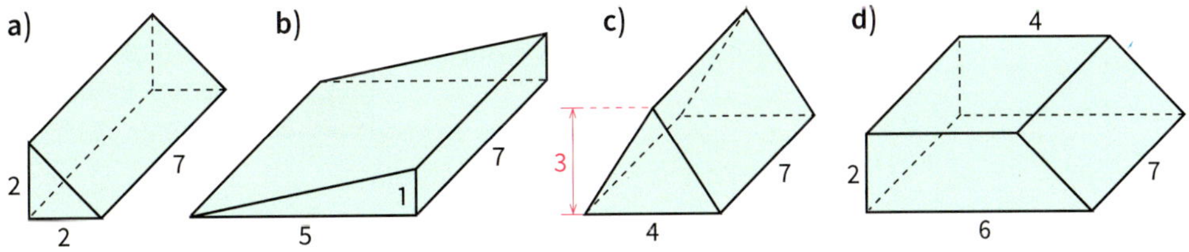

Das Wichtigste auf einen Blick

Flächeninhalt

Der **Flächeninhalt** ist ein Maß für die Größe einer Fläche.
Einheiten des Flächeninhalts sind:

$1\,km^2 = 100\,ha$ $1\,ha = 100\,a$ $1\,a = 100\,m^2$

$1\,m^2 = 100\,dm^2$ $1\,dm^2 = 100\,cm^2$ $1\,cm^2 = 100\,mm^2$

Beispiele:
$700\,mm^2 = 7\,cm^2$
$1\,865\,dm^2 = 18\,m^2\;65\,dm^2$
$14\,ha = 1\,400\,a = 140\,000\,m^2$
$6\,km^2 = 600\,ha$

Formel für den Flächeninhalt und Umfang eines Rechtecks

Für ein **Rechteck** mit den Seitenlängen a und b gilt:
$\mathbf{A = a \cdot b}$
$\mathbf{u = 2 \cdot a + 2 \cdot b = 2 \cdot (a + b)}$

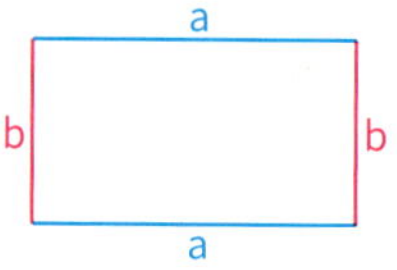

Beispiele:
$a = 52\,mm$, $b = 45\,mm$
$A = 52\,mm \cdot 45\,mm = 2\,340\,mm^2$
$u = 2 \cdot (52\,mm + 45\,mm) = 194\,mm$

Zusammengesetzte Flächen

Den Flächeninhalt zusammengesetzter Flächen kann man durch geschicktes *Zerlegen* oder *Ergänzen* leichter ermitteln.

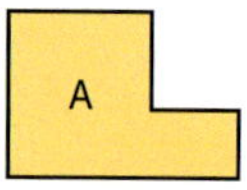

Beispiele:

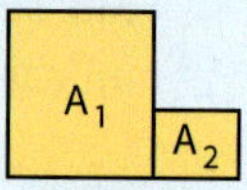

$A = A_1 + A_2$

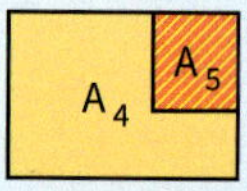

$A = A_4 - A_5$

Oberflächeninhalt eines Quaders

Die **Oberfläche eines Quaders** setzt sich aus allen sechs Rechtecken zusammen, die zum Netz des Quaders gehören.

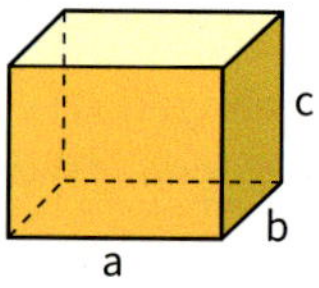

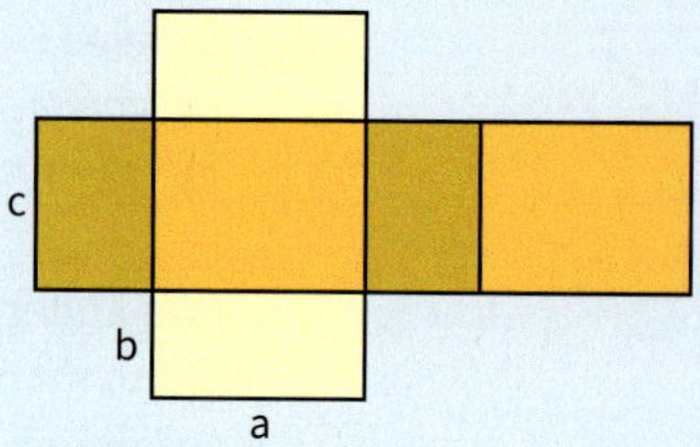

Für den **Oberflächeninhalt O eines Quaders** mit den Kantenlängen a, b und c gilt:
$\mathbf{O = 2 \cdot a \cdot b + 2 \cdot a \cdot c + 2 \cdot b \cdot c}$

Beispiel:
$a = 6\,m$, $b = 3\,m$, $c = 2\,m$
$O = 2 \cdot (6\,m \cdot 3\,m + 6\,m \cdot 2\,m + 3\,m \cdot 2\,m)$
$= 72\,m^2$

Volumen

Das **Volumen** eines Körpers gibt seinen Rauminhalt an.
Einheiten des Volumens sind:

$1\,mm^3$, $1\,cm^3$, $1\,dm^3$, $1\,m^3$ sowie $1\,m\ell$, $1\,\ell$ und $1\,h\ell$.

Es gilt: $1\,m\ell = 1\,cm^3$, $1\,\ell = 1\,dm^3$, $1\,h\ell = 100\,\ell = 100\,dm^3$.
$1\,m^3 = 1\,000\,dm^3$ $1\,dm^3 = 1\,000\,cm^3$ $1\,cm^3 = 1\,000\,mm^3$

Beispiele:
$3\,000\,mm^3 = 3\,cm^3$
$14\,560\,dm^3 = 14\,m^3\;560\,dm^3$
$4\,000\,m\ell = 4\,\ell = 4\,dm^3$
$82\,h\ell = 8\,200\,\ell = 8\,200\,dm^3$

Das **Volumen eines Quaders** mit den Kantenlängen a, b und c wird berechnet durch:
$\mathbf{V = a \cdot b \cdot c}$.

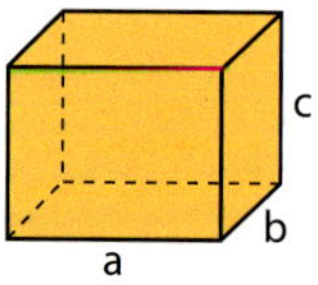

Beispiel:
$a = 6\,m$, $b = 3\,m$, $c = 2\,m$
$V = 6\,m \cdot 3\,m \cdot 2\,m = 36\,m^3$

Bist du fit?

1. **a)** Bestimme den Flächeninhalt beider Flächen. Miss auch den Umfang (auf mm genau).
b) Zeichne eine Fläche mit dem Flächeninhalt $18\,cm^2$ [$21\,cm^2$; $125\,mm^2$].

(1)

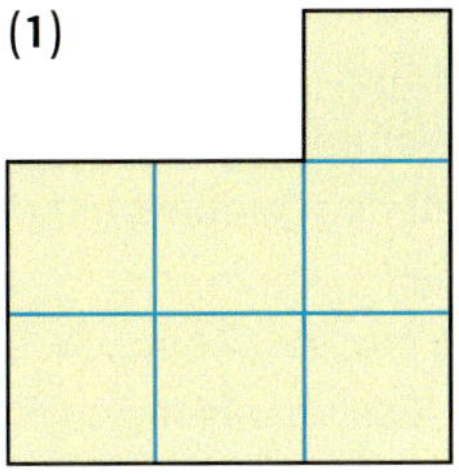

(2)

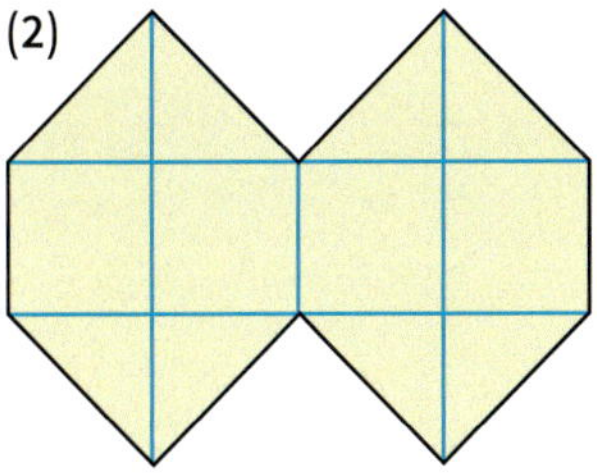

2. Gib in der in Klammern angegebenen Einheit an.

a) $2\,400\,m^2$ (a)	**b)** 400 ha (a)	**c)** $900\,cm^2$ (dm^2)	**d)** $29\,km^2$ (a)
3 600 ha (km^2)	700 a (ha)	$4\,500\,m^2$ (dm^2)	$30\,000\,m^2$ (ha)
900 a (m^2)	$7\,km^2$ (ha)	$3\,000\,dm^2$ (m^2)	$4\,cm^2$ (mm^2)

3. Rechne in die kleinere der Einheiten um.

a) 7 ha 75 a	**b)** 2 ha 5 a	**c)** $3\,dm^2$ $17\,cm^2$	**d)** $43\,cm^2$ $3\,mm^2$
12 a $19\,m^2$	$4\,m^2$ $40\,dm^2$	$28\,cm^2$ $53\,mm^2$	$5\,m^2$ $5\,dm^2$
$3\,km^2$ 50 ha	$3\,cm^2$ $3\,mm^2$	$12\,dm^2$ $4\,cm^2$	7 a $2\,m^2$

4. Schreibe mit gemischten Einheiten.
a) $370\,mm^2$ **b)** $125\,cm^2$ **c)** $207\,dm^2$ **d)** $2\,650\,m^2$ **e)** 350 ha

5. Ein Rechteck hat die Seitenlängen a und b. Bestimme den Flächeninhalt und den Umfang des Rechtecks.

a) $a = 9\,cm$; $b = 7\,cm$
b) $a = 14\,m$; $b = 17\,m$
c) $a = 12\,dm$; $b = 9\,dm$
d) $a = 25\,mm$; $b = 30\,mm$
e) $a = 240\,cm$; $b = 7\,dm$
f) $a = 42\,cm$; $b = 78\,mm$

6. Die Wand einer Fabrikhalle ist 69 m lang und 6 m hoch. Sie soll gestrichen werden.
Ein Eimer Farbe reicht für $60\,m^2$.
Der Anstrich soll zweimal erfolgen. Wie viele Eimer werden benötigt?

7. Im Bild rechts siehst du ein Hallenhandballfeld mit den empfohlenen Maßen. In Vereinsturnhallen gibt es auch kleinere Felder. Sie sind bis zu 2 m schmaler und bis zu 3 m kürzer.
Um wie viel m^2 unterscheidet sich das kleinste Feld von dem empfohlenen Feld?

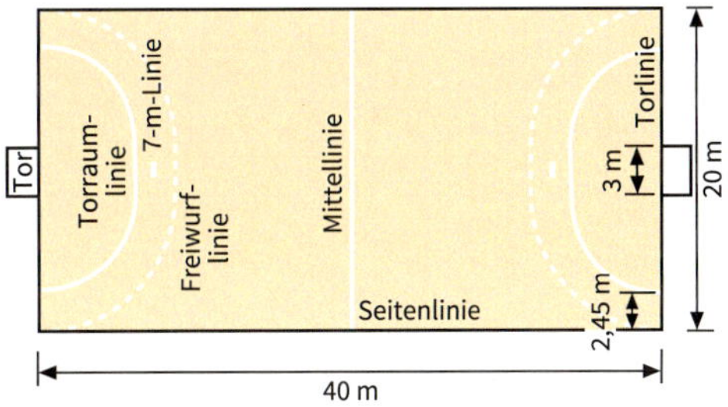

8. Ein 2,5 km langer und 2 m breiter Waldweg soll befestigt werden. Die Kosten betragen 37 € pro Quadratmeter. Wie teuer wird die Befestigung?

9. Zeichne ein Quadrat, bei dem die Maßzahl des Flächeninhalts mit der Maßzahl
a) der Seitenlänge übereinstimmt;
b) des Umfangs übereinstimmt.

10. **a)** Gib das Volumen des Körpers an.
b) Zeichne Schrägbilder von Körpern mit dem Volumen $V = 8\,cm^3$ [$V = 9\,cm^3$].
c) Gib Volumen und Oberflächeninhalt des Quaders mit den Maßen $a = 8\,cm$; $b = 7\,cm$; $c = 11\,cm$; [$a = 12\,m$, $b = 14\,m$, $c = 9\,m$] an.

(1)

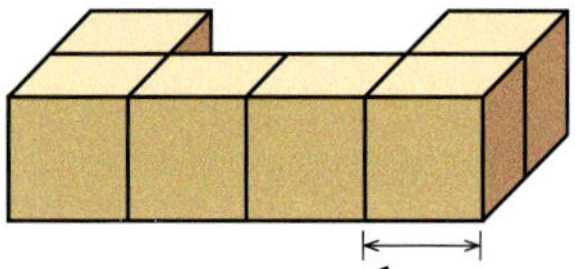

(2)

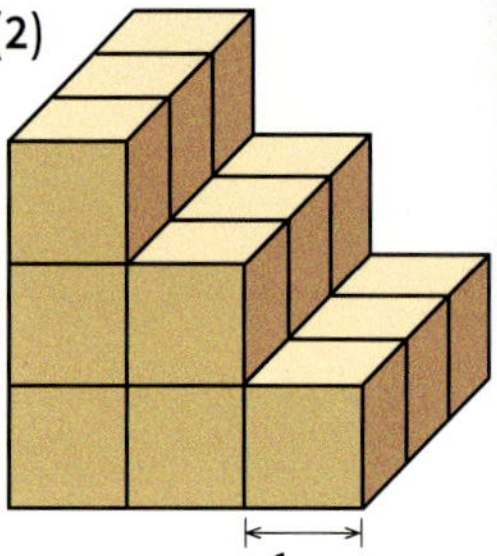

11. Schreibe in der in Klammern angegebenen Einheit.

a)	$7\,m^3$	(dm^3)	**b)**	8 ℓ	(mℓ)	**c)**	4 000 ℓ	(m^3)	**d)**	$3\,m^3$	(dm^3)
	$9\,cm^3$	(mm^3)		$25\,m^3$	(ℓ)		$7\,000\,m^3$	(ℓ)		2 ℓ	(mℓ)
	$4\,000\,dm^3$	(m^3)		2 000 ml	(ℓ)		$8\,000\,cm^3$	(dm^3)		$30\,m^3$	(ℓ)
	$8\,000\,m^3$	(ℓ)		4 000 ℓ	(mℓ)		$3\,000\,dm^3$	(cm^3)		20 ℓ	(mℓ)

12. Rechne in die kleinere Einheit um.

a)	$4\,m^3\,575\,dm^3$	**b)**	3 ℓ 926 mℓ	**c)**	$7\,dm^3\,89\,cm^3$	**d)**	3 ℓ 210 mℓ	**e)**	$2\,m^3$ 30 ℓ
	$8\,m^3$ 500 ℓ		$4\,m^3\,90\,dm^3$		4 ℓ 850 mℓ		$7\,dm^3\,49\,cm^3$		$2\,m^3$ 803 ℓ
	$9\,dm^3\,840\,cm^3$		$5\,dm^3\,700\,cm^3$		$4\,m^3\,7\,dm^3$		$4\,dm^3\,300\,cm^3$		1 ℓ 83 mℓ

13. Schreibe mit gemischten Einheiten.
a) $2\,619\,cm^3$ **b)** 9 020 mℓ **c)** 4 856 ℓ **d)** $8\,070\,cm^3$ **e)** $12\,040\,dm^3$

14. **a)** Ein Quader ist 6 cm lang, 25 mm breit und 2 cm hoch.
(1) Zeichne ein Netz des Quaders.
(2) Bestimme Volumen und Oberflächeninhalt des Quaders.
b) Ein Würfel hat die Kantenlänge 4 cm. Bestimme den Oberflächeninhalt des Würfels.

15. Beim Bau einer U-Bahn wird eine Grube von 20 m Tiefe, 25 m Breite und 250 m Länge ausgehoben. Zum Abtransport der Erde werden Spezialtransporter verwendet, welche $50\,m^3$ fassen. Wie viele Fahrten sind erforderlich?

16. Das Volumen eines Steines soll bestimmt werden. Dazu wird ein Gefäß mit quadratischer Grundfläche verwendet, dessen Kante an der Grundfläche 8 cm lang ist. In dem Gefäß steht das Wasser 12 cm hoch. Nach Eintauchen des Steines steht das Wasser 16 cm hoch. Ist das Volumen größer oder kleiner als 250 mℓ?

17. Frau Lilienthals Hobby sind Zierfische. Sie hat ein großes Aquarium mit den Maßen 2,00 m × 0,80 m × 1,40 m im Wohnzimmer stehen. Das Wohnzimmer ist 5,60 m × 4,00 m groß.
Wie hoch steht das Wasser im Wohnzimmer, wenn das Wasser auslaufen sollte?
Schätze zuerst.

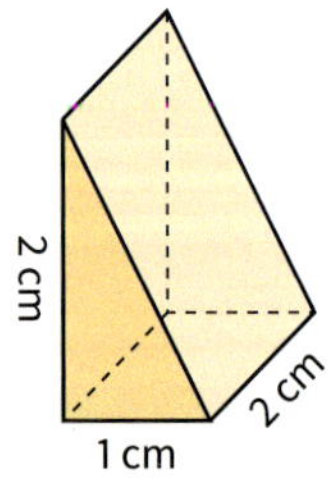

18. Berechne das Volumen des links abgebildeten Keils.

5. Anteile – Brüche

Im Mathematikunterricht hast du dich bisher mit den natürlichen Zahlen beschäftigt. Im Alltag werden aber nicht nur natürliche Zahlen zur Angabe von Größen verwendet. Du findest oft Zahlenangaben der folgenden Art.

- ➔ Erkläre, was diese Zahlenangaben bedeuten.
- ➔ Finde weitere solcher Angaben im Alltag.

In diesem Kapitel ...

lernst du, wie man Teile eines Ganzen mit Brüchen beschreibt. Dazu erfährst du, wie man Brüche darstellen kann und wie man Brüche addiert und subtrahiert.

Lernfeld: Nicht alles ist ganz

Unterteilungen bei Schokolade und Zitrusfrüchten

Bei Schokoladentafeln werden Bruchteile schon mitgeliefert. Experimentiert mit unterschiedlichen Tafeln oder denkt euch auch eigene Tafelmuster aus.

- Welche Bruchteile einer Tafel könnt ihr herstellen?
- Es gibt Bruchteile wie $\frac{1}{2}$ Tafel, die man aus verschiedenen Tafeln herstellen kann. Untersucht: Welche Bruchteile kann man mit unterschiedlichen Tafeln herstellen?
- Findet ihr auch Teile, die nur bei einer Tafel oder mit jeder Tafel möglich sind?

Auch Zitrusfrüchte wie Mandarinen und Zitronen haben vorgegebene Einteilungen.

- Untersucht bei verschiedenen solcher Früchte, in welche Bruchteile man sie natürlicherweise zerlegen kann.
- Gebt Unterschiede und Gemeinsamkeiten zu euren Experimenten mit Schokoladentafeln an.
- Findet ihr weitere Dinge aus dem täglichen Leben mit ähnlichen Einteilungen?

Einfache Brüche bei Instrumenten und Uhren

Bei einer Tankanzeige im Auto wird der Benzinvorrat im Tank nicht als Menge in Liter angegeben, sondern als Bruchteil.

- Beschreibe mit deinem Partner die nebenstehende „Tankuhr".
  Zeichnet das Bild ab und markiert verschiedene mögliche Zeigerstellungen.
- Gebt an, welcher Bruchteil an Benzin noch vorhanden ist, welcher schon verbraucht ist.
- Könnt ihr auch ermitteln, wie viel Liter noch im Tank sind, wenn er voll 60 Liter fasst?
- Die Tankuhr rechts gehört zu einem Fahrzeug mit einer Tankreserve. Der Tank fasst 72 ℓ.
  Schätzt den Anteil des Reservevolumens am Gesamtvolumen.
  Wie viel Liter entfallen auf die Tankreserve?

5.1 Einführung der Brüche

5.1.1 Zerlegen eines Ganzen in gleich große Teile

Einstieg

a) Die Torte ist mithilfe eines Tortenteilers (Bild rechts) in gleich große Teile unterteilt worden. Wie heißt ein solcher Teil einer ganzen Torte?

b) In der Auslage einer Bäckerei siehst du verschiedene Torten. Einiges ist schon verkauft. Wie viel ist von jeder Torte noch übrig?

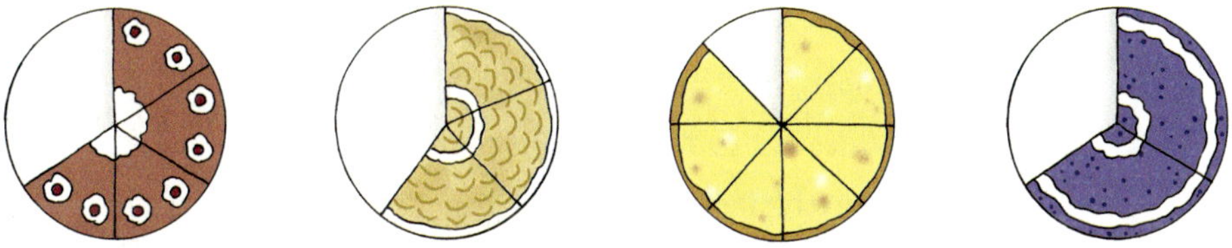

Schokotorte | Kiwitorte | Ananastorte | Heidelbeertorte

Aufgabe 1

Teilen eines Ganzen in gleich große Teile

Teilen sich zwei Freunde gleichmäßig *eine* Pizza, so bekommt jeder eine *halbe* Pizza.

a) Wie viel Pizza bekommt jeder, wenn sich 3, 4, 5, 6 Freunde eine Pizza teilen? Zeichne auch.

b) Wie viele drittel, viertel, fünftel, sechstel Pizzas ergeben jeweils eine ganze Pizza?

1 *ganze* Pizza | 1 *halbe* Pizza | 1 *halbe* Pizza

1 *ganze* Pizza = 2 *halbe* Pizzas

Lösung

a)

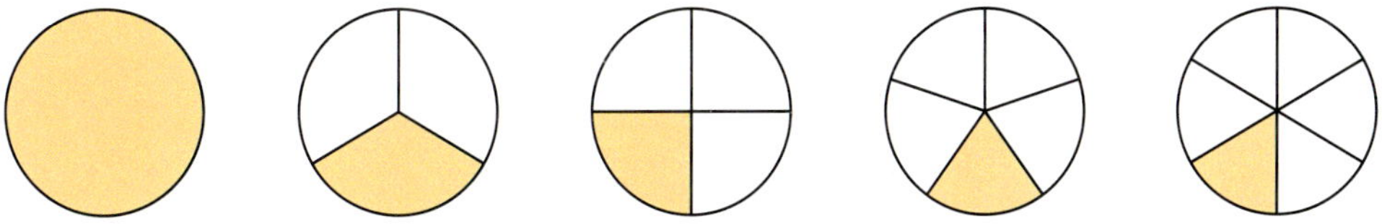

ganze Pizza | drittel Pizza | viertel Pizza | fünftel Pizza | sechstel Pizza

Bei 3 Freunden bekommt jeder eine *drittel* Pizza, bei 4 Freunden bekommt jeder eine *viertel* Pizza, bei 5 Freunden bekommt jeder eine *fünftel* Pizza, bei 6 Freunden bekommt jeder eine *sechstel* Pizza.

b) 1 *ganze* Pizza = 3 *drittel* Pizzas
1 *ganze* Pizza = 4 *viertel* Pizzas
1 *ganze* Pizza = 5 *fünftel* Pizzas
1 *ganze* Pizza = 6 *sechstel* Pizzas

Aufgabe 2

Teile eines Ganzen – Brüche

Eine Pizza wird in 4 gleich große Teile zerlegt. Theresa nimmt 3 solcher Teile. Das sind 3 Viertel der ganzen Pizza. Statt 3 Viertel schreibt man auch $\frac{3}{4}$.

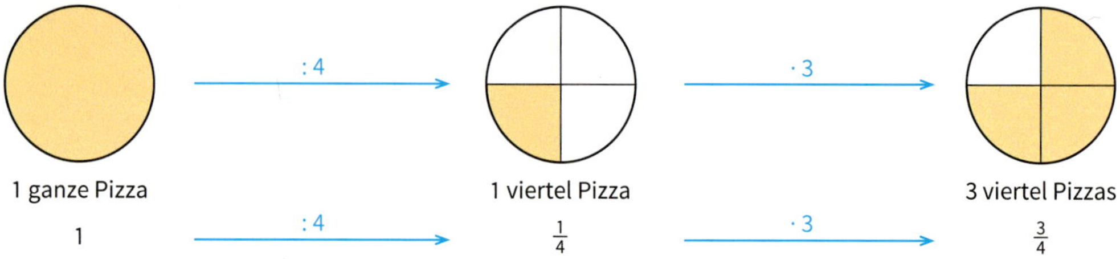

a) Erkläre, wie $\frac{5}{8}$ eines Ganzen (z. B. einer Pizza) entstehen.
Stelle das Ganze durch eine Kreisfläche dar.
Wie viel fehlt bei $\frac{5}{8}$ an einem Ganzen?

b) Erkläre, wie $\frac{3}{10}$ eines Ganzen (z. B. eines Blechkuchens) entstehen.
Stelle das Ganze durch ein Rechteck dar.
Wie viel fehlt bei $\frac{3}{10}$ an einem Ganzen?

Lösung

a) Die Pizza wird in 8 gleich große Teile zerlegt, davon werden dann 5 Teile genommen.

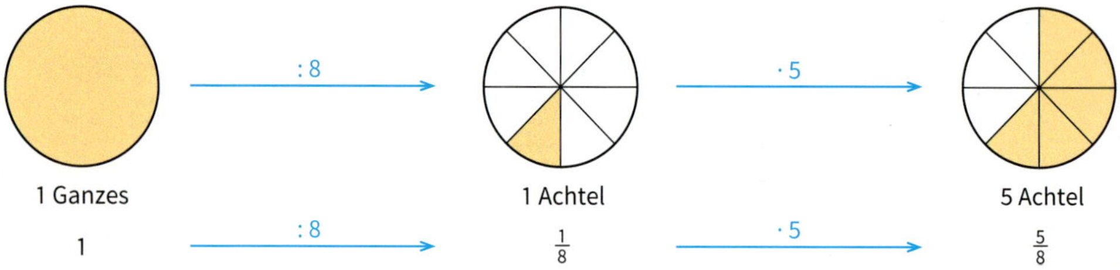

Ergebnis: Bei $\frac{5}{8}$ fehlen $\frac{3}{8}$ an einem Ganzen.

b) Der Kuchen wird in 10 gleich große Teile zerlegt, davon werden dann 3 Teile genommen.

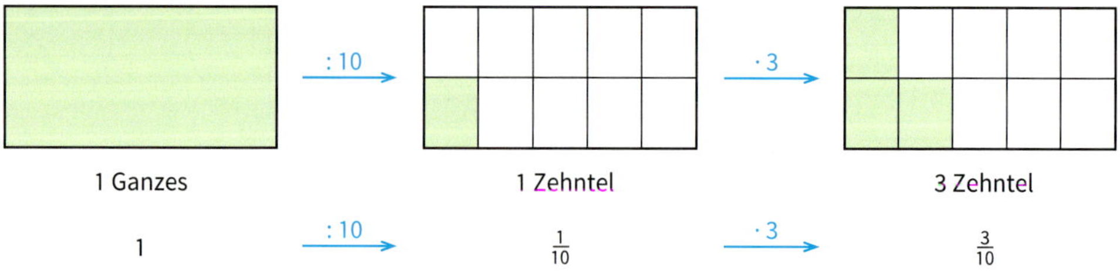

Ergebnis: Bei $\frac{3}{10}$ fehlen $\frac{7}{10}$ an einem Ganzen.

Information

Zerlegt man ein Ganzes in 2, 3, 4, 5, 6, … *gleich große* Teile, so erhält man *Halbe, Drittel, Viertel, Fünftel, Sechstel, …*
Man schreibt $\frac{1}{2}$ für ein Halbes, $\frac{1}{3}$ für ein Drittel, $\frac{1}{4}$ für ein Viertel, $\frac{1}{5}$ für ein Fünftel, $\frac{1}{6}$ für ein Sechstel usw.

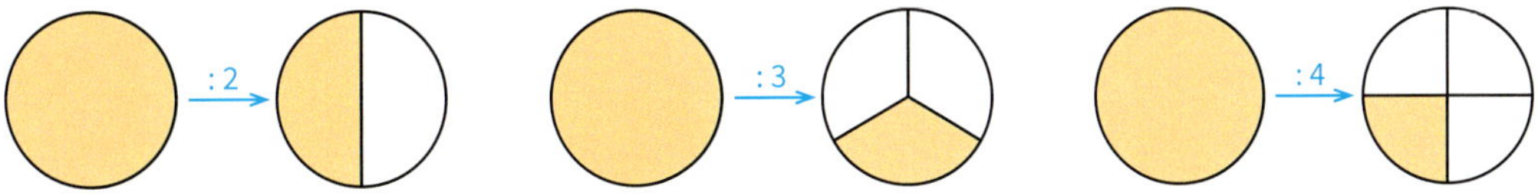

1 $\xrightarrow{:2}$ $\frac{1}{2}$ — 1 $\xrightarrow{:3}$ $\frac{1}{3}$ — 1 $\xrightarrow{:4}$ $\frac{1}{4}$

$\frac{1}{2}$ ist die Hälfte eines Ganzen.
1 Ganzes hat 2 Halbe.

$\frac{1}{3}$ ist der 3. Teil eines Ganzen.
1 Ganzes hat 3 Drittel.

$\frac{1}{4}$ ist der 4. Teil eines Ganzen.
1 Ganzes hat 4 Viertel.

Brüche zur Angabe von Anteilen eines Ganzen

$\frac{1}{2}, \frac{1}{4}, \frac{3}{4}, \frac{1}{8}, \frac{3}{8}, \frac{5}{8}, \frac{2}{3}$, … sind *Brüche*. Der Nenner eines Bruches gibt an, in wie viele gleich große Teile ein Ganzes zerlegt wird. Der Zähler gibt an, wie viele solcher Teile dann genommen werden. Der Bruch gibt den Anteil des Teilstücks am Ganzen an.

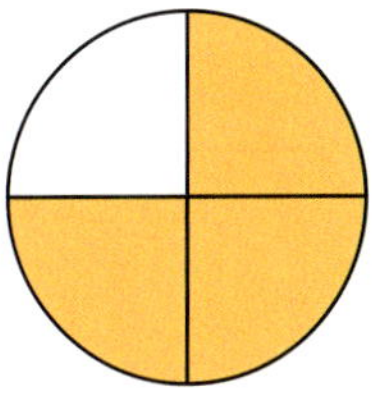

3 ← Zähler
— ← Bruchstrich
4 ← Nenner

In der Silbe „-tel" steckt das Wort Teil.
Ein Viertel $\left(\frac{1}{4}\right)$ bedeutet danach: *eins von vier gleich großen Teilen* (eines Ganzen).
$\frac{1}{2}, \frac{1}{3}, \frac{1}{4}, \frac{1}{5}, \frac{1}{6}$, … heißen **Stammbrüche.**

Weiterführende Aufgabe

Brüche in Größenangaben

3. Mario möchte Schoko-Cookies backen. Rechts siehst du das Rezept. Um die Menge auf der Waage zu kontrollieren, rechnet Mario die Angaben in g um. Verfahre ebenso.
$\frac{1}{4}$ kg ist ein Viertel von 1 kg = 1 000 g, also 250 g.
$\frac{3}{4}$ kg ist das Dreifache von $\frac{1}{4}$ kg, also das Dreifache von 250 g.

1 kg	$\xrightarrow{:4}$	$\frac{1}{4}$ kg	$\xrightarrow{\cdot 3}$	$\frac{3}{4}$ kg
1000 g	$\xrightarrow{:4}$	250 g	$\xrightarrow{\cdot 3}$	750 g

Schoko-Cookies

$\frac{1}{2}$ kg Mehl
$\frac{1}{4}$ kg Schokolade
$\frac{2}{5}$ g Butter
$\frac{3}{10}$ kg Zucker

Brüche als Maßzahlen in Größenangaben
Mit Brüchen als Maßzahlen kann man Längen, Massen, Zeitspannen und andere Größen als Bruchteile einer Maßeinheit angeben.

$\frac{3}{4}$ kg
Maßzahl Maßeinheit

Üben

4. Auch ein Rechteck kann ein Ganzes darstellen. Denke z. B. an einen Blechkuchen.

a) Ein Ganzes ist in gleich große Teile zerlegt. Wie heißt ein solcher Teil?

(1) (2) (3) (4)

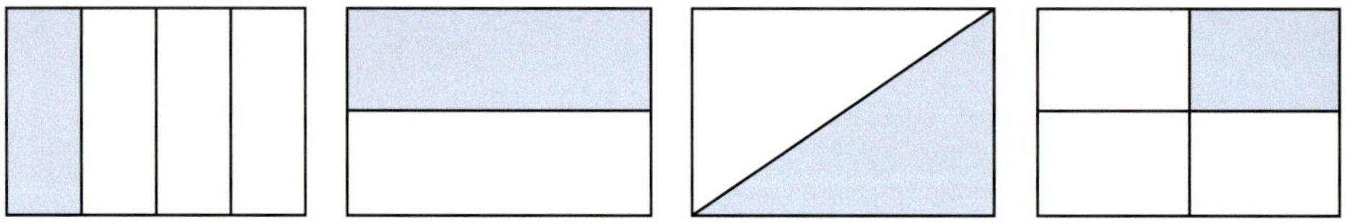

b) Nimm ein (rechteckiges) Blatt Papier. Färbe vom Ganzen
(1) ein Viertel; **(2)** ein Achtel; **(3)** ein Drittel; **(4)** ein Sechstel; **(5)** ein Zwölftel.
Falte dazu das Blatt geeignet.

5. Zeichne ein Rechteck und zerlege es auf drei verschiedene Weisen in vier gleich große Teile. Färbe jeweils $\frac{1}{4}$ des Rechtecks.

6. Ein Ganzes ist in gleich große Teile zerlegt. Wie heißt ein solcher Teil vom Ganzen?

a) b) c) d)

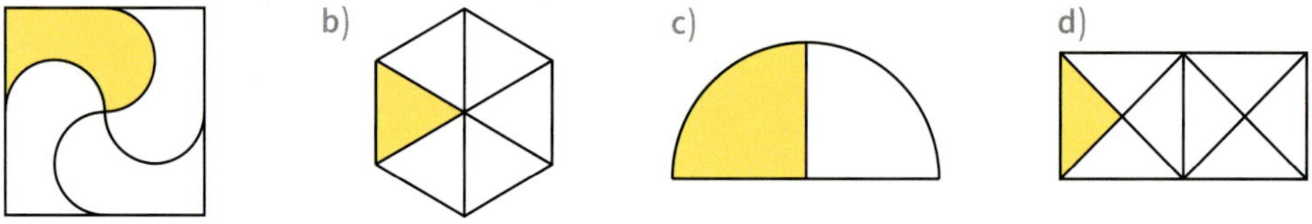

7. Wie viele Siebtel, wie viele Achtel, wie viele Neuntel, wie viele Zehntel, wie viele Hundertstel, wie viele Tausendstel ergeben ein Ganzes?

8. a) Die gefärbten Flächen in den beiden Kreisen sind unterschiedlich groß. Welcher Teil ist jeweils gefärbt?

(1) (2)

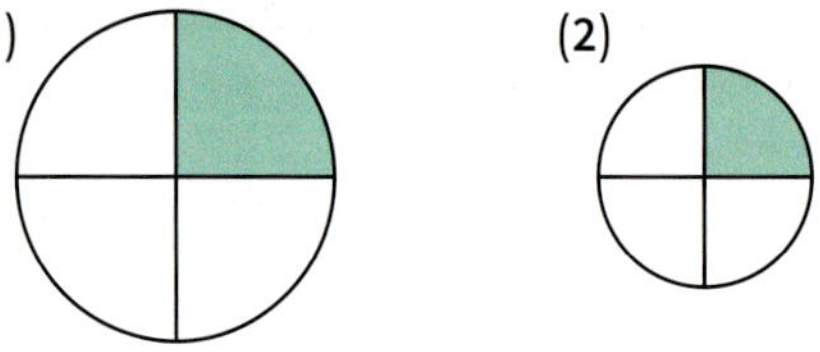

b) Hier sollen jeweils $\frac{1}{4}$ dargestellt sein. Wo hat sich ein Fehler eingeschlichen? Erkläre.

(1) (2) (3)

9. Die Fläche stellt einen Anteil an einem Ganzen dar.
Zeichne ab und ergänze zu einem Ganzen.

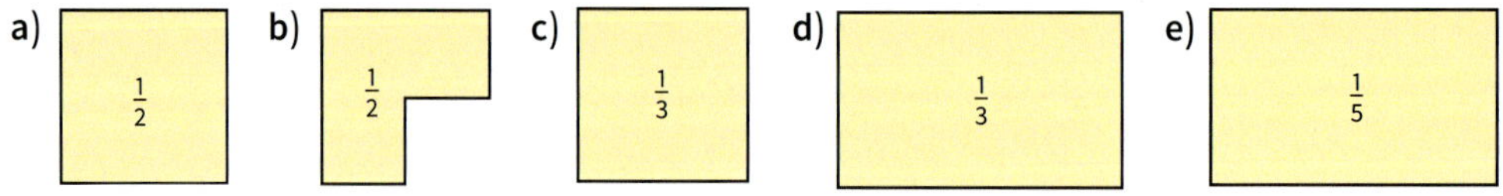

10. Jeder Partner zeichnet eine Figur, die ein Teil eines Ganzen sein soll.
Der andere Partner ergänzt die Figur zum Ganzen.

11. Paul sagt: „Ein Viertel ist mehr als ein Drittel, denn 4 ist mehr als 3.“
Was sagst du dazu? Begründe.

12. Welche Brüche sind dargestellt? Erkläre, wie die Teile entstanden sind.

a) Das Ganze ist eine Kreisfläche. (Denke z. B. an eine Torte.)

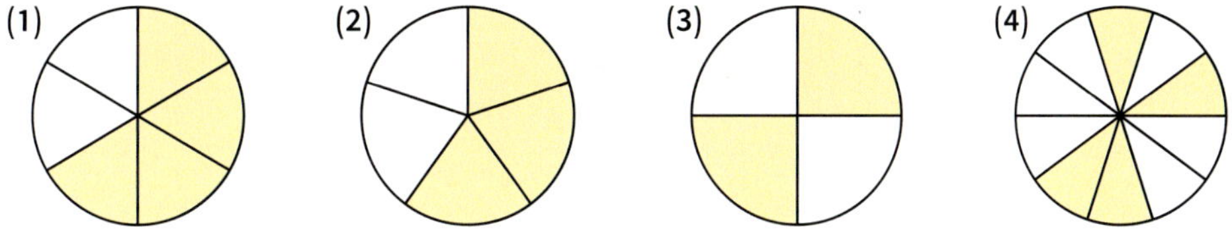

b) Das Ganze ist ein Rechteck. (Denke z. B. an einen Kuchen.)

13. Welcher Bruch wird durch die blau, welcher durch die gelb gefärbte Fläche dargestellt?

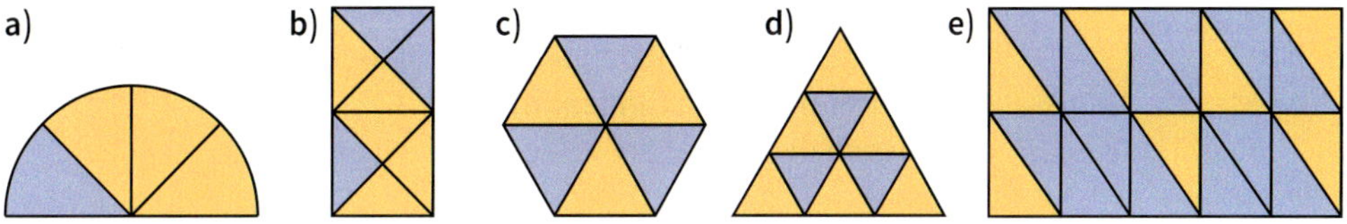

14. Wo stecken Fehler? Erkläre.

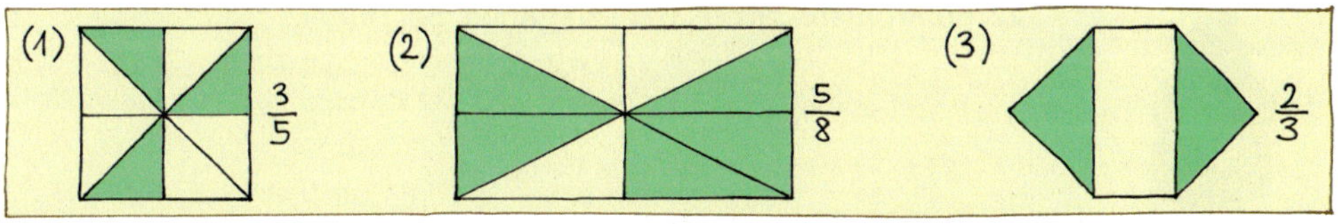

15. Bislang hast du Anteile an Flächen betrachtet. Auch eine Strecke stellt ein Ganzes dar. Zeichne eine 6 cm lange Strecke. Färbe den angegebenen Anteil blau.

a) $\frac{1}{2}$ b) $\frac{1}{3}$ c) $\frac{2}{3}$ d) $\frac{5}{6}$ e) $\frac{3}{6}$ f) $\frac{4}{6}$ g) $\frac{5}{12}$ h) $\frac{11}{12}$

16. Zeichne ein Rechteck mit den Seitenlängen 4 cm und 3 cm auf Karopapier. Färbe davon:

a) $\frac{2}{6}$ b) $\frac{4}{6}$ c) $\frac{2}{8}$ d) $\frac{5}{8}$ e) $\frac{2}{3}$ f $\frac{5}{12}$ g) $\frac{7}{16}$ h) $\frac{7}{24}$

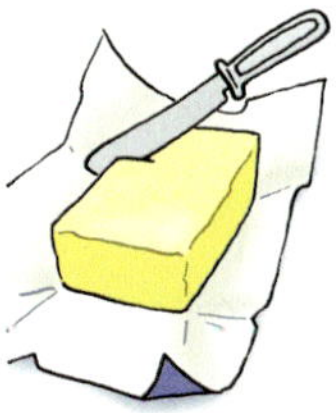

17. Auch ein Quader stellt ein Ganzes dar. Denke z. B. an ein Stück Käse oder ein Stück Butter. In wie viele gleich große Teile ist das Ganze zerlegt? Wie heißt ein solcher Teil?

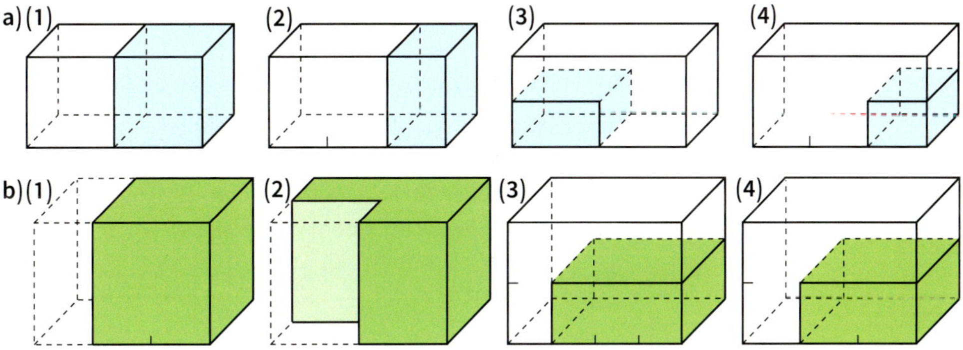

18. Erkläre das Beispiel rechts. Rechne ebenso im Heft.

a) $\frac{1}{10}$ m = ▢ cm e) $\frac{3}{4}$ km = ▢ m
b) $\frac{1}{4}$ m = ▢ cm f) $\frac{7}{10}$ km = ▢ m
c) $\frac{2}{5}$ m = ▢ cm g) $\frac{3}{8}$ km = ▢ m
d) $\frac{3}{4}$ m = ▢ cm h) $\frac{3}{5}$ km = ▢ m

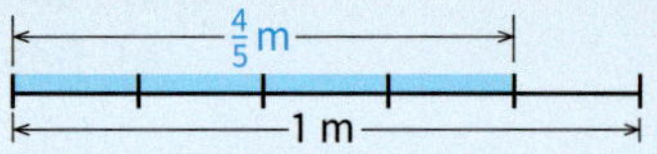

1 m $\xrightarrow{:5}$ $\frac{1}{5}$ m $\xrightarrow{\cdot 4}$ $\frac{4}{5}$ m
100 cm $\xrightarrow{:5}$ 20 cm $\xrightarrow{\cdot 4}$ 80 cm
Also: $\frac{4}{5}$ m = 80 cm

19. Zeichne auf Karopapier ein Quadrat mit der Seitenlänge 1 dm.
Färbe eine Fläche der angegebenen Größe. Gib ihre Größe auch in cm² an.

a) $\frac{1}{2}$ dm² b) $\frac{1}{4}$ dm² c) $\frac{1}{5}$ dm² d) $\frac{1}{10}$ dm² e) $\frac{1}{100}$ dm²

20. Rechne die Volumenangaben in cm³ bzw. mℓ um: $\frac{1}{8}$ dm³; $\frac{1}{2}$ dm³; $\frac{1}{5}$ dm³; $\frac{1}{10}$ dm³; $\frac{1}{1\,000}$ dm³

hora (lat.) Stunde
hour (engl.) Stunde

21. a) In jedem Bild veranschaulicht die gelbe Fläche eine Zeitspanne als Teil einer Stunde. Gib diese Zeitspannen in Minuten (min) und in Stunden (h) an.

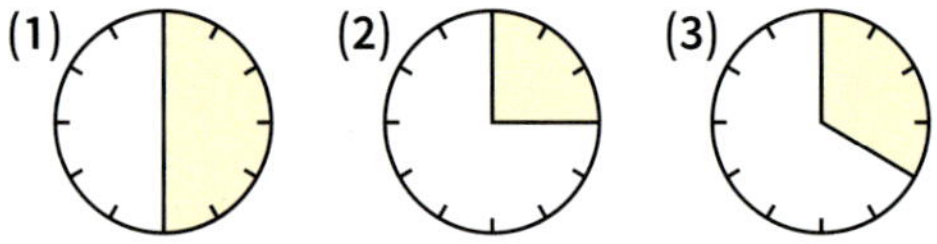

b) Rechne die angegebenen Zeitspannen um.
(1) in min: $\frac{1}{6}$ h; $\frac{1}{5}$ h; $\frac{3}{5}$ h; $\frac{2}{3}$ h; $\frac{3}{4}$ h; $\frac{1}{60}$ h
(2) in s: $\frac{1}{2}$ min; $\frac{1}{3}$ min; $\frac{2}{3}$ min; $\frac{1}{6}$ min; $\frac{1}{60}$ min
(3) in Stunden: $\frac{1}{3}$ Tag; $\frac{1}{8}$ Tag; $\frac{1}{4}$ Tag; $\frac{3}{4}$ Tag
(4) in Monate: $\frac{1}{4}$ Jahr; $\frac{1}{3}$ Jahr; $\frac{3}{4}$ Jahr; $\frac{2}{3}$ Jahr

22. Kontrolliere Jacobs Hausaufgaben. Begründe.

$\frac{1}{2}$ h = 20 min 1 cm = $\frac{1}{10}$ m 1 t = $\frac{1}{1000}$ kg $\frac{1}{2}$ Tag = 6 h 1 g = $\frac{1}{10}$ kg

23. Rechne um:

a) in cm: $\frac{4}{5}$ m; $\frac{3}{5}$ m; $\frac{3}{10}$ m; $\frac{3}{4}$ m; $\frac{7}{100}$ m
b) in mm: $\frac{2}{5}$ cm; $\frac{3}{5}$ cm; $\frac{7}{10}$ cm; $\frac{4}{5}$ cm; $\frac{9}{10}$ cm
c) in g: $\frac{1}{8}$ kg; $\frac{3}{8}$ kg; $\frac{5}{8}$ kg; $\frac{1}{5}$ kg; $\frac{3}{5}$ kg
d) in kg: $\frac{1}{4}$ t; $\frac{6}{8}$ t; $\frac{7}{10}$ t; $\frac{3}{100}$ t; $\frac{11}{1\,000}$ t
e) in dm²: $\frac{1}{2}$ m²; $\frac{3}{4}$ m²; $\frac{2}{5}$ m²; $\frac{7}{10}$ m²; $\frac{23}{100}$ m²
f) in mm²: $\frac{3}{4}$ cm²; $\frac{4}{5}$ cm²; $\frac{3}{10}$ cm²; $\frac{1}{100}$ cm
g) in cm³: $\frac{1}{4}$ dm³; $\frac{2}{5}$ dm³; $\frac{9}{10}$ dm³; $\frac{139}{1000}$ dm³
h) in mm³: $\frac{2}{5}$ cm³; $\frac{5}{10}$ cm³; $\frac{1}{2}$ cm³; $\frac{76}{100}$ cm³

24. Kleinere Flüssigkeitsmengen werden häufig in mℓ angegeben. Gib in mℓ an:

a) $\frac{2}{5}$ ℓ; $\frac{5}{8}$ ℓ; $\frac{3}{4}$ ℓ; $\frac{4}{5}$ ℓ; $\frac{9}{10}$ ℓ; $\frac{7}{8}$ ℓ; $\frac{3}{8}$ ℓ; $\frac{3}{10}$ ℓ
b) $\frac{15}{100}$ ℓ; $\frac{7}{20}$ ℓ; $\frac{7}{25}$ ℓ; $\frac{70}{100}$ ℓ; $\frac{7}{1\,000}$ ℓ; $\frac{9}{20}$ ℓ

Vertiefen

<u>25.</u> a) Welcher Anteil eines Ganzen ist kleiner: $\frac{3}{4}$ oder $\frac{3}{5}$? Begründe auf folgende Weise:
(1) Berechne und vergleiche $\frac{3}{4}$ kg und $\frac{3}{5}$ kg.
(2) Zeichne ein geeignetes Rechteck. Färbe davon $\frac{3}{4}$ und $\frac{3}{5}$ verschiedenfarbig.

b) Verfahre ebenso für (1) 3 Viertel oder 3 Zehntel (2) 2 Drittel oder 2 Fünftel

<u>26.</u> Gib die Länge der blauen Strecke mithilfe eines Bruches in m an.
Welcher Anteil fehlt jeweils an einem vollen Meter?

a)
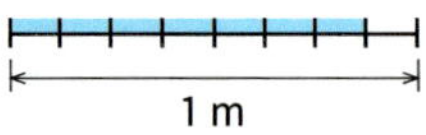

b)
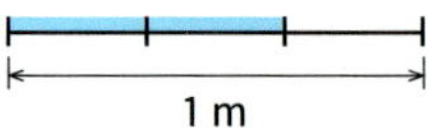

c)
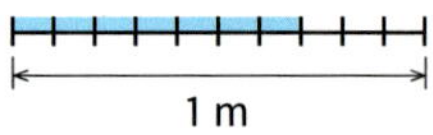

27. a) Wie viel fehlt an einem Ganzen?

(1) $\frac{1}{2}$ (2) $\frac{1}{4}$ (3) $\frac{7}{8}$ (4) $\frac{2}{3}$ (5) $\frac{2}{6}$ (6) $\frac{1}{5}$ (7) $\frac{3}{10}$ (8) $\frac{33}{100}$

b) Formuliere eine Regel. Benutze die Begriffe Zähler und Nenner.

28. Was ist kleiner? Begründe.

a) $\frac{1}{2}$ m oder $\frac{1}{5}$ m b) $\frac{1}{8}$ kg oder $\frac{1}{2}$ kg c) $\frac{1}{4}$ min oder $\frac{1}{3}$ min d) $\frac{1}{2}$ ℓ oder $\frac{1}{4}$ min

29. a) In jedem Bild veranschaulicht die gefärbte Fläche eine Zeitspanne als Teil einer Stunde. Gib diese Zeitspannen jeweils in Minuten (min) und mithilfe eines Bruches in Stunden (h) an.

b) Welcher Teil einer Stunde fehlt jeweils an einer vollen Stunde?

Herausfordern

30. So könnt ihr euch Bruchteile selber herstellen:

a) Zeichnet auf Tonpapier gleich große Kreise. Jeder Kreis ist ein Ganzes. Durch Falten und Schneiden könnt ihr daraus leicht Halbe, Viertel, Achtel, Sechzehntel herstellen.
Stellt euch gegenseitig die Aufgabe, bestimmte Brüche wie z. B. $\frac{5}{8}$ aus den Teilen zu legen.

b) Nimm ein rechteckiges Blatt Papier, falte und markiere
(1) drei Viertel (2) fünf Sechstel (3) sieben Zwölftel

c) Welche Brüche kann man gut falten, welche nicht so gut? Erkläre.

31. *Brüche mit dem Geobrett*

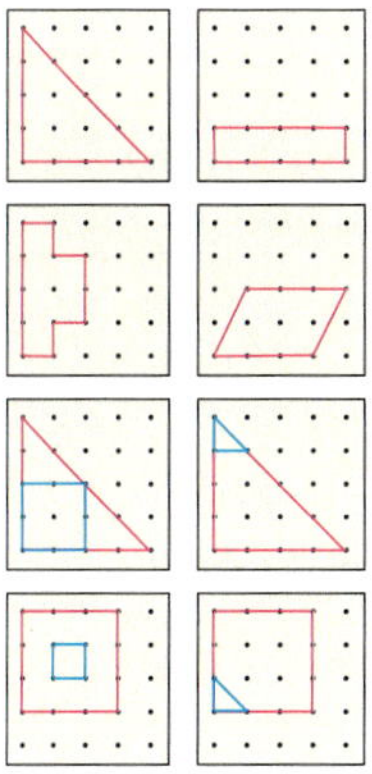

Auf einem Brett wird mit Nägeln ein Gitter dargestellt.
Zeichne die auf dem Geobrett umspannten Figuren und die Lösungen zu den Aufgaben jeweils in dein Heft.

a) Halbiere die umspannten Figuren mit einem Gummi.

b) Die umspannten Figuren stellen jeweils die Hälfte einer ganzen Figur dar. Ergänze sie zu einer ganzen Figur.

c) Welcher Bruch wird durch den blauen Gummi dargestellt? Spanne diesen Bruch mit zwei Gummis auf eine andere Art.

d) Stelle selbst Aufgaben und löse sie.

Das kann ich noch!

A) Rechne vorteilhaft.

1) 234 g + 69 g + 566 g
2) 3 Mio. + 15 Mio. + 27 Mio.
3) 79 km + 47 km + 21 km + 53 km
4) 47 min + 138 min + 32 min + 53 min + 11 min
5) 395 € – 148 € – 22 €
6) 813 m – 484 m – 116 m
7) 151 kg – 98 kg
8) 274 d – 197 d

5.1.2 Unechte Brüche – Gemischte Schreibweise

Einstieg

In der Auslage eines Bäckers siehst du Kiwitorten, Pfirsichtorten und Kirschtorten. Gib auf verschiedene Weise an, wie viel Kiwitorte, wie viel Pfirsichtorte und wie viel Kirschtorte vorhanden ist.

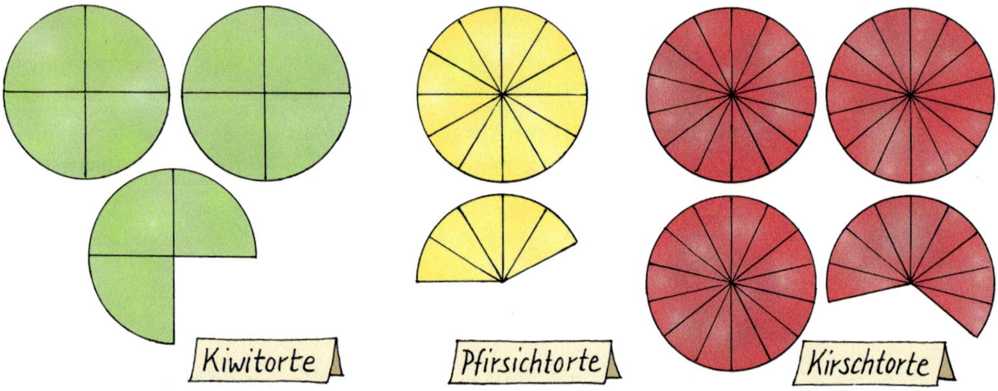

Aufgabe 1

Gemischte Schreibweise – unechte Brüche

Jans und Annes Mutter backt Waffeln.
Jan ist hungrig und isst 3 Waffeln.
Anne schafft nicht ganz zwei Waffeln. Sie isst nur eine ganze und drei Fünftel Waffeln; man schreibt kurz: $1\frac{3}{5}$ Waffeln.
Wie viele Fünftel Waffeln hat jeder gegessen?

Lösung

Anne: 1 Ganzes und 3 Fünftel

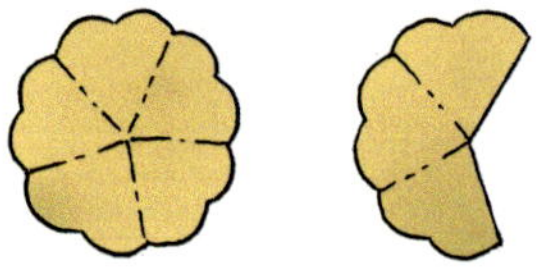

8 Fünftel

$1\frac{3}{5} = \frac{8}{5}$

Jan: 3 Ganze

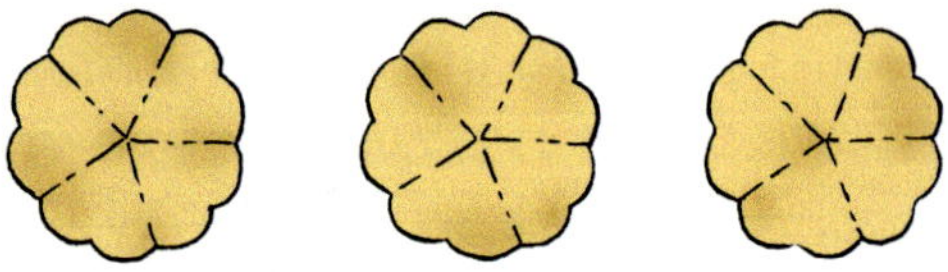

15 Fünftel

$3 = \frac{15}{5}$

Ergebnis: Anne isst $\frac{8}{5}$ Waffeln, Jan isst $\frac{15}{5}$ Waffeln.

Aufgabe 2

Umrechnen von gemischter Schreibweise in unechte Brüche und umgekehrt

a) Schreibe $3\frac{5}{8}$ als Bruch.

b) Schreibe $\frac{14}{3}$ in gemischter Schreibweise.

Lösung

a) $3\frac{5}{8}$ bedeutet:

3 Ganze und 5 Achtel
Wir überlegen:
3 Ganze sind 24 Achtel,
dazu noch 5 Achtel,
das ergibt 29 Achtel:

$3\frac{5}{8} = \frac{29}{8}$

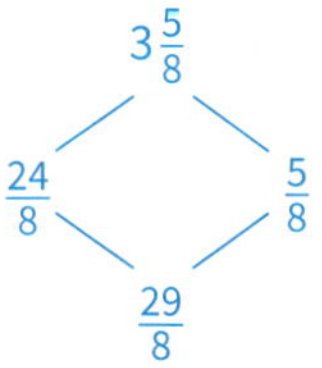

b) $\frac{14}{3}$ bedeutet:

14 Drittel
Wir überlegen:
12 Drittel ergeben
4 Ganze,
es bleiben noch 2 Drittel:

$\frac{14}{3} = 4\frac{2}{3}$

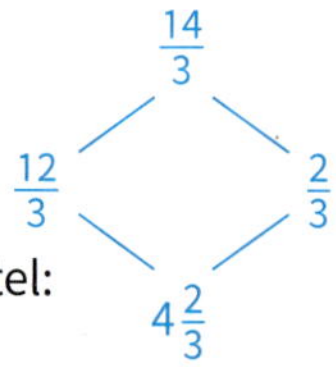

$\frac{99}{100}$ echt

$\frac{101}{100}$ unecht

Ist bei einem Bruch der Zähler kleiner als der Nenner, so nennt man ihn einen **echten Bruch**.
Beispiele: $\frac{1}{2}$; $\frac{3}{4}$; $\frac{3}{5}$; $\frac{2}{7}$
Bei Brüchen kann der Zähler auch größer als der Nenner oder gleich dem Nenner sein.
Solche Brüche heißen **unechte Brüche.**
Beispiele: $\frac{3}{2}$; $\frac{11}{4}$; $\frac{17}{8}$; $\frac{4}{4}$; $\frac{8}{8}$
Manche unechte Brüche geben die Anzahl von Ganzen, also natürlichen Zahlen an.
Beispiele: $\frac{4}{4} = 1$; $\frac{8}{4} = 2$; $\frac{12}{4} = 3$; $\frac{3}{3} = 1$; $\frac{6}{3} = 2$; $\frac{9}{3} = 3$
Andere unechte Brüche geben mehr als ein oder mehrere Ganze an. Solche Brüche kann man auch in der **gemischten Schreibweise** notieren. Sie ist eine kurze Schreibweise für eine Summe aus einer natürlichen Zahl und einem echten Bruch.
Beispiele: $\frac{3}{2} = 1 + \frac{1}{2} = 1\frac{1}{2}$; $\frac{11}{4} = 2 + \frac{3}{4} = 2\frac{3}{4}$; $\frac{101}{99} = 1 + \frac{2}{99} = 1\frac{2}{99}$

Üben

3. Gib den dargestellten Bruch in der gemischten Schreibweise oder als natürliche Zahl an.

a) 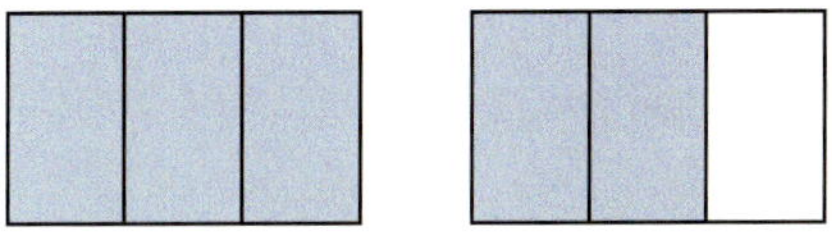

b) 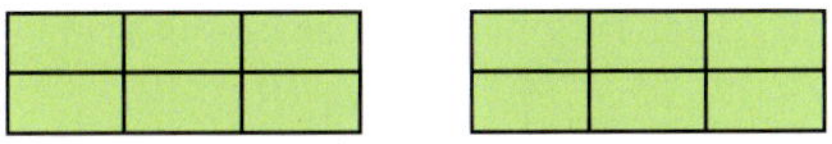

c) 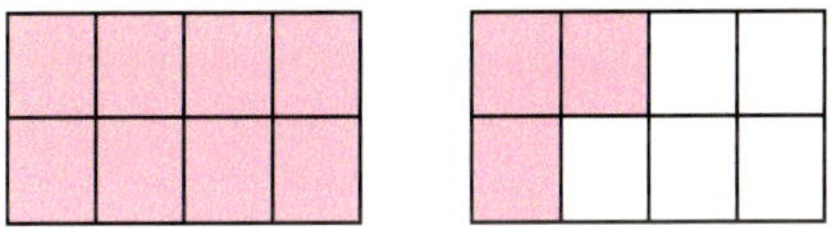

d) 

e) 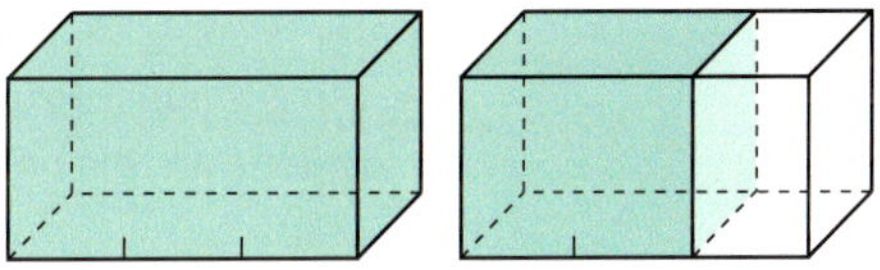

4. Zeichne eine Strecke als Ganzes. Stelle damit folgende Brüche dar.
a) $\frac{5}{2}$; b) $\frac{7}{5}$; c) $\frac{20}{10}$; d) $\frac{6}{2}$ e) $\frac{3}{2}$; f) $\frac{13}{5}$; g) $\frac{15}{5}$; h) $\frac{24}{10}$

5. a) Wie viele Halbe, Viertel, Achtel sind 2, 3, 5, 7, 9, 10 Ganze?
b) Wie viele Drittel, Sechstel, Zwölftel sind 2, 3, 4, 5, 10 Ganze?
c) Wie viele Fünftel, Zehntel, Zwanzigstel sind 4, 9, 10, 12, 20, 50 Ganze?

$4 = \frac{8}{2}$ — 1 = 2 Halbe also 4 = 8 Halbe

6. Wie viele Ganze sind es?
a) $\frac{6}{2}$; $\frac{10}{2}$; $\frac{24}{4}$; $\frac{36}{4}$; $\frac{24}{8}$; $\frac{56}{8}$
b) $\frac{12}{3}$; $\frac{27}{3}$; $\frac{18}{6}$; $\frac{42}{6}$; $\frac{24}{12}$; $\frac{60}{12}$
c) $\frac{20}{5}$; $\frac{45}{5}$; $\frac{30}{10}$; $\frac{80}{10}$; $\frac{40}{20}$; $\frac{100}{20}$
d) $\frac{125}{25}$; $\frac{350}{50}$; $\frac{180}{90}$; $\frac{600}{60}$; $\frac{375}{25}$; $\frac{320}{40}$

$\frac{8}{4} = 2$ — 4 Viertel = 1 also 8 Viertel = 2

7. Um wie viel ist der Bruch größer als ein Ganzes?
a) $\frac{3}{2}$ b) $\frac{5}{4}$ c) $\frac{7}{3}$ d) $\frac{13}{8}$ e) $\frac{111}{100}$ f) $\frac{130}{100}$ g) $\frac{80}{50}$ h) $\frac{77}{75}$

8. Gib als unechten Bruch an.
a) $4\frac{1}{2}$; $3\frac{2}{4}$; $7\frac{3}{4}$; $8\frac{1}{4}$; $5\frac{7}{8}$; $6\frac{3}{8}$; $9\frac{5}{8}$
b) $5\frac{1}{3}$; $8\frac{2}{3}$; $9\frac{1}{6}$; $2\frac{5}{6}$; $3\frac{4}{6}$; $1\frac{7}{12}$; $4\frac{5}{12}$
c) $5\frac{4}{10}$; $6\frac{24}{100}$; $8\frac{21}{100}$; $5\frac{119}{1000}$; $4\frac{345}{1000}$
d) $5\frac{7}{11}$; $6\frac{5}{12}$; $9\frac{13}{15}$; $7\frac{4}{5}$; $6\frac{1}{10}$; $9\frac{7}{8}$

9. Wo gibt es Angaben mit Brüchen im Alltag? Gestaltet ein Plakat damit.

10. Gib in der gemischten Schreibweise an.

a) $\frac{11}{2}$; $\frac{19}{2}$; $\frac{17}{4}$; $\frac{31}{4}$; $\frac{31}{8}$; $\frac{53}{8}$

b) $\frac{19}{3}$; $\frac{29}{3}$; $\frac{25}{3}$; $\frac{41}{6}$; $\frac{20}{6}$; $\frac{67}{12}$

c) $\frac{37}{5}$; $\frac{41}{5}$; $\frac{49}{5}$; $\frac{36}{10}$; $\frac{83}{10}$; $\frac{75}{20}$

d) $\frac{9}{2}$; $\frac{35}{4}$; $\frac{35}{8}$; $\frac{25}{3}$; $\frac{46}{6}$; $\frac{39}{12}$

e) $\frac{17}{2}$; $\frac{26}{4}$; $\frac{20}{3}$; $\frac{39}{6}$; $\frac{33}{5}$; $\frac{69}{10}$

f) $\frac{34}{10}$; $\frac{234}{100}$; $\frac{586}{100}$; $\frac{381}{100}$; $\frac{3215}{1000}$

Vertiefen

11. a) Um wie viel ist der Bruch größer als ein Ganzes?

(1) $\frac{7}{4}$ (2) $\frac{11}{8}$ (3) $\frac{17}{10}$ (4) $\frac{27}{25}$ (5) $\frac{99}{50}$ (6) $\frac{123}{100}$

b) Um wie viel ist der Bruch größer als das nächst kleinere Ganze?

(1) $2\frac{3}{4}$ (2) $3\frac{7}{9}$ (3) $\frac{9}{4}$ (4) $\frac{27}{8}$ (5) $\frac{52}{25}$ (6) $\frac{241}{100}$

c) Wie viel fehlt bis zum nächsten Ganzen?

(1) $1\frac{3}{4}$ (2) $3\frac{7}{8}$ (3) $\frac{12}{5}$ (4) $\frac{11}{9}$ (5) $\frac{74}{25}$ (6) $\frac{293}{100}$

d) Schreibe einfacher:

(1) $1\frac{4}{4}$ (2) $2\frac{0}{3}$ (3) $\frac{12}{4}$ (4) $\frac{15}{5}$ (5) $\frac{70}{10}$ (6) $\frac{500}{100}$

12. Wie viel fehlt am nächsten Ganzen?

a) $1\frac{1}{2}$ b) $2\frac{3}{8}$ c) $5\frac{4}{6}$ d) $1\frac{3}{5}$ e) $\frac{5}{2}$ f) $\frac{26}{8}$ g) $\frac{65}{12}$ h) $\frac{126}{20}$

13. Gib an, welcher der beiden Brüche mehr, welcher weniger als ein Ganzes angibt.

a) $\frac{2}{3}$; $\frac{3}{2}$ b) $\frac{7}{5}$; $\frac{5}{7}$ c) $\frac{3}{4}$; $\frac{4}{3}$ d) $\frac{12}{10}$; $\frac{10}{12}$ e) $\frac{27}{25}$; $\frac{25}{27}$

14. Gib zunächst Brüche an, die man in der gemischten Schreibweise angeben kann. Gib dann Brüche an, die natürliche Zahlen darstellen. Beschreibe, worauf du geachtet hast.

15. *Spiel für 2 bis 4 Spieler*

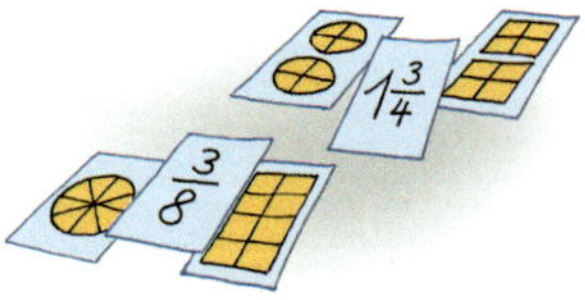

Stellt wie rechts ein Kartenspiel her für die Brüche:
$\frac{1}{2}$; $\frac{1}{5}$; $\frac{2}{3}$; $\frac{2}{4}$; $\frac{5}{6}$; $\frac{7}{8}$; $\frac{3}{4}$; $\frac{8}{12}$; $\frac{3}{8}$; $\frac{4}{3}$; $1\frac{3}{4}$; $1\frac{1}{8}$
Ihr erhaltet 12 Zahlenkarten und 24 Bildkarten.
Mischt die 12 Zahlenkarten und legt sie verdeckt als Stapel auf den Tisch. Mischt dann die 24 Bildkarten und verteilt sie. Jeder legt seine Bildkarten offen auf den Tisch. Reihum wird nun die oberste Karte des Stapels aufgedeckt. Wer passende Bildkarten hat, legt sie dazu. Sieger ist, wer zuerst alle Bildkarten anlegen konnte.

Herausfordern

16. Schreibe in der gemischten Schreibweise. Rechne auch in eine kleinere Einheit um.

a) $\frac{15}{4}$kg; $\frac{27}{8}$t; $\frac{13}{8}$kg; $\frac{43}{10}$t; $\frac{219}{100}$t; $\frac{175}{50}$kg

b) $\frac{7}{4}$m; $\frac{9}{5}$km; $\frac{15}{2}$cm; $\frac{13}{4}$m; $\frac{53}{10}$km; $\frac{87}{20}$m

c) $\frac{5}{4}$m²; $\frac{7}{5}$m²; $\frac{3}{2}$m²; $\frac{34}{10}$m²; $\frac{121}{100}$m²; $\frac{475}{100}$m²

d) $\frac{5}{2}$cm²; $\frac{7}{4}$cm²; $\frac{13}{10}$cm²; $\frac{18}{5}$cm²; $\frac{375}{100}$cm²

17. Zeichne wie im Beispiel eine Fläche der angegebenen Größe.

a) $3\frac{1}{2}$cm² b) $5\frac{3}{4}$cm² c) $4\frac{1}{4}$cm² d) $6\frac{2}{4}$cm² e) $1\frac{1}{2}$dm²

Gib die Größe auch in einer kleineren Einheit an.

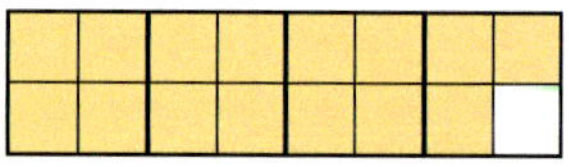

$3\frac{3}{4}$ cm² = 375 mm²

18. Rechne in eine kleinere Einheit um.

a) $1\frac{1}{2}$kg; $1\frac{3}{8}$t; $2\frac{3}{4}$g; $2\frac{1}{4}$t; $5\frac{1}{4}$kg; $1\frac{3}{8}$g

b) $5\frac{3}{4}$m; $1\frac{5}{8}$km; $2\frac{1}{2}$cm; $1\frac{4}{10}$km; $5\frac{2}{5}$m

c) $3\frac{3}{4}$m²; $4\frac{1}{2}$dm²; $3\frac{4}{5}$cm²; $5\frac{9}{10}$ha; $2\frac{5}{8}$m²

d) $3\frac{3}{4}$ℓ; $2\frac{5}{8}$ℓ; $4\frac{1}{2}$m³; $3\frac{4}{5}$m³; $7\frac{3}{8}$m³; $5\frac{4}{10}$m³

5.2 Bruch als Quotient natürlicher Zahlen

Ziel

Hier lernst du, dass Brüche nicht nur Teile eines Ganzen beschreiben, sondern auch als Ergebnis bei Divisionsaufgaben natürlicher Zahlen vorkommen können.

Zum Erarbeiten

Bruch als Ergebnis einer Division natürlicher Zahlen

Tanja, Melanie und Sarah haben Geld geschenkt bekommen. Es reicht nur für zwei Pizzas. Sie wollen gerecht teilen. Jedes Mädchen soll gleich viel bekommen.
Welchen Anteil an einer Pizza bekommt jedes Mädchen?

→ Teile jede Pizza in 3 gleich große Teile.
Von jeder der beiden Pizzas bekommt ein Mädchen ein Drittel $\left(\frac{1}{3}\right)$, also insgesamt 2 Drittel $\left(\frac{2}{3}\right)$.
$2:3=\frac{2}{3}$
Ergebnis: Jedes Mädchen erhält $\frac{2}{3}$ Pizzas.

Quotient
2:3
Dividend Divisor

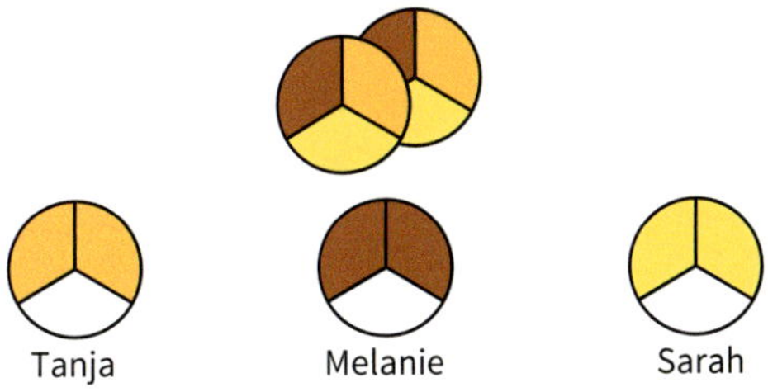

Quotient natürlicher Zahlen

Den *Quotienten zweier natürlicher Zahlen* kann man auch als Bruch schreiben:
$2:3=\frac{2}{3}$; $3:2=\frac{3}{2}=1\frac{1}{2}$
Auch Quotienten mit dem Divisor 1, wie $3:1$, oder Quotienten mit dem Dividenden 0, wie $0:4$, wollen wir als Bruch schreiben: $3:1=\frac{3}{1}$; $0:4=\frac{0}{4}$
Beachte: Brüche mit Nenner 0 lassen sich nicht erklären, da man durch 0 nicht dividieren kann.

Welcher Quotient und welcher Bruch sind dargestellt?

a) 3 Riegel werden an 4 Kinder verteilt.

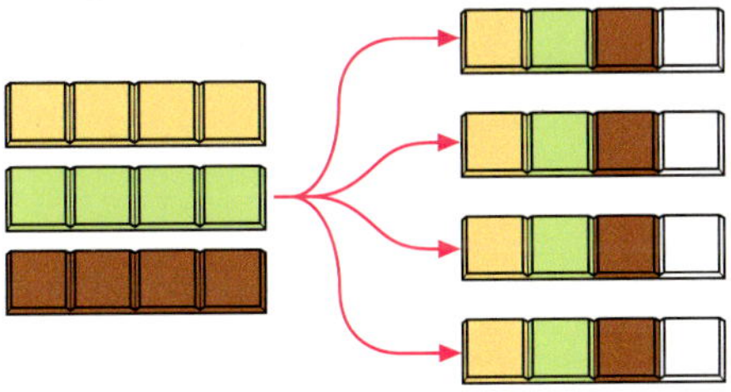

b) 2 Waffeln werden an 5 Personen verteilt.

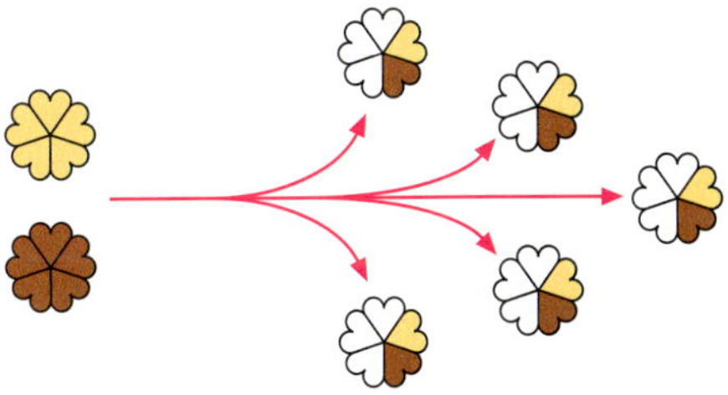

→ Den Bildern entnimmst du:
a) $3:4=\frac{3}{4}$
b) $2:5=\frac{2}{5}$

Umrechnen in die gemischte Schreibweise

Verwandle durch Division den unechten Bruch $\frac{13}{5}$ in die gemischte Schreibweise.

→ $\frac{13}{5}$ ist das Ergebnis einer Divisionsaufgabe mit natürlichen Zahlen.
$\frac{13}{5}=13:5=(10+3):5=10:5+3:5=2+3:5=2+\frac{3}{5}=2\frac{3}{5}$

Bruch als Quotient bei Größen

Auch eine beliebige Größe kann man in gleich große Teile zerlegen.

Beispiel: Zerlegen einer 3 m langen Strecke in 4 gleich lange Teile.
3 m : 4 = 3 viertel Meter
$= \frac{3}{4}$ m

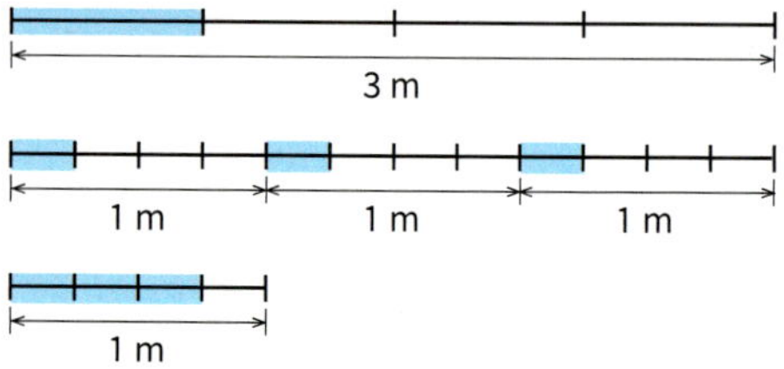

Schreibe (1) 3 kg : 8 sowie (2) 1 h : 4 als Bruch. Gib auch in einer kleineren Einheit an.

→ Es ist (1) 3 kg : 8 = $\frac{3}{8}$ kg = 375 g, da 1 kg = 1000 g; (2) 1 h : 4 = $\frac{1}{4}$ h = 15 min, da 1 h = 60 min.

Üben

1. Wie viel bekommt jeder? Skizziere.
a) 3 Äpfel werden an 4 Kinder verteilt.
b) 4 Eierkuchen werden an 3 Kinder verteilt.
c) 6 Kinder teilen sich 15 Birnen.
d) 14 Kinder teilen sich 2 Torten.

2. Rechne durch Division in eine natürliche Zahl oder in die gemischte Schreibweise um.
a) $\frac{67}{5}$ b) $\frac{100}{6}$ c) $\frac{144}{9}$ d) $\frac{93}{7}$ e) $\frac{143}{12}$ f) $\frac{387}{25}$ g) $\frac{876}{12}$ h) $\frac{9315}{77}$

3. Gib in der gemischten Schreibweise an.
a) 29 : 7 b) 43 : 6 c) 49 : 9 d) 93 : 8 e) 251 : 10 f) 84 : 5

Vertiefen

4. Lies das Beispiel rechts. Erkläre ebenso mithilfe entsprechender Zeichnungen.
a) $\frac{4}{5}$ b) $\frac{3}{7}$ c) $\frac{5}{6}$ d) $\frac{5}{8}$

Der Bruch $\frac{3}{4}$ kann bedeuten:
(1) Von einem Ganzen 3 Viertel

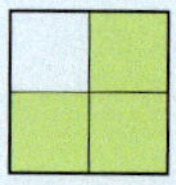

(2) Von drei Ganzen je ein Viertel

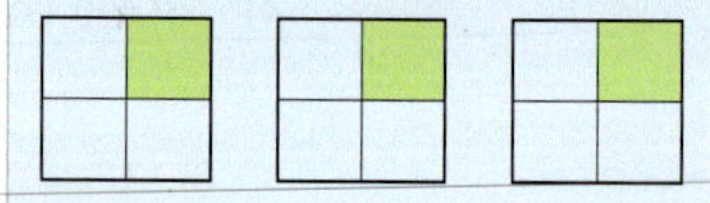

5. Notiere als Bruch. Gib das Ergebnis – falls möglich – auch als natürliche Zahl oder in der gemischten Schreibweise an.
a) 5 : 8; 8 : 5
b) 2 : 6; 6 : 2
c) 20 : 3; 3 : 20
d) 9 : 1; 1 : 9
e) 0 : 7; 0 : 1
f) 1 : 7; 7 : 1

6. 3 Liter Saft werden gerecht verteilt an 3 [4; 5; 6] Personen. Wie viel erhält jeder?

7. Wie viel Pudding ist in jedem Schälchen? Gib das Ergebnis auch in der Einheit g an.
a) 3 kg Pudding sollen auf 20 Schälchen gleichmäßig verteilt werden.
b) 4 kg Pudding sollen auf 25 Schälchen gleichmäßig verteilt werden.

8. Schreibe das Ergebnis
(1) mithilfe eines Bruches; (2) in einer kleineren Einheit ohne Bruch.
a) 3 m : 5 b) 5 kg : 8 c) 11 m² : 25 d) 7 m³ : 8 e) 5 h : 20 f) 2 g : 4

Herausfordern

9. Erfinde selbst Aufgaben zum Aufteilen wie in Übung 8, sodass das Ergebnis erst beim Umrechnen in die übernächste kleinere Einheit ohne Bruch angegeben werden kann.

5.3 Erweitern und Kürzen eines Bruches

Einstieg

Gib mithilfe verschiedener Brüche an, welcher Anteil der Tafel Schokolade noch vorhanden ist.

a)

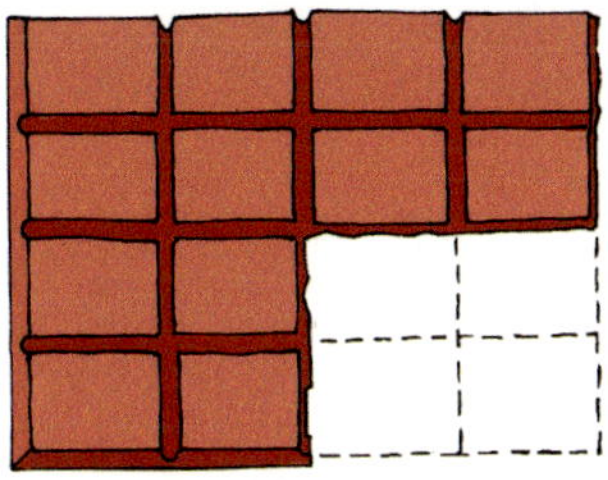

b)

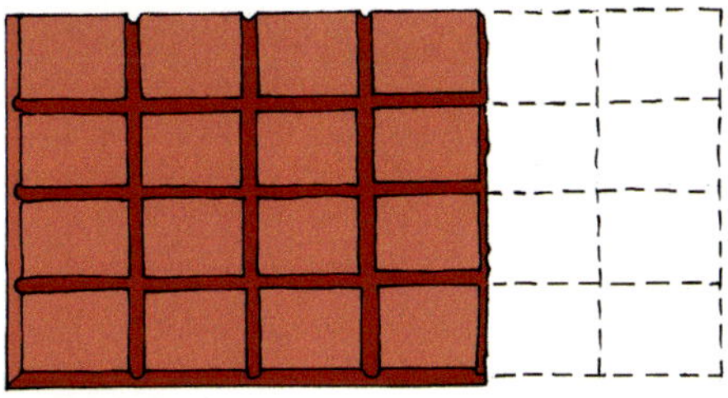

c)

Einführung

Verschiedene Brüche für denselben Anteil

In den Bildern rechts ist der Anteil der gelben Fläche am Ganzen stets derselbe. Dieser Anteil kann jedoch durch *verschiedene* Brüche wie $\frac{2}{3}$, $\frac{4}{6}$ und $\frac{8}{12}$ angegeben werden.

(1) (2) (3)

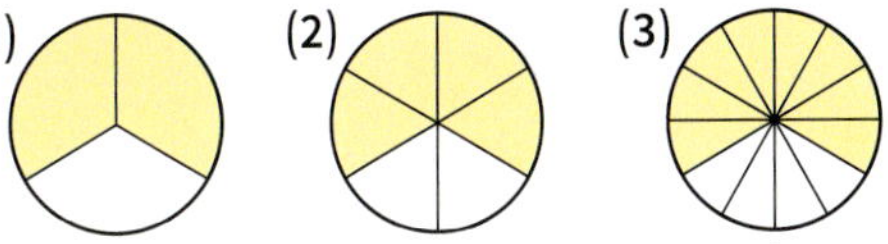

$\frac{2}{3}$ $\frac{4}{6}$ $\frac{8}{12}$

Wertgleiche Brüche

Der Anteil der grün gefärbten Fläche am ganzen Rechteck ist jeweils gleich. Er kann aber durch verschiedene Brüche angegeben werden.

Wir sagen:

Die *verschiedenen* Brüche $\frac{2}{3}$, $\frac{4}{6}$ und $\frac{8}{12}$ haben *denselben Wert*:

Wir schreiben:

$\frac{2}{3} = \frac{4}{6} = \frac{8}{12}$

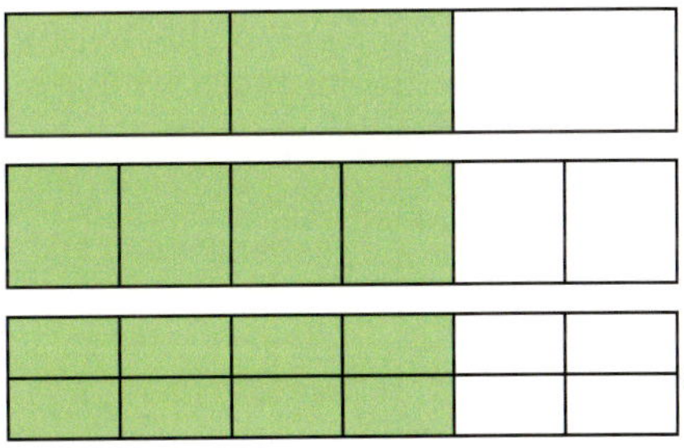

$\frac{2}{3}$

$\frac{4}{6}$

$\frac{8}{12}$

Aufgabe 1

Erweitern eines Bruches

Im Bild rechts ist das Rechteck in acht gleich große Teile zerlegt. $\frac{6}{8}$ des Rechtecks ist grün gefärbt.

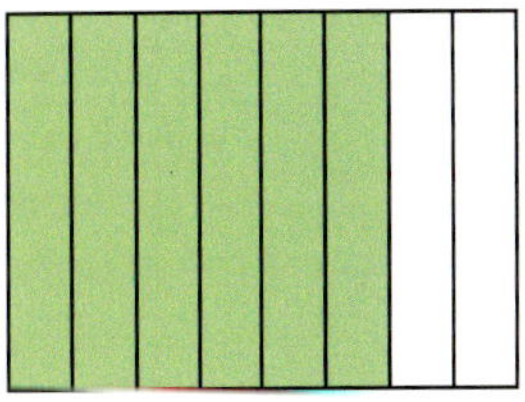

a) Verfeinere die Einteilung, indem du die Fläche zerlegst
   (1) in doppelt so viele gleich große Teile,
   (2) in dreimal so viele gleich große Teile.
   Gib den grün gefärbten Anteil der Fläche jeweils durch einen entsprechenden Bruch an.

b) Anstatt die Einteilung zu verfeinern, kannst du sie auch vergröbern.
   Zeichne die vergröberte Einteilung und gib den entsprechenden Bruch für den Anteil der grün gefärbten Fläche an.

Lösung

a) (1)

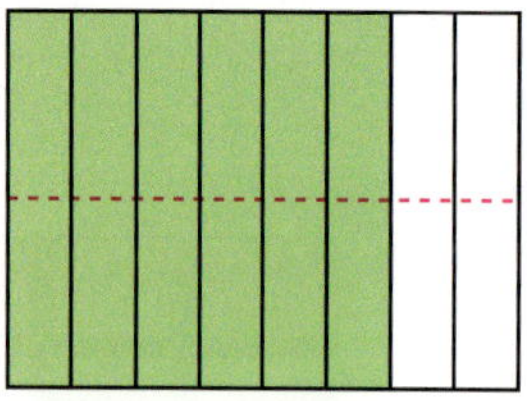

Die Fläche ist statt in 8 gleich große Teile in *doppelt* so viele Teile, also in 16 Teile zerlegt.
Deshalb sind nicht 6 Teile, sondern *doppelt* so viele, also $6 \cdot 2 = 12$ Teile grün gefärbt.

$\frac{6}{8} = \frac{6 \cdot 2}{8 \cdot 2} = \frac{12}{16}$

(2)

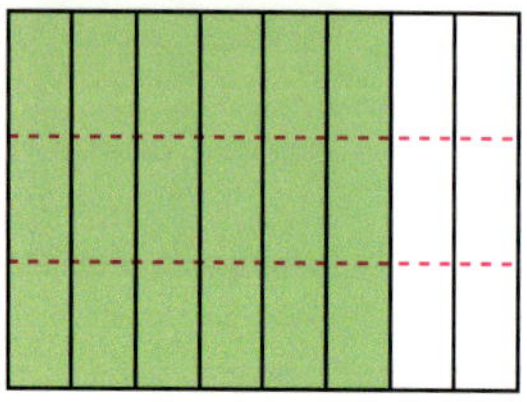

Die Fläche ist statt in 8 gleich große Teile in *dreimal* so viele Teile, also in 24 Teile zerlegt.
Deshalb sind nicht 6 Teile sondern *dreimal* so viele, also $6 \cdot 3 = 18$ Teile grün gefärbt.

$\frac{6}{8} = \frac{3 \cdot 3}{8 \cdot 3} = \frac{18}{24}$

b)

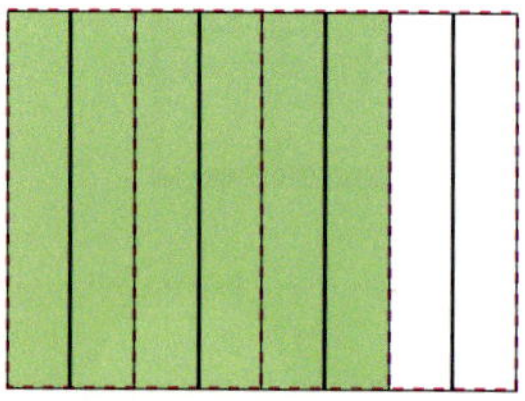

Beim Vergröbern fassen wir jeweils zwei kleinere Rechtecke zu einem größeren Rechteck zusammen. Die Fläche ist dann nicht mehr in 8 sondern in $8 : 2 = 4$ Teile zerlegt.
Daher sind auch nicht mehr 6, sondern $\frac{6}{2} = 3$ Teile gefärbt.

$\frac{6}{8} = \frac{6 : 2}{8 : 2} = \frac{3}{4}$

Information

(1) Erweitern und Kürzen

Ein Anteil kann durch verschiedene Brüche angegeben werden. Durch Verfeinern der Einteilung kann man aus einem Bruch für einen Anteil andere Brüche mit demselben Wert erhalten.

Erweitern eines Bruches

Ein Bruch wird erweitert, indem man zugleich seinen Zähler und seinen Nenner mit derselben (von 0 und 1 verschiedenen) natürlichen Zahl (Erweiterungszahl) multipliziert.
Der Wert des Bruches ändert sich dabei *nicht*.

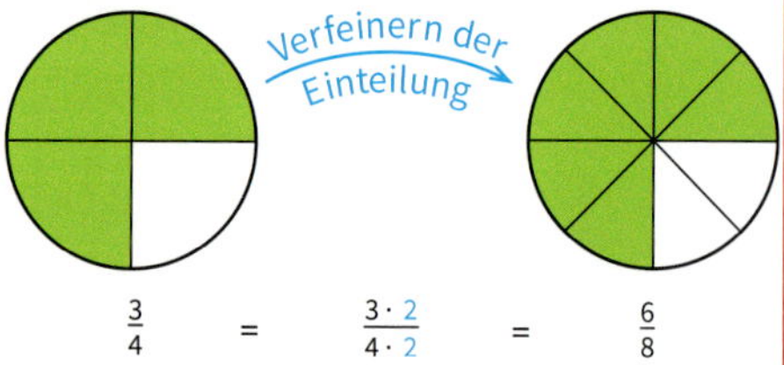

Beispiel: $\frac{3}{4} = \frac{3 \cdot 2}{4 \cdot 2} = \frac{6}{8}$; $\frac{3}{4} = \frac{3 \cdot 3}{4 \cdot 3} = \frac{9}{12}$; $\frac{3}{4} = \frac{3 \cdot 4}{4 \cdot 4} = \frac{12}{16}$; also: $\frac{3}{4} = \frac{6}{8} = \frac{9}{12} = \frac{12}{16} = \frac{15}{20} = \ldots$

Jede Einteilung kann man beliebig verfeinern. Das Vergröbern einer Einteilung ist dagegen nicht immer möglich.

Kürzen eines Bruches

Ein Bruch wird gekürzt, indem man zugleich seinen Zähler und seinen Nenner durch dieselbe (von 0 und 1 verschiedene) natürliche Zahl (Kürzungszahl) dividiert.
Der Wert eines Bruches ändert sich dabei *nicht*.

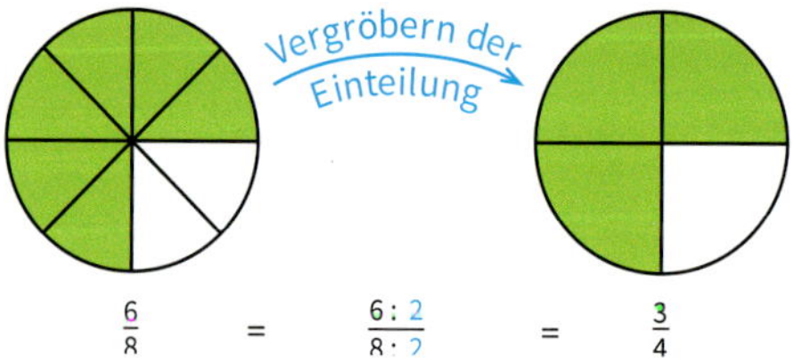

Beispiel:

$\frac{12}{30} = \frac{12 : 2}{30 : 2} = \frac{6}{15}$; $\frac{12}{30} = \frac{12 : 3}{30 : 3} = \frac{4}{10}$; $\frac{12}{30} = \frac{12 : 6}{30 : 6} = \frac{2}{5}$; also: $\frac{12}{30} = \frac{6}{15} = \frac{4}{10} = \frac{2}{5}$

(2) Kürzen macht Erweitern rückgängig

Das Verfeinern einer Einteilung kann man durch das entsprechende Vergröbern wieder rückgängig machen. Folglich kann man das Erweitern eines Bruches durch entsprechendes Kürzen rückgängig machen. Umgekehrt kann man Kürzen durch Erweitern rückgängig machen.

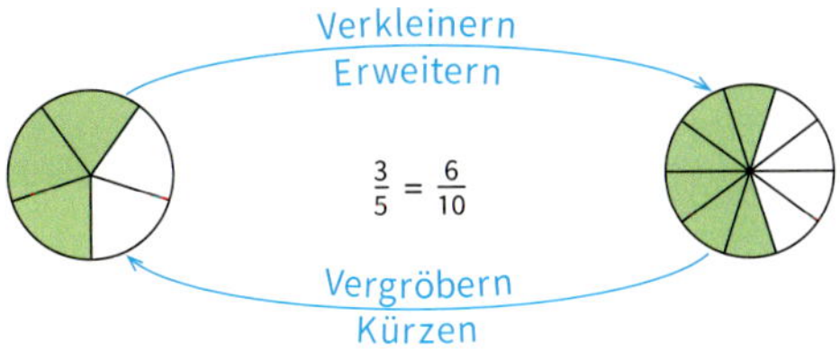

Weiterführende Aufgabe

Vollständiges Kürzen

2. a) Kürze die Brüche so weit wie möglich: $\frac{24}{36}$; $\frac{75}{100}$; $\frac{42}{70}$.

b) Erkläre: Brüche wie $\frac{4}{7}$, $\frac{1}{15}$, $\frac{8}{9}$ lassen sich nicht kürzen.
Gib fünf weitere solche Brüche an.

> Einen Bruch kann man mit *jeder* natürlichen Zahl (außer 0 und 1) *erweitern*. Einen Bruch kann man nur mit den (von 1 verschiedenen) *gemeinsamen Teilern* von Zähler und Nenner *kürzen*.
> *Beispiel:* $\frac{12}{8}$ kann mit 4 und mit 2 gekürzt werden.
> Ein Bruch, dessen Zähler und Nenner außer 1 keinen gemeinsamen Teiler haben, kann man nicht kürzen. Man sagt auch: Der Bruch ist vollständig gekürzt.

Üben

3. In den drei Bildern ist jeweils derselbe Anteil gefärbt. Gib ihn durch passende Brüche an.

a) (1)  (2) 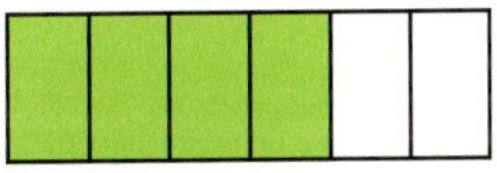 (3) 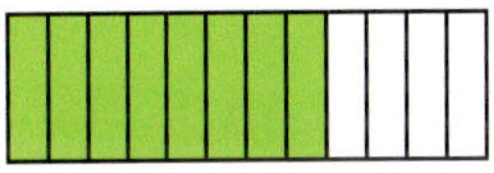

b) (1) 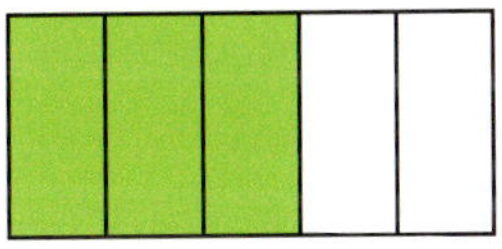 (2)  (3) 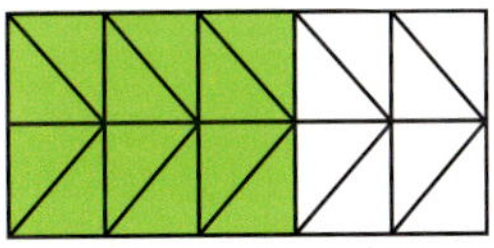

4. Welcher Anteil ist grün, welcher gelb gefärbt? Gib mehrere Brüche an. Vergleiche dann mit deinem Nachbarn. Begründet einander eure Ergebnisse.

a)  b)  c)  d) 

5. Veranschauliche: $\frac{1}{2} = \frac{2}{4} = \frac{4}{8} = \frac{8}{16}$.

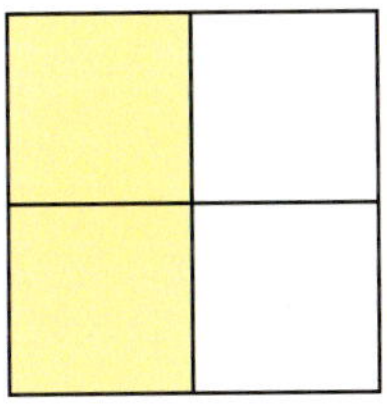

6. Vom Quadrat rechts sind $\frac{2}{4}$ gelb gefärbt.

a) Zeichne zwei verfeinerte Einteilungen und gib die entsprechenden Brüche für den gelbgefärbten Anteil an.

b) Zeichne eine vergröberte Einteilung und gib den zugehörigen Bruch an.

7. Zeichne ein Rechteck von dem du $\frac{4}{10}$ färbst.

a) Zeichne eine verfeinerte Einteilung und gib den entsprechenden Bruch an.

b) Zeichne eine vergröberte Einteilung und gib den entsprechenden Bruch an.

8. Zeichne ab und unterteile die gesamte Fläche weiter in gleich große Teilflächen. Gib verschiedene Brüche für den Anteil der grün [gelb] gefärbten Fläche an.

a) b) c) d)

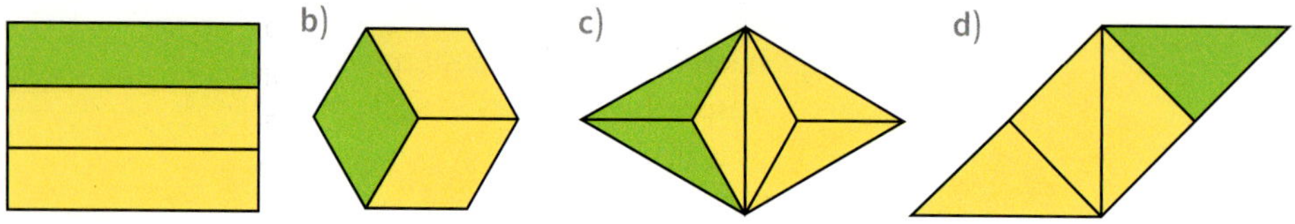

Erweiterungszahl

$\frac{2}{3} \overset{4}{=} \frac{8}{12}$; $\frac{2}{3} \overset{5}{=} \frac{10}{15}$; …

9. Erweitere den Bruch nacheinander mit 4, mit 5, mit 6 und mit 7.

a) $\frac{3}{7}$ b) $\frac{9}{5}$ c) $\frac{11}{8}$ d) $\frac{10}{2}$ e) $\frac{2}{3}$ f) $\frac{1}{8}$ g) $\frac{11}{1}$

10. Kürze die Brüche $\frac{12}{30}$, $\frac{18}{24}$, $\frac{24}{6}$, $\frac{48}{60}$ und $\frac{108}{144}$

a) mit 2; b) mit 3; c) mit 6.

11. Gib die Erweiterungszahl an. Notiere wie im Beispiel.

$\frac{4}{5} \overset{3}{=} \frac{12}{15}$

a) $\frac{5}{9} = \frac{35}{63}$ b) $\frac{7}{8} = \frac{56}{64}$ c) $\frac{11}{3} = \frac{55}{15}$ d) $\frac{3}{1} = \frac{21}{7}$ e) $\frac{6}{7} = \frac{54}{63}$

12. Gegeben sind die Brüche $\frac{36}{32}$, $\frac{36}{48}$, $\frac{180}{80}$, $\frac{72}{48}$, $\frac{72}{64}$ und $\frac{108}{144}$.

a) Kürze jeden der Brüche mit der Kürzungszahl 4.

b) Kürze jeden der Brüche so, dass du (1) den Nenner 16; (2) den Zähler 9 erhältst.

13. a) Erweitere $\frac{5}{8}$, $\frac{2}{3}$, $\frac{7}{12}$, $\frac{5}{4}$, $\frac{4}{6}$, $\frac{3}{8}$, $\frac{5}{1}$ so, dass der Nenner 24 ist.

b) Erweitere $\frac{3}{5}$, $\frac{10}{15}$, $\frac{6}{10}$, $\frac{2}{30}$, $\frac{6}{1}$, $\frac{5}{2}$, $\frac{5}{6}$ so, dass der Nenner 30 ist.

c) Erweitere die Brüche aus Teilaufgabe b) so, dass der Zähler 30 ist.

Vergiss die Erweiterungszahl nicht.

14. Jeder wählt fünf Brüche und erweitert sie. Er nennt seinem Partner die Brüche und die erweiterten Brüche in beliebiger Reihenfolge. Der Partner ordnet die wertgleichen Brüche einander zu und ermittelt die Erweiterungszahlen.

15. Kontrolliere Stefans Hausaufgaben. Berichtige bei der 2. Zahl ggf. nur den Nenner.

(1) $\frac{5}{8} = \frac{35}{56}$ (2) $\frac{11}{9} = \frac{110}{99}$ (3) $\frac{4}{11} = \frac{36}{99}$ (4) $\frac{17}{23} = \frac{51}{96}$ (5) $\frac{16}{15} = \frac{256}{225}$ (6) $\frac{12}{7} = \frac{48}{28}$

16. Kontrolliere Minoris Hausaufgaben. Berichtige gegebenenfalls den zweiten Bruch.

a) $\frac{36}{40} = \frac{9}{10}$ c) $\frac{63}{45} = \frac{7}{5}$ e) $\frac{49}{63} = \frac{7}{8}$ g) $\frac{48}{64} = \frac{3}{4}$ i) $\frac{165}{180} = \frac{11}{12}$ k) $\frac{78}{169} = \frac{5}{13}$

b) $\frac{56}{32} = \frac{7}{4}$ d) $\frac{35}{65} = \frac{7}{13}$ f) $\frac{33}{77} = \frac{3}{7}$ h) $\frac{45}{33} = \frac{15}{11}$ j) $\frac{64}{400} = \frac{4}{25}$ l) $\frac{108}{144} = \frac{9}{11}$

Vertiefen

17. Kürze; es gibt mehrere Möglichkeiten. Gib wie im Beispiel jeweils die Kürzungszahl an.

$\frac{30}{48} \underset{2}{=} \frac{15}{24}$; $\frac{30}{48} \underset{3}{=} \frac{10}{16}$; $\frac{30}{48} \underset{6}{=} \frac{5}{8}$

Kürzungszahl

a) $\frac{30}{40}$ c) $\frac{18}{12}$ e) $\frac{32}{36}$ g) $\frac{40}{60}$ i) $\frac{80}{120}$

b) $\frac{20}{16}$ d) $\frac{45}{30}$ f) $\frac{16}{40}$ h) $\frac{20}{10}$ j) $\frac{144}{60}$

18. a) Kürze so weit wie möglich.

(1) $\frac{30}{45}$ (2) $\frac{18}{24}$ (3) $\frac{60}{100}$ (4) $\frac{150}{90}$ (5) $\frac{120}{24}$

b) Mit welcher Kürzungszahl kommt man sofort zum vollständig gekürzten Bruch? Vergleiche mit den Kürzungszahlen beim schrittweisen Kürzen. Was fällt auf? Beschreibe deine Beobachtungen.

$\frac{36}{60} \underset{2}{=} \frac{18}{30} \underset{2}{=} \frac{9}{15} \underset{3}{=} \frac{3}{5}$

$\frac{36}{60} \underset{4}{=} \frac{9}{15} \underset{3}{=} \frac{3}{5}$

$\frac{36}{60} \underset{12}{=} \frac{3}{5}$

19. Milena und Jan haben begonnen, den Bruch $\frac{48}{72}$ schrittweise zu kürzen. Vervollständige beide Wege. Was stellst du fest?

Milena: $\frac{48}{72} \underset{2}{=} \frac{24}{36} =$

Jan: $\frac{48}{72} \underset{3}{=} \frac{16}{24} =$

20. Kürze die Brüche. a) $\frac{24}{16}$ b) $\frac{18}{24}$ c) $\frac{80}{32}$ d) $\frac{96}{72}$ e) $\frac{72}{12}$

Vergleiche anschließend mit deinem Nachbarn. Erläutert auch euer Vorgehen.

21. Kürze die Brüche soweit wie möglich.

a) $\frac{4}{10}; \frac{5}{11}; \frac{6}{12}; \frac{7}{13}; \frac{8}{14}; \frac{9}{15}; \frac{10}{16}; \frac{11}{17}$

b) $\frac{16}{22}; \frac{17}{23}; \frac{18}{24}; \frac{19}{25}; \frac{20}{26}; \frac{21}{27}; \frac{22}{28}; \frac{23}{29}$

c) $\frac{40}{2}; \frac{39}{3}; \frac{38}{4}; \frac{37}{5}; \frac{36}{6}; \frac{35}{7}; \frac{34}{8}; \frac{33}{9}$

d) $\frac{32}{12}; \frac{33}{13}; \frac{34}{14}; \frac{35}{15}; \frac{36}{16}; \frac{37}{17}; \frac{38}{18}; \frac{39}{19}$

22. Notiere, ob die Aussage wahr oder falsch ist. Ändere bei einem Bruch entweder den Zähler oder den Nenner so ab, dass eine wahre Aussage entsteht.

a) $\frac{7}{3} = \frac{42}{18}$ b) $\frac{48}{52} = \frac{12}{13}$ c) $\frac{72}{126} = \frac{9}{14}$ d) $\frac{17}{8} = \frac{68}{32}$ e) $\frac{22}{27} = \frac{66}{81}$ f) $\frac{75}{45} = \frac{3}{5}$

23. Erweitere, falls möglich $\frac{6}{5}, \frac{18}{25}, \frac{25}{6}, \frac{5}{8}, \frac{9}{20}, \frac{8}{15}, \frac{45}{11}, \frac{15}{4}, \frac{5}{12}, \frac{10}{9}, \frac{3}{50}, \frac{3}{125}, \frac{30}{7}, \frac{9}{40}$ so, dass der Nenner eine Stufenzahl (10, 100, 1 000, …) wird. Erkläre.

24. Finde vier Brüche mit dem Nenner 24, die sich nicht mehr kürzen lassen. Beschreibe.

Spiel

25. Stellt ein *Domino-Spiel* wie rechts aus Pappe her. Die „Spielsteine“ werden gemischt und an die Mitspieler verteilt. Ein Stein wird in die Mitte gelegt und reihum darf jeder Spieler links und rechts Brüche mit gleichem Wert anlegen. Wer keinen passenden Stein besitzt, setzt aus. Sieger ist, wer zuerst alle Steine anlegen konnte.

Herausfordern

26. Welcher Anteil der Fläche ist farbig markiert? Schätze erst. Gib deine Lösung dann als vollständig gekürzten Bruch an.

a)

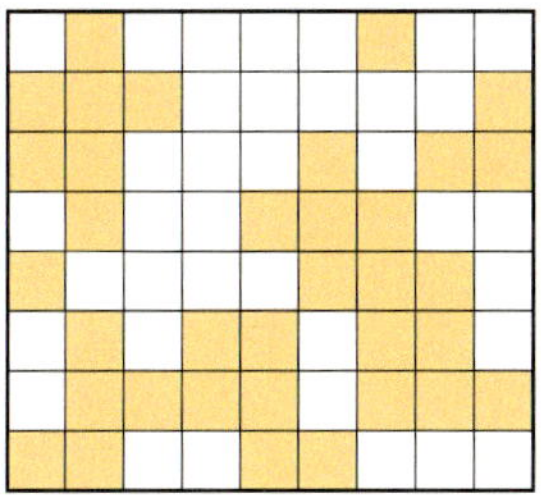

b)

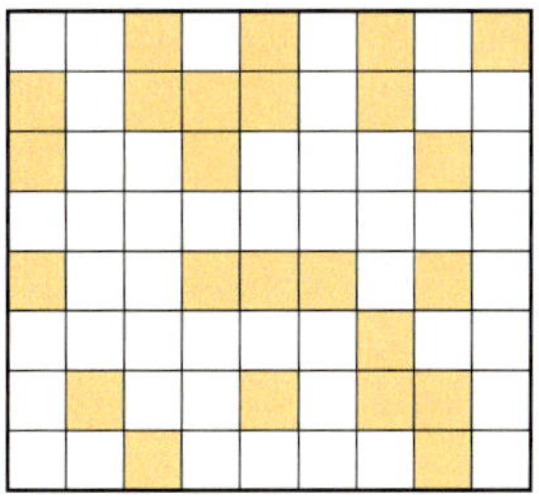

c)

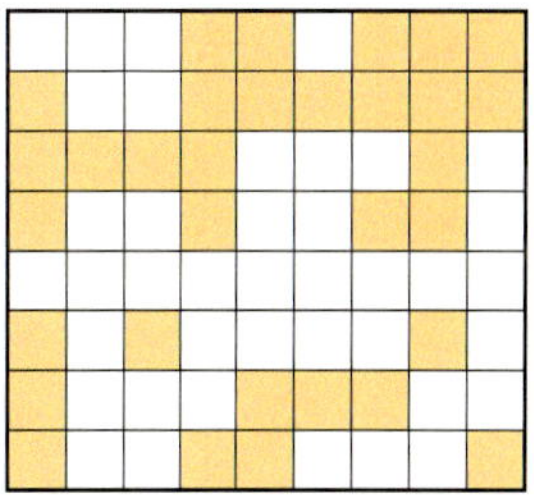

5.4 Anteile bei beliebigen Größen – Drei Grundaufgaben

5.4.1 Bestimmen eines Teils von einer Größe

Einstieg

Zwei 5. Klassen veranstalteten bei einem Schulfest je eine Tombola.
Die Klasse 5a nahm 216€ ein. $\frac{2}{3}$ dieser Einnahmen werden an ein Kinderdorf überwiesen.
Die Klasse 5b nahm 240€ ein; davon überwies sie $\frac{3}{5}$ an ein Kinderdorf.
Stellt euch Fragen und beantwortet sie gegenseitig.

Aufgabe 1

Ein Teil einer Größe bestimmen
Familie Meyer und Familie Stein fahren gemeinsam in Urlaub. Sie haben vereinbart, die Kosten für das Ferienhaus auf alle 7 Familienmitglieder gleichmäßig zu verteilen. Die Miete für das Ferienhaus beträgt 4 200 €.

a) Welchen Anteil an den Kosten trägt jede Familie?

b) Wie viel Euro bezahlt jede Familie?

Lösung

a) Das Gan ze ist die Miete, also 4 200 €. Sie muss in 7 gleich große Teile zerlegt werden. Jeder Teil ist $\frac{1}{7}$ der Miete.
3 dieser Teile bezahlt Familie Meyer, das sind $\frac{3}{7}$ der Miete.
4 dieser Teile bezahlt Familie Stein, das sind $\frac{4}{7}$ der Miete.

b) $\frac{3}{7}$ von 4 200 € bezahlt Familie Meyer.

4 200 € —davon $\frac{3}{7}$→ 1 800 €
4 200 € —:7→ 600 € —·3→ 1 800 €

$\frac{3}{7}$ von 4 200 € = (4 200 € : 7) · 3
= 1 800 €

$\frac{4}{7}$ von 4 200 € bezahlt Familie Stein.

4 200 € —davon $\frac{4}{7}$→ 2 400 €
4 200 € —:7→ 600 € —·4→ 2 400 €

$\frac{4}{7}$ von 4 200 € = (4 200 € : 7) · 4
= 2 400 €

Ergebnis: Familie Meyer bezahlt 1 800 € und Familie Stein bezahlt 2 400 €.
Kontrolle: 1 800 € + 2 400 € = 4 200 €

Information

Statt 60 m, davon $\frac{3}{4}$ sagt man auch $\frac{3}{4}$ von 60 m

Brüche dienen auch zur Angabe von *Rechenanweisungen*.
Die Rechenanweisung **davon $\frac{3}{4}$** bedeutet:
Dividiere eine Größe **durch 4, multipliziere** dann das Ergebnis **mit 3**.
Man erhält einen **Teil der Größe**.

Beispiel: Das Ganze beträgt 60 m.
$\frac{1}{4}$ des Ganzen beträgt 60 m : 4, also 15 m;
$\frac{3}{4}$ des Ganzen beträgt 15 m · 3, also 45 m.

60 m $\xrightarrow{\text{davon } \frac{3}{4}}$ 45 m
60 m $\xrightarrow{:4}$ 15 m $\xrightarrow{\cdot 3}$ 45 m

Der *Nenner* gibt die Anweisung zum *Dividieren*, der *Zähler* zum *Multiplizieren*.

60 m $\xrightarrow{\text{davon } \frac{3}{4}}$ 45 m
wird gelesen: *60 m, davon $\frac{3}{4}$, ergibt 45 m*

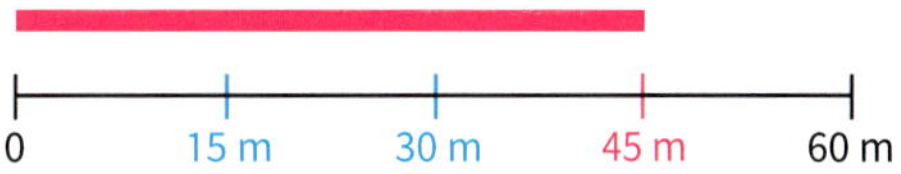

Üben

ℓ ist die Abkürzung für Liter.

2. Übertrage das Pfeilbild in dein Heft und fülle die Lücken aus.

a) 45 mm $\xrightarrow{\text{davon } \frac{3}{5}}$ ▢; 45 mm $\xrightarrow{:5}$ ▢ $\xrightarrow{\cdot 3}$ ▢

b) 40 kg $\xrightarrow{\text{davon } \frac{4}{5}}$ ▢; 40 kg $\xrightarrow{▢}$ ▢ $\xrightarrow{▢}$ ▢

c) 35 ℓ $\xrightarrow{\text{davon } ▢}$ ▢; 35 ℓ $\xrightarrow{:5}$ ▢ $\xrightarrow{\cdot 3}$ ▢

d) 36 h $\xrightarrow{\text{davon } ▢}$ ▢; 36 h $\xrightarrow{\cdot 3}$ ▢ $\xrightarrow{:4}$ ▢

3. Lege ein Pfeilbild wie in Aufgabe 2 an; rechne dann im Kopf.
a) $\frac{5}{8}$ von 120 cm b) $\frac{7}{12}$ von 24 kg c) $\frac{2}{3}$ von 24 h d) $\frac{4}{5}$ von 25 km

4. Bestimme: a) $\frac{3}{4}$ von 24 m b) $\frac{3}{5}$ von 80 km c) $\frac{4}{6}$ von 15 ℓ d) $\frac{5}{8}$ von 3 kg

5. Eine geplante Umgehungsstraße ist 12 km lang. $\frac{5}{6}$ der Straße sind schon fertig gestellt. Wie viel km sind das?

6. Kontrolliere Kais Hausaufgaben. Welche Fehler hat er gemacht? Erkläre.

a) $\frac{3}{4}$ von 12 € sind 16 € *b) $\frac{7}{10}$ von 30 cm sind 21 cm* *c) $\frac{5}{6}$ von 30 ℓ sind 25*

7. Bestimme.
a) $\frac{2}{5}$ von 1 € b) $\frac{5}{8}$ von 1 km c) $\frac{3}{4}$ von 1 h d) $\frac{5}{12}$ von 1 Jahr

Vertiefen

8. Eine Klasse wandert zu einem 10 km entfernten Grillplatz. Nach einer Stunde hat sie schon $\frac{3}{5}$ des Weges zurückgelegt. Max und Aitan haben berechnet, wie weit noch zu wandern ist. Vergleiche ihre Lösungen.

Max: 10 km $\xrightarrow{:5}$ 2 km $\xrightarrow{\cdot 3}$ 6 km

Aitan: $\frac{2}{5}$ fehlen noch
10 km $\xrightarrow{:5}$ 2 km $\xrightarrow{\cdot 2}$ 4 km

9. Lars hat zu Beginn eines Spiels 48 Spielsteine. Beim Spiel verliert er $\frac{3}{4}$ seiner Spielsteine. Wie viele hat er am Ende des Spiels noch?

10. Janesch wünscht sich ein Smartphone. Er hat mit seinen Eltern eine Abmachung: Wenn er $\frac{3}{5}$ des Betrages selbst anspart, geben ihm seine Eltern den Rest dazu. Wie viel Euro muss er sparen? Wie viel Euro geben ihm die Eltern dann dazu?

11. Eine Schule hat 420 Schülerinnen und Schüler, $\frac{4}{7}$ der Schülerschaft sind Jungen. Wie viele Mädchen sind in der Schule?

Herausfordern

12. In eine Flasche passen $\frac{3}{4}$ ℓ Mineralwasser. Sie ist zu $\frac{1}{3}$ gefüllt. Wie viel Liter sind in der Flasche?

5.4.2 Bestimmen des Ganzen

Einstieg

Stellt euch gegenseitig Fragen und beantwortet sie.

Aufgabe 1

Patrick will sich ein Fahrrad kaufen.
Er hat schon 285 € gespart. Patrick sagt:
„Das sind $\frac{3}{5}$ des Kaufpreises."
Wie teuer ist das Fahrrad?

Lösung

Wir suchen: den Kaufpreis, das Ganze.
Wir wissen: $\frac{3}{5}$ des Kaufpreises beträgt 285 €.

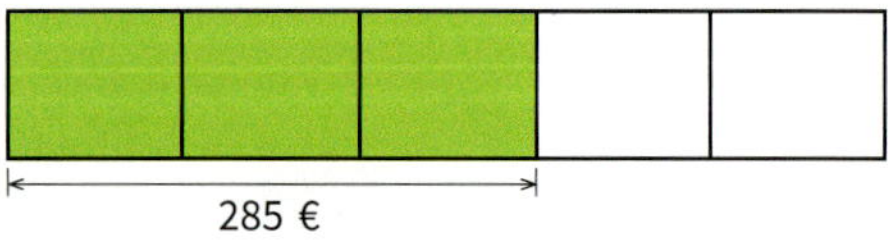

Wir überlegen und rechnen:
3 Fünftel des Kaufpreises beträgt 285 €.
1 Fünftel des Kaufpreises beträgt 95 €.
5 Fünftel des Kaufpreises, also das Ganze, beträgt 475 €.

Ergebnis: Das Fahrrad kostet 475 €.

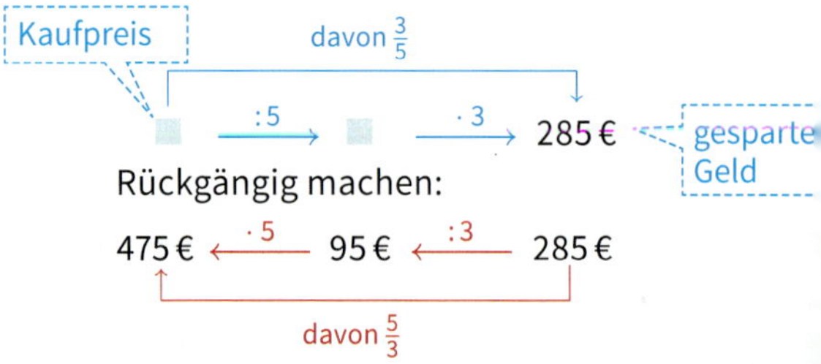

Üben

2. Übertrage in dein Heft und fülle die Lücken aus.

a)

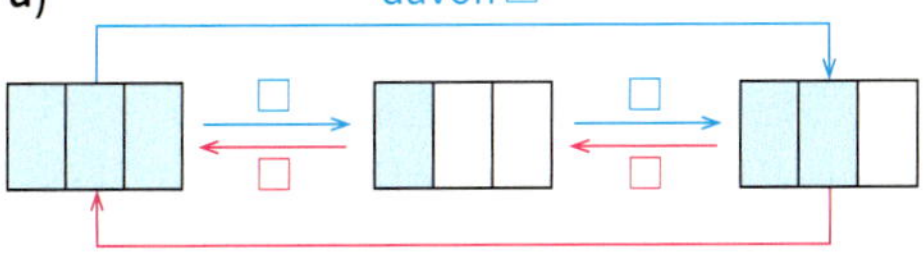

b)

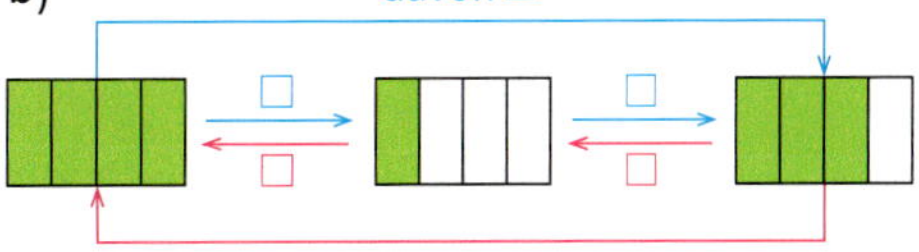

3. Wie groß ist das Ganze?
Zerlege dazu die Rechenanweisung in einen Divisions- und einen Multiplikationsschritt; rechne dann rückwärts.
Betrachte das Schema rechts. Berechne ebenso im Heft.

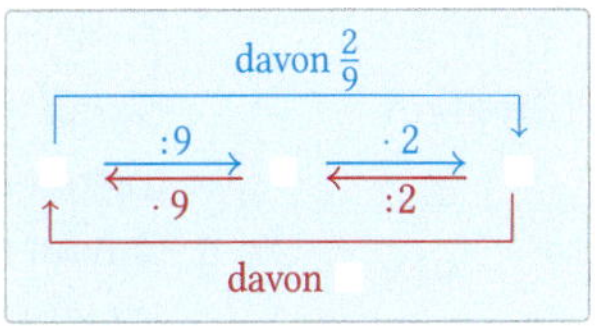

a) ▢ $\xrightarrow{\text{davon } \frac{2}{9}}$ 10 min b) ▢ $\xrightarrow{\text{davon } \frac{3}{4}}$ 21 ℓ c) ▢ $\xrightarrow{\text{davon } \frac{5}{9}}$ 12 h

4. Fülle im Heft die Lücken aus; rechne im Kopf.

a) $\frac{3}{5}$ von ▢ sind 39 kg b) $\frac{7}{12}$ von ▢ sind 49 ℓ c) $\frac{3}{4}$ von ▢ sind 93 g

5. Wie groß ist das Ganze?

a) $\frac{1}{4}$ des Gewichts sind 3 kg b) $\frac{2}{5}$ der Fläche sind 14 m² c) $\frac{2}{3}$ der Zeitspanne sind 8 s

6. Tim verlor beim Spiel 6 Spielmarken. Das waren $\frac{2}{3}$ seiner Spielmarken. Wie viele besaß er vorher?

7. Anne wurde mit 18 Stimmen zur Klassensprecherin gewählt. Das waren $\frac{9}{14}$ aller abgegebenen Stimmen. Wie viele Stimmen wurden insgesamt abgegeben?

8. Frau Renz hat eine Packung Rasendünger für 150 m² Rasen eingekauft. Ihr Mann sagt: „Das reicht aber nur für $\frac{3}{5}$ unseres Rasens." Wie groß ist die Rasenfläche?

Vertiefen

9. In Lebensmittelgeschäften muss auch angegeben werden, was 1 ℓ bzw. 1 kg der Ware kostet.

a) Welche Schilder müssen zusätzlich angebracht werden?
b) Stellt euch gegenseitig Aufgaben und löst sie.

Herausfordern

10. In einer Flasche sind 150 cm³ Saft. Das sind $\frac{3}{50}$ des maximalen Inhalts.
Wie viel Liter passen in die Flaschen?

5.4.3 Bestimmen des Anteils

Einstieg

Lukas unternimmt mit zwei Freunden in den Ferien eine Wanderung nach Bilstein. Die gesamte Wanderstrecke ist 12 km lang. Nach $1\frac{3}{4}$ Stunden sieht Lukas einen Wegweiser und ruft: „Ich glaube, den größten Anteil an der gesamten Strecke haben wir geschafft. In einer Stunde sind wir da."

Aufgabe 1

Sarah bekommt monatlich 14 € Taschengeld. Davon spart sie 4 €. Welchen Anteil am Taschengeld spart sie?

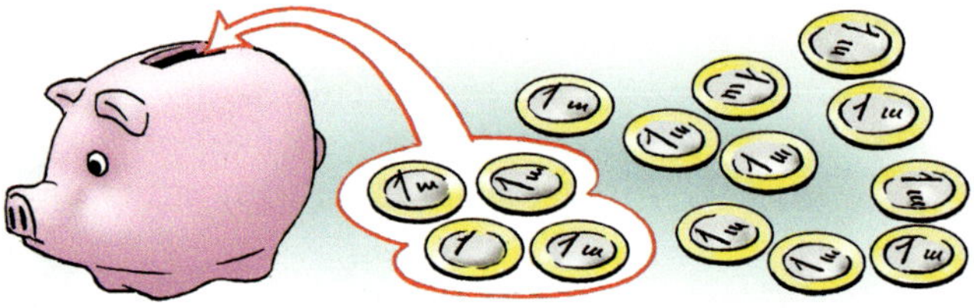

Lösung

Wir denken uns 14 € in vierzehn 1-Euro-Münzen.
Jeder Euro ist $\frac{1}{14}$ des Taschengeldes.
4 Euro sind dann viermal so viel, also $\frac{4}{14}$ ihres Taschengeldes.
Diesen Anteil kann man kürzen: $\frac{4}{14} = \frac{2}{7}$

Ergebnis: Sarah spart monatlich $\frac{2}{7}$ ihres Taschengeldes.

14 € $\xrightarrow{:14}$ 1 € $\xrightarrow{\cdot 4}$ 4 €
davon $\frac{4}{14}$

Weiterführende Aufgabe

Sprechweisen im Alltag

2. Lies die Zeitungsnotiz. Gib den Anteil der Kinder, die mit Helm Fahrrad fahren, als Bruch an.

> **Jedes fünfte Kind nicht geschützt!**
>
> *Oldenburg.* Bei einer Schwerpunktaktion der Polizei in Oldenburg fuhr jedes fünfte Kind ohne Helm Fahrrad.

Üben

3. Gib die Rechenanweisung im Heft an.

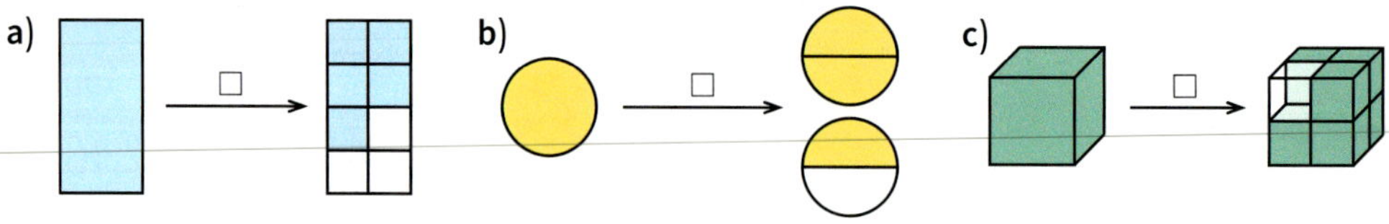

4. Fülle im Heft die Lücken aus.

a) 20 € $\xrightarrow{\square}$ 1 € $\xrightarrow{\square}$ 7 € — davon □

b) 8 g $\xrightarrow{\square}$ 1 g $\xrightarrow{\square}$ 5 g — davon □

c) 18 m $\xrightarrow{\square}$ 6 m $\xrightarrow{\square}$ 12 m — davon □

5. Übertrage in dein Heft und gib eine Rechenanweisung an, schreibe wie im Beispiel.

a) 9 kg $\xrightarrow{\text{davon } \square}$ 7 kg

b) 40 € $\xrightarrow{\text{davon } \square}$ 25 €

c) 60 min $\xrightarrow{\text{davon } \square}$ 40 min

d) 20 m $\xrightarrow{\text{davon } \square}$ 11 m

> 30 € $\xrightarrow{\text{davon } \frac{14}{30}}$ 14 €
>
> $\frac{14}{30} = \frac{7}{15}$
>
> $\frac{7}{15}$ von 30 € sind 14 €

6. Bestimme den Anteil und notiere ihn im Heft.

a) 16 m sind ▢ von 24 m b) 10 Tage sind ▢ von 14 Tage c) 36 kg sind ▢ von 48 kg

7. In einer Klasse sind 26 Schülerinnen und Schüler. Davon kommen 7 zu Fuß in die Schule, 5 mit dem Fahrrad und 14 mit dem Bus.
Wie hoch ist der Anteil der Schüler und Schülerinnen, die zu Fuß kommen?
Wie hoch ist der Anteil der Schüler und Schülerinnen, die mit dem Fahrrad kommen?
Wie hoch ist der Anteil der Schüler und Schülerinnen, die mit dem Bus kommen?

Vertiefen

8. a) Bestimme den Anteil.
(1) 7 € von 15 € (2) 27 kg von 54 kg (3) 45 s von 60 s (4) 48 m^2 von 54 m^2

b) Bestimme den Anteil. Achte dabei auf die Einheiten.
(1) 20 ct von 3 € (2) 800 g von 12 kg (3) 30 s von 2 min (4) 15 cm von 3 m

9. 26 von den 30 Schülern einer Klasse können schwimmen. Wie groß ist der Anteil der Nichtschwimmer?

Herausfordern

10. In eine $\frac{3}{4}$-Liter-Flasche wird $\frac{1}{2}$ ℓ Apfelsaft gefüllt. Wie voll ist die Flasche?

5.4.4 Angabe von Anteilen in Prozent

Einstieg

Die folgenden Angaben findest du häufig im Alltag. Erkläre sie. Finde weitere Beispiele.

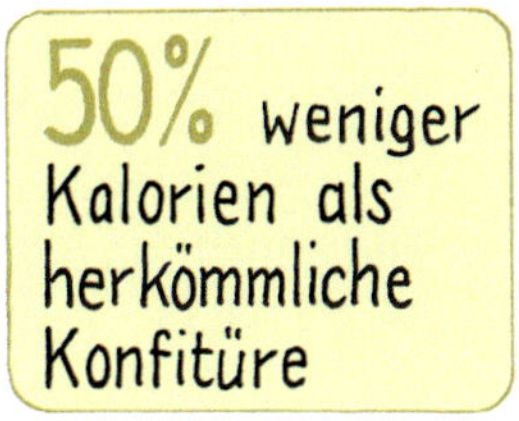

Aufgabe 1

Bei einer Schülersprecherwahl wurden 684 Stimmen abgegeben.
a) Vanessa erhielt 341 Stimmen. Hat Tim Recht?
b) Auf Lukas entfielen 25 % der Stimmen.
Wie viele Stimmen sind das?

Lösung

a) 50 % der Stimmen bedeutet dasselbe wie die Hälfte der Stimmen: 50 % von 684 Stimmen sind $\frac{1}{2}$ von 684 Stimmen, also 342 Stimmen.
Tim hat Recht.

b) 25 % sind die Hälfte von 50 %, also die Hälfte von $\frac{1}{2}$.
Das sind $\frac{1}{4}$.
$\frac{1}{4}$ von 684 Stimmen sind 171 Stimmen.
Ergebnis: Auf Lukas entfielen 171 Stimmen.

Information

pro (lat.) für

centum (lat.) Hundert

Anteile werden auch in Prozent angegeben.
1 **Prozent** bedeutet 1 Hundertstel:

$1\,\% = \frac{1}{100}$

17 Prozent bedeutet 17 Hundertstel:

$17\,\% = \frac{17}{100}$

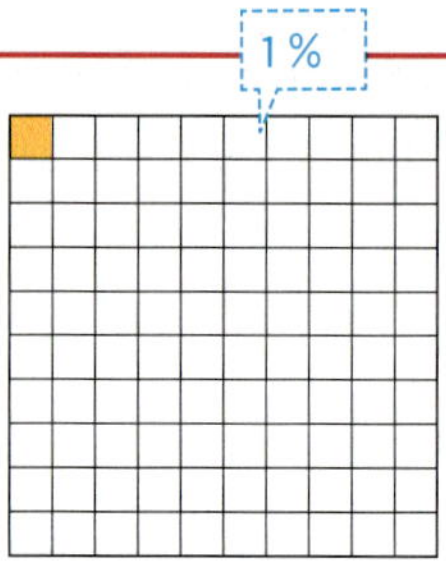

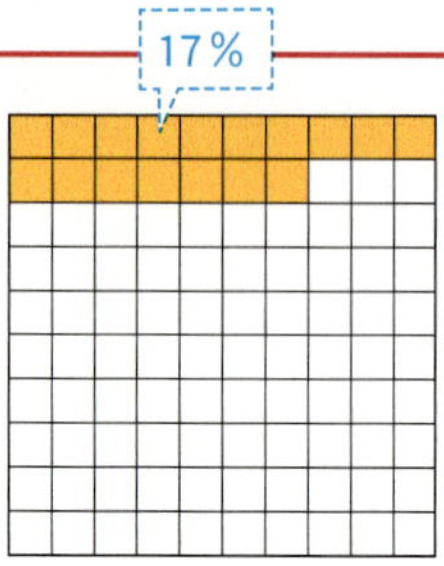

Üben

2. Gib den Anteil der blauen [gelben] Fläche an der gesamten Fläche in Prozent an.

a) 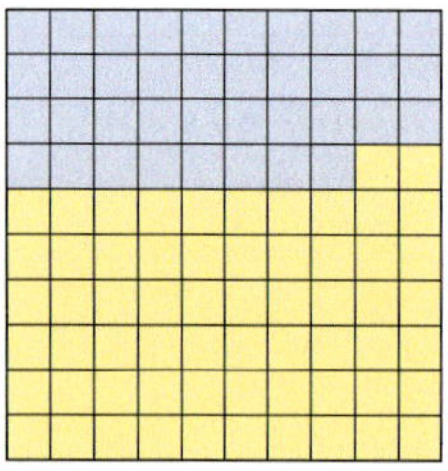

b) 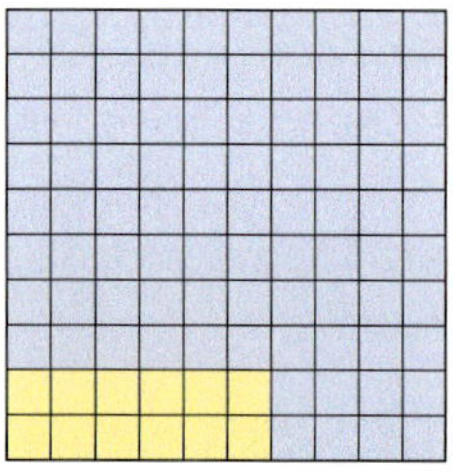

c) 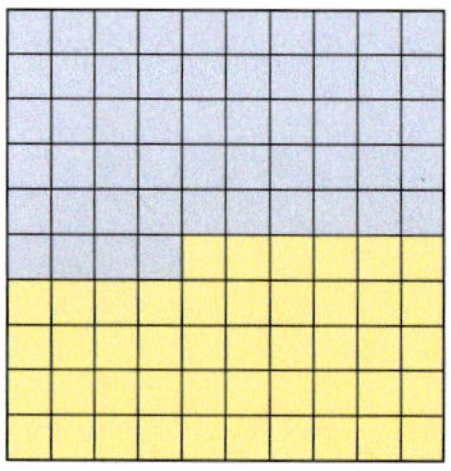

3. Zeichne ein geeignetes Rechteck. Färbe 20 % [26 %; 33 %; 60 %; 55 %; 80 %] der Fläche rot.

4. a) Schreibe als Hundertstelbruch: 2 %; 16 %; 28 %; 35 %; 54 %; 89 %; 100 %

b) Schreibe in Prozent: $\frac{7}{100}$; $\frac{22}{100}$; $\frac{34}{100}$; $\frac{76}{100}$; $\frac{82}{100}$; $\frac{94}{100}$

5. Schreibe die Prozentangaben als vollständig gekürzte Brüche:
5 %; 15 %; 20 %; 25 %; 45 %; 66 %; 84 %; 100 %

$40\,\% = \frac{40}{100} \overset{}{\underset{20}{=}} \frac{2}{5}$

6. Versuche, folgende Brüche in der Prozentschreibweise anzugeben.
Was stellst du fest? Erkläre.

$\frac{7}{10} \overset{10}{=} \frac{70}{100} = 70\,\%$

a) $\frac{1}{2}$; $\frac{2}{3}$; $\frac{1}{4}$; $\frac{3}{4}$; $\frac{1}{5}$; $\frac{2}{5}$; $\frac{3}{5}$; $\frac{4}{5}$; $\frac{5}{6}$

b) $\frac{1}{10}$; $\frac{3}{10}$; $\frac{1}{20}$; $\frac{11}{20}$; $\frac{1}{25}$; $\frac{8}{25}$; $\frac{3}{30}$; $\frac{5}{30}$

7. Wie viel Prozent sind

a) 20 € von 100 €; b) 43 € von 100 €; c) 84 € von 200 €; d) 7 kg von 20 kg?

8. Das Anne-Frank-Gymnasium hat insgesamt 640 Schülerinnen und Schüler, 352 davon sind Mädchen. Wie viel Prozent der Schülerschaft sind Mädchen?

Vertiefen

9. Im Alltag werden Anteile oft mit Brüchen oder in Prozent angegeben. Schreibe die Sätze jeweils mit der anderen Angabe auf.

10. Der Sportverein TSV Topfit veröffentlicht in der Mitgliederzeitschrift, wie viele Mitglieder zu den einzelnen Abteilungen gehören. Berechne die prozentualen Anteile.

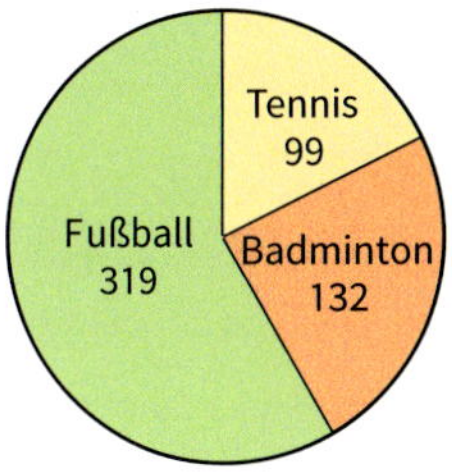

11. Rechts siehst du, wie viel Wasser jeder Mensch durchschnittlich pro Tag benötigt. Berechne, wie viel Prozent auf die einzelnen Tätigkeiten entfallen.

Wasserverbrauch

Baden/Duschen/Körperpflege	42 *l*
Toilettenspülung	35 *l*
Wäschereinigung	21 *l*
Kochen/Küchenbedarf	14 *l*
Pflanzen/Garten	7 *l*
Sonstiges	21 *l*

12. Sucht Beispiele, wo im Alltag Angaben mit Prozent vorkommen. Was bedeuten sie? Gestaltet damit ein Plakat, das ihr im Klassenraum aushängt.

13. Auf allen verpackten Lebensmitteln ist in Deutschland ein Verzeichnis der Zutaten mit Nährwertinformationen angegeben.

a) Rechne die Angaben mit Prozent in Brüche um.

b) Berechne den prozentualen Anteil der Energie an der empfohlenen Tagesmenge.

c) Frau Müller isst zwei Schokoküchlein. Bestimme, welchen prozentualen Anteil der Energie von ihrem Tagesbedarf sie damit verbraucht hat.

d) Orcun behauptet, dass die empfohlene Tagesmenge an Kohlenhydraten für einen Erwachsenen etwa 300 g beträgt. Hat Orcun Recht? Begründe.

e) Stelle selbst Aufgaben zu den Nährwertinformationen und löse sie.

Schoko-Küchlein

	pro Portion	(%*)
Energie	240 kcal	
Fett	3,5 g	5 %
Kohlenhydrate	51 g	17 %
Zucker	35 g	35 %
Eiweiß	6 g	12 %
Salz	0,65 g	10 %

* Referenzmenge für einen durchschnittlichen Erwachsenen (2000 kcal)

Herausfordern

14. In einer kleineren Stadt gibt es zwei Sportvereine, die Sportsfreunde-Liga (SFL) und den Turn- und Sportverein (TSV). Der TSV hat 250 Mitglieder.

a) 150 Mitglieder des TSV sind männlich. Gib den Anteil in Prozent an.

b) 30 % der Mitglieder des TSV sind Kinder. Berechne, wie viele Kinder im TSV sind.

c) Die SFL hat 80 Kinder, das sind 40 % aller Mitglieder. Wie viele Mitglieder hat die SFL?

Das kann ich noch!

A) Welche der Vierecke sind keine Quadrate?

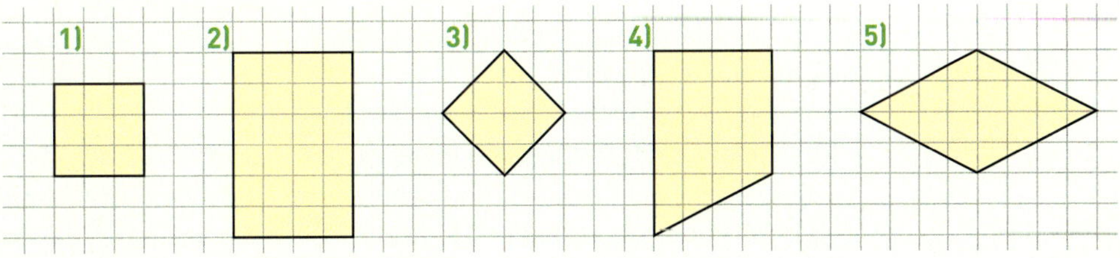

5.4.5 Vermischte Übungen

1. Das Heinrich-Heine-Gymnasium hat insgesamt 650 Schüler (innen). 34 % der Schülerschaft sind Fahrschüler (innen). Wie viele Schüler (innen) sind das?

2. Wegen Grippe-Erkrankung fehlen 9 Schülerinnen und Schüler, das sind genau $\frac{3}{8}$ der Klasse. Wie viele Schülerinnen und Schüler hat die Klasse?

3. Jennifer ist mit 24 Stimmen zur Klassensprecherin gewählt worden. Es wurden insgesamt 30 Stimmen abgegeben.
Welchen Anteil der Stimmen erhielt Jennifer? Gib auch in % an.

4. Marcus will sich ein Fahrrad für 360 € kaufen. Er hat schon 270 € gespart.
Welchen Anteil des Preises muss er noch sparen?

5. Ein Eisenträger wiegt 256 kg. $\frac{3}{4}$ des Trägers wird abgeschnitten. Wie viel wiegt der Rest?

6. Michaels Mutter kauft einen Fernseher. Sie zahlt $\frac{3}{10}$ vom Preis sofort, das sind 360 €.
Wie viel Euro kostet das Gerät?

7. Tanja ist 12 Jahre alt, ihr jüngerer Bruder Julian 9 Jahre. Beide wollen mit dem Zug von Hannover nach Göttingen zu ihren Großeltern fahren. Eine einfache Fahrt mit dem ICE von Hannover nach Göttingen kostet 33 €. Kinder von 6 bis 12 Jahren zahlen die Hälfte. Tanja und Julian haben eine Bahncard 50; Besitzer dieser Bahncard zahlen nur 50 %.
Stellt euch geeignete Aufgaben; löst sie.

8. Anne unternimmt eine Fahrradtour. Am ersten Tag legt sie 34 km zurück; das sind $\frac{2}{5}$ der gesamten Strecke.
Wie viel km muss sie noch zurücklegen?

9. Julia, Lena und Michael sammeln für ein Kinderheim. Julia bekommt 40 €, Lena 50 € und Michael 30 € zusammen. Wie groß ist der Anteil von Julia [von Lena, von Michael] am Gesamtbetrag der drei Kinder?

10. Beim Mahlen von Weizen entsteht Mehl; es macht $\frac{2}{3}$ des Gewichts des Weizens aus.
Wie viel kg Mehl erhält man aus
 a) 174 kg Weizen;
 b) 345 kg Weizen;
 c) 471 kg Weizen?

11. Von 36 Schülerinnen und Schülern einer Klasse sind $\frac{5}{12}$ Mädchen, $\frac{2}{9}$ Auswärtige, und $\frac{7}{18}$ sind älter als 11 Jahre.
 a) Wie viele Mädchen sind in einer Klasse?
 b) Wie viele Auswärtige sind in der Klasse?
 c) Wie viele Schülerinnen und Schüler sind höchstens 11 Jahre alt?
 d) Wie viele Jungen sind in der Klasse? Gib auch den Anteil der Jungen an.

12. Ein Onkel vererbt seinen Nichten Julia und Laura sowie seinem Neffen Daniel insgesamt 18 900 €. Julia erhält $\frac{4}{7}$, Laura $\frac{1}{7}$ und Daniel $\frac{2}{7}$ des Vermögens. Wie viel Euro erhält jeder?

13. Frau Hartmann und Frau Kruse bestellen gemeinsam 10 500 ℓ Heizöl. $\frac{2}{3}$ davon werden in Hartmanns Öltank gepumpt, den Rest erhalten Kruses.

a) Wie viel Liter Öl bekommt jede Familie?

b) Der Rechnungsbetrag lautet 3 675 €. Wie viel Euro muss jede Familie zahlen?

14. Julia hat zu ihrem Geburtstag insgesamt 180 € erhalten. Zu Beginn des Jahres zahlt sie $\frac{3}{4}$ dieses Betrages auf ihr Konto ein. Im Laufe des Jahres hebt sie mehrere Geldbeträge wieder ab, sodass sie am Ende des Jahres nur noch $\frac{4}{5}$ des eingezahlten Betrages auf dem Konto hat.

a) Wie viel hat sie am Jahresende noch auf dem Konto?

b) Welcher Anteil des ursprünglichen Betrages ist das? Schreibe deine Überlegungen auf.

c) Wie hoch hätte der geschenkte Geldbetrag sein müssen, damit am Jahresende noch 90 € auf dem Konto gewesen wären?

15. Ein geplanter Schifffahrtskanal ist 200 km lang. Im ersten Bauabschnitt sollen 50 %, im zweiten Bauabschnitt 30 % und im letzten Bauabschnitt 20 % der Kanallänge fertig gestellt werden.
Wie viel km sind die einzelnen Bauabschnitte lang? Fertige auch eine Zeichnung an; verwende einen 10 cm langen Streifen für den ganzen Schifffahrtskanal.

16. Stelle deinem Partner eine geeignete Frage. Dieser notiert auch den Rechenweg. Anschließend tauscht ihr die Rollen.

a) Bei einer Fahrradkontrolle wurden an 34 Fahrrädern Mängel festgestellt. Das sind $\frac{2}{7}$ aller kontrollierten Räder.

b) Kartoffeln bestehen zu $\frac{4}{5}$ aus Wasser. In einem Beutel befinden sich 2,5 kg Kartoffeln.

c) In einer Klasse mit 28 Schülerinnen und Schülern sind 12 in einem Sportverein.

d) Ein Paar Inline-Skates kostet 140 €. Ein Sportgeschäft gibt bei einem Räumungsverkauf einen Preisnachlass von $\frac{3}{20}$ des Kaufpreises.

e) In einer Packung mit 250 g Müsli befinden sich 75 g Haferflocken.

f) Markus und Tim machen eine 3-tägige Radtour. Nach 2 Tagen haben sie 108 km zurückgelegt. Tim sagt stolz: „Das sind schon $\frac{4}{5}$ der gesamten Strecke."

17. Unsere Nahrungsmittel haben einen unterschiedlichen Wassergehalt.

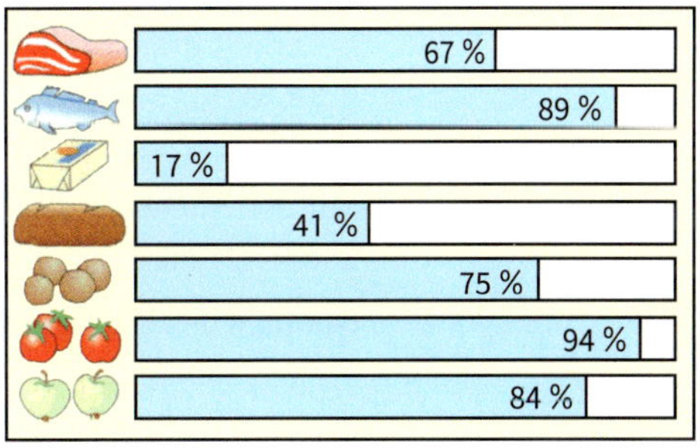

a) Wie viel g Wasser enthalten folgende Nahrungsmittel?

(1) 300 g Rindfleisch

(2) 500 g Seefisch

(3) 2 kg Kartoffeln

(4) 250 g Tomaten

b) Stelle selbst Aufgaben und löse sie.

5.5 Mischungs- und Teilverhältnisse

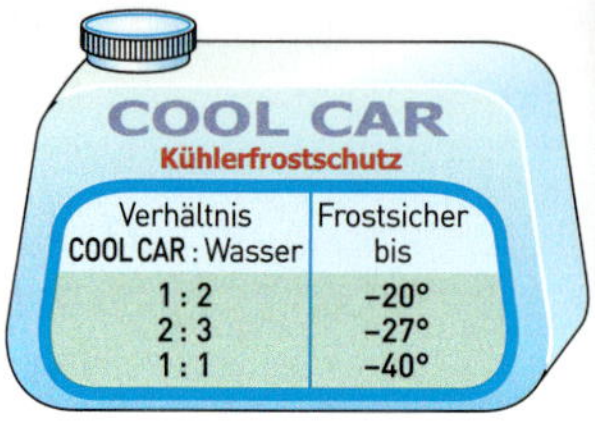

Einstieg

Bei einem Auto soll die Kühlflüssigkeit erneuert werden. Der Kühlkreislauf fasst 6 ℓ.
Stellt einander geeignete Fragen und beantwortet sie.

Aufgabe 1

Mischungsverhältnis

Zum Kochen von Konfitüre mit einer besonderen Sorte Gelierzucker sind Früchte und Gelierzucker im Verhältnis 3 : 2 (gelesen: 3 zu 2) zu mischen. Das bedeutet: Für 3 Gewichtsteile Früchte sind 2 Gewichtsteile Gelierzucker zu verwenden.

a) Für wie viel Früchte reicht eine 500-g-Packung Gelierzucker?

b) Gib andere Früchte- und Gelierzuckermengen an, die zusammen gehören. Vergleiche jeweils die Früchtemenge mit der Gelierzuckermenge.

c) Welchen Fruchtanteil hat die fertige Konfitüre?

Lösung

a) 500 g Gelierzucker sind 2 Teile, also wiegt 1 Teil 250 g.
Für die Herstellung der Konfitüre braucht man 3 solcher Teile, also $3 \cdot 250\,g = 750\,g$.
Ergebnis: Die Packung reicht für 750 g Früchte.

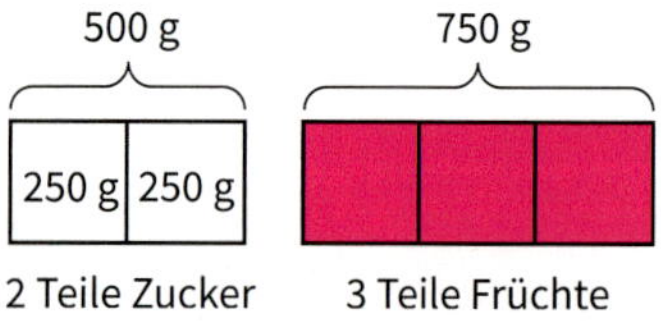

b) In Teilaufgabe a) haben wir die Fruchtmenge aus der Gelierzuckermenge wie folgt berechnet: $500\,g : 2 \cdot 3$, also $\frac{3}{2}$ von 500 g. Das gilt auch für andere Mengen als 500 g. Die Fruchtmenge muss also jeweils anderthalb mal so groß sein wie die Gelierzuckermenge, zum Beispiel:

Menge an Gelierzucker (in g)	100	200	300	400
Menge an Früchten (in g)	150	300	450	600

c) Mit 200 g Gelierzucker und 300 g Früchten erhält man 500 g Konfitüre.
Also beträgt der Fruchtanteil $\frac{300}{500} = \frac{3}{5}$.
Dieses Ergebnis kannst du auch sofort dem Mischungsverhältnis 3 : 2 entnehmen. Aus 3 Teilen Früchte und 2 Teilen Gelierzucker erhält man 5 Teile Konfitüre. Also beträgt der Fruchtanteil:
$\frac{3\text{ Teile}}{5\text{ Teile}} = \frac{3}{5}$

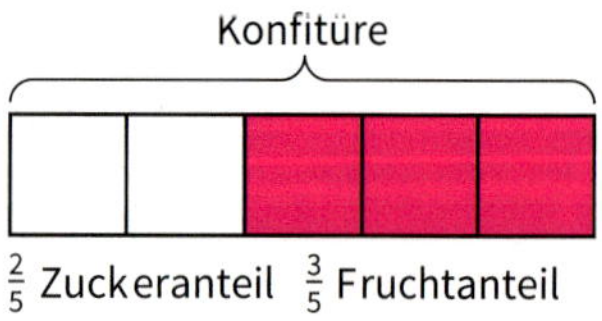

Information

Mit der Angabe 3:2 wurde die Fruchtmenge mit der Gelierzuckermenge verglichen, die man benötigt. Da die Fruchtmenge immer anderthalb mal so groß ist wie die Gelierzuckermenge, hat der Quotient aus beiden stets denselben Wert: $\frac{\text{Fruchtmenge}}{\text{Gelierzuckermenge}} = \frac{3}{2}$

> Zum Vergleichen zweier gleichartiger Größen a und b kann man den Quotienten a : b bilden.
> In dieser Form liest man den Quotienten als a zu b und bezeichnet ihn als **Verhältnis**.
> Man kann das Verhältnis a : b auch in Form des Bruches $\frac{a}{b}$ angeben.

Beispiel: Bei einem anderen Gelierzucker ist das Verhältnis von Fruchtmenge zu Zuckermenge 2 : 1, d. h. die Fruchtmenge ist stets doppelt so groß wie die dafür benötigte Gelierzuckermenge.

Aufgabe 2

Teilverhältnis
Lies das Testament rechts. Wie ist ein Guthaben von 10 000 € aufzuteilen?
Welchen Anteil erhält jeder der beiden Erben?

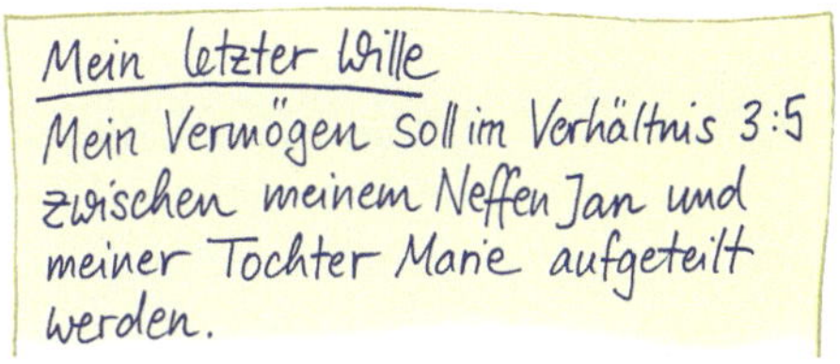

Lösung

Neffe Jan erhält 3, Tochter Marie 5 Teile.
Das Vermögen muss folglich in $3 + 5$, also 8 gleiche Teile aufgeteilt werden.
Jeder dieser Teile beträgt dann 10 000 € : 8, also 1 250 €.
Jan erhält dann $3 \cdot 1250$ €, also 3 750 €.
Marie erhält $5 \cdot 1250$ €, also 6 250 €.
Jans Anteil ist 3 von 8 Teilen, also $\frac{3}{8}$. Maries dementsprechend 5 von 8 Teilen, also $\frac{5}{8}$.

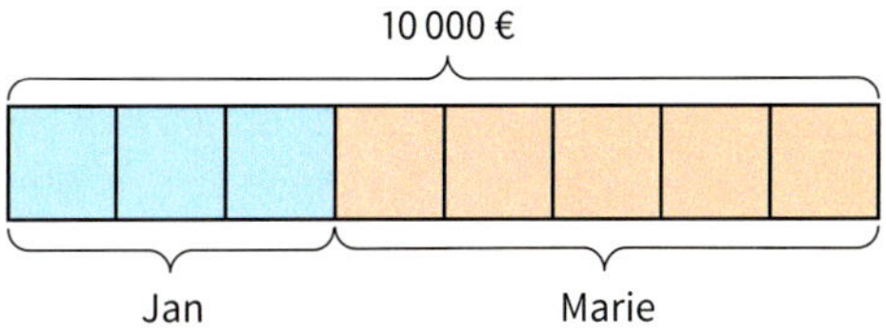

Üben

3. Herr Meyer und Frau Schulz tragen einen Streit vor Gericht aus. Die Kosten für den Prozess betragen 525 €. Sie sollen von beiden im Verhältnis 3 : 4 getragen werden. Wie viel zahlt jeder?

4. Ein Manager behauptet: „Drei Fünftel meiner Arbeitszeit bin ich unterwegs.“ Schreibe zu dieser Angabe ein Verhältnis.

Vertiefen

5. Aus Fruchtsaftsirup kann durch Verdünnen mit Wasser gebrauchsfertiger Fruchtsaft hergestellt werden.
a) In welchem Verhältnis müssen Wasser und Multivitaminsirup gemischt werden?
b) Wie viel von den einzelnen Zutaten benötigt man für
(1) 200 mℓ, (2) 4 ℓ Multivitaminsaft?
c) Anne will bei ihrer Geburtstagsfeier ein Fruchtgetränk durch Mischen von Mineralwasser und Himbeersirup herstellen. Stelle geeignete Fragen und beantworte sie.

6. Die Flüssigkeit für die Scheibenwaschanlage eines Pkw besteht bei einer Frostsicherheit bis –27 °C aus 2 Teilen Frostschutzmittel und 3 Teilen Wasser. Das Kühlsystem fasst 2,5 ℓ. Wie viel ℓ Frostschutzmittel und wie viel ℓ Wasser braucht man?

Herausfordern

7. Auch die Maßstabsangabe auf Karten kann man als Verhältnis oder auch als Bruch sehen. Erläutere, warum.

5.6 Zahlenstrahl – Bruchzahlen

Einstieg

Auf dem Messbecher rechts siehst du eine Skala mit Brüchen. Zeichne selbst eine Skala in dein Heft, auf der man Achtel, Viertel und Halbe ablesen kann.

Aufgabe 1

Eintragen von Brüchen auf dem Zahlenstrahl

Rechts siehst du einen Zahlenstrahl für natürliche Zahlen. Zeichne den Abschnitt von 0 bis 3 vergrößert; wähle dazu 12 Kästchen für die (Einheits-)Strecke von 0 bis 1. Trage vom Anfangspunkt 0 aus ab:

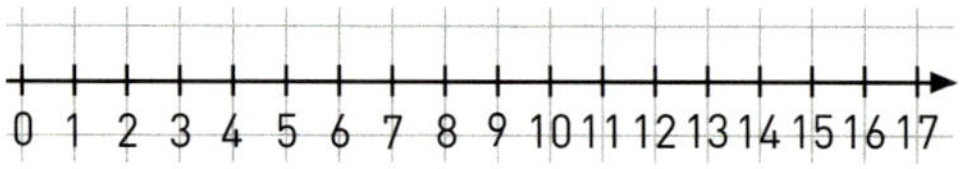

(1) $\frac{1}{2}; \frac{2}{2}; \frac{3}{2}; \frac{4}{2}; \frac{5}{2}; \frac{6}{2}$ (2) $\frac{1}{4}; \frac{2}{4}; \frac{3}{4}; \frac{4}{4}; \frac{5}{4}; \ldots; \frac{11}{4}; \frac{12}{4}$ (3) $\frac{1}{8}; \frac{2}{8}; \frac{3}{8}; \frac{4}{8}; \ldots; \frac{23}{8}; \frac{24}{8}$

Lösung

Zunächst unterteilst du die (Einheits-)Strecke von 0 bis 1 in zwei gleich lange Teile. Dann setzt du 1, 2, 3, 4, 5 bzw. 6 solcher Teilstrecken aneinander; diese trägst du von 0 aus ab. Entsprechend verfährst du mit den Vierteln und Achteln.

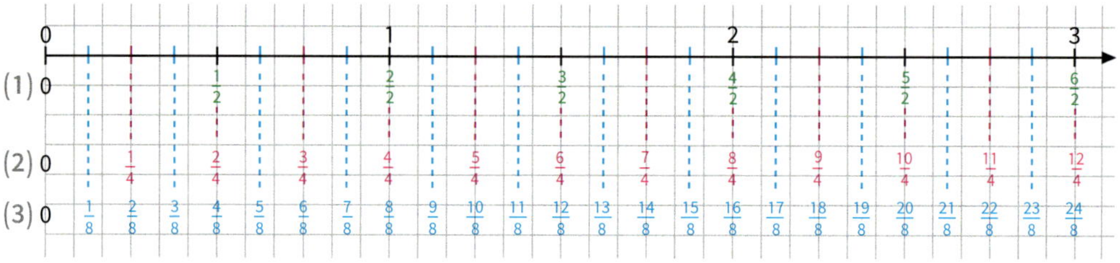

Weiterführende Aufgabe

Abtragen auf dem Zahlenstrahl auch bei gemischter Schreibweise

2. Zeichne einen Zahlenstrahl und trage ein:

a) $\frac{1}{3}; \frac{2}{3}; 1\frac{1}{3}; 2\frac{1}{3}; 2\frac{2}{3}$ b) $\frac{1}{6}; \frac{2}{6}; \frac{3}{6}; \frac{4}{6}; \frac{5}{6}; 1\frac{5}{6}; 2\frac{1}{6}$

Information

Du weißt: Natürliche Zahlen wie 0, 1, 2, 3, … beschreiben Punkte auf einem Zahlenstrahl. Auch Brüche wie $\frac{1}{2}; \frac{3}{4}; \frac{5}{8}; \frac{4}{3}$ legen Punkte auf dem Zahlenstrahl fest. Verschiedene Brüche können denselben Punkt festlegen.

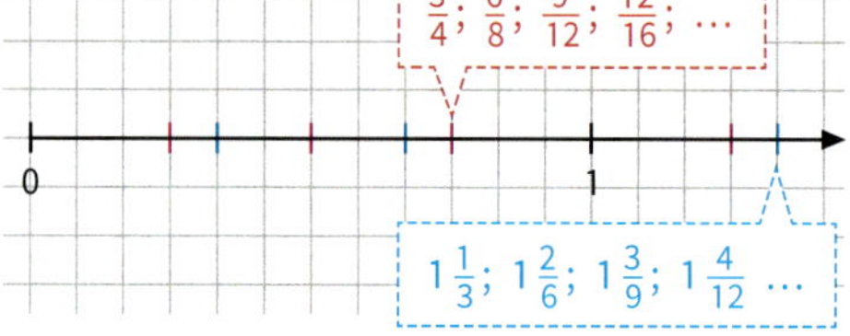

Beispiel: $\frac{3}{4}; \frac{6}{8}; \frac{9}{12}; \frac{12}{16}$ gehören zu *demselben* Punkt: $\frac{3}{4} = \frac{6}{8} = \frac{9}{12} = \frac{12}{16}$

Wir sagen: $\frac{3}{4}; \frac{6}{8}; \frac{9}{12}$ und $\frac{12}{16}$ sind verschiedene Schreibweisen für dieselbe **Bruchzahl**, oder auch: *die verschiedenen Brüche* $\frac{3}{4}; \frac{6}{8}; \frac{9}{12}$ *und* $\frac{12}{16}$ *haben denselben Wert.*

Beachte: Die natürlichen Zahlen sind besondere Bruchzahlen, da man sie auch als Bruch schreiben kann, z. B. $2 = \frac{2}{1} = \frac{4}{2} = \frac{6}{3} = \frac{8}{4} = \ldots$

Üben

3. Zeichne einen Zahlenstrahl; wähle 10 Kästchen für die Strecke von 0 bis 1.
Trage die Punkte ein für: **a)** $\frac{1}{5}$; $\frac{2}{5}$; $\frac{3}{5}$; $\frac{4}{5}$; $\frac{5}{5}$; $\frac{6}{5}$; $1\frac{4}{5}$; $2\frac{2}{5}$ **b)** $\frac{1}{10}$; $\frac{2}{10}$; $\frac{3}{10}$; $\frac{7}{10}$; $1\frac{5}{10}$; $2\frac{3}{10}$; $\frac{0}{10}$

4. Zeichne einen Zahlenstrahl; wähle für die Strecke von 0 bis 1 die in Klammern angegebene Länge. Trage die Punkte ein für:
a) $\frac{3}{2}$; $\frac{3}{4}$; $\frac{2}{3}$; $1\frac{2}{3}$; $2\frac{1}{6}$ (6 cm)
b) $\frac{5}{4}$; $\frac{7}{8}$; $\frac{19}{8}$; $2\frac{7}{8}$; $2\frac{11}{16}$; $3\frac{1}{16}$ (4 cm)
c) $\frac{7}{5}$; $\frac{9}{10}$; $1\frac{7}{10}$; $2\frac{1}{5}$; $2\frac{1}{10}$; $2\frac{1}{4}$; $\frac{21}{10}$ (5 cm)
d) $\frac{5}{12}$; $\frac{2}{3}$; $\frac{7}{6}$; $\frac{3}{4}$; $\frac{7}{12}$; $\frac{4}{6}$; $\frac{11}{24}$ (12 cm)

5. Auch im Alltag findet ihr Skalen mit Bruchzahlen (siehe Bild links).
Was fällt euch auf? Findet ihr weitere Beispiele?

6. Notiere zu den angegebenen Punkten die Bruchzahlen im Heft.

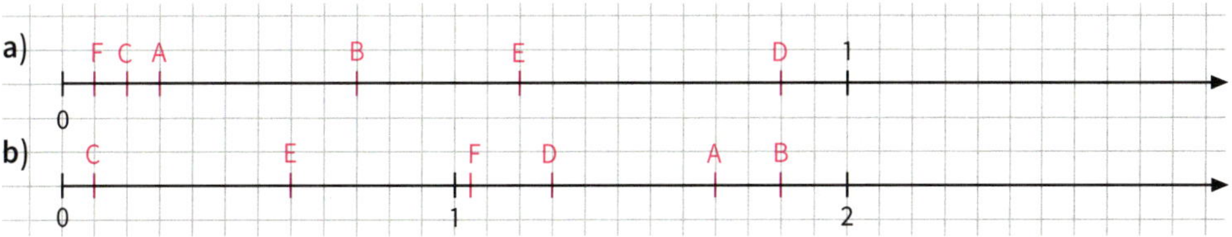

7. Welche Brüche kann man als natürliche Zahlen schreiben: $\frac{12}{6}$; $\frac{4}{8}$; $\frac{0}{10}$; $\frac{13}{1}$; $\frac{14}{2}$; $\frac{15}{3}$; $\frac{16}{4}$; $\frac{17}{5}$; $\frac{18}{6}$?

Vertiefen

8. Übertrage den Zahlenstrahl in dein Heft.
a) Gib zu den Punkten des Zahlenstrahls rechts die Bruchzahlen an.

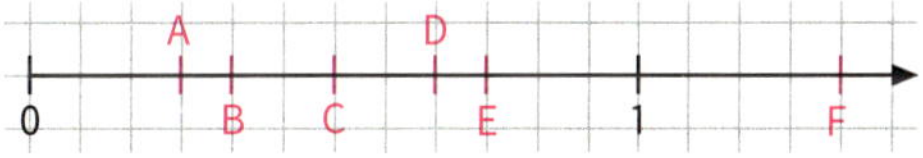

b) Gib für jeden der Punkte von Teilaufgabe a) noch zwei weitere Brüche an.
c) Trage die Punkte für die Bruchzahlen $\frac{1}{6}$; $\frac{5}{6}$; $\frac{11}{12}$ und $1\frac{5}{12}$ ein.
d) Trage auf diesem Zahlenstrahl auch $\frac{1}{8}$, $\frac{5}{8}$ und $1\frac{3}{8}$ ein.

9. Zeichne einen Zahlenstrahl.
Trage einige Punkte ein und lasse deinen Nachbarn zugehörige Brüche angeben.

10. Zum Punkt P in Abbildung (1) gehört die Bruchzahl $\frac{2}{3}$.
a) Lies aus den Abbildungen (2) und (3) andere Brüche ab, die auch zum Punkt P gehören.
b) Denke dir den Zahlenstrahl noch weiter unterteilt. Welche Brüche gehören dann z. B. auch zum Punkt P?

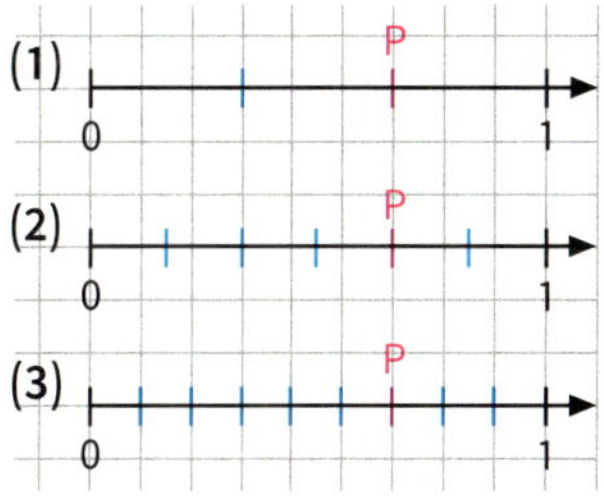

11. Zu welchen der Brüche $\frac{1}{4}$; $\frac{10}{6}$; $\frac{8}{12}$; $\frac{4}{3}$; $\frac{2}{3}$; $\frac{2}{8}$; $\frac{15}{12}$; $\frac{5}{3}$; $\frac{9}{12}$; $\frac{4}{6}$; $\frac{3}{12}$ gehört derselbe Punkt des Zahlenstrahls? Entscheide ohne zu zeichnen.

Herausfordern

12. Mit welcher Bruchzahl kannst du den Punkt angeben, der genau in der Mitte der angegebenen Zahlen liegt? Erläutere deine Überlegungen.
a) $2\frac{1}{2}$ und 3 **b)** $3\frac{2}{9}$ und $4\frac{5}{9}$ **c)** $\frac{2}{5}$ und $\frac{3}{5}$ **d)** $2\frac{1}{2}$ und $2\frac{1}{4}$ **e)** $2\frac{1}{2}$ und $2\frac{1}{3}$

5.7 Ordnen von Bruchzahlen

Einstieg

Sophie, Max und Juan haben gleich große Tafeln Schokolade gleicher Form geschenkt bekommen und davon schon gegessen.
Wer hat noch am meisten übrig?

Aufgabe 1

Kleiner und größer

Zu Annes Geburtstag gibt es Torten.

a) Von der Himbeertorte bleiben $\frac{7}{12}$ übrig, von der Ananastorte $\frac{5}{12}$ und von der Kiwitorte $\frac{2}{3}$. Von welcher Torte bleibt am wenigsten übrig, von welcher am meisten?

b) Markiere $\frac{7}{12}$, $\frac{5}{12}$ und $\frac{2}{3}$ am Zahlenstrahl. Erkläre das Ergebnis von Teilaufgabe a) daran.

Lösung

a) Am einfachsten lassen sich die Reste der Himbeer- und Ananastorte vergleichen, da beide in 12 gleichgroße Stücke unterteilt wurden. 5 Zwölftel sind weniger als 7 Zwölftel, also $\frac{5}{12} < \frac{7}{12}$.

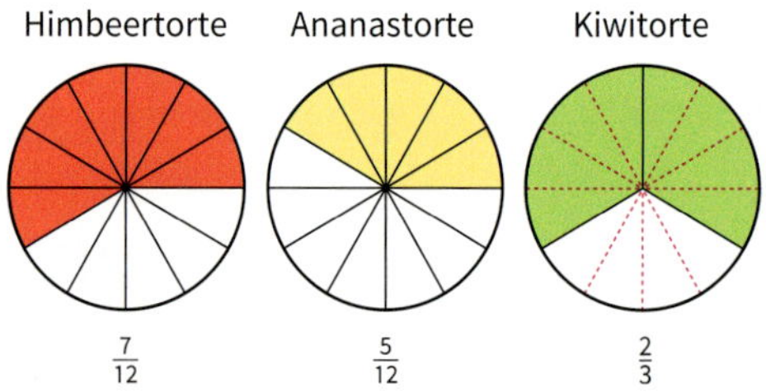

Mit dem Rest der Kiwitorte lässt es sich nicht so gut vergleichen. Wir können aber die Einteilung der Kiwitorte so verfeinern, dass auch hier jedes Teilstück $\frac{1}{12}$ der Torte ist. Das bedeutet:
Wir erweitern den Bruch $\frac{2}{3}$ mit 4 und erhalten $\frac{2}{3} = \frac{8}{12}$. Wir erkennen: $\frac{7}{12} < \frac{8}{12}$. Hauptnenner 1
Ergebnis: Von der Ananastorte bleibt am wenigsten übrig, von der Kiwitorte am meisten.

b) Da die Lösung von Teilaufgabe a) mithilfe von Zwölfteln erfolgte, unterteilen wir auch den Zahlenstrahl in Zwölftel:

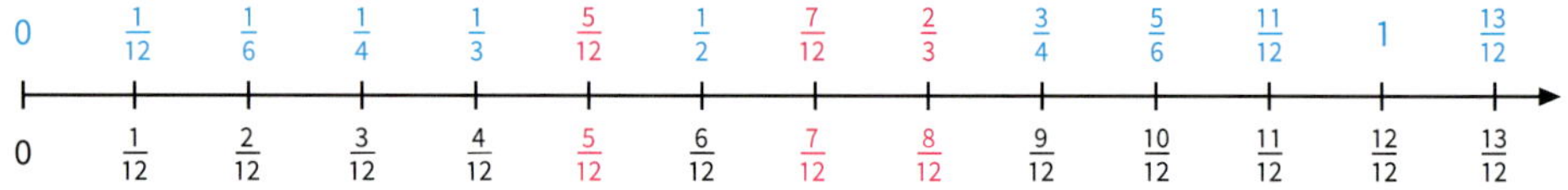

Der Punkt für die kleinste dieser Bruchzahlen liegt am weitesten links, der für die größte am weitesten rechts.

Information

(1) *Kleiner* und *größer* bei Bruchzahlen

Bruchzahlen, die als Brüche geschrieben sind, vergleicht und ordnet man so nach der Größe:
Bei Brüchen mit gleichem Nenner braucht man nur die Zähler zu vergleichen.
Beispiel: $\frac{5}{12} < \frac{7}{12}$, denn $5 < 7$; man kann auch schreiben: $\frac{7}{12} > \frac{5}{12}$
Bei Brüchen mit verschiedenen Nennern kann man diese zu Brüchen mit gleichem Nenner erweitern.
Beispiel: $\frac{3}{4} < \frac{5}{6}$, da $\frac{9}{12} < \frac{10}{12}$; man kann auch schreiben: $\frac{5}{6} > \frac{3}{4}$
Brüche mit dem gleichen Nenner nennen wir **gleichnamig**.
Der kleinste gemeinsame Nenner heißt auch **Hauptnenner**.

Information

(2) *Kleiner* und *größer* am Zahlenstrahl

Bruchzahlen lassen sich auch am Zahlenstrahl vergleichen.

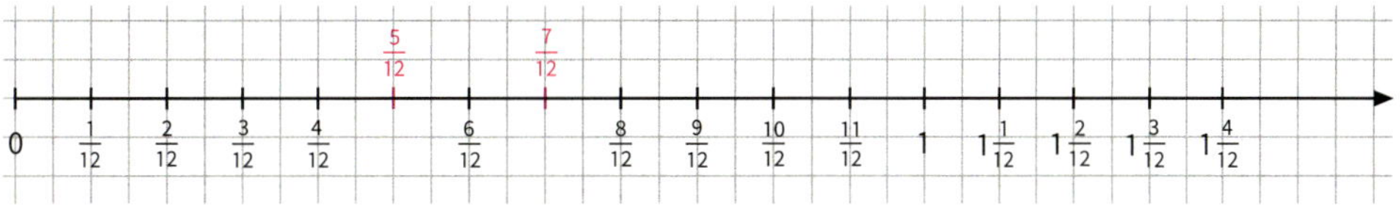

Auf dem Zahlenstrahl liegt der Punkt für die kleinere Bruchzahl links von dem für die größere Bruchzahl: $\frac{5}{12}$ liegt links von $\frac{7}{12}$, also $\frac{5}{12} < \frac{7}{12}$; $\frac{7}{12}$ liegt rechts von $\frac{5}{12}$, also $\frac{7}{12} > \frac{5}{12}$.

Weiterführende Aufgabe

Dichtliegen von Bruchzahlen auf dem Zahlenstrahl

2. Erweitere die Brüche $\frac{8}{10}$ und $\frac{9}{10}$ so, dass du zwischen $\frac{8}{10}$ und $\frac{9}{10}$
(1) mindestens 1; **(2)** mindestens 9; **(3)** mindestens 1000
Bruchzahlen leicht angeben kannst.

Zwischen zwei natürlichen Zahlen liegt *nicht immer* eine natürliche Zahl, z. B. zwischen 8 und 9. Zwischen zwei verschiedenen Bruchzahlen findet man aber *immer* beliebig viele weitere Bruchzahlen.
Man sagt: Die Bruchzahlen liegen auf dem Zahlenstrahl *dicht*.

Üben

3. Betrachte die Zutaten zur Herstellung eines Milchshakes im Rezept rechts. Wovon muss man am meisten nehmen, wovon am wenigsten?

4. Zeichne ein Rechteck mit den Seitenlängen 12 und 10 Karolängen. Schraffiere von der Fläche die angegebenen Anteile. Welches farbige Gebiet ist größer?
a) $\frac{4}{5}$ rot und $\frac{2}{3}$ blau **b)** $\frac{5}{6}$ rot und $\frac{4}{5}$ blau **c)** $\frac{3}{4}$ rot und $\frac{7}{10}$ blau

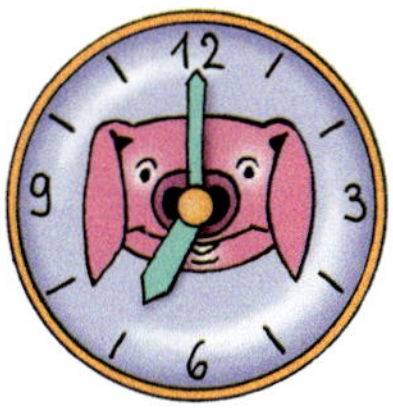

5. Welche Zeitspanne ist länger? Betrachte dazu ein Zifferblatt.
a) $\frac{3}{4}$ h oder $\frac{7}{12}$ h **b)** $\frac{2}{3}$ h oder $\frac{3}{4}$ h **c)** $\frac{5}{6}$ h oder $\frac{11}{12}$ h **d)** $\frac{3}{4}$ h oder $\frac{5}{6}$ h

6. **a)** Von einer Kirschtorte bleiben $\frac{7}{8}$ übrig. Vergleiche mit der Kiwitorte, von der $\frac{7}{12}$ übrig bleiben. Von welcher der beiden Torten bleibt weniger übrig?

b) Ordne nach der Größe:
(1) $\frac{1}{3}; \frac{1}{5}; \frac{1}{9}; \frac{1}{4}$ **(2)** $\frac{7}{8}; \frac{7}{5}; \frac{7}{10}$
c) Formuliere eine Regel, wie man zwei Brüche mit gleichem Zähler schnell vergleichen kann. Begründe sie.

7. Setze im Heft das Zeichen <, > bzw. = ein.

a) $\frac{4}{10} \;\square\; \frac{2}{5}$	c) $\frac{2}{3} \;\square\; \frac{3}{5}$	e) $\frac{11}{6} \;\square\; \frac{13}{8}$	g) $3\frac{4}{5} \;\square\; 1\frac{5}{6}$	i) $75\,\% \;\square\; \frac{3}{5}$
b) $\frac{5}{6} \;\square\; \frac{11}{12}$	d) $\frac{6}{5} \;\square\; \frac{8}{7}$	f) $\frac{7}{10} \;\square\; \frac{11}{12}$	h) $4\frac{2}{3} \;\square\; 4\frac{4}{5}$	j) $\frac{40}{99} \;\square\; 40\,\%$

8. Setze im Heft das passende Zeichen <, > bzw. = ein; mache zunächst gleichnamig.

a) $\frac{3}{5} \;\square\; \frac{8}{15}$	d) $\frac{7}{10} \;\square\; \frac{11}{20}$	g) $\frac{7}{10} \;\square\; \frac{11}{15}$	j) $\frac{3}{4} \;\square\; \frac{2}{5}$	m) $1\frac{3}{5} \;\square\; 1\frac{8}{15}$
b) $\frac{1}{24} \;\square\; \frac{5}{8}$	e) $\frac{5}{6} \;\square\; \frac{7}{10}$	h) $\frac{7}{12} \;\square\; \frac{5}{8}$	k) $\frac{7}{20} \;\square\; \frac{5}{8}$	n) $2\frac{4}{7} \;\square\; 2\frac{10}{21}$
c) $\frac{2}{3} \;\square\; \frac{4}{7}$	f) $\frac{11}{6} \;\square\; \frac{7}{4}$	i) $\frac{9}{12} \;\square\; \frac{15}{20}$	l) $\frac{11}{6} \;\square\; \frac{21}{8}$	o) $5\frac{7}{12} \;\square\; 5\frac{5}{9}$

9. Ordne nach der Größe.

a) $\frac{7}{12}; \frac{5}{6}; \frac{3}{4}$	c) $\frac{7}{8}; \frac{3}{4}; \frac{5}{6}$	e) $\frac{5}{9}; \frac{7}{12}; \frac{8}{15}$
b) $\frac{13}{20}; \frac{4}{5}; \frac{7}{10}$	d) $\frac{3}{10}; \frac{7}{15}; \frac{5}{12}$	f) $\frac{6}{7}; \frac{13}{14}; \frac{2}{3}$

$\frac{5}{3} = \frac{30}{18}$ $\quad \frac{26}{18} < \frac{30}{18} < \frac{33}{18}$

$\frac{11}{6} = \frac{33}{18}$ $\quad \frac{13}{9} < \frac{5}{3} < \frac{11}{6}$

$\frac{13}{9} = \frac{26}{18}$

Vertiefen

10. Tim und Maria wollen $\frac{20}{7}$ und $\frac{53}{13}$ nach der Größe ordnen.
Vervollständige ihre Lösungswege und vergleiche sie.

11. Ordne nach der Größe. Rechne zunächst in die gemischte Schreibweise um.

a) 4 und $\frac{17}{4}$	c) $\frac{9}{2}$ und $\frac{7}{5}$	e) $\frac{52}{5}, \frac{45}{4}$ und $\frac{68}{7}$
b) $\frac{19}{3}$ und $\frac{23}{5}$	d) $\frac{51}{8}$ und $\frac{52}{9}$	f) $\frac{62}{7}, \frac{89}{10}$ und $\frac{71}{8}$

$\frac{13}{5} \;\square\; \frac{22}{7}$

$2\frac{3}{5} < 3\frac{1}{7}$

also $\frac{13}{5} < \frac{22}{7}$

12. Zum Vergleichen von zwei gebrochenen Zahlen kann man verschieden vorgehen. Schreibe eine Zusammenfassung mit mehreren Möglichkeiten.

13. Ordne. Überlege zunächst, ob du das Ergebnis unmittelbar erkennen kannst.

a) $\frac{1}{3}; \frac{1}{4}; \frac{1}{5}$	c) $\frac{2}{3}; \frac{3}{4}; \frac{4}{5}$	e) $\frac{10}{7}; \frac{7}{10}; \frac{2}{9}$	g) $\frac{5}{4}; \frac{7}{6}; \frac{8}{7}; \frac{6}{5}$	i) $\frac{19}{20}; \frac{9}{4}; \frac{12}{25}; \frac{13}{10}$
b) $\frac{4}{3}; \frac{5}{4}; \frac{6}{5}$	d) $\frac{3}{8}; \frac{9}{4}; \frac{7}{5}$	f) $\frac{11}{4}; \frac{7}{5}; \frac{25}{8}$	h) $\frac{9}{10}; \frac{10}{9}; \frac{14}{15}; \frac{15}{14}$	j) $\frac{17}{36}; \frac{41}{35}; \frac{71}{45}; \frac{13}{24}$

Das kann ich noch!

A) Du weißt, Prozent bedeutet Hundertstel: $21\,\% = \frac{21}{100}$.
Gib als gekürzten Bruch an:
19 %, 10 %, 5 %, 3 %, 50 %, 100 %

B) Gib den Anteil in der Prozentschreibweise an:
$\frac{23}{100}, \frac{7}{100}, \frac{1}{50}, \frac{7}{20}, \frac{4}{25}, \frac{9}{10}, \frac{3}{4}, \frac{2}{5}$

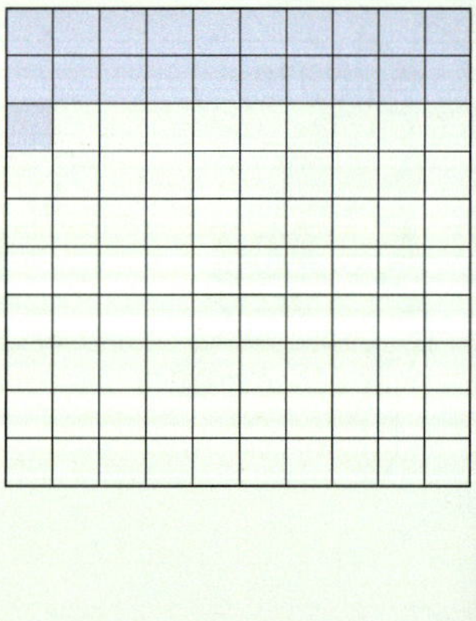

14. Jeder notiert vier Brüche und lässt sie von seinem Partner ordnen.

15. Gib einen kleineren und einen größeren Bruch an. Ändere nur
(1) den Zähler des Bruches, (2) den Nenner des Bruches.

$\frac{2}{9} < \frac{4}{9} < \frac{5}{9}$; $\frac{4}{11} < \frac{4}{9} < \frac{4}{7}$

a) $\frac{7}{20}$ b) $\frac{13}{40}$ c) $\frac{3}{4}$ d) $\frac{17}{8}$

16. Suche eine Bruchzahl zwischen:
a) $\frac{3}{8}$ und $\frac{7}{8}$ b) $\frac{2}{9}$ und $\frac{5}{9}$ c) $\frac{1}{5}$ und $\frac{1}{3}$ d) $\frac{1}{15}$ und $\frac{2}{15}$

17. Gib zwei Bruchzahlen an, die zwischen den beiden Bruchzahlen liegen.
a) $\frac{3}{8}$ und $\frac{5}{8}$ b) $\frac{2}{3}$ und $\frac{3}{4}$ c) $\frac{19}{10}$ und 2 d) $\frac{2}{4}$ und $\frac{5}{8}$

18. Welche der Bruchzahlen $\frac{5}{8}$; $\frac{7}{4}$; $\frac{3}{7}$; $\frac{5}{9}$; $\frac{12}{5}$; $\frac{5}{12}$; $\frac{7}{5}$; $\frac{9}{8}$; $\frac{7}{20}$; $\frac{8}{4}$; $\frac{11}{9}$; $\frac{7}{15}$; $\frac{13}{8}$; $\frac{5}{3}$; $\frac{4}{9}$ sind
a) größer als 1; b) kleiner als 1; c) kleiner als $\frac{1}{2}$; d) größer als $1\frac{1}{2}$?

19. Beim Schießen auf eine Torwand erzielt Tanja bei 20 Schüssen 7 Treffer, Tim bei 30 Schüssen 11 Treffer und Maria bei 40 Schüssen 17 Treffer.
Den Anteil der Treffer an der Gesamtzahl der Schüsse nennt man auch *Trefferquote*.
Stelle die Daten in einer geeigneten Tabelle zusammen. Wer hat die beste, wer hat die schlechteste Trefferquote?

20. Tim erzählt seinem Freund Tobias: „Wir waren 14 Tage im Urlaub und hatten 4 Regentage." „Wir hatten aber nur 3 Regentage bei 10 Urlaubstagen", erwidert Tobias.
Wer hatte das bessere Wetter?

Herausfordern

21. Max trägt auf dem Zahlenstrahl zwei verschiedene Bruchzahlen ein.
Dann bestimmt er die Zahl, die genau in der Mitte dieser beiden Bruchzahlen liegt.
Danach bestimmt er die Zahl, die in der Mitte zwischen der kleineren Zahl und der mittleren Zahl liegt. Ebenso bestimmt er die Zahl in der Mitte zwischen der zuerst bestimmten Mitte und der größeren Zahl.
a) Führe das Verfahren durch für (1) $\frac{2}{7}$ und $\frac{4}{7}$, (2) $\frac{3}{4}$ und $\frac{3}{5}$.
b) Welche Zahl liegt in der Mitte zwischen der zweitkleinsten und der zweitgrößten Zahl?

22. Zoe hat zwei Gläser Kirschsaftschorle vor sich. In dem einen Glas sind Saft und Wasser im Verhältnis 3 : 2 gemischt, in dem anderen gleichvollen Glas sind Saft und Wasser im Verhältnis 5 : 3 gemischt. Nun kippt sie beide Gläser in einem Krug zusammen.
Welches Mischungsverhältnis entsteht dabei?
Wie kann man das neue Verhältnis einfach berechnen? Begründe.

5.8 Addieren und Subtrahieren von Brüchen

Einstieg

Auf dem Schulfest sind an den Kuchenständen einige Stücke vom Blechkuchen übrig geblieben.

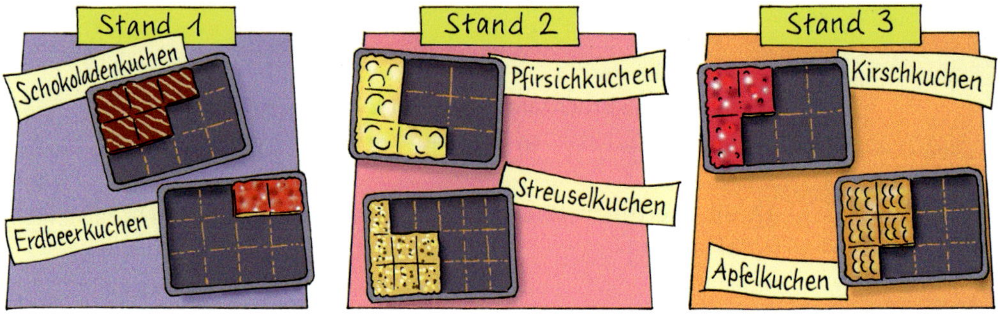

a) Wie viel Kuchen ist an jedem Stand insgesamt nicht verkauft worden?
b) An welchem Stand ist am wenigsten, an welchem am meisten übriggeblieben?
c) Wie viel Kuchen ist an einem Stand mehr verkauft worden als an jedem der beiden anderen?

Aufgabe 1

Addieren von Brüchen

Auf dem Schulfest gibt es einen Pizza-Stand. Hier kann man verschiedene Sorten Pizza aussuchen. Die Pizzas sind in unterschiedlicher Art aufgeschnitten. Claudio, Sören und Mario kaufen verschiedene Stücke Pizza.

(1) Claudio kauft $\frac{2}{6}$ Pizza mit Salami und $\frac{3}{6}$ Pizza mit Spinat.
(2) Sören kauft $\frac{3}{8}$ Pizza mit Champignons und $\frac{1}{4}$ Pizza mit Peperoni.
(3) Mario kauft $\frac{2}{3}$ Pizza mit Thunfisch und $\frac{1}{4}$ Pizza mit Peperoni.

a) Wie viel Pizza nimmt jeder der drei Jungen insgesamt?
b) Welcher der drei Jungen kauft insgesamt am wenigsten Pizza, welcher kauft am meisten?

Lösung

a) (1) Claudio (2) Sören (3) Mario

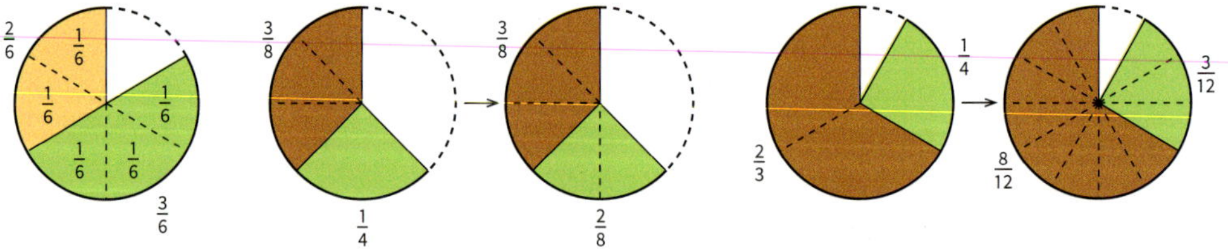

Brüche addieren

$\frac{2}{6} + \frac{3}{6} = \frac{5}{6}$

Ergebnis:
Claudio nimmt insgesamt $\frac{5}{6}$ Pizza.

Brüche gleichnamig machen, dann addieren

$\frac{3}{8} + \frac{1}{4} = \frac{3}{8} + \frac{2}{8} = \frac{5}{8}$

Ergebnis:
Sören nimmt insgesamt $\frac{5}{8}$ Pizza.

$\frac{2}{3} + \frac{1}{4} = \frac{8}{12} + \frac{3}{12} = \frac{11}{12}$

Ergebnis:
Mario nimmt insgesamt $\frac{11}{12}$ Pizza.

b) Wir müssen $\frac{5}{6}$; $\frac{5}{8}$ und $\frac{11}{12}$ der Größe nach ordnen: $\frac{5}{8} < \frac{5}{6}$ sowie $\frac{5}{6} < \frac{11}{12}$

Ergebnis: Sören kauft am wenigsten, Mario am meisten Pizza.

Achtel sind kleiner als Sechstel.

Hier fehlt nur ein Zwölftel zum Ganzen.

Aufgabe 2

Subtrahieren von Brüchen

Lauras Mutter will beim Bäcker Torten für ein Fest kaufen.
In der Auslage im Laden befinden sich $\frac{3}{4}$ einer ganzen Schokoladentorte, $\frac{7}{12}$ einer ganzen Ananastorte und $\frac{2}{3}$ einer ganzen Pfirsichtorte. Lauras Mutter kauft $\frac{1}{4}$ einer ganzen Schokoladentorte, $\frac{1}{2}$ einer ganzen Ananastorte und $\frac{1}{2}$ einer ganzen Pfirsichtorte.

Welcher Anteil an einer ganzen Torte bleibt beim Bäcker jeweils übrig?
Notiere dies jeweils als Term und berechne seinen Wert.

Lösung

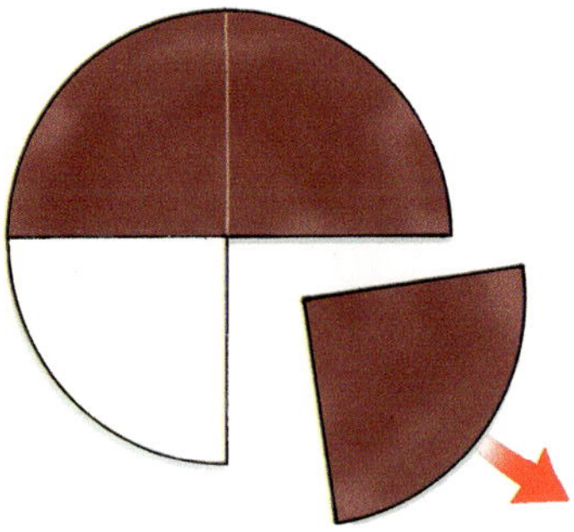

$\frac{3}{4} - \frac{1}{4} = \frac{2}{4} = \frac{1}{2}$

Ergebnis: Von der Schokoladentorte bleibt $\frac{1}{2}$ übrig.

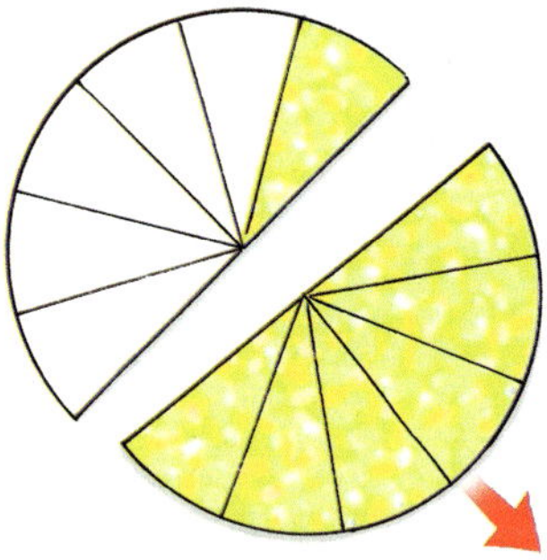

$\frac{7}{12} - \frac{1}{2} = \frac{7}{12} - \frac{6}{12} = \frac{1}{12}$

Ergebnis: Von der Ananastorte bleibt $\frac{1}{12}$ übrig.

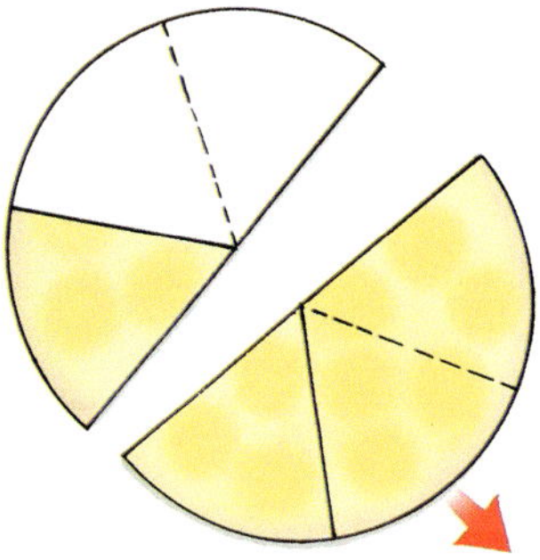

$\frac{2}{3} - \frac{1}{2} = \frac{4}{6} - \frac{3}{6} = \frac{1}{6}$

Ergebnis: Von der Pfirsichtorte bleibt $\frac{1}{6}$ übrig.

Information

(1) Additions- und Subtraktionsregel für Bruchzahlen

Bruchzahlen, die als Brüche geschrieben sind, addiert (subtrahiert) man so:
Bei *gleichnamigen Brüchen* addiert (subtrahiert) man die Zähler und behält den gemeinsamen Nenner bei.

Beispiele: $\frac{3}{7} + \frac{2}{7} = \frac{5}{7}$ $\qquad$ $\frac{8}{11} - \frac{5}{11} = \frac{3}{11}$

Bei *ungleichnamigen Brüchen* werden diese zuerst gleichnamig gemacht und dann addiert (subtrahiert).

Beispiele: $\frac{3}{4} + \frac{1}{6} = \frac{9}{12} + \frac{2}{12} = \frac{11}{12}$ $\qquad$ $\frac{4}{5} - \frac{3}{20} = \frac{16}{20} - \frac{3}{20} = \frac{13}{20}$

(2) Darstellung der Addition und Subtraktion am Zahlenstrahl

Addition und Subtraktion von gebrochenen Zahlen kann man wie bei natürlichen Zahlen darstellen.

Beispiel: $\frac{1}{8} + \frac{5}{8} = \frac{6}{8}$

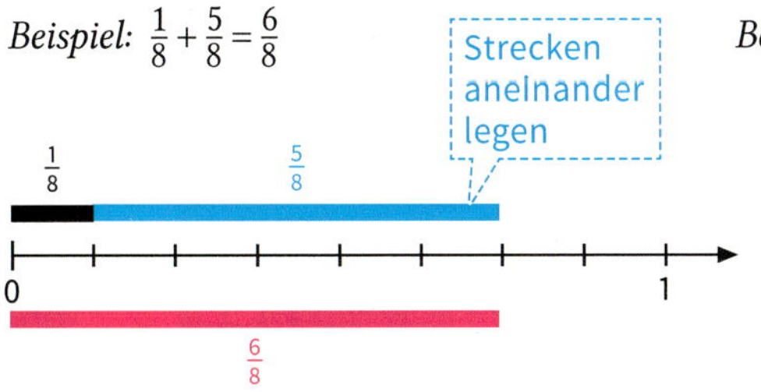

Beispiel: $\frac{19}{20} - \frac{6}{20} = \frac{13}{20}$

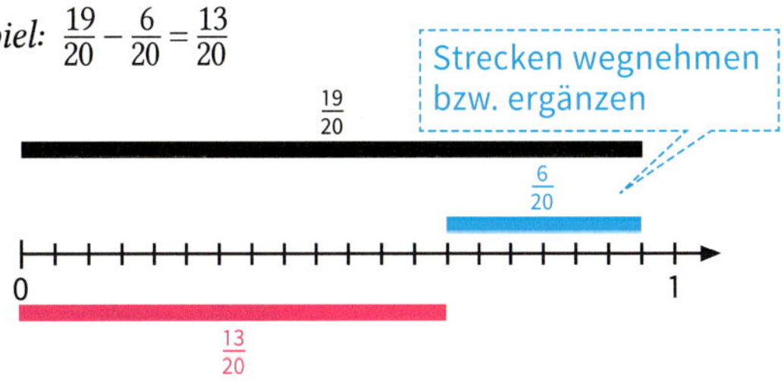

Weiterführende Aufgaben

Addieren und Subtrahieren von gebrochenen Zahlen in der gemischten Schreibweise

3. Erkläre die Rechnungen. Zeichne auch.

(1)
$$1\tfrac{7}{8}+2\tfrac{1}{2} = 1\tfrac{7}{8}+2\tfrac{4}{8} = 3\tfrac{11}{8} = 4\tfrac{3}{8}$$

(2)
$$3\tfrac{1}{2}-1\tfrac{1}{6} = 3\tfrac{3}{6}-1\tfrac{1}{6} = 2\tfrac{2}{6} = 2\tfrac{1}{3}$$

(3)
$$3\tfrac{1}{4}-1\tfrac{3}{8} = 3\tfrac{2}{8}-1\tfrac{3}{8} = 2\tfrac{10}{8}-1\tfrac{3}{8} = 1\tfrac{7}{8}$$

Rückgängigmachen von Addition bzw. Subtraktion einer gebrochenen Zahl

4. Löse folgendes Zahlenrätsel mithilfe einer Gleichung:

Das *Addieren* einer Bruchzahl wird durch das *Subtrahieren* dieser Bruchzahl rückgängig gemacht. Das *Subtrahieren* einer Bruchzahl wird durch das *Addieren* dieser Bruchzahl rückgängig gemacht.

Beispiel:
$$\frac{1}{2} \xrightarrow{+\frac{1}{4}} \frac{3}{4}, \quad \frac{3}{4} \xrightarrow{-\frac{1}{4}} \frac{1}{2}$$

Üben

5. Hier siehst du die Reste von zwei Torten. Wie viel ist insgesamt übrig geblieben?

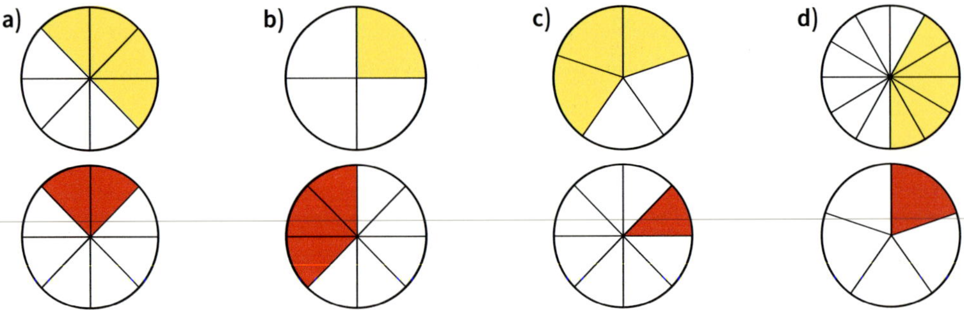

6. Hier siehst du die Reste von zwei Blechkuchen. Wie viel ist insgesamt übrig geblieben?

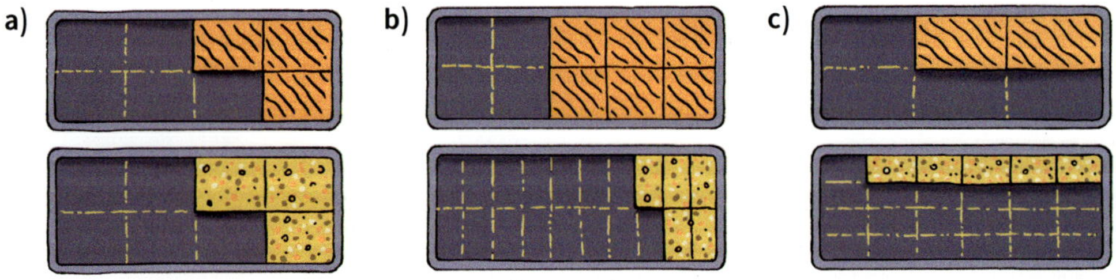

7. Schreibe als Subtraktionsaufgabe und rechne.

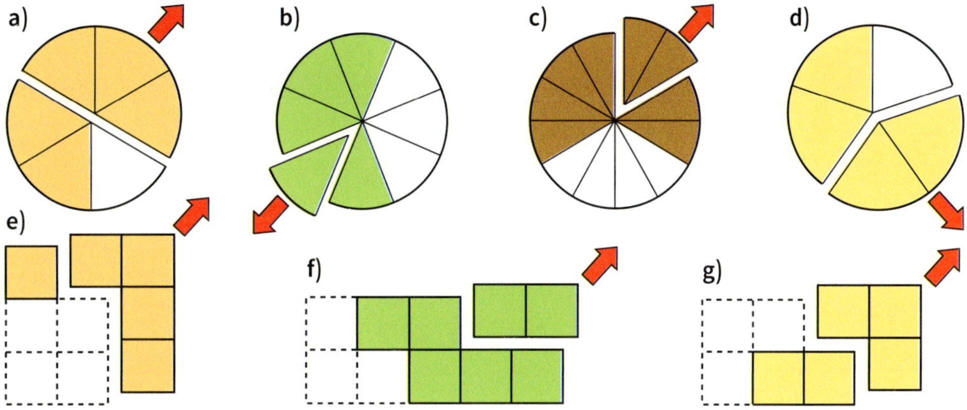

8. Berechne im Kopf. Kürze das Ergbnis, falls möglich.

a) $\frac{4}{10}+\frac{5}{10}$ b) $\frac{11}{12}-\frac{5}{12}$ c) $\frac{8}{25}+\frac{12}{25}$

d) $\frac{37}{40}-\frac{14}{40}$ e) $\frac{51}{60}-\frac{43}{60}$ f) $\frac{4}{5}-\frac{1}{3}$

g) $\frac{6}{7}+\frac{1}{10}$ h) $\frac{1}{6}+\frac{5}{13}$ i) $\frac{6}{11}-\frac{1}{3}$

j) $\frac{2}{9}+\frac{4}{7}$ k) $\frac{15}{21}-\frac{3}{5}$ l) $\frac{1}{2}+\frac{1}{4}+\frac{2}{5}$

m) $\frac{2}{3}+\frac{1}{6}+\frac{4}{9}$ n) $\frac{5}{8}+\frac{1}{4}-\frac{2}{3}$ o) $\frac{11}{12}-\frac{1}{8}-\frac{1}{2}$

9. Kontrolliere Leons Hausaufgaben. Wo stecken Fehler? Erkläre.

a) $\frac{2}{5}+\frac{1}{2}=\frac{3}{7}$ b) $\frac{5}{6}-\frac{3}{5}=\frac{2}{30}$ c) $\frac{3}{8}-\frac{1}{3}=\frac{2}{5}$ d) $\frac{3}{8}+\frac{1}{2}=\frac{14}{16}$

10. Tanja und Tim erben das Vermögen ihres Onkels. Was meinst du zu dem Testament?

> Testament
>
> Meine Nichte Emma soll $\frac{3}{8}$ und mein Neffe Tim $\frac{3}{4}$ meines Vermögens erhalten.

11. Veranschauliche die Aufgabe durch eine Zeichnung.

a) $\frac{1}{4}+\frac{3}{8}$ b) $\frac{7}{10}-\frac{2}{5}$

12. Links stehen die Ergebnisse der folgenden Aufgaben. Zunächst soll nicht gerechnet werden, sondern jeder versucht mithilfe anderer Überlegungen, den Aufgaben die richtigen Ergebnisse zuzuordnen. Dann wird getauscht und der Partner kontrolliert die Ergebnisse durch Rechnung.

a) $\frac{3}{8}+\frac{1}{2}$ b) $\frac{7}{15}-\frac{2}{5}$

c) $\frac{3}{4}-\frac{3}{40}$ d) $\frac{5}{21}+\frac{3}{7}$

e) $\frac{10}{11}-\frac{8}{33}$ f) $\frac{6}{7}+\frac{1}{42}$

g) $\frac{1}{6}+\frac{3}{12}+\frac{5}{12}$ h) $\frac{5}{18}+\frac{2}{9}+\frac{1}{3}$

i) $\frac{13}{20}+\frac{1}{10}-\frac{1}{2}$ j) $\frac{14}{15}+\frac{1}{3}-\frac{2}{5}$

$\frac{37}{42}$ $\frac{1}{4}$ $\frac{1}{15}$ $\frac{13}{15}$ $\frac{5}{6}$ $\frac{2}{3}$ $\frac{7}{8}$ $\frac{5}{6}$ $\frac{27}{40}$ $\frac{2}{3}$

13. Ein Naturschutzgebiet besteht aus einem $\frac{7}{8}\,km^2$ großen See und einem angrenzenden Gelände, das $\frac{3}{4}\,km^2$ groß ist. Wie groß ist das gesamte Naturschutzgebiet?

14. Julia kommt beim Fahrradrennen $\frac{3}{10}$ Sekunden später ins Ziel als die Siegerin. Sarah kommt $\frac{1}{2}$ Sekunde später ins Ziel als ihre Freundin Julia. Um wie viel Sekunden ist Sarah langsamer als die Siegerin?

15. Ein Gasbehälter für den Campingkocher wiegt voll $\frac{9}{10}$ kg und leer $\frac{1}{4}$ kg.
Wie viel kg wiegt die Füllung?

16. Berechne und kürze das Ergebnis, falls möglich.

a) $2\frac{7}{10} + 1\frac{2}{10}$ d) $3\frac{9}{10} - 1\frac{9}{10}$ g) $3\frac{3}{5} - \frac{4}{5}$ j) $5\frac{1}{2} + \frac{1}{6}$ m) $6\frac{1}{2} - \frac{3}{4}$ p) $5\frac{9}{10} - 3\frac{1}{2}$
b) $8\frac{7}{9} - 8\frac{4}{9}$ e) $6 + \frac{11}{7}$ h) $4\frac{5}{8} + 3\frac{7}{8}$ k) $1\frac{3}{4} + \frac{5}{8}$ n) $2\frac{1}{2} + \frac{3}{4}$ q) $7\frac{7}{8} - 1\frac{3}{4}$
c) $1\frac{4}{9} + \frac{5}{9}$ f) $10 - \frac{19}{6}$ i) $6\frac{2}{5} - 3\frac{4}{5}$ l) $8\frac{2}{3} - \frac{4}{9}$ o) $\frac{3}{8} + 4\frac{3}{4}$

FAQ **(engl. frequently asked questions)** Informationen zu besonders häufig gestellten Fragen.

17. Auf einem Schülerforum im Internet findest du die FAQ rechts. Schreibe eine Antwort.

Hilfe!
Ich kann es immer noch nicht.
Wie addiert und subtrahiert man eigentlich Brüche ?

Vertiefen

18. $\frac{3}{8}$ ℓ Saft sollen mit Wasser verdünnt werden.
a) Wie viel Wasser muss zugegossen werden, damit man insgesamt $\frac{7}{10}$ ℓ erhält?
b) In welchem Verhältnis sind dann Saft und Wasser gemischt?
c) Wie viel Wasser muss man dazu gießen, um eine Mischung von Saft zu Wasser im Verhältnis 3 : 1 zu erhalten? Passt dies dann in einen 800-mℓ-Krug?

19. Setze im Heft das passende Zeichen <, > bzw. = ein.

a) $\frac{4}{5} + \frac{30}{20} \;\square\; 1$ c) $\frac{1}{5} + \frac{1}{9} \;\square\; \frac{1}{3}$ e) $\frac{3}{8} + \frac{1}{6} \;\square\; \frac{13}{24}$ g) $\frac{17}{19} - \frac{16}{21} \;\square\; 0$
b) $2\frac{1}{8} - 1\frac{1}{2} \;\square\; \frac{10}{16}$ d) $\frac{1}{4} - \frac{1}{5} \;\square\; \frac{1}{40} + \frac{1}{50}$ f) $\frac{3}{8} - \frac{1}{6} \;\square\; \frac{1}{6}$ h) $\frac{1}{12} - \frac{1}{13} \;\square\; \frac{1}{12} + \frac{1}{13}$

20. Eine Werbesendung im Fernsehen besteht aus zwei Teilen.
Der erste Teil dauert $\frac{5}{12}$ Minuten, der zweite Teil $\frac{1}{4}$ Minute.
a) Welcher Teil dauert länger? Um wie viele Minuten dauert dieser Teil länger?
b) Wie lange dauert die gesamte Werbesendung?
Gib das Ergebnis **(1)** in Minuten **(2)** in Sekunden an.

21. Die Bundesstraße B 1275 von Taldorf nach Obergrün ist $6\frac{1}{2}$ km lang. Eine Kreisstraße K und ein Waldweg W verlaufen durch den Wald.
Fährt man die Kreisstraße, so spart man $1\frac{1}{4}$ km ein, fährt man den Waldweg, spart man sogar $1\frac{3}{4}$ km.
Stelle selbst geeignete Aufgaben und löse sie.

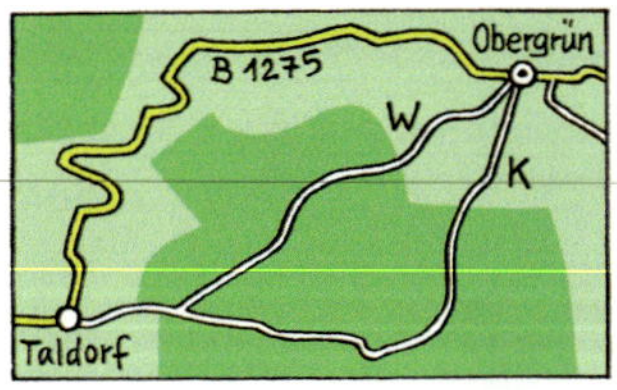

22. An einem Pizza-Verkaufsstand sind noch $1\frac{5}{8}$ Spinatpizza, $2\frac{1}{2}$ Thunfischpizza, $\frac{2}{3}$ Mozzarellapizza, $2\frac{1}{2}$ Salamipizza und $\frac{3}{8}$ Schinkenpizza vorhanden.
Wie viel Pizza ist noch vorhanden? Schätze, bevor du genau rechnest.

23. Ordne die Summen der Größe nach.

$8\frac{1}{3} + 5\frac{2}{3}$ $4\frac{9}{11} + 9\frac{13}{15}$ $6\frac{8}{25} + 8\frac{3}{20}$ $10\frac{19}{21} + 3\frac{11}{14}$ $5\frac{5}{12} + 8\frac{1}{18}$

24. Auf dem Wochenmarkt kauft Frau Ude bei einem Händler $2\frac{1}{2}$ kg Kartoffeln, $\frac{3}{4}$ kg Äpfel und $1\frac{1}{4}$ kg Weintrauben. Herr Wagner kauft bei demselben Händler $3\frac{1}{4}$ kg Kartoffeln, $1\frac{1}{2}$ kg Äpfel und $2\frac{1}{8}$ kg Weintrauben. Stellt einander geeignete Aufgaben und löst sie.

25. Berechne und kontrolliere durch die entgegengesetzte Rechenart.

a) $\frac{5}{4}-\frac{1}{2}$ b) $\frac{17}{30}-\frac{4}{15}$ c) $\frac{15}{16}-\frac{4}{8}$ d) $\frac{59}{72}-\frac{4}{9}$

Rechnung: $\frac{22}{15}-\frac{2}{3}=\frac{4}{5}$ *Kontrolle:* $\frac{4}{5}+\frac{2}{3}=\frac{22}{15}$

26. Löse die Gleichung.

a) $x-3\frac{2}{5}=4$ d) $x-\frac{3}{8}=\frac{8}{3}$ g) $x+\frac{3}{8}=\frac{8}{3}$

b) $x+2\frac{1}{3}=5\frac{1}{2}$ e) $x+4\frac{1}{5}=7$ h) $3\frac{1}{2}-x=\frac{3}{5}$

c) $\frac{7}{4}+x=\frac{9}{4}$ f) $x-4\frac{1}{5}=7$ i) $4\frac{5}{6}-x=1\frac{1}{4}$

Aufgabe: $x-\frac{1}{2}=\frac{1}{4}$

Pfeilbild: $x \xrightarrow{-\frac{1}{2}} \frac{1}{4}$, $\frac{1}{4} \xrightarrow{+\frac{1}{2}} x$

Rechnung: $x=\frac{1}{4}+\frac{1}{2}=\frac{3}{4}$

27. Schreibe $\frac{5}{6}$ auf drei verschiedene Weisen als a) Summe; b) Differenz.

28. Auffallende Ergebnisse.

a) $\frac{5}{6}+\frac{4}{9}+\frac{3}{20}+\frac{7}{30}+\frac{2}{15}+\frac{1}{45}+\frac{11}{60}$ b) $\frac{71}{80}-\frac{13}{60}+\frac{19}{48}-\frac{5}{16}+\frac{14}{15}-\frac{1}{2}-\frac{3}{16}$

29. Julia erzählt ihrer Freundin: „Von meinem Taschengeld gebe ich $\frac{1}{3}$ fürs Kino und $\frac{1}{5}$ für Eis aus. Das ist weniger als 50 %." Stimmt das?

Edelmetalle sind sehr beständig. Dazu gehören Gold, Silber und Platin.

30. Weißgold besteht zu $\frac{3}{4}$ aus reinem Gold, zu $\frac{3}{20}$ aus reinem Silber sowie aus Kupfer.

a) Wie groß ist der Edelmetallanteil im Weißgold? Gib den Anteil auch in Prozent an.

b) Wie groß ist der Kupferanteil?

c) Eine Kette aus Weißgold wiegt 180 g, ein Ring 12 g. Lege eine Tabelle an mit den einzelnen Bestandteilen (in g). Wie viel g Edelmetall enthält die Kette, wie viel der Ring?

31. Bei den folgenden Rechenmauern steht über zwei benachbarten Steinen die Summe der beiden Zahlen darunter. Ergänze die Mauern in deinem Heft.

a)

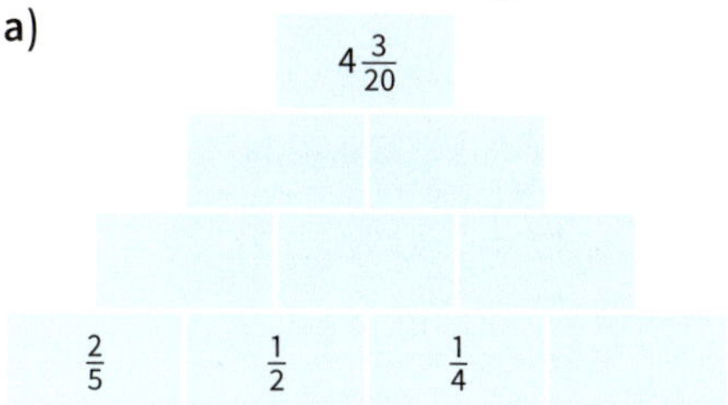

b)

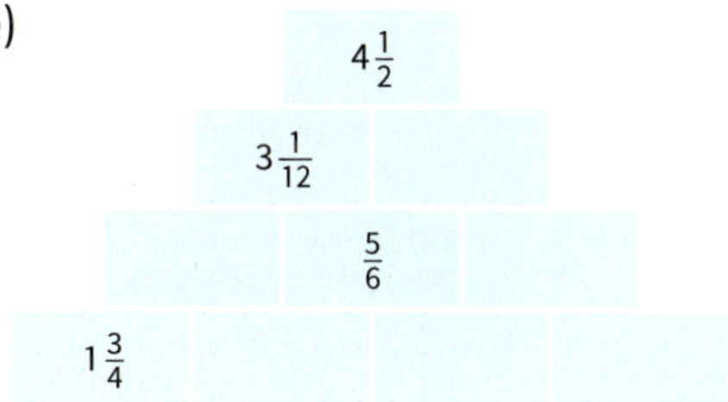

Herausfordern

32. Berechne die Differenz [Summe] aus $\frac{1}{2}$ und $\frac{1}{3}$, aus $\frac{1}{3}$ und $\frac{1}{4}$, aus $\frac{1}{4}$ und $\frac{1}{5}$, aus $\frac{1}{5}$ und $\frac{1}{6}$. Was stellst du fest? Überprüfe deine Vermutung an weiteren Beispielen. Vielleicht kannst du auch eine Erklärung finden.

33. Die Gewichte von 6 Glaskugeln sind $3\frac{5}{6}$ kg, $3\frac{7}{12}$ kg, $4\frac{1}{8}$ kg, $3\frac{3}{4}$ kg, $4\frac{1}{4}$ kg und $4\frac{3}{8}$ kg. Wie kann man diese Kugeln so auf die beiden Waagschalen einer Waage verteilen, dass sie genau im Gleichgewicht ist?

Führen von Merkheften und Lerntagebüchern

Lernen, Ordnen und Behalten

Du hast im letzten Schuljahr und in den letzten Monaten sehr viel Neues gelernt. Kannst du dich noch an alles erinnern:

Was ist eine Primzahl? Wie rechnet man mit Brüchen? Was ist ein Rhombus?
Sicherlich hast du vieles in deinen Mathematik-Heften aufgeschrieben. Wenn du etwas suchst, wird es aber schwierig, das richtige Heft und den passenden Eintrag auf Anhieb – zwischen den Hausaufgaben und Mitschriften aus dem Unterricht – zu finden.

Wie kann man besser mit wichtigen Informationen umgehen? Hierüber haben sich schon viele Menschen Gedanken gemacht. Auf den Bildern siehst du einige „Wissensspeicher“, die sie sich hierzu ausgedacht haben.

1. Schlage mehrere Begriffe (wie z. B. Primzahl, gebrochene Zahl, Rhombus) in den verschiedenen Wissensspeichern nach. Nenne dann deren Vor- und Nachteile.

2. Unten siehst du Merkheft-Seiten von zwei verschiedenen Schülern. Vergleiche sie miteinander: Was ist besonders gut gelungen? Wo könnte man noch Verbesserungen vornehmen?

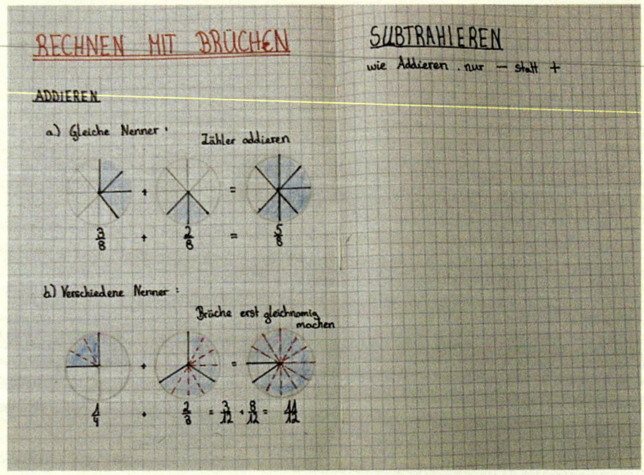

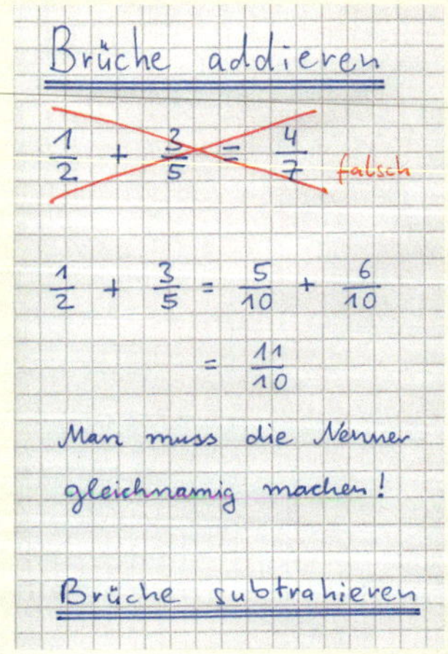

Gründe dafür, sich ein eigenes Merkheft (oder eine Merkkartei) anzulegen:

- Die Schreibweisen der verschiedenen Wissensspeicher stimmen oft nicht mit den Schreibweisen in deinem Schulbuch oder aus deinem Unterricht überein – da musst du erst nachdenken, was gemeint sein könnte. Darüber hinaus wenden sich manche Wissensspeicher eher an Erwachsene mit entsprechend schwierigen Formulierungen.
- An etwas, was man selber aufgeschrieben hat, kann man sich oft besser erinnern.
- Wenn du dir selber etwas in ein Merkheft schreibst, so kannst du Anmerkungen dazu schreiben, z. B.
  - Warnhinweise zu Fehlern, die dir bei dem Thema oft unterlaufen
  - Merkhilfen (Eselsbrücken) und einprägsame Beispiele
  - Hervorhebungen (Unterstreichen, farbige Markierungen, Einrahmen), um deutlich zu machen, was dir persönlich besonders wichtig ist.

Lerntagebuch

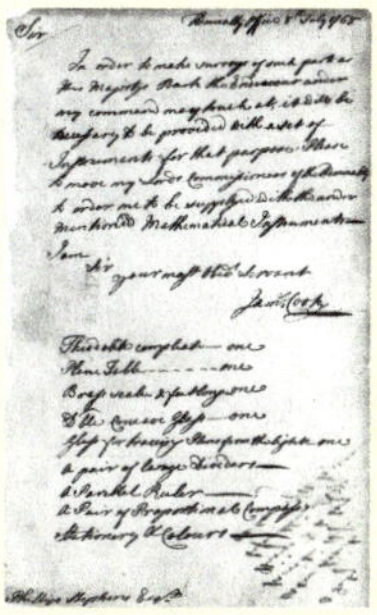

1772 brach James Cook zu seiner zweiten großen Expedition auf. Er beabsichtigte, Terra Australis zu finden, einen nach damaliger Vorstellung riesigen Südkontinent, der angeblich die Erdteile auf der Nordhalbkugel ausbalancieren sollte. Auf dieser Fahrt durchquerte er dreimal den südlichen Polarkreis, ohne auf jenen sagenumwobenen Kontinent zu stoßen. Links siehst du einen Eintrag in seinem **Logbuch** aus dem Jahr 1773. Auch heute noch gibt es auf Schiffen Logbücher. In einem Logbuch werden nicht nur Startpunkt und Ziel einer Reise eingetragen, sondern auch alle besonderen, unvorgesehenen und widrigen Vorkommnisse notiert.
Ganz entsprechend notiert man in einem Lerntagebuch nicht nur das neu Gelernte, sondern den eigenen Lernweg mit allen seinen Verzweigungen, Irrtümern, Stimmungen und auch Erfolgen. Dazu muss man bei der Arbeit immer wieder eine kleine Pause machen und das Augenmerk darauf richten.

Folgende Fragen liefern Beispiele für mögliche Einträge in das Lerntagebuch:
- Was war unsere Ausgangsfrage?
- Welche Beispielaufgaben haben wir besprochen?
- Was war besonders wichtig?
- Welche Schwierigkeiten sind beim Verstehen des Stoffes aufgetreten?
- Welche Aufgaben muss ich noch besonders trainieren?
- Welche Fragestellungen kann ich jetzt selbstständig bearbeiten?
- Welche Fragestellungen sind noch offen?

Ein Lerntagebuch zu führen, ist manchmal anstrengend und lästig. Trotzdem kann es hilfreich für dich sein. Der wohl wichtigste Vorteil besteht darin, dass du lernst, dich selbst beim Lernen zu beobachten. Dies kann dir helfen, dein Lernverhalten zu verbessern. Um solche Vorteile zu erzielen, musst du aber mit deiner Lehrerin oder deinem Lehrer zusammenarbeiten, damit diese(r) dir dann auf Grundlage deines Lerntagebuches sinnvolle Hinweise gibt.

3. Rechts siehst du eine Seite aus dem Lerntagebuch einer Schülerin. Betrachte ihre Gestaltung und vergleiche sie mit der eines Merkhefts.

Brüche in der Musik

- ganze Note
- halbe Note
- Viertelnote
- Achtelnote
- Sechzehntelnote
- Zweiunddreißigstelnote

Verlängerung um einen halben Wert:
- Dreiviertelnote
- Dreiachtelnote
- Dreisechzehntelnote
- ♪♪ wird auch als ♫ geschrieben

- Ganze Pause
- Halbe Pause
- Viertel Pause
- Achtel Pause
- Sechzehntel Pause

1. Noten geben nicht nur die Höhe, sondern auch die Länge eines Tons an.
   a) Betrachte die Tabelle der Notenwerte links und beschreibe das System der Notenwerte.
   b) Mit welchen Noten kann man einen $\frac{4}{4}$- oder einen $\frac{6}{8}$-Takt füllen? Finde Beispiele.

2. Schreibe zu jedem Takt eine Additionsaufgabe mit Brüchen.

Ausschnitt aus den Noten zur Zauberflöte von W. A. Mozart

3. Sucht selbst weitere Notenbeispiele. Welche Takte kommen vor?

5.9 Vervielfachen und Teilen von Brüchen

Einstieg

Meistens kauft man nicht nur eine Flasche oder Dose eines Getränkes, sondern gleich mehrere.

a) Wie viel ℓ Mineralwasser sind in drei Flaschen?

b) Wie viel ℓ Schorle sind in zwei Flaschen?

c) Drei Freunde teilen sich eine Dose Cola. Wie viel Liter erhält jeder?

d) Pit und Mia teilen sich ein Päckchen Saft. Wie viel Liter erhält jeder?

Aufgabe 1

Vervielfachen von Brüchen

Da Valentin und Melle ihren Eltern im Garten geholfen haben, soll es als Belohnung zum Abendessen Pizza vom Lieblingsbäcker der Kinder geben. Dieser backt große Pizzas und unterteilt sie in 16 Stücke. Jedes der vier Familienmitglieder möchte drei solcher Stücke essen.

Valentin meint: „Dann essen wir zusammen fast eine ganze Riesenpizza!"

Untersuche, ob Valentin Recht hat.

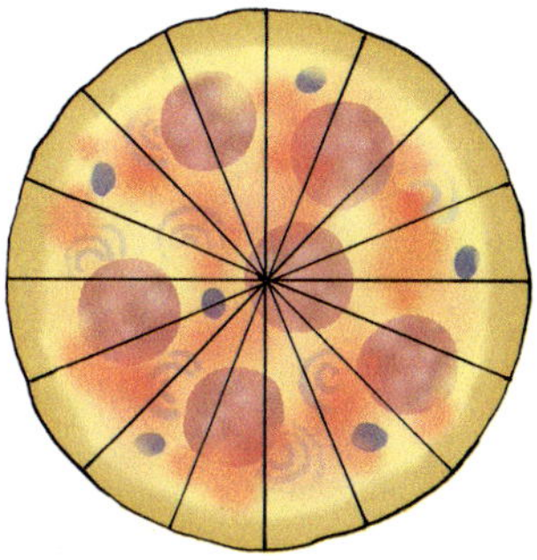

Lösung

Wir stellen den Sachverhalt zunächst in einer Zeichnung dar.

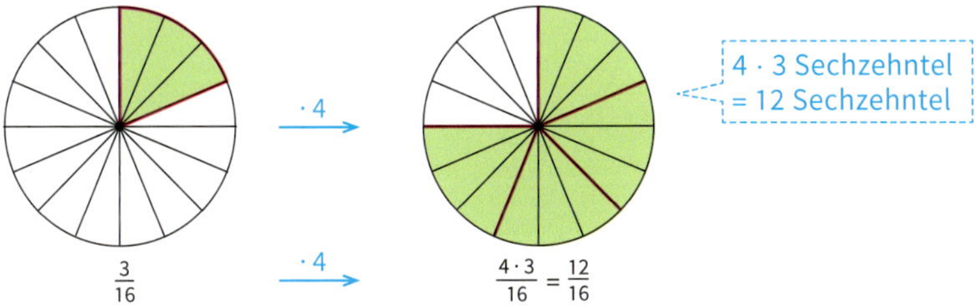

Rechnung: $4 \cdot \frac{3}{16} = \frac{3}{16} + \frac{3}{16} + \frac{3}{16} + \frac{3}{16}$ — Kürzen

$= \frac{3+3+3+3}{16} = \frac{4 \cdot 3}{16} = \frac{12}{16} = \frac{3}{4}$

Ergebnis: Die vier Familienmitglieder essen zusammen keine ganze, sondern nur eine dreiviertel Pizza.

Information

(1) Regel über das Vervielfachen eines Bruchs

In Aufgabe 1 hast du gesehen, dass das Addieren mehrerer gleich großer Bruchteile auch als Vervielfachen eines solchen Bruchteils aufgefasst werden kann.

> Man multipliziert (vervielfacht) eine Bruchzahl mit einer natürlichen Zahl, indem man den Zähler des Bruchs mit der Zahl multipliziert. Der Nenner bleibt unverändert.
>
> *Beispiel:* $3 \cdot \frac{2}{7} = \frac{3 \cdot 2}{7} = \frac{6}{7}$ — 3 · 2 Siebtel = 6 Siebtel

(2) Unterschied zwischen Erweitern und Vervielfachen

$\frac{2}{5}$ mit 2 erweitern bedeutet:
Die Zerlegung wird verfeinert. Zähler *und* Nenner werden mit 2 multipliziert.
Dabei ändert sich der Wert des Bruchs nicht.

$2 \cdot \frac{2}{5}$ bedeutet:
2 Bruchteile, welche jeweils $\frac{2}{5}$ darstellen, werden zusammengefasst. *Nur* der Zähler wird mit 2 multipliziert.
Dabei ändert sich der Wert des Bruchs.

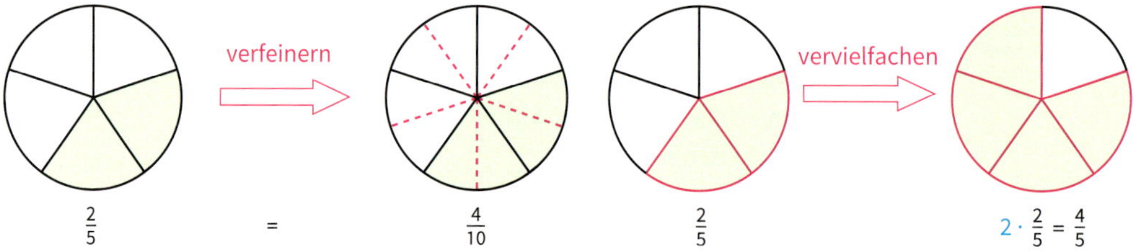

Aufgabe 2 **Teilen eines Bruchs durch eine natürliche Zahl**

Herr Adam hat zum Kaffee am Sonntagnachmittag Waffeln gebacken. Es sind noch vier Herzen (also $\frac{4}{5}$) einer hellen Waffel und $\frac{3}{5}$ einer Schokowaffel übrig. Die beiden Geschwister Karina und Hendrik wollen sich die Herzen teilen.
Wie viel erhält jeder? Schreibe dazu einen Quotienten mit einem Bruch.

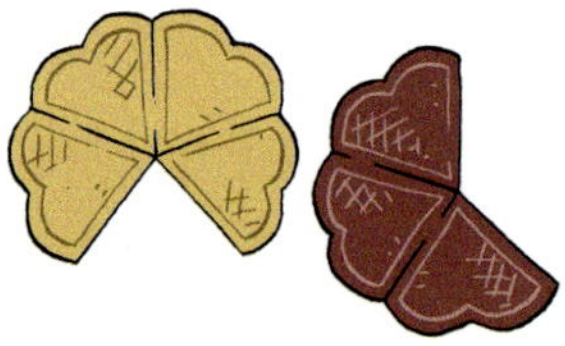

Lösung

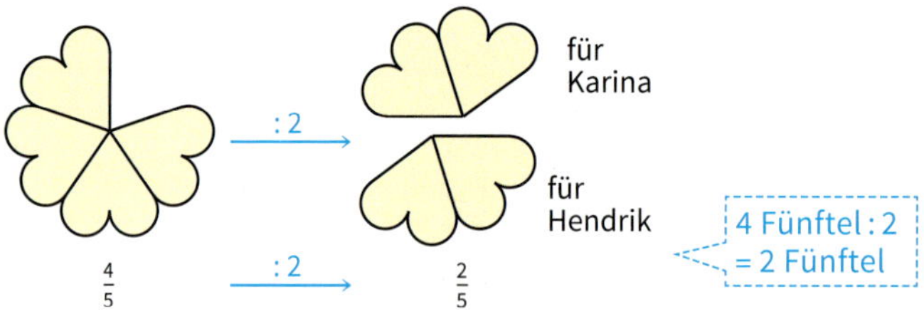

Wir schreiben: $\frac{4}{5} : 2 = \frac{2}{5}$
Ergebnis: Jedes Kind erhält $\frac{2}{5}$ einer ganzen Waffel.

Um gerecht zu verteilen, wird jedes Fünftel in zwei gleich große Teile zerlegt. Das bedeutet:

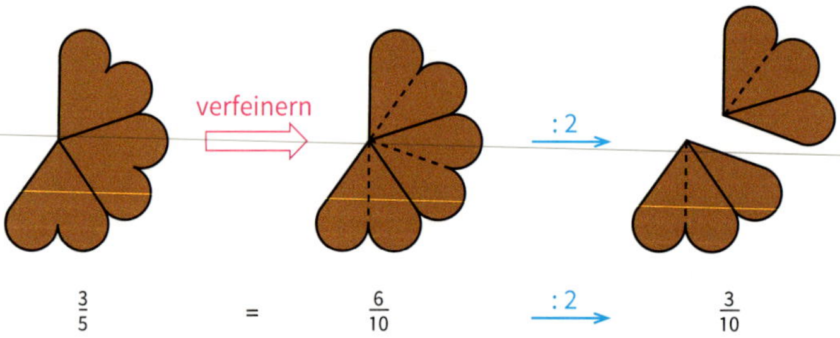

Der Bruch $\frac{3}{5}$ wird mit 2, also auf Zehntel, erweitert. Dann kannst du wie bei den hellen Waffeln verfahren:
$\frac{3}{5} : 2 = \frac{6}{10} : 2 = \frac{3}{10}$

Ergebnis: Jedes Kind erhält $\frac{3}{10}$ einer ganzen Schokowaffel.

Information **Regeln für das Teilen eines Bruchs**

Zur Lösung der Aufgabe $\frac{3}{5} : 2 = \frac{3}{10}$ kannst du auch folgende Überlegungen durchführen:
$\frac{3}{5}$ Waffel stehen zur Verfügung. Jedes Fünftel wird an zwei Kinder verteilt. Jedes Kind bekommt dann von jedem Fünftel die Hälfte, also 1 Zehntel, insgesamt $3 \cdot 1$ Zehntel.
Du erhältst also das Ergebnis $\frac{3}{10}$ durch Multiplikation des Nenners mit 2.

Zwei Fälle bei der Division einer Bruchzahl durch eine natürliche Zahl

1. Möglichkeit: Nur anwendbar, wenn der Zähler durch die natürliche Zahl teilbar ist
Der Zähler des Bruches wird durch die natürliche Zahl dividiert. Der Nenner bleibt erhalten.
Beispiel: $\frac{15}{19} : 5 = \frac{15:5}{19} = \frac{3}{19}$

2. Möglichkeit: Immer anwendbar
Der Nenner des Bruches wird mit der natürlichen Zahl multipliziert. Der Zähler bleibt erhalten.
Beispiel: $\frac{12}{7} : 5 = \frac{12}{7 \cdot 5} = \frac{12}{35}$

Weiterführende Aufgaben

Unterschied zwischen Dividieren und Kürzen

3. Dividiere $\frac{6}{9}$ durch 3. Kürze dann $\frac{6}{9}$ mit 3. Vergleiche auch mithilfe von Skizzen. Worin besteht der Unterschied zwischen Dividieren und Kürzen?

Kürzen vor dem Ausrechnen

4. Man rechnet vorteilhaft, wenn man vor dem Ausrechnen kürzt. Erkläre die Beispiele rechts. Rechne ebenso.

a) $3 \cdot \frac{4}{9}$ c) $\frac{6}{13} : 4$
b) $14 \cdot \frac{4}{7}$ d) $\frac{24}{17} : 18$

Nur ein Faktor im Zähler und im Nenner wird beim Kürzen verwendet.

$12 \cdot \frac{5}{18} = \frac{\overset{2}{\cancel{12}} \cdot 5}{\underset{3}{\cancel{18}}} = \frac{10}{3} = 3\frac{1}{3}$

$\frac{12}{7} : 15 = \frac{\overset{4}{\cancel{12}}}{7 \cdot \underset{5}{\cancel{15}}} = \frac{4}{35}$

Kürzen vor dem Ausrechnen erspart Rechenarbeit.

Üben

5. Schreibe sowohl als Additions- als auch als Multiplikationsaufgabe und berechne.

a) 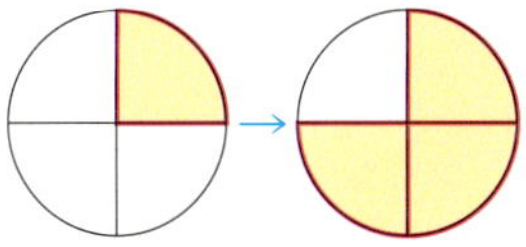
b) 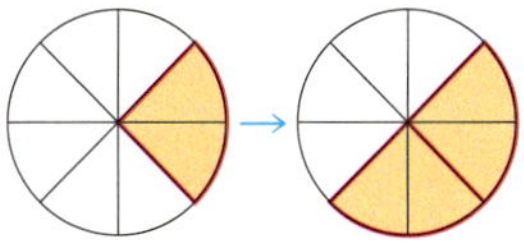
c) 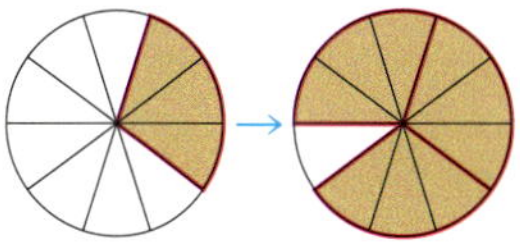

6. Rechne im Kopf.

a) $7 \cdot \frac{3}{4}$ c) $2 \cdot \frac{7}{5}$ e) $8 \cdot \frac{3}{7}$ g) $5 \cdot \frac{4}{9}$ i) $19 \cdot \frac{2}{17}$ k) $15 \cdot \frac{8}{15}$
b) $4 \cdot \frac{2}{9}$ d) $2 \cdot \frac{4}{9}$ f) $8 \cdot \frac{5}{8}$ h) $7 \cdot \frac{3}{13}$ j) $16 \cdot \frac{1}{16}$ l) $5 \cdot \frac{2}{7}$

7. Schreibe als Divisionsaufgabe. Berechne.

a) 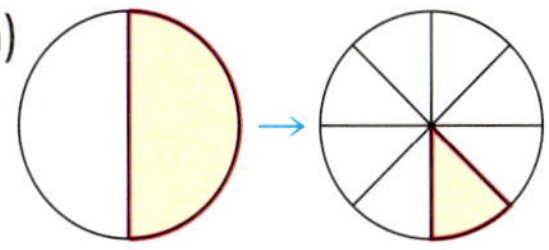
b) 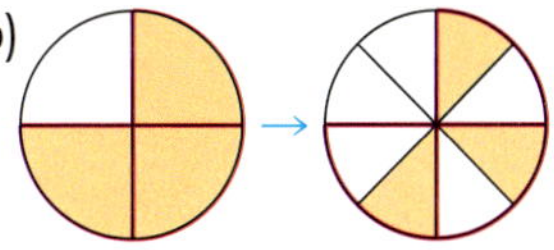
c) 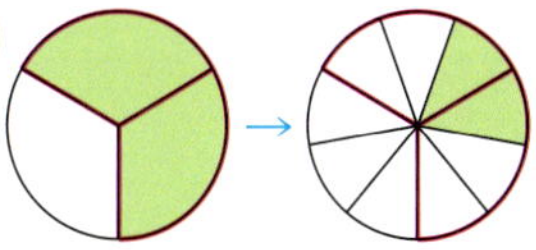

8. Rechne im Kopf.

a) $\frac{1}{2} : 3$ c) $\frac{1}{4} : 5$ e) $\frac{2}{3} : 3$ g) $\frac{21}{25} : 7$ i) $\frac{5}{8} : 3$ k) $\frac{3}{7} : 9$ m) $\frac{12}{13} : 3$ o) $\frac{3}{5} : 12$
b) $\frac{6}{7} : 3$ d) $\frac{4}{9} : 2$ f) $\frac{3}{4} : 2$ h) $\frac{3}{5} : 2$ j) $\frac{12}{13} : 2$ l) $\frac{15}{16} : 5$ n) $\frac{7}{8} : 8$ p) $\frac{4}{9} : 7$

9. Berechne. Kürze vor dem Ausrechnen.

a) $5 \cdot \frac{7}{20}$ c) $24 \cdot \frac{7}{12}$ e) $8 \cdot \frac{17}{24}$ g) $16 \cdot \frac{25}{32}$ i) $\frac{12}{15} : 20$ k) $\frac{34}{85} : 17$ m) $\frac{57}{38} : 19$
b) $4 \cdot \frac{5}{6}$ d) $35 \cdot \frac{8}{15}$ f) $9 \cdot \frac{7}{6}$ h) $\frac{16}{21} : 28$ j) $\frac{3}{7} : 14$ l) $\frac{138}{92} : 23$ n) $\frac{24}{36} : 16$

10. a) Drei Kinder teilen sich $\frac{3}{4}$ ℓ Apfelschorle. Wie viel bekommt jedes Kind?
b) Ein halber Liter Milch wird an drei Kinder verteilt. Wie viel bekommt jedes Kind?
c) In einer Flasche sind $\frac{7}{10}$ ℓ Orangensaft. Zwei Geschwister teilen sich den Saft. Wie viel bekommt jeder?

Vertiefen

11. a) Eine Tasse fasst $\frac{1}{8}$ ℓ Milch. Wie viel ℓ Milch fassen fünf Tassen?
b) Eine Flasche Apfelsaft enthält $\frac{2}{5}$ ℓ Saft. Wie viel ℓ Saft enthalten sechs Flaschen?
c) Für eine alkoholfreie Bowle werden drei $1\frac{1}{2}$-ℓ-Flaschen Ananassaft verwendet. Wie viel Liter Ananassaft ist in der Bowle?
d) Für eine Nougat-Creme-Torte benötigt man $\frac{1}{8}$ ℓ Schlagsahne. Reichen zwei Becher mit jeweils $\frac{2}{10}$ ℓ Sahne für drei Torten?

12. Tim hat seine sechs Freunde zum Waffelessen eingeladen. Tims Mutter rechnet damit, dass jeder eine ganze Waffel und noch $\frac{3}{5}$ einer Waffel isst. Wie viel muss sie backen?

13. Für eine Feier will Neele vier Torten backen, für die Schlagsahne benötigt wird:
Waldmeistertorte: $\frac{1}{4}$ ℓ; Schwimmbadtorte: $\frac{3}{8}$ ℓ; Wickeltorte: 800 ml; Kratertorte: $\frac{1}{8}$ ℓ.
Wie viel Becher mit jeweils $\frac{2}{10}$ ℓ Sahne muss sie mindestens kaufen?

Pfund
alte Masseneinheit
1 Pfund = $\frac{1}{2}$ kg

14. Janinas Freundin Karina kommt zu Besuch. Daher möchte Janina das nebenstehende Fruchtsaftgetränk für sich und ihre Freundin zubereiten.
Wie viel benötigt sie von den einzelnen Zutaten?

15. a) Vergleiche die beiden Rechenwege.

Maria: $4 \cdot 3\frac{1}{5} = 4 \cdot \frac{16}{5} = \frac{64}{5} = 12\frac{4}{5}$ *Patrick:* $4 \cdot 3\frac{1}{5} = 4 \cdot 3 + 4 \cdot \frac{1}{5} = 12 + \frac{4}{5} = 12\frac{4}{5}$

b) Rechne möglichst einfach. Kürze, wenn möglich, das Ergebnis.

(1) $3 \cdot 2\frac{1}{2}$	(3) $3 \cdot 4\frac{2}{3}$	(5) $3 \cdot 3\frac{1}{4}$	(7) $4 \cdot 3\frac{2}{9}$	(9) $4 \cdot 4\frac{3}{5}$
(2) $6 \cdot 3\frac{1}{5}$	(4) $6 \cdot 5\frac{1}{4}$	(6) $2 \cdot 4\frac{2}{5}$	(8) $3 \cdot 3\frac{3}{4}$	(10) $8 \cdot 5\frac{7}{9}$

16. a) Erläutere die Rechenwege von Dennis und Diana. Vergleiche sie.
b) Berechne günstig.

Zerlege geschickt!

(1) $3\frac{4}{5}:3$	(5) $12\frac{3}{4}:6$	(9) $48\frac{1}{4}:12$	(13) $9\frac{1}{5}:4$
(2) $2\frac{4}{7}:3$	(6) $4\frac{2}{5}:5$	(10) $75\frac{1}{2}:15$	(14) $4\frac{2}{3}:3$
(3) $1\frac{6}{7}:3$	(7) $27\frac{7}{8}:9$	(11) $9\frac{4}{5}:10$	(15) $8\frac{5}{7}:7$
(4) $6\frac{7}{8}:3$	(8) $7\frac{2}{3}:10$	(11) $4\frac{3}{5}:5$	(16) $7\frac{5}{6}:8$

Dennis
$6\frac{1}{4}:3$
$= \frac{25}{4}:3$
$= \frac{25}{4 \cdot 3}$
$= \frac{25}{12}$
$= 2\frac{1}{12}$

Diana
$6\frac{1}{4}:3$
$= 6:3 + \frac{1}{4}:3$
$= 2 + \frac{1}{4 \cdot 3}$
$= 2 + \frac{1}{12}$
$= 2\frac{1}{12}$

Herausfordern

17. Nael läuft $6\frac{1}{2}$ km in 30 Minuten, Luca schafft $8\frac{1}{4}$ km in 40 Minuten. Wer von den beiden ist der bessere Läufer?

5.10 Aufgaben zur Vertiefung

1. Tim verkaufte CDs auf einem Flohmarkt. Er verkaufte am Vormittag $\frac{1}{4}$ seiner CDs und am Nachmittag $\frac{1}{3}$ der restlichen CDs. Schließlich hatte er noch 12 CDs übrig. Wie viele CDs hatte Tim anfangs?

2. a) Wie groß ist bei einem Quadrat der Anteil einer Seitenlänge am Umfang?
   b) Wie groß ist bei einem Würfel der Anteil einer Seitenfläche an der Oberfläche?
   c) Wie groß ist bei einem Würfel der Anteil einer Kantenlänge an der gesamten Kantenlänge?

3. Das nebenstehende Bild von Camille Graeser trägt den Titel „Blau – Rot 3 : 1, 1/48 Blau bewegt“. Kontrolliere die Zahlenangaben im Titel.

4. In einer Schule spielen $\frac{19}{20}$ aller Schüler mindestens ein Musikinstrument, $\frac{1}{5}$ aller Schüler sogar mehrere Musikinstrumente.
   a) Wie groß ist der Anteil an der Anzahl aller Schüler, die kein Instrument spielen?
   b) Wie groß ist der Anteil derjenigen, die nur ein Instrument spielen?

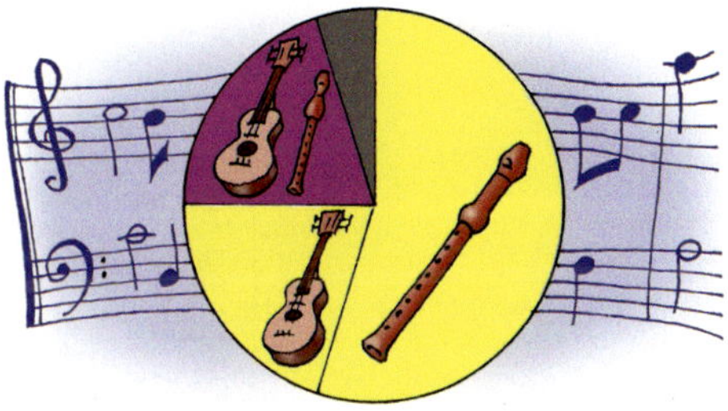

5. Onkel Theodor vererbt sein Vermögen an seine Neffen Kai und Dirk und an seine Nichte Claudia.
   Kai erbt $\frac{2}{5}$, Dirk $\frac{1}{3}$ des Vermögens, Claudia erhält den Rest.
   a) Welcher Anteil des gesamten Erbes geht an die Neffen?
   b) Welchen Anteil erbt die Nichte?
   c) Wie groß ist das gesamte Vermögen, wenn Claudias Erbteil 80 000 € beträgt?

6. Ein Scheich vererbte seinen drei Söhnen 17 Kamele. Er hatte bestimmt, dass der älteste die Hälfte, der mittlere ein Drittel und der jüngste ein Neuntel erhalten sollte.
   Die Söhne waren ratlos, wie sie auf diese Weise 17 Kamele aufteilen sollten.
   Ein guter Freund schenkte ihnen ein Kamel. Danach war das Aufteilen leicht, aber doch überraschend für die Söhne. Erkläre, warum.

Intuitives Begründen

Richtig oder falsch? – Wann kannst du sicher sein?
An etlichen Stellen im Mathematikunterricht hast du schon Begründungen vorgenommen. Hier untersuchst du näher, wie man eine Vermutung begründen kann und wann eine Begründung stichhaltig ist.

Primzahl
Zahl mit genau zwei Teilern, z. B. 2, 3, 7, 11, …

1. Merlin hat eine Entdeckung gemacht und unterhält sich mit Lisa darüber. Fertige die von Lisa vorgeschlagene Tabelle an und fülle sie aus. Welche Entdeckung machst du?

2. a) Julia und Tom haben entdeckt, dass zwischen zwei durch 3 teilbaren Zahlen stets eine gerade Zahl liegt. Sie haben auch versucht, dies zu begründen.
Vergleiche ihre Begründungen.
Was hältst du von ihnen?

JULIA
Zwischen zwei durch 3 teilbaren Zahlen liegt stets eine gerade Zahl.
Begründung:
Zwischen 3 und 6 liegt 4,
zwischen 6 und 9 liegt 8,
zwischen 9 und 12 liegt 10
zwischen 12 und 15 liegt 14
zwischen 15 und 18 liegt 16.

TOM
Zwischen zwei durch 3 teilbaren Zahlen liegt immer eine gerade Zahl.
Begründung:
Es gibt nur zwei Möglichkeiten:
1) Ist die kleinere durch 3 teilbare Zahl ungerade, so ist die unmittelbar darauf folgende Zahl gerade und kleiner als die nächste durch 3 teilbare Zahl.
2) Ist die kleinere durch 3 teilbare Zahl gerade, so ist die um 2 größere Zahl auch gerade, aber kleiner als die nächste durch 3 teilbare Zahl.

b) Linus behauptet: „Zwischen zwei durch 4 teilbaren Zahlen liegt stets eine durch 5 teilbare Zahl." Begründe oder widerlege.

3. Lukas behauptet: „Anstatt einen Bruch nacheinander mit zwei Zahlen zu erweitern, kann man ihn auch gleich mit dem Produkt dieser Zahlen erweitern." Rechts siehst du seine Begründung.
a) Erläutere seine Überlegung.
b) Lukas führt keine allgemeine Begründung, sondern erläutert an Zahlenbeispielen. Überlege, ob diese Argumentation stichhaltig ist.
Hilfe: Betrachte dazu auch die Begründung für das Kommutativgesetz für das Addieren von Bruchzahlen.

$$\frac{1}{2} \overset{3}{=} \frac{1 \cdot 3}{2 \cdot 3} \overset{5}{=} \frac{(1 \cdot 3) \cdot 5}{(2 \cdot 3) \cdot 5}$$
$$= \frac{1 \cdot (3 \cdot 5)}{2 \cdot (3 \cdot 5)}$$
$$= \frac{1 \cdot 15}{2 \cdot 15}$$

Dasselbe Ergebnis erhält man auch in einem Schritt:

$$\frac{1}{2} \overset{15}{=} \frac{1 \cdot 15}{2 \cdot 15}$$

4. Erläutere folgende Zusammenfassung an den Beispielen von Seite 258.

Begründen von Behauptungen

- Um zu zeigen, dass eine Behauptung falsch ist, reicht es aus, ein einziges Gegenbeispiel zu finden.
- Auch noch so viele Beispiele reichen nicht aus, um eine allgemeine Behauptung zu begründen. Man muss mithilfe von Argumenten sicherstellen, dass sie gilt.
- Ausnahme: Wenn eine Begründung mit konkreten Beispielen so erfolgt, dass klar ist, dass sie auch für jedes andere Beispiel möglich ist, so ist die Begründung stichhaltig.

5. Ben behauptet: „Zwischen zwei durch 4 teilbaren Zahlen liegt stets mindestens eine Primzahl". Begründe diese Behauptung oder widerlege sie.

6. Sarah sagt: „Vervielfacht man einen Bruch mit einer natürlichen Zahl und dann das Ergebnis noch mal mit einer anderen natürlichen Zahl, so kann man auch die Reihenfolge vertauschen. Man erhält dann dasselbe Ergebnis."
Untersuche, ob diese Behauptung stimmt. Begründe sie gegebenenfalls.

7. Victor überlegt, ob beim Teilen von Brüchen das Assoziativgesetz gilt.
Was meinst du? Begründe deine Meinung.

8. **a)** Überlege, ob beide Rechenwege zum selben Ergebnis führen. Begründe.

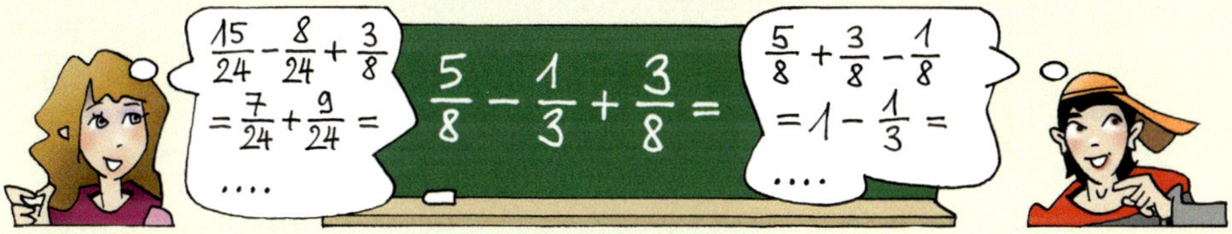

b) Begründe folgende Regel. Überlege dazu, wie du geschickt vorgehen kannst.

> Aufeinander folgende Additions- und Subtraktionsschritte in einem Term darf man vertauschen, falls die Subtraktion ausführbar ist. Dabei ändert sich der Wert des Terms nicht.

c) Überlege, warum in der Regel die Einschränkung „falls die Subtraktion ausführbar ist" gemacht wird.

9. Ein Bruch wird geteilt und anschließend vervielfacht. Untersuche, ob man beim Vertauschen der Reihenfolge (erst vervielfachen und dann teilen) dasselbe Ergebnis erhält. Begründe.

10. Julia sagt: „In unserer Klasse betrug das Verhältnis Jungen zu Mädchen 3 : 4.
Nachdem zwei Mädchen die Klasse verlassen und noch zwei Jungen dazugekommen sind, ist das Verhältnis jetzt 1 : 1."
Überprüfe, ob Julias Behauptung zutreffen kann.

Das Wichtigste auf einen Blick

Brüche

Brüche sind Anteile von Ganzen. Der **Nenner** eines Bruches gibt an, aus wie vielen gleich großen Teilen das Ganze besteht. Der **Zähler** bestimmt, wie viele dieser Teile genommen werden.

Den Quotienten zweier natürlicher Zahlen kann man auch als Bruch schreiben.

Beispiele:

$\frac{2}{5}$ ← Zähler (2), ← Bruchstrich, ← Nenner (5)

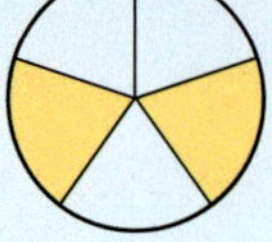

$3:4 = \frac{3}{4}$; $7:2 = \frac{7}{2}$

Arten von Brüchen

Bei einem **echten Bruch** ist der Zähler kleiner als der Nenner. Bei einem **unechten Bruch** ist der Zähler des Bruches größer als der Nenner oder gleich dem Nenner.

Unechte Brüche kann man auch in der **gemischten Schreibweise** angeben.

Beispiele:
echt: $\frac{3}{7}$
unecht: $\frac{7}{6}$; $\frac{3}{3}$

$\frac{5}{2} = \frac{4}{2} + \frac{1}{2} = 2 + \frac{1}{2} = 2\frac{1}{2}$

Erweitern und Kürzen

Erweitern eines Bruches heißt, seinen Zähler und Nenner mit derselben Zahl (nicht 0 oder 1) zu multiplizieren. Grafisch bedeutet das Erweitern eines Bruches eine Verfeinerung der Einteilung.

Kürzen eines Bruches heißt, seinen Zähler und Nenner durch dieselbe Zahl (nicht 0 oder 1) zu dividieren.
Grafisch bedeutet das Kürzen eines Bruches eine Vergröberung der Einteilung.
Beim Erweitern oder Kürzen eines Bruches ändert sich sein Wert nicht.

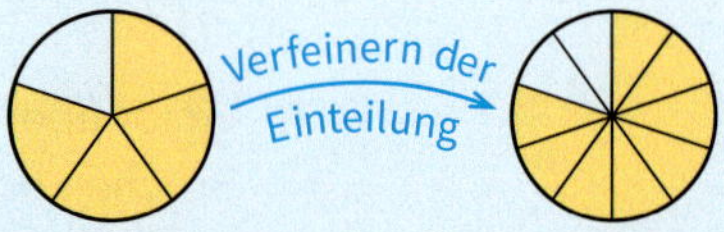

$\frac{4}{5} = \frac{4 \cdot 2}{5 \cdot 2} = \frac{8}{10}$

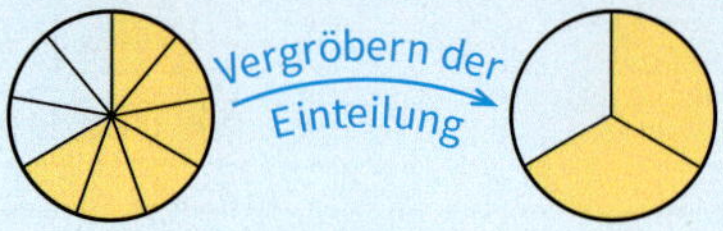

$\frac{6}{9} = \frac{6:3}{9:3} = \frac{2}{3}$

Grundaufgaben bei Anteilen

Mit einem Bruch kann man angeben, welcher Anteil von einem Ganzen genommen werden soll.
- Sind das Ganze und der Anteil gegeben, kann man den Teil berechnen.
- Sind der Teil und der Anteil gegeben, kann man das Ganze berechnen.
- Sind das Ganze und der Teil gegeben, kann man den Anteil berechnen.

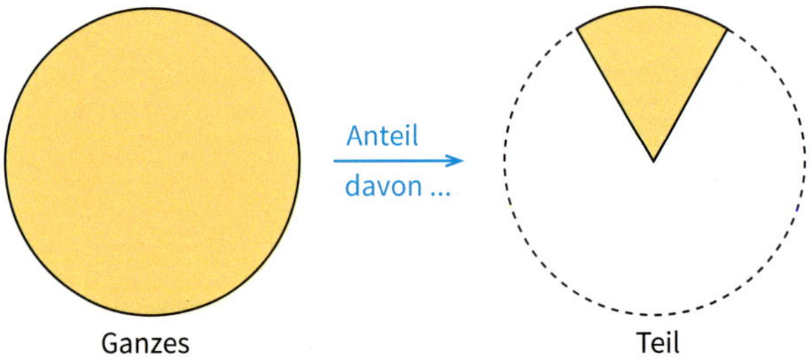

Beispiele:
Berechnen des Teils:
Aufgabe: $\frac{3}{4}$ von 80 kg
Rechnung:
$80\,\text{kg} : 4 \cdot 3 = 20\,\text{kg} \cdot 3 = 60\,\text{kg}$
Ergebnis: $\frac{3}{4}$ von 80 kg sind 60 kg.

Bestimmen des Ganzen:
Aufgabe: $\frac{2}{3}$ sind 30 ℓ
Rechnung:
$30\,\ell : 2 \cdot 3 = 15\,\ell \cdot 3 = 45\,\ell$
Ergebnis: Das Ganze ist 45 ℓ.

Bestimmen des Anteils:
Aufgabe: 20 m von 60 m
Rechnung:
$\frac{20\,\text{m}}{60\,\text{m}} = \frac{20}{60} = \frac{1}{3}$
Ergebnis: Der Anteil beträgt $\frac{1}{3}$.

Vergleichen und Ordnen von Brüchen

Brüche lassen sich vergleichen und ordnen. Man kann sie auf den gleichen Nenner erweitern und dann ihre Zähler vergleichen.

Beispiel: $\frac{2}{3} = \frac{16}{24}$; $\frac{3}{4} = \frac{18}{24}$; $\frac{5}{8} = \frac{15}{24}$;
also $\frac{5}{8} < \frac{2}{3} < \frac{3}{4}$

Addition und Subtraktion von Brüchen

Brüche mit gleichem Nenner werden addiert (subtrahiert), indem man ihre Zähler addiert (subtrahiert) und den gemeinsamen Nenner beibehält.
Brüche mit verschiedenen Nennern werden zuerst auf den gleichen Nenner erweitert oder gekürzt und dann addiert (subtrahiert).

Beispiele:

$\frac{2}{9} + \frac{5}{9} = \frac{7}{9}$ $\quad \frac{8}{9} - \frac{3}{9} = \frac{5}{9}$

$\frac{1}{4} + \frac{2}{5} = \frac{5}{20} + \frac{8}{20} = \frac{13}{20}$

$\frac{5}{6} - \frac{3}{4} = \frac{10}{12} - \frac{9}{12} = \frac{1}{12}$

Vervielfachen und Teilen

Ein Bruch wird mit einer natürlichen Zahl *vervielfacht*, indem der Zähler mit der Zahl multipliziert wird. Der Nenner des Bruches wird nicht verändert.
Beim *Teilen* eines Bruches durch eine natürliche Zahl wird der Nenner des Bruches mit dieser Zahl multipliziert. Der Zähler des Bruches wird nicht verändert.

Beispiele:

$2 \cdot \frac{3}{7} = \frac{6}{7}$

$\frac{3}{4} : 2 = \frac{3}{8}$

Bist du fit?

1. Welcher Bruch ist dargestellt?

a)

b)

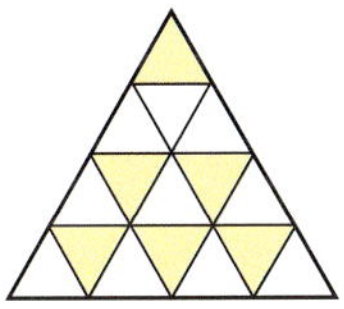

c)

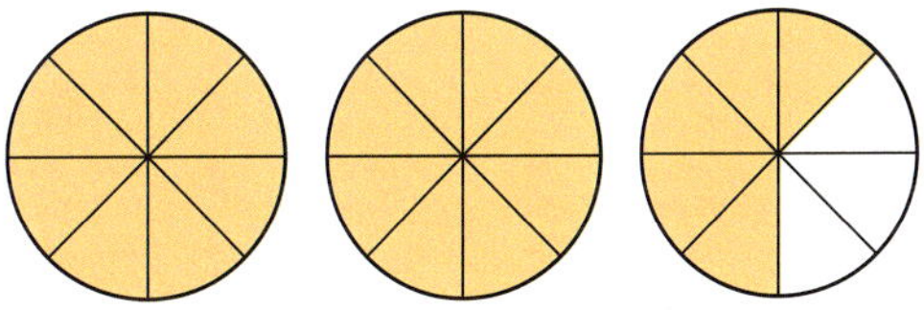

2. Färbe vom Rechteck:
a) $\frac{3}{4}$; b) $\frac{1}{3}$; c) $\frac{2}{3}$; d) $\frac{5}{6}$

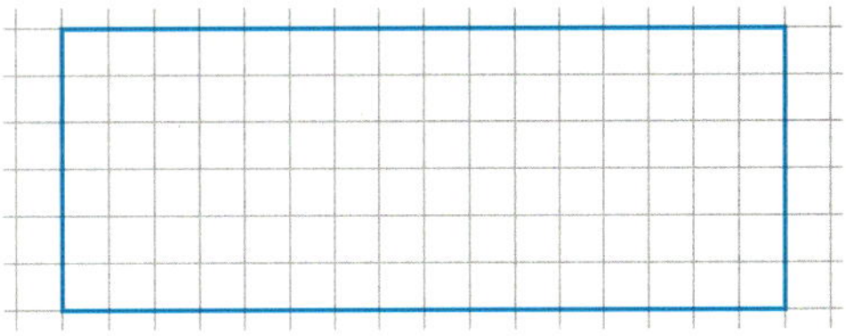

3. Welcher Anteil an einer Stunde ist zwischen 8.30 Uhr und 8.50 Uhr [12.25 Uhr und 13.05 Uhr] vergangen?

4. a) Notiere $\frac{35}{11}$; $\frac{72}{12}$; $\frac{76}{15}$; $\frac{140}{20}$; $\frac{181}{25}$; als natürliche Zahl oder in gemischter Schreibweise.
b) Notiere als unechten Bruch: $9\frac{1}{2}$; $4\frac{2}{3}$; $5\frac{3}{4}$; $2\frac{3}{5}$; $7\frac{1}{6}$; $6\frac{5}{8}$; $8\frac{9}{10}$

5. Kürze soweit wie möglich: $\frac{15}{24}$; $\frac{15}{55}$; $\frac{18}{30}$; $\frac{30}{72}$; $\frac{44}{121}$; $\frac{60}{144}$; $\frac{90}{225}$; $\frac{144}{300}$; $\frac{400}{275}$

6. Rechne in einen Bruch mit dem Nenner 1 000 um: $\frac{5}{4}$; $\frac{11}{25}$; $\frac{9}{8}$; $\frac{11}{125}$; $\frac{41}{200}$; $\frac{9}{50}$; $\frac{13}{250}$; $\frac{27}{75}$

7. Übertrage das Pfeildiagramm in dein Heft und ergänze die fehlenden Lücken.

a) 30 kg $\xrightarrow{\text{davon } \frac{4}{5}}$ ▢ $\qquad$ b) ▢ $\xrightarrow{\text{davon } \frac{2}{3}}$ 12 m $\qquad$ c) 12 h $\xrightarrow{\text{davon } ▢}$ 5 h

8. a) Miriam hat zum Geburtstag 30 € bekommen. Davon spart sie $\frac{5}{6}$ für die Anschaffung eines modischen Rucksacks. Wie viel Euro sind das?

b) Herr Neumann hat Rasensamen eingekauft. Dirk schaut sich die Verpackung an und sagt: „Das reicht aber nur für $\frac{2}{5}$ der Fläche.“ Wie groß soll die Rasenfläche werden?

9. Bei einer Klassensprecherwahl wurden insgesamt 32 Stimmen abgegeben. Welcher Anteil der abgegebenen Stimmen entfiel auf Dennis, welcher auf Sarah, welcher auf Anne und welcher auf Markus?

10. Beim Transport eines Kartons mit 60 Eiern sind $\frac{1}{4}$ der Eier zerbrochen. Wie viele unzerbrochene Eier sind im Karton?

11. Sophie hat bei einem Murmelspiel $\frac{1}{4}$ ihrer Murmeln verloren. Danach spielt sie noch einmal und verliert wieder $\frac{1}{4}$ ihrer restlichen Murmeln. Danach hat sie noch 9 Murmeln. Wie viele Murmeln hatte sie vor diesen beiden Spielen?

12. Vergleiche. Setze im Heft das passende Zeichen <, > oder = ein.

a) $\frac{7}{12}$ ▢ $\frac{5}{8}$ b) $\frac{35}{25}$ ▢ $\frac{21}{15}$ c) $\frac{13}{9}$ ▢ $\frac{17}{12}$ d) $\frac{5}{7}$ ▢ $\frac{8}{11}$ e) $\frac{32}{40}$ ▢ $\frac{48}{60}$ f) $\frac{13}{20}$ ▢ $\frac{17}{25}$

13. Rechne zunächst in die gemischte Schreibweise um. Ordne dann nach der Größe.

a) $\frac{37}{8}$; $\frac{52}{9}$; $\frac{17}{6}$; $\frac{55}{12}$; $\frac{19}{6}$ b) $\frac{16}{3}$; $\frac{40}{9}$; $\frac{26}{7}$; $\frac{80}{17}$; $\frac{79}{15}$ c) $\frac{53}{12}$; $\frac{43}{18}$; $\frac{52}{15}$; $\frac{153}{25}$; $\frac{28}{5}$; $\frac{29}{12}$; $\frac{82}{25}$; $\frac{27}{4}$; $\frac{61}{11}$

14. Wer erbt mehr, Adam oder Eva?

15. Bei einer Sammlung werden in den sechsten Klassen Ansichtskarten verkauft. Die Klasse 6 a hat $\frac{2}{15}$, die 6b $\frac{3}{10}$, die 6c $\frac{5}{12}$ und die 6d $\frac{3}{20}$ der Karten abgenommen.

a) Ordne nach dem Anteil der abgenommenen Karten.

b) Die Klasse 6 d hat 45 Karten gekauft. Wie viele wurden in den anderen Klassen gekauft?

16. Berechne. Kürze, wenn möglich.

a) $\frac{1}{2}+\frac{1}{4}$; $\frac{2}{3}-\frac{1}{6}$ c) $\frac{4}{5}+\frac{7}{10}$; $\frac{3}{4}-\frac{9}{20}$ e) $\frac{7}{10}+\frac{2}{25}$; $\frac{19}{20}-\frac{11}{30}$ g) $\frac{11}{15}+7$; $6-\frac{5}{8}$ i) $2\frac{2}{3}+\frac{1}{9}$; $6\frac{4}{5}-\frac{7}{10}$ k) $\frac{7}{4}+4$; $7-\frac{8}{9}$

b) $\frac{5}{12}+\frac{2}{3}$; $\frac{11}{15}-\frac{3}{5}$ d) $\frac{2}{3}+\frac{3}{4}$; $\frac{5}{6}-\frac{3}{4}$ f) $\frac{5}{7}+\frac{5}{8}$; $\frac{5}{7}-\frac{5}{8}$ h) $4\frac{1}{3}+\frac{2}{3}$; $9-1\frac{1}{6}$ j) $1\frac{1}{2}+\frac{7}{8}$; $4\frac{3}{10}-\frac{1}{2}$ l) $\frac{3}{5}+5$; $\frac{12}{5}-2$

17. a) $\frac{7}{8}\cdot 4$ b) $6\cdot\frac{8}{9}$ c) $7\cdot\frac{5}{9}$ d) $\frac{12}{4}:5$ e) $\frac{3}{4}:5$ f) $\frac{4}{5}:3$

18. Formuliere eine Frage. Beantworte sie mit einer Skizze und einer Rechnung.

a) Jan kauft fünf $\frac{1}{2}$-ℓ-Packungen Milch.

b) Jan, Marc und Tom teilen sich $2\frac{1}{4}$ Pizzas.

c) Tom soll $1\frac{3}{4}$ kg Butter einkaufen. Ein Päckchen Butter enthält $\frac{1}{4}$ kg.

Lösungen zu Bist du fit?

Seite 54

1.

Zahl	1 000 000	1999 999	79 900	1 000 000	3 479 008
Nachfolger	1 000 001	2 000 000	79 901	1 000 001	3 479 009

2. Eine Billion fünfhundertsechzehn Milliarden neunundneunzig Millionen neunhunderteinundfünfzigtausendvierhundertachtundachtzig
vierhundertvierundsiebzig
achtzehntausenddreihundertfünfundfünfzig

3. a) 2 488 < 3 521 b) 6 776 > 6 767 c) 80 192 > 79 582 d) 432 719 < 432 723

4. a) 10; 50; 85; 107; 118
b)
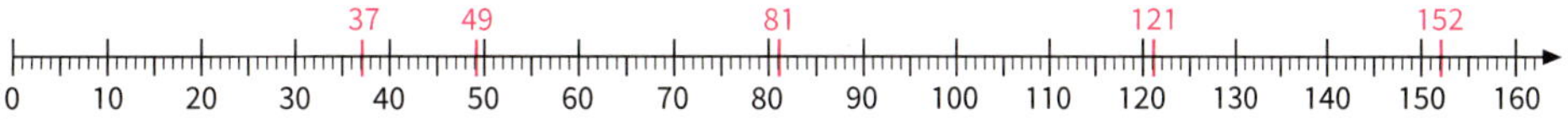

5. a) (1) 29 400 (2) 35 000 (3) 830 000
b) (1) 225; 234 (3) 3 395; 3 404 (5) 225 000; 234 999
(2) 3 350; 3 449 (4) 28 500; 29 499 (6) 16 500 000; 17 499 999

6. a) 2 mg b) 4 h c) 244 g d) 6 mm e) 4 min f) 707 kg g) 904 m h) 48 s

7. a) 800 cm; 11 000 m b) 5,12 m; 93 000 g c) 17 000 kg; 0,030 kg d) 50 m; 50 cm e) 0,3 kg; 720 min

8. a) 14 h 15 min b) 23 h 23 min c) 12 h 2 min d) 3 h 45 min

9. a) 6 km; 11 km; 9,6 km; 17,4 km b) 3 cm; 7,5 cm; 1,8 cm; 5,4 cm

10.
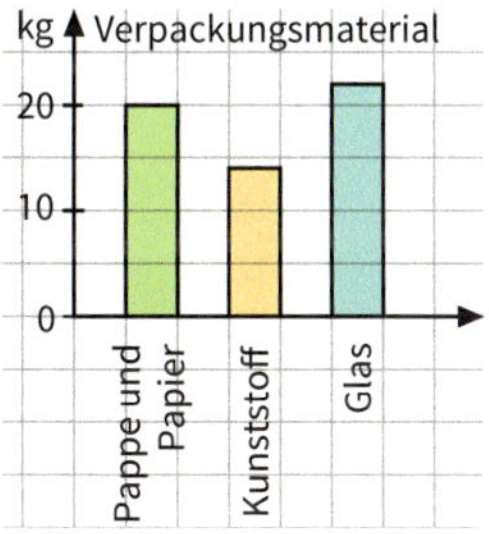

Seite 109

1. a) 305 b) 737 c) 595 d) 166

2. a) 3 421 b) 6 538 c) 31 578 d) 1 423 e) 5 215 f) 3 072

3. a) 3 300 + 2 900 = 6 200; 3 278 + 2 948 = 6 226
b) 5 300 − 4 700 = 600; 5 314 − 4 685 = 629
c) 4 100 + 5 900 + 1 100 = 11 100; 4 088 + 5 907 + 1 116 = 11 111
d) 8 800 − 1 000 = 7 800; 8 816 − 975 = 7 841
e) 6 500 + 1 200 + 600 + 2 200 = 10 500; 6 480 + 1 246 + 597 + 2 217 = 10 540
f) 8 200 − 4 900 − 600 = 2 700; 8 245 − 4 912 − 613 = 2 720

4. a) 535 b) 891 c) 504 d) 244 e) 239 f) 101

5. a) 118 678 b) 16 977 c) 559 786

6. a) 384 + 616 = 1 000 b) 93 215 − 83 216 = 9 999

7. Der Erlös beträgt 370 €.

8. 11 700 ℓ − 3 800 ℓ − 4 400 ℓ − 2 900 ℓ = 600 ℓ; 11 650 ℓ − 3 785 ℓ − 4 360 ℓ − 2 875 ℓ = 630 ℓ

9. a) 3 600; 2 660 b) 12; 26 c) 828; 1 560 d) 2 040; 400 e) 52; 11 f) 13; 32

10. a) 5 555; 12 345 b) 44 844; 97 779 c) 7 654; 8 888 d) 999 000; 345 678 e) 777; 345

Seite 109

11. a) 1853; 77 Rest 5 c) 1611; 67 Rest 3 e) 1300; 54 Rest 4
b) 4464; 186 d) 1633; 68 Rest 1 f) 1898; 79 Rest 2

Seite 110

12. a) 14 c) 25 e) Alle natürlichen Zahlen, außer der Null.
b) 2727 d) 0 f) Durch 0 kann man nicht dividieren.

13. $1912 : 86 = 22$ Rest 20 Das Schiff muss 23 Rettungsboote mitführen.

14. $712 \cdot 65 = 46\,280$ Das Vorhaben kostet 46 280 €. Der Betrag reicht.
$50\,000 - 46\,280 = 3\,720$ Es bleiben 3 720 € übrig.

15. $54 \cdot 23 = 1\,242$ Es sind 1 242 Sitzplätze vorhanden.
$1\,242 + 95 = 1\,337$ Es waren 1 337 Zuschauer.

16. a) 5 100 b) 7 300 c) 42 000

17. a) 5 000 b) 61 c) 520 d) 146 e) 125 f) 38

18. $\frac{1}{2}$ kg = 500 g
a) $500 : 4 = 125$ Ein halbes Kilogramm reicht für 125 Tassen.
b) 500 g = 500 000 mg; 3,5 g = 3 500 mg $500\,000 : 3\,500 = 142$ Rest 3 000 Sie erhält 142 Tassen.
c) 500 g = 500 000 mg; $500\,000 : 200 = 2\,500$ Man darf 2 500 mg, also 2,5 g für eine Tasse nehmen.

19. $(12\,500 - 8\,250) : 50 = 85$ Es können noch 85 Zementsäcke zugeladen werden.

20. a)

Teilbar durch 2:	36, 64, 72, 310, 400, 884, 5 316, 6 172, 7 620, 9 100, 9 700, 37 850, 60 002, 87 904
Teilbar durch 3:	36, 45, 72, 927, 1 017, 5 316, 7 620
Teilbar durch 4:	36, 64, 72, 400, 884, 5 316, 6 172, 7 620, 9 100, 9 700, 87 904
Teilbar durch 5:	35, 45, 125, 310, 400, 2 225, 7 620, 9 100, 9 700, 37 850
Teilbar durch 9:	36, 45, 72, 927, 1 017
Teilbar durch 10:	310, 400, 7 620, 9 100, 9 700, 37 850
Teilbar durch 25:	125, 400, 2 225, 9 100, 9 700, 37 850
Teilbar durch 100:	400, 9 100, 9 700

b) 17, 13, 19, 29, 43, 71, 101

21. a) $40 = 2 \cdot 2 \cdot 2 \cdot 5 = 2^3 \cdot 5$ c) $148 = 2 \cdot 2 \cdot 37 = 2^2 \cdot 37$
b) $84 = 2 \cdot 2 \cdot 3 \cdot 7 = 2^2 \cdot 3 \cdot 7$ d) $6\,200 = 2 \cdot 2 \cdot 2 \cdot 5 \cdot 5 \cdot 31 = 2^3 \cdot 5^2 \cdot 31$

22. a) $x = 3$ b) $x = 51$ c) $x = 7$

23. a) $x = 5$ b) $x = 14$ c) $x = 13$ d) $x = 8$

Seite 153

Vorbemerkung: Alle Zeichnungen sind verkleinert gezeichnet.

1. a)

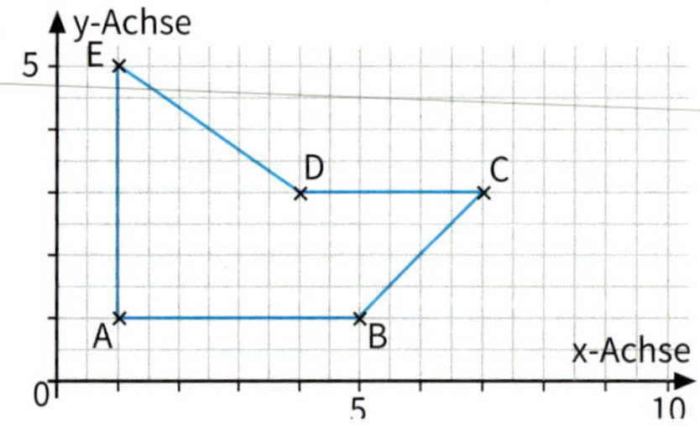

b) 4,0 cm + 2,8 cm + 3,0 cm + 3,6 cm + 4,0 cm = 17,4 cm

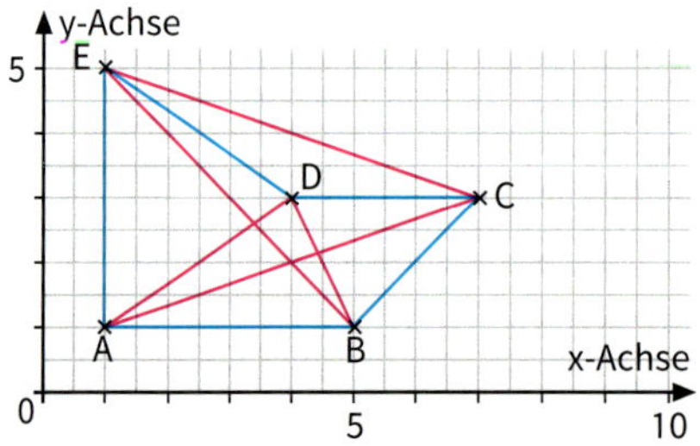

Seite 153

2.

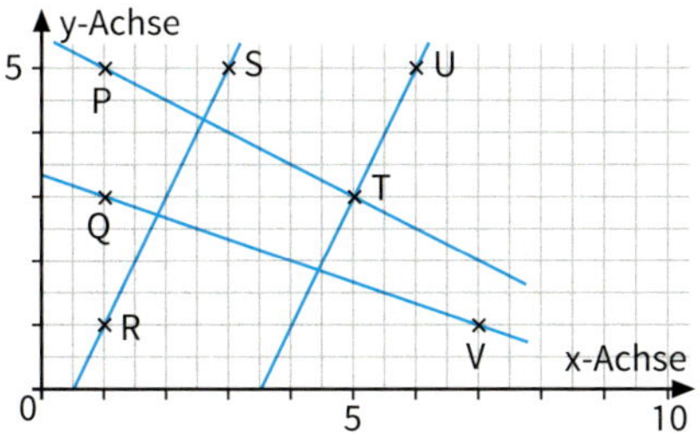

PT ⊥ RS
PT ⊥ TU
RS ∥ TU

3.

N ⊥ O	O ⊥ S	S ⊥ W	W ⊥ N
NO ⊥ SO	SO ⊥ SW	SW ⊥ NW	NW ⊥ NO

4. **a)** Die Gerade geht durch die Punkte P (3 | 6) und C (6 | 3).
b) Die Gerade geht durch die Punkte P (3 | 6) und D (0 | 3).
c) 4,2 cm

Seite 154

5. Der Abstand von P zu AB beträgt 2 cm, zu BC ungefähr 1,3 cm und zu AC ungefähr 1,8 cm. P hat also zu BC den kleinsten Abstand.

6.

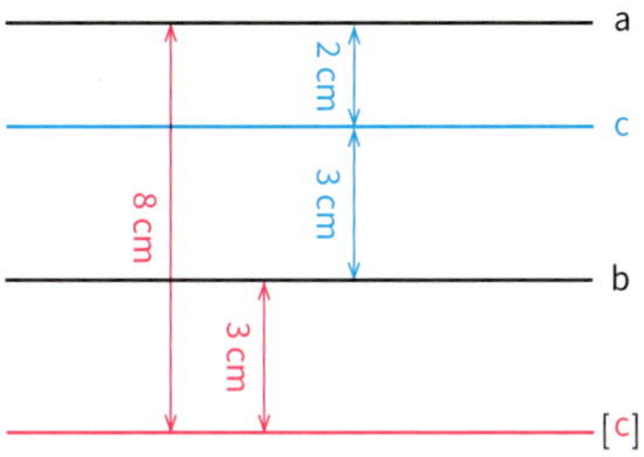

7. Quadrat mit den Eckpunkten P (3 | 3), Q (4 | 6), A (1 | 7), B (0 | 4) oder
Quadrat mit den Eckpunkten C (6 | 2), D (7 | 5), Q (4 | 6), P (3 | 3).

8.

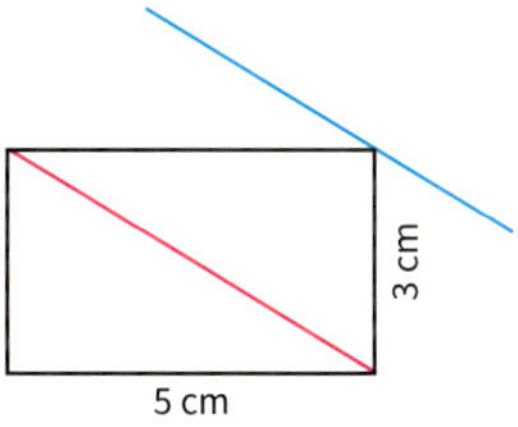

9. **a)** Das Rechteck hat die Seitenlängen 6 cm und 3 cm.
b) Das Quadrat hat die Seitenlänge 4,5 cm.

10. **a)** *Schrägbild:*

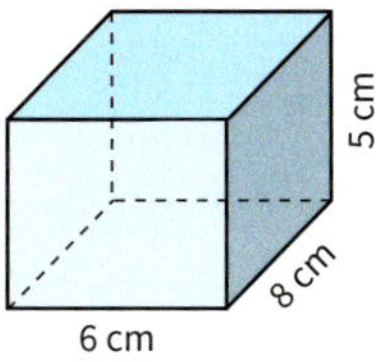

Netz:

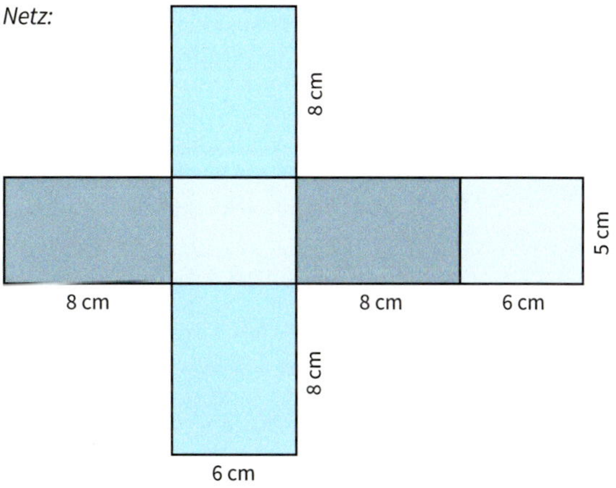

b) Rechtecke und Parallelogramme.

Seite 154

11.

12. Grundriss: Rechteck mit den Seitenlängen 6 cm und 4 cm
Aufriss: Rechteck mit den Seitenlängen 6 cm und 3 cm
Seitenriss: Rechteck mit den Seitenlängen 4 cm und 3 cm

Schrägbild:

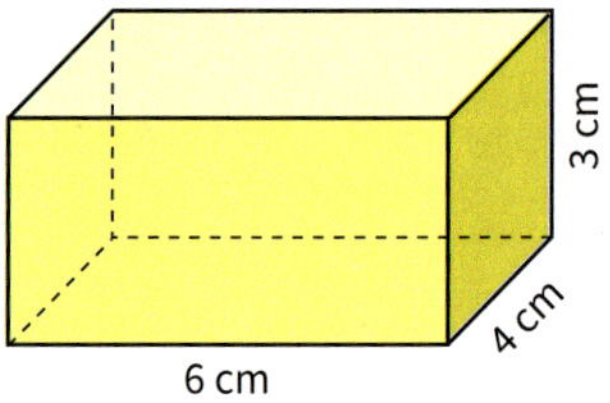

13.

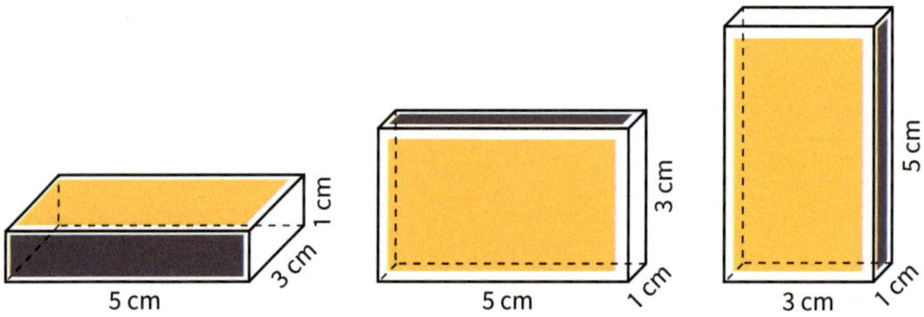

14. Die Anzahl der Ecken ist um 1 größer als die Anzahl der Ecken der Grundfläche, da die Spitze der Pyramide hinzukommt.
Die Anzahl der Kanten ist doppelt so groß wie die Anzahl der Ecken der Grundfläche, da die Grundfläche genauso viele Seiten wie Ecken hat und jede Ecke mit der Spitze durch eine Kante verbunden ist.
Die Anzahl der Flächen ist um 1 größer als die Anzahl der Ecken der Grundfläche, da die Anzahl der Seitenflächen gleich der Anzahl der Seiten der Grundfläche ist, also auch gleich der Anzahl der Ecken der Grundfläche, und noch die Grundfläche hinzukommt.

Grundfläche	Ecken	Kanten	Flächen
Dreieck	4	6	4
Viereck	5	8	5
Fünfeck	6	10	6

Seite 205

1. a) (1) $A = 7\,cm^2$; $u = 12\,cm$
(2) $A = 8\,cm^2$; $u = 2 \cdot 10\,mm + 8 \cdot 14\,mm = 132\,mm = 13{,}2\,cm$
b) Zum Beispiel Rechtecke mit den Seitenlängen: 6 cm und 3 cm [7 cm und 3 cm; 25 mm und 5 mm]

2.

a)	b)	c)	d)
24 a	40 000 a	$9\,dm^2$	290 000 a
$36\,km^2$	7 ha	$450\,000\,dm^2$	3 ha
$90\,000\,m^2$	700 ha	$30\,m^2$	$400\,mm^2$

3.

a)	b)	c)	d)
775 a	205 a	$317\,cm^2$	$4\,303\,mm^2$
$1\,219\,m^2$	$440\,dm^2$	$2\,853\,mm^2$	$505\,dm^2$
350 ha	$303\,mm^2$	$1\,204\,cm^2$	$702\,m^2$

4. a) $3{,}7\,cm^2$ b) $0{,}25\,dm^2$ c) $0{,}07\,m^2$ d) 26,5 a e) $3{,}5\,km^2$

5. a) $A = 63\,cm^2$; $u = 32\,cm$
b) $A = 238\,m^2$; $u = 62\,m$
c) $A = 108\,dm^2$; $u = 42\,dm$
d) $A = 750\,mm^2$; $u = 110\,mm$
e) $A = 168\,dm^2$; $u = 62\,dm$
f) $A = 32\,760\,mm^2$; $u = 996\,mm$

6. $A = 69\,m \cdot 6\,m = 414\,m^2$; $414\,m^2 \cdot 2 = 828\,m^2$; $828 : 60 = 13$ Rest 48 Man benötigt 14 Eimer Farbe.

7. $A_1 = 40\,m \cdot 20\,m = 800\,m^2$; $A_2 = 37\,m \cdot 18\,m = 666\,m^2$; $800\,m^2 - 666\,m^2 = 134\,m^2$
Das Feld ist $134\,m^2$ kleiner als ein normales Handballfeld.

Seite 205

8. $2{,}5\,km = 2\,500\,m$; $A = 2\,500\,m \cdot 2\,m = 5\,000\,m^2$; $5\,000 \cdot 37\,€ = 185\,000\,€$. Die Befestigung kostet 185 000 €.

9. **a)** Zum Beispiel ein Quadrat mit der Seitenlänge 1 cm hat den Flächeninhalt $1\,cm^2$.
b) Zum Beispiel ein Quadrat mit der Seitenlänge 4 cm hat den Flächeninhalt $16\,cm^2$ und den Umfang 16 cm.

Seite 206

10. **a)** (1) $V = 6\,cm^3$
(2) $V = 18\,m^3$
b) Beispiele:
(1)
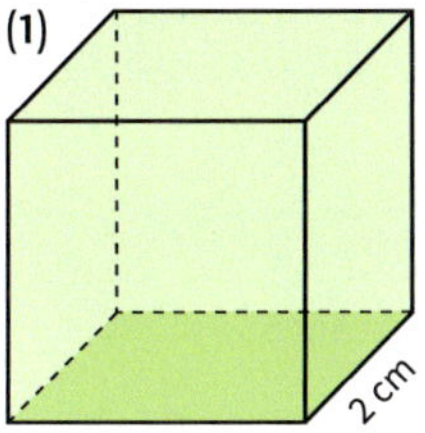

(2)
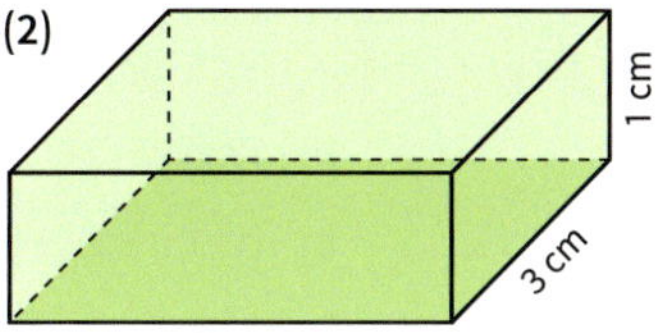

c) $V = 616\,cm^3$; $O = 442\,cm^2$
[$V = 1512\,m^3$; $O = 804\,m^2$]

11.

a)	b)	c)	d)
$7000\,dm^3$	8000 mℓ	$4\,m^3$	$3000\,dm^3$
$9000\,mm^3$	25 000 ℓ	7 000 000 ℓ	2000 mℓ
$4\,m^3$	2 ℓ	$8\,dm^3$	30 000 ℓ
8 000 000 ℓ	4 000 000 mℓ	$3\,000\,000\,cm^3$	20 000 m ℓ

12.

a)	b)	c)	d)	e)
$4575\,dm^3$	3926 mℓ	$7089\,cm^3$	3210 m ℓ	2030 ℓ
8500 ℓ	$4090\,dm^3$	4850 mℓ	$7049\,cm^3$	2803 ℓ
$9840\,cm^3$	$5700\,cm^3$	$4007\,dm^3$	$4300\,cm^3$	1083 mℓ

13. **a)** $2\,dm^3\,619\,cm^3$ **c)** $4\,m^3$ 856 ℓ oder 48 hℓ 56 ℓ **e)** $12\,m^3\,40\,dm^3$
b) 9 ℓ 20 mℓ **d)** $8\,dm^3\,70\,cm^3$

14. **a)** (1)
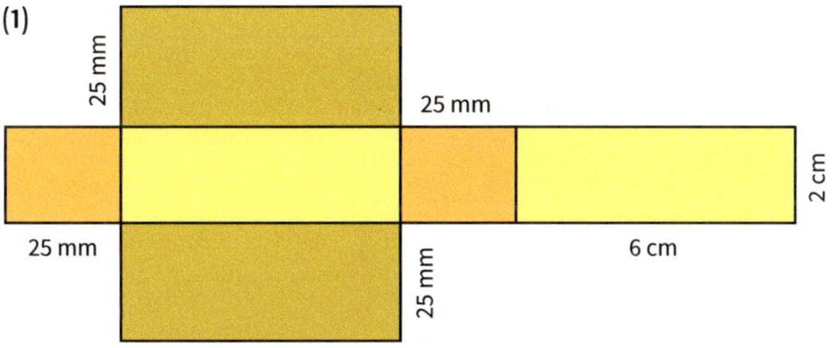

(2) $V = 30\,000\,mm^3 = 30\,cm^3$; $O = 6\,400\,mm^2 = 64\,cm^2$
b) $O = 6 \cdot 4\,cm \cdot 4\,cm = 96\,cm^2$

15. $V = 20\,m \cdot 25\,m \cdot 250\,m = 125\,000\,m^3$; $125\,000\,m^3 : 50\,m^3 = 2\,500$
Es sind 2 500 Fahrten erforderlich.

16. $V = 8\,cm \cdot 8\,cm \cdot (16\,cm - 12\,cm) = 8\,cm \cdot 8\,cm \cdot 4\,cm = 256\,cm^3$
Das Volumen des Steines beträgt $256\,cm^3$, das entspricht 256 mℓ, ist also größer als 250 mℓ.

17. Volumen des Aquariums: $V = 200\,cm \cdot 80\,cm \cdot 140\,cm = 224\,0000\,cm^3 = 2\,240\,dm^3 = 2{,}24\,m^3$
Größe der Grundfläche des Zimmers: $A = 560\,cm \cdot 400\,cm = 224\,000\,cm^2 = 2\,240\,dm^2 = 22{,}4\,m^2$
Wasserhöhe im Zimmer: $h = 2\,240\,dm^3 : 2\,240\,dm^2 = 1\,dm = 10\,cm$
Das Wasser würde im Wohnzimmer 10 cm hoch stehen.

18. Man kann den Keil zu einem doppelt so großen Quader mit den Kantenlängen 1 cm, 2 cm und 2 cm ergänzen. Das Volumen des Quaders beträgt $1\,cm \cdot 2\,cm \cdot 2\,cm = 4\,cm^3$, das Volumen des Keils also $2\,cm^3$.

Seite 261

1. a) $\frac{8}{16}=\frac{1}{2}$ b) $\frac{6}{16}=\frac{3}{8}$ c) $\frac{21}{8}=2\frac{5}{8}$

2. a) 72 Kästchen b) 32 Kästchen c) 64 Kästchen d) 80 Kästchen

3. $\frac{1}{3}\left[\frac{2}{3}\right]$

4. a) $3\frac{2}{11}$; 6; $5\frac{1}{15}$; 7; $7\frac{6}{25}$; $2\frac{35}{50}=2\frac{7}{10}$ b) $\frac{19}{2}$; $\frac{14}{3}$; $\frac{23}{4}$; $\frac{13}{5}$; $\frac{43}{6}$; $\frac{53}{8}$; $\frac{89}{10}$

5. $\frac{15}{24}=\frac{5}{8}$; $\frac{15}{55}=\frac{3}{11}$; $\frac{18}{30}=\frac{3}{5}$; $\frac{30}{72}=\frac{5}{12}$; $\frac{44}{121}=\frac{4}{11}$; $\frac{60}{144}=\frac{5}{12}$; $\frac{90}{225}=\frac{2}{5}$; $\frac{144}{300}=\frac{12}{25}$; $\frac{400}{275}=\frac{16}{11}=1\frac{5}{11}$

6. $\frac{5}{4}=\frac{1250}{1000}$; $\frac{11}{25}=\frac{440}{1000}$; $\frac{9}{8}=\frac{1125}{1000}$; $\frac{11}{125}=\frac{88}{1000}$; $\frac{41}{200}=\frac{205}{1000}$; $\frac{9}{50}=\frac{180}{1000}$; $\frac{13}{250}=\frac{52}{1000}$; $\frac{27}{75}=\frac{9}{25}=\frac{360}{1000}$

7. a) 24 kg b) 18 m c) $\frac{5}{12}$

Seite 262

8. a) $(30\,€:6)\cdot 5=25\,€$ b) $(150\,m^2:2)\cdot 5=375\,m^2$

9. Dennis $\frac{10}{32}=\frac{5}{16}$; Sarah $\frac{12}{32}=\frac{3}{8}$; Anne $\frac{7}{32}$; Markus $\frac{3}{32}$

10. Zerbrochene Eier: 60 : 4 = 15 Unzerbrochen: 45 Eier

11. Sophie hat jeweils $\frac{3}{4}$ ihrer Murmeln behalten.
Sie hatte vorher also jeweils $\frac{4}{3}$ ihrer noch verbliebenen Murmeln: $\frac{4}{3}$ von 9 = 12 und $\frac{4}{3}$ von 12 = 16.
Vor dem zweiten Spiel hatte sie noch 12 Murmeln, vor dem ersten Spiel hatte sie 16 Murmeln.

12. a) < b) = c) > d) < e) = f) <

13. a) $4\frac{5}{8}$; $5\frac{7}{9}$; $2\frac{5}{6}$; $4\frac{7}{12}$; $3\frac{1}{6}$ $2\frac{5}{6}<3\frac{1}{6}<4\frac{7}{12}<4\frac{5}{8}<5\frac{7}{9}$
b) $5\frac{1}{3}$; $4\frac{4}{9}$; $3\frac{5}{7}$; $4\frac{12}{17}$; $5\frac{4}{15}$ $3\frac{5}{7}<4\frac{4}{9}<4\frac{12}{17}<5\frac{4}{15}<5\frac{1}{3}$
c) $4\frac{5}{12}$; $2\frac{7}{18}$; $3\frac{7}{15}$; $6\frac{3}{25}$; $5\frac{3}{5}$; $2\frac{5}{12}$; $3\frac{7}{25}$; $6\frac{3}{4}$; $5\frac{6}{11}$ $2\frac{7}{18}<2\frac{5}{12}<3\frac{7}{25}<3\frac{7}{15}<4\frac{5}{12}<5\frac{6}{11}<5\frac{3}{5}<6\frac{3}{25}<6\frac{3}{4}$

14. $\frac{9}{20}<\frac{8}{15}$; Nichte Eva erbt also mehr.

15. a) $\frac{5}{12}>\frac{3}{10}>\frac{3}{20}>\frac{2}{15}$
b) 300 Karten: 40 Karten Klasse 6 a, 90 Karten Klasse 6 b, 125 Karten Klasse 6 c

16.

a) $\frac{3}{4}$	c) $\frac{3}{2}=1\frac{1}{2}$	e) $\frac{39}{50}$	g) $\frac{116}{15}=7\frac{11}{15}$	i) $\frac{25}{9}=2\frac{7}{9}$	k) $5\frac{3}{4}$
$\frac{1}{2}$	$\frac{3}{10}$	$\frac{7}{12}$	$\frac{43}{8}=5\frac{3}{8}$	$\frac{61}{10}=6\frac{1}{10}$	$6\frac{1}{9}$
b) $\frac{13}{12}=1\frac{1}{12}$	d) $\frac{17}{12}=1\frac{5}{12}$	f) $\frac{75}{56}=1\frac{19}{56}$	h) 5	j) $\frac{19}{8}=2\frac{3}{8}$	l) $5\frac{3}{5}$
$\frac{2}{15}$	$\frac{1}{12}$	$\frac{5}{56}$	$\frac{47}{6}=7\frac{5}{6}$	$\frac{19}{5}=3\frac{4}{5}$	$\frac{2}{5}$

17. a) $\frac{7}{2}=3\frac{1}{2}$ b) $\frac{16}{3}=5\frac{1}{3}$ c) $\frac{35}{9}=3\frac{8}{9}$ d) $\frac{12}{20}=\frac{3}{5}$ e) $\frac{3}{20}$ f) $\frac{4}{15}$

18. *Beispiele:*
a) *Frage:* Wie viel Liter Milch kauft Jan?
Rechnung: $\frac{1}{2}\,\ell\cdot 5=\frac{5}{2}\,\ell=2\frac{1}{2}\,\ell=2{,}5\,\ell$ *Antwort:* Jan kauft $2\frac{1}{2}\,\ell$ Milch.
b) *Frage:* Wie viel Pizza erhält jeder?
Rechnung: $2\frac{1}{4}:3=\frac{9}{4}:3=\frac{3}{4}$ *Antwort:* Jeder erhält $\frac{3}{4}$ Pizza.
c) *Frage:* Wie viele Päckchen Butter muss Tom kaufen?
Rechnung: $1\frac{3}{4}\,kg:\frac{1}{4}\,kg=\frac{7}{4}\,kg:\frac{1}{4}\,kg=7$ *Antwort:* Tom muss 7 Päckchen Butter kaufen.

Einheiten und ihre Umrechnungen

Längen

10 mm = 1 cm	1 000 m = 1 km
10 cm = 1 dm	
10 dm = 1 m	

Die Verwandlungszahl ist 10.

Flächeninhalte

$100\,mm^2 = 1\,cm^2$	$100\,m^2 = 1\,a$
$100\,cm^2 = 1\,dm^2$	$100\,a = 1\,ha$
$100\,dm^2 = 1\,m^2$	$100\,ha = 1\,km^2$

Die Verwandlungszahl ist 100.

Volumina

$1000\,mm^3 = 1\,cm^3$	*Weitere Einheiten:*	
$1000\,cm^3 = 1\,dm^3$	$1\,cm^3 = 1\,m\ell$	$1000\,m\ell = 1\,\ell$
$1000\,dm^3 = 1\,m^3$	$1\,dm^3 = 1\,\ell$	$100\,c\ell = 1\,\ell$
Die Verwandlungszahl ist 1 000.		$100\,\ell = 1\,h\ell$

Gewichte

1 000 mg = 1 g
1 000 g = 1 kg
1 000 kg = 1 t
Die Verwandlungszahl ist 1 000.

Zeitspannen

60 s = 1 min
60 min = 1 h
24 h = 1 d

Verzeichnis mathematischer Symbole

$a = b$	a gleich b
$a \neq b$	a ungleich b
$a < b$	a kleiner b
$a > b$	a größer b
$a \approx b$	a ungefähr gleich b
$a + b$	a plus b; Summe aus a und b
$a - b$	a minus b; Differenz aus a und b
$a \cdot b$	a mal b; Produkt aus a und b
$a : b$	a durch b; Quotient aus a und b
a^n	a hoch n; Potenz aus Basis (Grundzahl) a und Exponent (Hochzahl) n
$\{1; 5; 8\}$	Menge mit den Elementen 1, 5, 8
$\{\ \}$	leere Menge
$\mathbb{N}$	Menge der natürlichen Zahlen: {0: 1; 2; 3; ...}
AB	Verbindungsgerade durch die Punkte A und B; Gerade durch A und B
$\overline{AB}$	Verbindungsstrecke der Punkte A und B; Strecke mit den Endpunkten A und B
$\lvert AB \rvert$	Länge der Strecke $\overline{AB}$
$g \parallel h$	g ist parallel zu h
$g \nparallel h$	g ist nicht parallel zu h
$g \perp h$	g ist orthogonal zu h
$g \not\perp h$	g ist nicht orthogonal zu h
ABC	Dreieck mit den Eckpunkten A, B und C
ABCD	Viereck mit den Eckpunkten A, B, C und D
$A(a \mid b)$	Punkt mit dem x-Wert a und dem y-Wert b. a ist die x-Koordinate, b die y-Koordinate von A.

Stichwortverzeichnis

Bildquellenverzeichnis